国家鲆鲽类产业技术体系年度报告

（2015）

国家鲆鲽类产业技术研发中心　编著

中国海洋大学出版社
·青岛·

图书在版编目(CIP)数据

国家鲆鲽类产业技术体系年度报告 . 2015 / 国家鲆鲽类产业技术研发中心编著 . —青岛 : 中国海洋大学出版社 , 2016. 10

ISBN 978-7-5670-1275-2

Ⅰ. ①国… Ⅱ. ①国… Ⅲ. ①鲆科—海水养殖—研究报告—中国—2015 ②鲽科—海水养殖—研究报告—中国—2015 Ⅳ. ① S965. 399

中国版本图书馆 CIP 数据核字 (2016) 第 254542 号

出版发行	中国海洋大学出版社		
出 版 人	杨立敏		
社　　址	青岛市香港东路 23 号	邮政编码	266071
网　　址	http://www.ouc-press.com		
电子信箱	dengzhike@sohu.com		
订购电话	0532-82032573（传真）		
责任编辑	邓志科	电　　话	0532-88334466
印　　制	青岛海大印务有限公司		
版　　次	2016 年 11 月第 1 版		
印　　次	2016 年 11 月第 1 次印刷		
成品尺寸	185 mm × 260 mm		
印　　张	24.25		
字　　数	530 千		
印　　数	1-1 000		
定　　价	60.00 元		

国家鲆鲽类产业技术体系2015年工作亮点

图1 中国工程院农业学部“水产品加工业前沿技术”论坛

图2 中国水产学会鱼类工业化养殖研究会成立

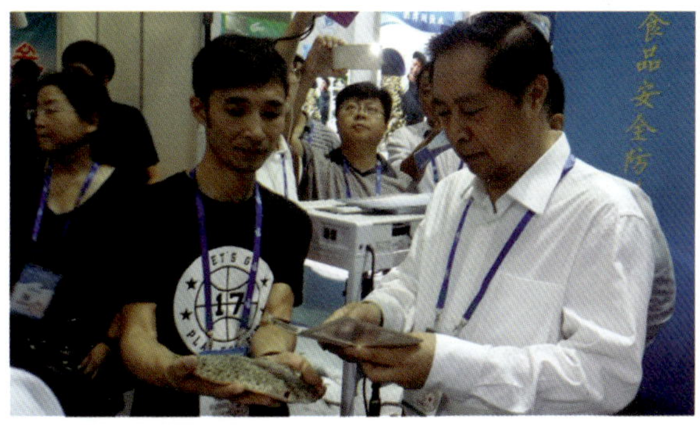

图3 大菱鲆“二维码”追溯技术

图4 优良苗种的产业推广取得良好效果

图5 体系共举办产业技术宣传、培训会班48次

图6 体系共完成阶段性成果现场验收7项

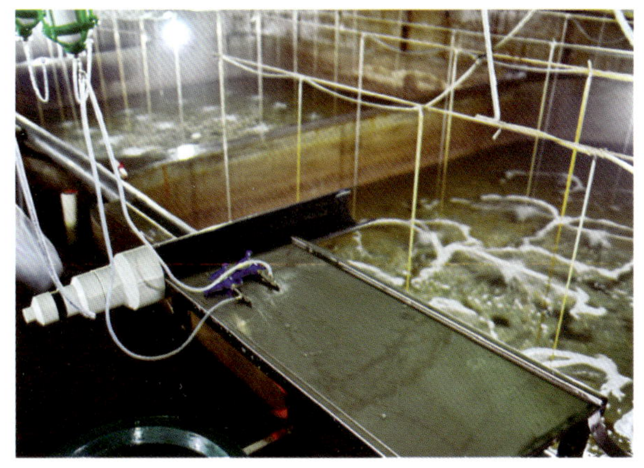

图7 鲆鲽类弧菌病疫苗生产性应用——连续注射接种操作台（自行设计）

图8 太阳能+机组联动节能温控系统，能耗减少30%

国家鲆鲽类产业技术体系组织结构图

国家鲆鲽类产业技术体系

首席科学家 执行专家组

（秘书组）

国家鲆鲽类产业技术研发中心

依托单位：中国水产科学研究院黄海水产研究所

功能研究室

育种与繁育研究室
- 良种选育岗位
- 全雌苗种生产岗位
- 苗种繁育岗位

装备与工程研究室
- 工厂化循环水系统岗位
- 专用养殖网箱岗位
- 池塘养殖工程岗位

健康养殖与综合研究室
- 疾病防控岗位
- 营养与饲料岗位
- 加工与质量控制岗位
- 高效养殖模式岗位
- 产业经济岗位

综合试验站
- 天津综合试验站
- 河北综合试验站
- 北戴河综合试验站
- 辽宁综合试验站
- 葫芦岛综合试验站
- 烟台综合试验站
- 青岛综合试验站
- 莱州综合试验站
- 山东综合试验站
- 日照综合试验站

示范县（市、区）

编 委 会

主　　编　关长涛

编　　委　（按姓氏笔画为序）

马爱军　王宝义　刘海金　关长涛　麦康森
杨　志　杨正勇　杨立更　李　军　宋文平
张元兴　张和森　林　洪　柳学周　赵振良
姜海滨　倪　琦　郭晓华　雷霁霖　赫崇波
翟介明　丁玉霞　于清海　王　辉　王玉芬
王启要　刘　滨　刘宝良　孟　振　赵海涛
洪　磊　贾　磊　贾玉东　高小强　黄　滨

（前21位为体系岗位专家、综合试验站站长）

前　言

鲆鲽类，包括鲆科、鲽科、鳎科等鱼类，属于海洋底层鱼类中经济价值较高的一个大类。因其分类地位特殊、生物多样性丰富、生态分布广泛、口感良好以及营养价值较高等特点，一直是国际上重要的捕捞和养殖对象，深受国内外研究者与消费者的喜爱。我国鲆鲽类的繁育与养殖研究始于20世纪50年代末，鲆鲽类养殖业兴起于20世纪90年代初，现已形成了以大菱鲆（又名多宝鱼）为代表的海水鱼类养殖支柱产业。

2008年，中央为全面贯彻落实党的“十七大”精神，加快现代农业产业技术体系建设步伐，提升农业科技自主创新能力，在实施优势农产品区域布局规划的基础上，开展现代农业产业技术体系建设，启动建设现代农业产业技术体系50个，涉及34个作物产品、11个畜产品、5个水产品。国家鲆鲽类产业技术体系按照我国鲆鲽类产区布局规划，依托有创新优势的科研资源，设立了国家鲆鲽类产业技术研发中心，由育种与繁育研究室、装备与工程研究室、健康养殖与综合研究室等三大研究室组成，包括良种选育、全雌苗种生产、苗种繁育、工厂化养殖设施设备、专用养殖网箱、池塘养殖工程、疾病防控、营养与饲料、加工与质量控制、高效养殖模式、产业经济等11个岗位，并在主产区建立天津、河北、北戴河、辽宁、葫芦岛、烟台、青岛、莱州、山东、日照等10个国家产业技术综合试验站。

国家鲆鲽类产业技术体系以产业需求为导向，紧密围绕鲆鲽类产业发展需求，开展共性技术和关键技术研究、集成和示范；收集、分析鲆鲽类产业及其技术发展动态与信息，为政府决策提供咨询，向社会提供信息服务，为养殖户开展技术示范和技术服务，为鲆鲽类产业发展提供全面系统的技术支撑；以鲆鲽类产业发展为主线，建设从产地到餐桌、从生产到消费、从研发到市场各个环节紧密衔接、环环相扣、服务国家目标的现代农业产业技术体系，提升产业科技创新能力，增强产品竞争力。

在国家鲆鲽类产业技术体系的带动下，现有养殖品种包括大菱鲆、牙鲆、半滑舌鳎、大西洋牙鲆、漠斑牙鲆、石鲽、圆斑星鲽、条斑星鲽、星突江鲽、塞内加尔鳎等10余种，养殖模式包括陆基工厂化、海上网箱和工程化池塘等。2014年全国鲆鲽类养殖产量达13.6万吨，年综合产值超百亿元，在我国主要海水养殖鱼类中名列第一。目前，鲆鲽类养殖已经在环渤海和黄海北部沿岸形成了一个规模宏大的产业带和经济圈，从业者逾20万人，对开拓我国全新的海洋产业、保障水产品有效供给、改善国民膳食结构、提供沿海渔民就业机会和繁荣“三农”经济等方面，都作出了突出的贡献。

《国家鲆鲽类产业技术体系年度报告（2015）》由国家鲆鲽类产业技术研发中心编著，“现代农业产业技术体系专项资金（CARS-50）”资助。本书概括了国家鲆鲽类产业技术体系2015年度的研究内容与成果，主要包括鲆鲽类产业技术研发进展、鲆鲽类主产区调研报告、2015年度研究论文选编、获奖或鉴定成果汇编及专利技术简介等。国家鲆鲽类产业技术体系全体岗位科学家、综合试验站团队参与了编写工作，体系秘书组对书稿进行了整合、审阅和补充。

由于编写时间短、学科交叉内容较多，书中错误和疏漏之处在所难免，敬请广大读者批评指正并给予谅解。

关长涛

2015年12月31日

目　　次

第一篇　产业技术研发进展

第二篇　鲆鲽类主产区调研报告

第三篇　2015年度研究论文选编

第四篇 轻简化实用技术

第五篇 获奖或鉴定成果汇编

第六篇 专利技术简介

Contents

Chapter 6 Summaries of Patents

Appendixs

第一篇
产业技术研发进展

第一篇

产业技术研发进展

2015年度鲆鲽类产业技术发展报告

国家鲆鲽类产业技术体系

1　国际鲆鲽类生产与贸易概况

1.1　世界鲆鲽类捕捞及养殖情况

根据联合国粮农组织(FAO)2015年3月发布的数据显示,2013年世界鲆鲽类主要产区总产量122.0万吨,比2012年增加了4.7万吨,增幅4.0%。其中,捕捞产量101.0万吨,同比增加5.0%,占总体比重的85.3%,养殖产量18.0万吨,同比减少0.1%,占总体比重的14.7%。2013年,世界鲆鲽类生产格局未发生明显变化,但各主产国产量增减情况有所差异。在年产量过万吨的18个国家和地区中,印度、加拿大、印尼、英国、比利时、法国、德国、丹麦、冰岛、中国、荷兰、美国和格陵兰的产量同比出现增长,增幅最大的5个国家为印度52.3%、加拿大28.5%、印尼16.5%、英国12.5%和比利时11.9%;而日本、俄罗斯、挪威、西班牙和韩国的产量则出现不同程度下滑。其中,西班牙和韩国跌幅分别为6.5%和7.0%。上述国家和地区的产量合计约占世界总产量的89.4%。

由于各国产量增减变动存在一定差异,因而排序情况与2012年有所变化。美国、中国、俄罗斯、韩国和日本等前5位排序未变,印度超越荷兰居第6位,加拿大维持第8位,英国超越格陵兰居第9位,丹麦居第11位,印尼和冰岛居第18位。

多年来,太平洋和大西洋北部海域一直是野生鲆鲽类资源的集中分布区域。2013年,太平洋北部鲆鲽类捕捞量50.4万吨,同比微增0.1%,占世界总捕捞量的48.5%;大西洋北部海域鲆鲽类捕捞量35.8万吨,同比增加7.0%,占世界总捕捞量的34.4%。此外,值得注意的是,与2012年相比,2013年印度洋海域鲆鲽类产量明显增长,为8.8万吨,增幅32.7%,占世界总捕捞量的比重也明显上升,这主要由于其西部海域产量激增44.1%。

据FAO统计数据显示,鲆鲽类商业化捕捞产品超过40种,2013年有12种鲆鲽类捕捞量在1万吨以上。其中黄盖鲽以15.9万吨位居首位,占总捕捞量的15.3%,格陵兰庸鲽以10.9万吨列第2位,第3、4位分别为欧鲽、岩鲽,该4类产品合计占总捕捞量的42.1%,其他种类的捕捞量均低于4万吨。2013年,半数鲆鲽类产品产量呈上升态势,太平洋拟庸鲽、欧洲川鲽、帆鳞鲆、黄盖鲽、欧鳎、印度鲆和欧鲽的产量同比增加。其中,太平洋拟庸鲽增幅最大,达到56.8%;其余6种鲆鲽类种类产量均不同程度减少,减幅较大者为太平洋庸鲽、岩鲽和格陵兰庸鲽，降幅分别为 21.6%、17.9%和 11.0%。此外，欧洲黄盖鲽 2012 年的捕捞量超过 1 万吨，而 2013 年不足万吨，这也导致产量规模过万吨的鲆鲽类从 13 种减为 12 种。

欧洲是世界鲆鲽类主产区域之一，年产量约占世界总产量的 40%。据不完全统计，2015 年欧盟成员国在大西洋北部海域的鲆鲽类捕捞配额总量为 178 765 吨，比 2014 年减少 9 431 吨，设限种类主要有帆鳞鲆(14.9%)、欧鲽(48.8%)、欧鳎(13.2%)、欧洲黄盖鲽及欧洲川鲽(10.0%)、大菱鲆及菱鲆(2.5%)、柠檬鲽及美首鲽(3.5%)、格陵兰庸鲽(7.1%)等。冰岛以渔业为国家经济支柱产业，2015 年冰岛共捕捞鲆鲽类 23 427.4 吨，同比 2014 年增长了 21.5%。2014～2015 年，冰岛格陵兰庸鲽配额为 12 285 吨，欧鲽 6 099 吨，美首鲽 959 吨，欧洲黄盖鲽 871 吨，柠檬鲽 1 394 吨，合计 21 608 吨，较上年度有所增长。挪威也是北欧地区重要渔业国，根据挪威—俄罗斯联合渔业委员会决议，将 2015 年巴伦支海格陵兰庸鲽配额设定为 1.9 万吨，其中挪威、俄罗斯与其他地区分别占 51%、45%和 4%，即挪威配额为 9 675 吨。西班牙是欧洲地区鲆鲽类养殖规模最大的国家，2013 年大菱鲆养殖量为 7 340 吨，较 2012 年减少 5.4%。法国养殖公司为应对西班牙低成本养殖产品市场竞争，采取了差异化发展战略，2013 年大菱鲆养殖量约 300 吨，与往年相比明显下滑。葡萄牙的海水环境与西班牙接近，具有发展大菱鲆养殖业的先天优势，但 2013 年产量出现大幅下滑，仅为 2 453 吨，较 2012 年减少 44.3%。由于经济危机的影响以及养殖规模持续扩大，欧洲鲆鲽类养殖业正面临较大困扰，尽管有关部门已付出巨大努力开拓消费市场，但收效甚微。

太平洋北部海域拥有丰富而优质的鲆鲽类资源，是国际市场上鲆鲽类产品的重要供应基地。根据太平洋庸鲽鱼委员会(IPHC)年会建议，2015 年该海域太平洋庸鲽捕捞配额为 13 150 吨，比 2014 年增加 6.2%，这是 IPHC 自 2004 年以来首次上调捕捞配额，显示出当地渔业资源养护工作取得一定成效。除太平洋庸鲽外，2015 年北太平洋阿留申群岛附近水域纳入配额制体系的鲆鲽类总配额为 360 602 吨，较 2014 年增加 1.8%，其中黄盖鲽 187 000 吨，岩鲽 85 000 吨，格陵兰大菱鲆 3 173 吨，美洲箭齿鲽 25 000 吨，亚洲箭齿鲽 7 300 吨，平头鲽 25 129 吨，阿拉斯加鲽 25 000 吨，以及其他种类 3 000 吨。阿拉斯加湾海域鲆鲽类配额合计为 187 518 吨，较 2014 年微减。大西洋西北部，2015 年格陵兰庸鲽和黄尾鲽配额合计为 28 543 吨，较 2014 年增加 101 吨。据日本农林水产省 2015 年 4 月数据，2013 年日本鲆鲽类产量为 56 000 吨，与 2012 年持平。其中捕捞量为 53 400 吨，与 2012 年同比增加 0.9%；养殖量为 2 600 吨，与 2012 年同比减少 16.1%，主要为牙鲆。据韩国统计网站数据，2015 年上半年，韩国养殖牙鲆产量为 20 746 吨，与 2014 年同比增加 8.2%；产值与 2014 年同比减少 13.5%；平均价格与 2014 年同比下跌 21.1%；养殖面积为 233.7 万 m^2，饲料使用量为 107 923 吨。

2015 年，世界主要市场鲆鲽类市况表现各异。法国伦吉斯市场大菱鲆价格波动较大，先降后升，总体呈下降态势；大菱鲆价格与 2014 年、2013 年相比有所回升。从各月的销售情况来看，1 月价格最高，8 月最低，第一季度和第三季度价格震荡幅度较大，分析原因主要是由于节假日价格有所上涨和市场供求关系的影响。西班牙莫卡巴那批发市场鲆鲽类总销量为240.5万吨，与2014年持平。丹麦汉斯特霍尔姆鱼市场鲆鲽类的集散量为404.6万吨，与2014年相比下降了13.2%，由于丹麦鲆鲽类产品以捕捞为主，因此其集散量受季节的影响较大，第二季度集散量最大，第三季度的集散量最低。日本札幌中央批发市场销售的鲽鱼845.3吨，同比上涨11.1%。韩国鹭梁津水产品市场鲆鲽类销量与2014年基本持平。

1.2　世界鲆鲽类贸易情况

世界鲆鲽类的总产量在过去60余年中没有大的变化，但国际贸易率(出口量占总产量的比例)却大幅上升，从1950年代的不足5%，快速增长到目前的40%以上，特别是进入21世纪，鲆鲽类的国际贸易率更是进一步升高。鲆鲽类已经成为国际水产品贸易体系中的重要组成部分。在世界鲆鲽类产品的集散中，主要出口国有冰岛、美国、韩国、丹麦、加拿大和西班牙，主要进口国有美国、韩国、日本、加拿大、意大利和西班牙。

2015年，鲆鲽类主要出口国的产品出口贸易规模萎缩。冰岛出口鲆鲽类1.7万吨，出口金额128.7亿克朗，与2014年同期比较，出口数量和金额分别增加了16.0%和37.4%。从出口价格看，除牙鲆和柠檬鲽外，各种类的平均价格全面上涨，平均涨幅18.5%。出口的主要种类格陵兰庸鲽和欧鲽，出口平均价格分别同比上涨26.1%和0.6%，大菱鲆上涨55.6%，其他种类涨幅在14%～30%。美国出口鲆鲽类11.5万吨，出口额1.9亿美元，同比2014年同期，数量和金额分别下降了6.9%和12.9%。除欧鲽、冻岩鲽、鲜大菱鲆、鲜格陵兰大菱鲆和冻格陵兰大菱鲆外，其他种类的出口规模均有明显萎缩，缩减幅度为4%～70%。出口价格上涨的为冷冻格陵兰大菱鲆，价格下跌的有冷冻大西洋/太平洋大比目鱼、新鲜格陵兰大菱鲆、岩鲽和新鲜大菱鲆，其他种类的出口价格基本未变。韩国鲆鲽类共出口5 554.9吨，出口额5 909.2万美元，同比2014年同期出口量和出口额分别下降了23.8%和9.8%。牙鲆为主要出口种类，均价上涨了19.4%，舌鳎出口价格相对稳定。2015年前半期，丹麦鲆鲽类出口额1.12亿美元，比2014年下降10.42%，冰鲜牙鲆、冷冻欧鲽、冷冻舌鳎和冰鲜大菱鲆等下跌20%以上，只有冰鲜鱼片出现增长；出口产品主要为牙鲆和欧鲽，二者分别占其鲆鲽类出口总额的56.96%和11.38%。2015年上半年，加拿大鲆鲽类出口额0.83亿美元，同比增加24.96%；出口产品主要为冰鲜牙鲆和冷冻大菱鲆，二者增幅分别为25.04%和29.48%，欧鲽增幅70.35%。西班牙上半年鲆鲽类出口规模萎缩，出口额0.66亿美元，同比下降7.53%，但是主要出口产品冻牙鲆出口额增加了10.31%。总体来看，美国、韩国、丹麦和西班牙的鲆鲽类出口额同比分别下降12.9%、9.8%、10.4%和7.5%。而冰岛和加拿大的鲆鲽类出口额分别同比增加了37.4%和24.9%。价格普遍上扬，冰岛的格陵兰庸鲽和欧鲽出口平均价格同比分别上涨了26.1%和0.6%，韩国的牙鲆出口价格上涨了19.4%。

2015年，鲆鲽类主要进口国的产品进口贸易规模多数萎缩。1～11月，美国的鲆鲽类产品进口规模扩大，进口量3.2万吨，同比增加9.6%，进口额2.4亿美元，同比增加8.9%。除欧鲽和盐鲽外，其他种类的进口量和进口额同比均增加，增加幅度1%～38%。从进口量看，川鲽、大西洋/太平洋大比目鱼、NSPF比目鱼和鳎是主要进口品种，其中川鲽占其鲆鲽类进口量的35%,鳎占30%,二者主要为冷冻鱼片;川鲽的进口价格稳定,而鳎的进口价格与2014年同期相比有所下降。大西洋/太平洋大比目鱼和NSPF比目鱼所占份额分别为21%和8%,二者主要以整鱼进口,前者进口价格微升。从进口额看,川鲽占总进口额的22%,鳎占18%,大西洋/太平洋大比目鱼占46%。韩国进口鲆鲽类3.03万吨,同比增加14.1%,进口额7 580.7万美元,同比增加7.3%,主要进口产品为牙鲆。1~11月,日本进口鲆鲽类4.4万吨,同比2014年同期下降了13.8%,进口额270亿日元,同比增加了6.5%。主要货源地为美国、俄罗斯、格陵兰和加拿大,份额分别为美国29.3%、俄罗斯16.4%、格陵兰11.1%。2015年上半年,加拿大的鲆鲽类产品进口规模缩减,进口额3 459.26万美元,同比下降10.74%,除大菱鲆和冰鲜鱼片外,其余各种类进口额均不同程度减少。1~5月,意大利鲆鲽类产品进口额7 198.93万美元,同比减少12.46%,整鱼和鱼片分别占55%和45%,鲜品和冻品分别占55%和45%;舌鳎和大菱鲆分别占33.61%和10.03%。2015年1~5月,西班牙鲆鲽类进口额7 674.07万美元,同比下降17.25%,主要是舌鳎、大菱鲆和其他鲆鲽类产品,冰鲜品占73.8%,进口源自法国、荷兰、葡萄牙和英国等近邻,来自摩洛哥、荷兰和毛里塔尼亚的以上三类冻品占18.3%。总体来看,加拿大、意大利和西班牙的鲆鲽类进口额同比分别下降了10.7%、12.5%和17.2%;日本的进口量有所下降,但受汇率影响进口额高于2014年同期;美国和韩国鲆鲽类进口规模同比分别增加了8.9%和7.3%,欧鲽价格上涨,舌鳎价格下跌。

2　国内鲆鲽类生产与贸易概况

2.1　国内鲆鲽类养殖生产情况

根据国家鲆鲽类产业技术体系各综合试验站调查数据显示,2015年我国鲆鲽类的主要养殖模式仍为工厂化养殖,体系跟踪示范区县此类养殖面积为750.6万平方米,与2014年相比增长3.77%。从区域分布看,在750.6万平方米的养殖面积中,山东占48.30%;其次是辽宁,占33.04%;再次是河北,占11.49%;再次是江苏和天津,分别占4.81%及1.19%;最后是浙江和福建,占比不足1.0%。

在2015年鲆鲽类工厂化养殖中,大菱鲆养殖仍占主导地位,养殖面积为650.6万平方米,占鲆鲽类工厂化养殖面积的比例为86.7%,与2014年相比增长了10.71%。牙鲆工厂化养殖面积为35.7万平方米,占总养殖面积的比例为4.75%,与2014年相比下降21.94%。半滑舌鳎工厂化养殖面积为60.3万平方米,占总养殖面积的比例为8.03%,与2014年相比减少30.95%。其他小品种的工厂化养殖面积为4.2万平方米,占工厂化总养殖面积的比例不足1.0%。

2015年跟踪示范区县鲆鲽类网箱养殖面积为32.6万平方米,与2014年相比下降9.70%。池塘养殖面积为10 798.0亩,与2014年相比增长26.44%。

2015 年鲆鲽类产业技术体系跟踪示范区县鲆鲽类总产量为 6.01 万吨，与 2014 年相比下降 19.7%。在 6.01 万吨的总产量中，大菱鲆产量为 4.78 万吨，占总产量的比例为 79.56%，与 2014 年相比减少了 20.12%。牙鲆产量为 8 804.4 吨，占总产量的比例为 14.6%，与 2014 年相比下降 11.0%。半滑舌鳎产量为 3 260.6 吨，占总产量的比例为 5.4%，与 2014 年相比减少了 31.82%。从养殖模式产量构成情况看，2015 年鲆鲽类工厂化养殖产量为 5.21 万吨，网箱养殖产量为 7 335.0 吨，池塘养殖产量为 706.2 吨，其占总养殖面积的比例分别为 86.62%、12.20%及 1.17%。从区域分布情况看，在 2015 年 6.01 万吨的鲆鲽类总产量中，山东、辽宁、河北、天津、江苏、福建及浙江各省的养殖产量占总产量的比例分别为 45.00%、37.65%、8.29%、2.01%、2.23%、4.20%及 0.61%。

2.2　国内鲆鲽类贸易情况

2015 年，我国鲆鲽类进出口规模明显萎缩。全年鲆鲽类进出口量 264 756.22 吨，金额 77 651.38 万美元，与 2014 年相比，数量与金额分别缩减了 11.97%和 7.14%。其中，进口量 119 554.9 吨，同比减少 24.85%，出口量 75 199.3 吨，同比减少 28.84%；进口额 22 461.58 万美元，同比减少 26.33%，出口额 33 158.90 万美元，同比减少 29.69%，进出口量和进出口额分别占我国同期水产品进出口总体的 3.25%和 2.65%。进口量占该项进出口总量的 60.08%，出口金额占该项进出口总额的 60.73%。

综合冻比目鱼类的进出口规模占统计最大项。加工冷冻比目鱼片的出口规模最大，占鲆鲽类出口总量的 81.50%，出口总金额的 75.97%。作为单种类，冻格陵兰庸鲽的进出口规模最大，进口量占鲆鲽类进口总量的 12.22%，进口额占该项进口总额的 26.11%；出口量占鲆鲽类出口总量的 3.82%，出口额占该项出口总额的 4.79%。鳎鱼和鲽鱼的进口量同比 2014 年同期显著下降，而冻庸鲽鱼类的进口大幅增加。出口方面，冷冻庸鲽鱼和冷冻鳎鱼显著增长，冷冻比目鱼鱼片略微减少。

2015 年，我国养殖大菱鲆（冷冻）出口额 5.99 万美元，出口量 8.364 吨，同比 2014 年，出口额和出口量分别减少了 98.41%和 97.41%，出口马来西亚，平均价格为 7.16 美元/千克。

2015 年，我国鲆鲽类进出口贸易涉及 67 个国家和地区。其中，出口 54 个国家和地区，进口来自 29 个国家和地区。出口规模前 10 位的国家和地区依次是日本、美国、中国台湾省、韩国、加拿大、法国、荷兰、波兰、巴西和德国，对中国台湾省、韩国和巴西出口增加，对日本、美国、加拿大和荷兰出口大幅缩减。进口规模前 10 位的国家依次是美国、俄罗斯、加拿大、格陵兰、挪威、冰岛、德国、西班牙、丹麦和葡萄牙，来自日本和印度的进口明显减少，来自俄罗斯、塞内加尔、韩国和荷兰的进口显著增加。

同期内，全国有 14 个省市有鲆鲽类产品进出口记录。出口主要集中在辽宁、山东、福建、浙江和吉林，与 2014 年比较，辽宁、山东和浙江三个加工出口主要区域出口额出现萎缩，而吉林和广东却出口规模大增，值得关注的是，非沿海省份的吉林，出口量同比增加了

383.14%,出口额增加了258.22%。总体看,辽宁和山东仍是鲆鲽类产品出口的主产区,二省合计占鲆鲽类出口额的88.30%和出口量的92.55%。进口主要有辽宁、山东、天津、上海和吉林,与2014年比较,辽宁进口规模缩减20%以上,山东进口量减少了15%以上,而进口额微减;天津和吉林进口规模剧增,特别是吉林,进口规模增加了20倍;天津、北京、江苏、广西和湖北等省市只进不出,除了北京的进口规模缩减外,其他区域进口是增量,特别是天津,同比2014年,进口量增加了31.94%,进口额增加了129.70%。总体看,辽宁和山东仍是我国鲆鲽类的主要进口区域,二省合计占我国鲆鲽类总体进口额的89.57%和进口量的91.51%。

3　国际鲆鲽类产业技术研发进展

3.1　鲆鲽类育种与繁育技术

2015年,国外对鲆鲽鱼类主要品种的遗传改良,仅在基因组水平扫描与大菱鲆适应环境变化相关的候选基因研究取得进展,对其他鲆鲽鱼类选育的研究尚未见有报道。西班牙圣地亚哥·德孔波斯代拉大学、比利时鲁汶大学和澳大利亚詹姆斯库克大学基于假定参与环境适应的基因在群体基因组水平的分配可能有助于在基因型和环境方差中分割表型方差,联合开展了在基因组水平扫描与大菱鲆适应环境变化相关的候选基因研究。

目前,在国际上,虽然针对重要鲆鲽类苗种人工繁育技术工艺进行研发并取得了重要进展,但对养殖鲆鲽类性腺发育规律及调控机制和苗种早期发育阶段组织器官发生机理不明确,相关理论欠缺严重制约着人工繁育技术工艺的提升。本年度鲆鲽类苗种繁育研究主要对象依然是塞内加尔鳎、星斑川鲽、大菱鲆、半滑舌鳎等重要鲆鲽类养殖品种,同时对具有养殖潜力的美洲拟鲽和大鳞舌鳎等鲆鲽类也进行了研究。研究目标主要集中于大鳞舌鳎的人工生殖调控技术、繁殖期大菱鲆的受精率与卵巢液pH值的关系、提升鲆鲽类人工育苗技术的重要环节,即塞内加尔鳎苗种早期发育规律及其与环境变化关系、影响鲆鲽鱼类变态过程的影响因素、提升鲆鲽类苗种质量的关键环节、早期发育阶段的营养需求。上述研究为塞内加尔鳎、星斑川鲽、大菱鲆、半滑舌鳎和美洲拟鲽等重要鲆鲽类亲鱼性腺发育成熟诱导调控、苗种早期培育及营养强化种类和时机选择奠定了理论和实践基础。

3.2　鲆鲽类养殖模式与工程技术

2015年,工厂化养殖装备方面,瑞典伟伦万特公司研发一种“鲆鲽类多层式养殖系统”。该系统采用的是长矩形跑道式养殖池,单池长度超过50 m,可设计为多达8层结构,每层都设4个养殖池,池内的水流速度设计可高达20 cm/s,以利于推流集污。该系统的单位车间面积的养殖产能可以达到传统工厂化养殖的3～4倍,为工业化养殖装备技术的发展提供了新的思路。国际上对于鲆鲽类养殖模式的相关研究主要集中在鲆鲽类养殖群体管理、循环水养殖模式下的调控技术、温光调控、鲆鲽类生殖生理学等方面。网箱技术研发方面，美国 New Hampshire 大学的 Igor Tsukrov 教授研究团队引入了装配铜合金网衣的可潜式网箱，并对其进行工程设计与分析。其中，在设计网箱用于开阔海域养殖时，特别提出网箱及其锚泊系统的结构完整性和铜合金网衣初期投入的高成本是两个需要注意的问题。池塘养殖工程方面，越南开发了一种不同养殖系统间接力生态养殖的新模式，将鲇鱼养殖池塘排放水引入“水稻-罗非鱼-四季豆”复合养殖系统中，鲇鱼池塘养殖废水得到了资源化处理和再利用，同时还增加了四季豆和罗非鱼产量，实现了系统间接力养殖的生态高效。

3.3 鲆鲽类疾病防控技术

2015 年报道的鲆鲽类的主要细菌性病原包括腹水病病原迟缓爱德华氏菌、出血性败血症病原弧菌属细菌、杀鲑气单胞菌、巴斯德菌病病原美人鱼发光杆菌等。鲆鲽类的病毒性病原包括大菱鲆疱疹病毒、病毒性出血性败血症病毒和虹彩病毒(肿大病毒)等。盾纤毛虫等寄生虫依然是鲆鲽鱼类产业的巨大威胁。在防治鲆鲽类细菌性与病毒性疾病方面，国外早已研制和使用了商业化的疫苗。在鱼病防控方面，多价载体疫苗、亚单位疫苗及以环境友好技术为基础的微生态制剂、免疫增强剂等新型水产药物逐渐成为国际渔药界的研制热点。

3.4 鲆鲽类营养与饲料技术

国外有关鲆鲽类营养研究的重点主要涉及替代蛋白源开发和替代脂肪源开发两大方面，这两方面的研究又体现出两个特点，一是实用性更强，研究目的更贴近实际生产；二是体现出对代谢机理研究的深入，从分子机制上阐述鱼粉、鱼油替代引起的代谢变化。研究对象包括大菱鲆、牙鲆、半滑舌鳎、大西洋庸鲽等，研究焦点集中于大菱鲆，且以其替代蛋白源开发替代脂肪源开发为重点。在替代蛋白源方面，更多的研究聚焦在复合蛋白源替代上，因为复合蛋白源较单一的蛋白源氨基酸平衡性更好，实际生产中应用更广泛。此外，虽然国内外对鲆鲽类营养研究目前仍不够系统和全面，但有更多的研究聚焦在之前关注较少的仔稚鱼和亲鱼研究上，这反映出国内外对鲆鲽类营养研究的重视和深入。

3.5 鲆鲽类产品质量安全控制与加工技术

防腐保鲜方面，国际上开始更多地利用特殊的卵黄抗体、噬菌体、内溶素等代替传统的防腐保鲜剂，对抗腐败希瓦氏菌等影响鲆鲽鱼腐败变质的微生物，从而延长冷藏大菱鲆的贮藏时间；检测技术方法方面，目前，已经有研究开始利用气相色谱-质谱(GC-MS)检测大菱鲆肌肉中羧甲基赖氨酸(CML)，与酶联免疫方法相比，该方法可避免假阳性，灵敏度更高；检测样本前处理方面，检测鲆鲽药物残留，样本前处理十分复杂，国际上已有研究，开始根据相关方法，简化、优化新型样品前处理方法，如酶联免疫检测水产品中氟喹诺酮类药物，首次使用磺基水杨酸作为样品前处理方法的提取剂，样品经过提取后即可消除基质效应，不需要净化步骤即可检测。

4 国内鲆鲽类产业技术研发进展

4.1 鲆鲽类育种与繁育技术

2015年度,在大菱鲆快速生长选育方面,研究了大菱鲆生长性状的发育遗传规律、大菱鲆早期生长性状的遗传参数估计和大菱鲆高密度SNP遗传连锁图谱构建及与性别和生长主要相关区域的检测;在大菱鲆抗逆性状选育方面,开展了大菱鲆抗鳗弧菌性状的微卫星分子标记研究;在耐低温选育方面,开展了大菱鲆生长性状的遗传力以及这两个性状之间的遗传相关分析研究。在牙鲆育种新技术的应用上,开展了基于牙鲆RNA-seq数据中SSR标记的信息分析、牙鲆主要形态性状的QTL定位及互作分析、牙鲆部分体大小相对整体体大小的异速生长的遗传分析、牙鲆体重和形态学特征的遗传结构的贝叶斯分析、日本牙鲆形态性状主要长度比率的遗传分析等。对半滑舌鳎的遗传改良,对半滑舌鳎经济性状的遗传评估;在半滑舌鳎分子育种方面,开展了性别相关基因CSFR2的克隆和表达分析。

随着对鲆鲽类亲鱼培育过程中的环境因子调控、营养强化、促熟、催产和授精等技术的熟化,针对病害预防、白化及黑化率降低、提高生长率和成活率的营养强化技术,以及微藻、光合细菌和中草药制剂使用的环境调控等技术的深入研究,使我国鲆鲽类人工繁殖和育苗技术及工艺发展迅速。国内有关大菱鲆、半滑舌鳎、牙鲆和星斑川鲽等鲆鲽类人工繁育的最新研究结果主要集中于鲆鲽类性腺发育调控机理研究、鲆鲽类苗种早期发育规律、鲆鲽类性别决定和苗种早期发育阶段营养强化研究。

4.2 鲆鲽类养殖模式与工程技术

2015年,工厂化养殖装备方面,研究主要集中在产业发展规划、生物流化床技术和自动控制系统技术等方面。工厂化养殖设施设备岗位撰写《鲆鲽类产业技术体系工厂化养殖未来5年(2016—2020年)发展规划报告》和《鲆鲽类产业技术体系工厂化养殖中长期发展规划报告》。开展流化床生物滤器微生物群落分析研究,获得不同启动方式条件下,滤器内部微生物群落组成情况。在高效养殖模式研发方面,完成大菱鲆在工厂化封闭循环水条件下的高密度养殖生产性试验,与传统流水养殖模式相比总成活率提高5%以上,饵料系数降低15%,单位面积产量提高130%以上,养殖成本降低15%。网箱养殖模式方面,研究主要集中在新型升降式网箱、复合网底网箱养殖及网箱养殖配套设施等方面。采用新型塑胶网箱进行鲆鲽类南北接力养殖;研制出网衣清洗机、水下观察设备和养殖环境监控系统等网箱养殖配套设施;开展了鲆鲽类网箱流固耦合、双层网底网箱耐流特性数值模拟研究。池塘养殖模式方面,研究主要集中在池塘生态服务价值、池塘标准化改造、水质调控技术及养殖技术开发等方面。池塘养殖工程岗位完成了新型岩礁池塘工程化养殖模式试验与示范,研制了池塘专用冰冻饵料自动切块机。针对制约鲆鲽类池塘养殖效益的关键问题,开展了体色调控机制、生长与摄食调控机制等研究。

4.3　鲆鲽类疾病防控技术

华东理工大学研究人员采用基因工程手段获得免疫效果显著的减毒活疫苗株，免疫保护率达到80%以上，开发出鲆鲽类专用的预防腹水病和弧菌病减毒活菌疫苗。其中腹水病疫苗于2015年获得我国首例大菱鲆腹水病弱毒活疫苗Ⅰ类新兽药证书，为该疫苗的产业化应用奠定基础。抗弧菌病疫苗获得我国首例海水鱼用疫苗转基因生物安全证书。研究利用减毒疫苗构建抗病毒和寄生虫的多价载体疫苗、安全可控的菌蜕疫苗以及其他创新疫苗。与灭活疫苗、亚单位疫苗和DNA疫苗相比，减毒或灭活疫苗具有高效、成本低、给药方便(非注射)等优点，具有巨大的市场需求和商业价值。

4.4　鲆鲽类营养与饲料技术

国内有关鲆鲽类营养研究的重点主要涉及幼鱼替代蛋白源开发、脂肪代谢机制、添加剂开发以及亲鱼营养研究。研究对象包括大菱鲆、牙鲆、半滑舌鳎等。在替代蛋白源开发方面，2015年的研究聚焦在复合蛋白源替代上，因为复合蛋白源较单一的蛋白源氨基酸平衡性更好，实际生产中应用更广泛。在脂肪代谢机制研究上，研究了脂肪细胞因子TNF-α抑制大菱鲆肝脏脂肪沉积的机理。添加剂的研究聚焦在降脂功能上，研究对象有大黄素、甘草次酸和姜黄素等。在鲆鲽类亲鱼营养学研究方面，开展了花生四烯酸大菱鲆亲鱼性类固醇激素的影响，一定程度上填补了国内在该领域的研究空白。

4.5　鲆鲽类产品质量安全控制与加工技术

在鲆鲽类加工产品研制方面，开发了生态大菱鲆炸制品、大菱鲆熏制品、大菱鲆鱼排、大菱鲆腌制品等加工制品；在综合利用方面，研究开发加工废弃物及副产物高值化利用技术，提高原料利用率和附加值，利用鲆鲽类鱼皮开发了相对分子质量在1 000～2 000的胶原蛋白肽等高值化制品；在安全追溯和新技术装备方面：在山东日照完成2 000尾大菱鲆活鱼的产地溯源的规模化示范，研发鲆鲽鱼类专用标识设备已经投入样机制作过程；在信息搜集调研方面，对河北、山东和福建三省的鲆鲽等海水鱼类养殖企业开展现场调查，完成2015河北省、山东省、福建省主要渔用投入品质量安全调查报告；在基础研究方面，建立了大菱鲆肌肉中羧甲基赖氨酸(CML)的气相色谱-质谱(GC-MS)检测方法等。

2015年主产区鲆鲽类产业运行分析

产业经济岗位

1 引言

为便于业界、管理部门、科研单位等有关部门及人员掌握2015年鲆鲽类产业经济运行情况,以国家鲆鲽类产业技术体系各综合试验站跟踪示范区县调查数据为基础,以产业经济岗位团队的调研数据为补充,撰写出本报告。报告中所指的跟踪调查区域包括辽宁、河北、天津、山东、江苏、福建等省市40多个区县。具体包括:辽宁的东港市、庄河市、大连旅顺口区、甘井子区、大洼县、瓦房店市、葫芦岛龙港区、绥中县、兴城市,河北的秦皇岛山海关区、昌黎县、乐亭县、滦南县、黄骅市、唐山丰南区、曹妃甸区,天津的汉沽区、塘沽区、大港区,山东的日照岚山区、日照开发区、日照东港区、荣成市、文登市、乳山市、威海环翠区、昌邑市、龙口市、莱州市、招远市、莱阳市、海阳市、烟台牟平区、烟台开发区、烟台芝罘区、蓬莱市、黄岛区、利津县、潍坊滨海区,江苏的赣榆县、如东县,福建的东山县等区县。其中,辽宁、河北、天津、江苏、福建的数据完全采用了各综合试验站提供的数据;山东进行鲆鲽类养殖的区县共有20多个,其中利津县、潍坊滨海区、蓬莱市、烟台开发区、芝罘区、海阳市、牟平区、荣成市、日照开发区等9个区县采用了产业经济岗位团队与烟台市水产研究所联合采集的数据,其余区县采用了各综合试验站提供的数据。除特别说明,各指标的数据均包括上述地区。微观层面的数据来自对养殖者的跟踪调查。各综合试验站、烟台水产研究所及有关各方在数据采集中给予了大力帮助和支持,在此一并致以诚挚的谢意!

2 2015年跟踪调查区域鲆鲽类养殖面积变动情况

2.1 不同养殖模式养殖面积变动情况

根据跟踪调查数据分析,2015年我国鲆鲽类各养殖模式的养殖面积变动情况详见表1,总体看,其变动趋势如下所述:

2.1.1 工厂化养殖面积年内环比持续萎缩,同比先增后减

从养殖模式看,我国鲆鲽类的主要养殖模式仍为工厂化养殖。但因受产品价格持续低

迷，养殖生产者经济效益低下等因素的影响，2015 年鲆鲽类工厂化养殖面积年内环比持续减少。

2015 年跟踪调查区域内各季度鲆鲽类工厂化养殖面积年内环比呈下降趋势。其中，第一季度的鲆鲽类工厂化养殖面积为 699. 7 万平方米；第二季度养殖面积为 693. 6 万平方米，环比微幅下降 0. 9%；第三季度养殖面积为 658. 6 万平方米，环比降幅为 5. 0%；第四季度养殖面积持续下降为 628. 5 万平方米，环比降幅为 4. 6%。从同比变动情况看，2015 年跟踪调查区域鲆鲽类工厂化养殖总面积的变动趋势为先增长、后缩减，即第一季度同比增长 8. 1%，第二季度同比涨幅为 5. 3%，第三季度同比下降 3. 3%，第四季度同比降幅为 7. 6%。而与 2013 年同期相比养殖面积变动情况也呈先增后减之态势，即 2015 年前三季度分别增长 10. 7%、9. 0%及 0. 6%，第四季度下降 3. 8%。

2015 年虽然鲆鲽类工厂化养殖总面积第一、第二季度同比呈增长趋势，但值得注意的是，其增幅较小，从第三季度开始下降，且年内其养殖面积环比持续萎缩。再结合鲆鲽类产品市场运行状况分析可以看出，受鲆鲽类产品价格长期低迷的影响，2015 年度鲆鲽类养殖生产者的投资热情已逐步减退。

表 1　2015 年跟踪调查区域鲆鲽类各养殖模式养殖面积的地区分布及变动情况

地区	时间	养殖面积			养殖面积同比增幅(%)		
		工厂化(m^2)	网箱(m^2)	池塘(亩)	工厂化	网箱	池塘
辽宁	2015 年 1 季度	2 090 700	0	0	0. 2	0	0
	2015 年 2 季度	2 042 200	20 000	7 000	−1. 9	0	75
	2015 年 3 季度	2 056 000	20 000	7 000	−1. 1	0	125. 8
	2015 年 4 季度	2 083 500	20 000	2 000	0. 6	0	−33. 3
河北	2015 年 1 季度	783 500	0	0	16. 7	0	0
	2015 年 2 季度	860 500	0	0	6. 6	0	0
	2015 年 3 季度	829 700	0	0	3	0	0
	2015 年 4 季度	655 300	0	0	−15. 4	0	0
天津	2015 年 1 季度	42 190	0	0	8. 4	0	0
	2015 年 2 季度	30 880	0	0	−37. 5	0	0
	2015 年 3 季度	25 760	0	0	−38. 2	0	0
	2015 年 4 季度	36 140	0	0	−14. 7	0	0
山东	2015 年 1 季度	3 738 400	160 000	280	12. 8	100	−41. 7
	2015 年 2 季度	3 667 900	150 000	580	11. 7	−6. 3	−83. 5
	2015 年 3 季度	3 340 600	150 000	3 700	−5. 3	−6. 3	5. 1
	2015 年 4 季度	3 175 500	200 000	280	−10. 4	25	−91. 5

(续表)

地区	时间	养殖面积			养殖面积同比增幅(%)		
		工厂化(m^2)	网箱(m^2)	池塘(亩)	工厂化	网箱	池塘
江苏	2015年1季度	334 100	0	100	-6.2	0	0
	2015年2季度	334 100	0	100	-7.5	0	-80
	2015年3季度	334 100	0	100	-7.5	0	0
	2015年4季度	328 500	0	100	-7	0	0
福建	2015年1季度	8 570	101 680	0	-1.2	31.8	0
	2015年2季度	0	27 200	0	0	27.4	0
	2015年3季度	0	0	0	0	0	0
	2015年4季度	6 430	71 728	0	-60.5	-29.5	0
总计	2015年1季度	6 997 460	261 680	380	8.1	239.3	-34.5
	2015年2季度	6 935 580	197 200	7 680	5.3	-2.1	-4.2
	2015年3季度	6 586 160	170 000	10 800	-3.3	-5.6	60.7
	2015年4季度	6 285 370	291 728	2 380	-7.6	11.5	-62.7

2.1.2 山东、辽宁产业集聚比较凸显,两省的主体地位仍未发生变动

从表1的数据可以看出,2015年以山东、辽宁为鲆鲽类最主要产区的格局和往年相比未发生变动(图1),但不同地区的养殖面积变动情况各不相同。

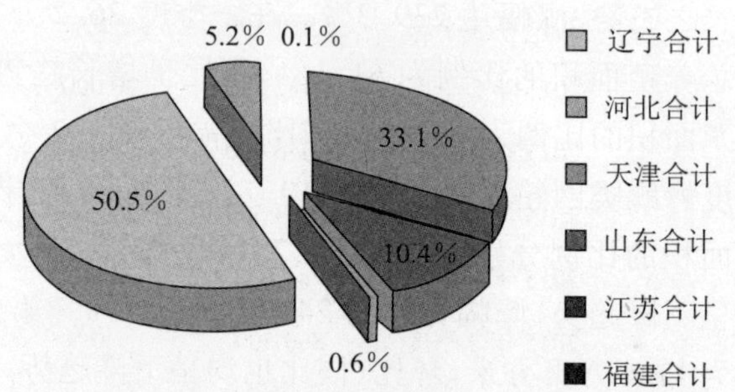

图1 2015年第四季度跟踪调查区域鲆鲽类工厂化养殖面积各地区分布情况

首先看山东。2015年山东跟踪调查区域鲆鲽类工厂化养殖面积同比先增后减,其中第一季度同比增长12.8%,第二季度同比涨幅为11.7%,第三、第四季度同比呈下降趋势,降幅分别为5.3%及10.4%。

其次看辽宁。2015年辽宁跟踪调查区域鲆鲽类工厂化养殖面积总体保持在200.0万平方米左右,同比基本持平。

再次看河北。2015年河北鲆鲽类工厂化养殖面积同比先增后减,第一季度的养殖面积为78.4万平方米,同比上涨16.7%,第二季度养殖面积为86.1万平方米,同比涨幅为6.6%,第三季度养殖面积为83.0万平方米,同比涨幅为3.0%,第四季度养殖面积为65.5万平方米,同比呈下降趋势,降幅为15.4%。

在天津产区,2015年天津跟踪调查区域鲆鲽类工厂化养殖面积同比变动趋势也呈先增后减之态势,第一季度的养殖面积为4.2万平方米,同比增长8.4%,第二季度养殖面积为

3.1万平方米，同比下降37.5%，第三季度养殖面积为2.6万平方米，同比下降38.2%，第四季度养殖面积为3.6万平方米，同比降幅为14.7%。

最后看江苏和福建。2015年第一至第四季度，江苏鲆鲽类工厂化养殖面积均为33.0万平方米左右，同比呈下降趋势，降幅分别为6.2%、7.5%、7.5%及7.0%。福建仅第一季度和第四季度有工厂化养殖，其养殖面积分别为8 570.0平方米及6 430.0平方米，同比也呈下降趋势，即第一季度微幅下降1.2%，第四季度降幅达60.5%。

2015年跟踪调查区域鲆鲽类工厂化养殖面积与2013年同期相比的变动趋势为：第一季度增长10.7%，从各地区的变动情况来看：河北大幅增长93.0%，山东上涨12.7%，福建涨幅为2.7%，天津、江苏、辽宁分别下降56.2%、8.4%及1.8%。第二季度上涨9.0%，其中，河北涨幅为79.6%，山东上涨10.5%，辽宁、天津、江苏则分别下降3.9%、58.3%及8.4%。第三季度微幅增长0.6%，各地区的变动情况为，辽宁增长0.4%，河北涨幅为16.8%，天津、山东、江苏则分别下降56.8%、0.5%及9.1%。第四季度呈下降趋势，降幅为3.8%，从各地区的变动情况看：辽宁的养殖面积与2013年同期基本持平，河北、天津、山东、江苏及福建分别下降8.5%、25.4%、3.9%、10.6%及62.5%。

2.1.3 网箱养殖面积年内环比先减后增，从长期看增减各异

与往年相比，2015年跟踪调查区域鲆鲽类网箱养殖的地区分布均未发生变动，仍分布于辽宁、山东及福建。2015年第一季度，鲆鲽类网箱养殖面积为26.2万平方米，同比呈大幅增长之态势，涨幅达239.3%。在一季度26.2万平方米的网箱养殖面积中，山东的养殖面积占总养殖面积的比例为61.1%，同比呈增长趋势，涨幅为12.8%。福建网箱养殖面积占总养殖面积的比例为38.9%，同比微幅下降1.2%。2015年第一季度，辽宁无网箱养殖。第二季度鲆鲽类网箱养殖面积为19.7万平方米，辽宁、山东和福建均有养殖，其养殖面积占总养殖面积的比例分别为10.1%、76.1%及13.8%。第二季度鲆鲽类网箱养殖面积环比、同比均呈下降趋势，降幅分别为24.6%及2.1%。第三季度仅辽宁和山东有网箱养殖，养殖总面积为17.0万平方米，环比、同比也均呈下降趋势，降幅分别为13.8%及5.6%。第四季度，辽宁、山东、福建均有网箱养殖，其养殖面积合计为29.2万平方米，环比增长71.6%，同比涨幅为11.5%。

2015年跟踪调查区域鲆鲽类网箱养殖面积与2013年同期相比也呈现出先增后减再增之态势，即第一季度大幅增长279.0%，第二、第三季度分别下降15.2%及17.5%，第四季度增长17.7%。

2.1.4 池塘养殖面积年内环比先增后减，长期看池塘养殖面积呈下降趋势

2015年第一季度跟踪调查区域鲆鲽类池塘养殖面积为380亩[①]，分别分布于山东及江苏，同比呈下降趋势，降幅为34.5%，与2013年同期相比下降56.8%。第二季度养殖面积为7 680.0亩，其主要分布在辽宁，辽宁的池塘养殖面积为7 000亩，占总养殖面积的比例

① 亩为非法定单位，考虑到生产实际，本书继续保留，1亩=666.7 m^2

为 91.1%;另外,山东和江苏的养殖面积分别为 280 亩和 100 亩,占总养殖面积的比重分别为 7.6% 及 1.3%。2015 年第二季度,跟踪调查区域鲆鲽类池塘养殖面积同比呈下降趋势,降幅为 4.2%,与 2013 年同期相比增长 5.5%。第三季度鲆鲽类池塘养殖面积为 10 800 亩,同比增长 60.7%,与 2013 年同期相比涨幅为 48.4%。第四季度鲆鲽类池塘养殖面积为 2 380.0 亩,同比呈下降趋势,降幅为 62.7%,与 2013 年同期相比下降 50.2%。

2.2 各品种工厂化养殖面积的变动情况及其地区分布

根据体系各综合试验站及烟台水产研究所的调查数据显示,2015 年我国鲆鲽类主产区有工厂化养殖的品种分别大菱鲆、牙鲆、半滑舌鳎、星突江鲽、漠斑牙鲆及星川斑鲽。不同品种养殖面积变动情况及其区域分布见表 2。从工厂化养殖品种的种类、结构和变动情况看,具有以下几个特点:

2.2.1 大菱鲆、牙鲆、半滑舌鳎仍是主养品种,大菱鲆的主导地位进一步加强

2015 年第四季度,跟踪调查区域鲆鲽类总的工厂化养殖面积为 628.5 万平方米,环比下降 4.6%,同比降幅为 7.6%,与 2013 年同期相比降幅为 3.8%。2015 年第四季度,大菱鲆养殖面积为 553.2 万平方米,占总养殖面积的比例为 88.0%;牙鲆养殖面积为 24.7 万平方米,占总养殖面积的比例为 3.9%;半滑舌鳎养殖面积为 49.6 万平方米,占比为 7.9%。2015 年第四季度,鲆鲽类三大主要养殖品种的工厂化养殖面积合计占鲆鲽类工厂化养殖总面积的比例为 99.8%。

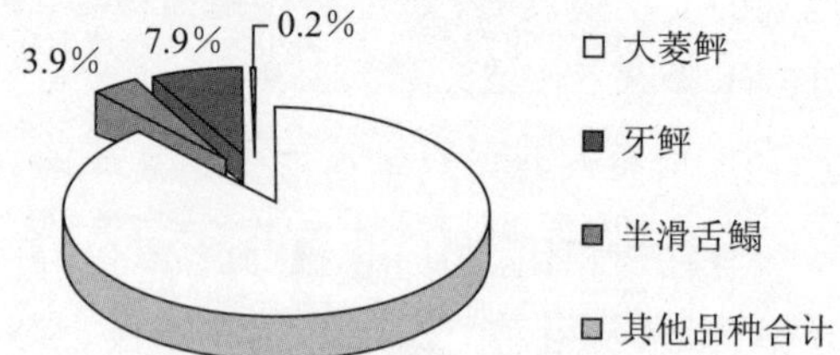

图 2 2015 年第四季度跟踪调查区域鲆鲽类各养殖品种工厂化养殖面积构成情况

结合表 2 从同比的情况看,在 2015 年第四季度三大主要养殖品种中,大菱鲆的养殖面积先增后减,牙鲆及半滑舌鳎的养殖面积有所下降,其他小品种的养殖面积也均呈下降趋势。

表 2 跟踪调查区域鲆鲽类工厂化养殖各品种养殖面积变动情况(单位:平方米)

地区	时间	大菱鲆	牙鲆	半滑舌鳎	星突江鲽	漠斑牙鲆	星川斑鲽	总 计
辽宁	2013 年第四季度	2 072 000	9 000	0	0	0	0	2 081 000
	2014 年第四季度	2 063 000	8 500	0	0	0	0	2 071 500
	2015 年第四季度	2 078 000	5 500	0	0	0	0	2 083 500
河北	2013 年第四季度	437 000	178 000	101 000	0	0	0	716 000
	2014 年第四季度	497 000	177 700	99 500	0	0	0	774 200
	2015 年第四季度	396 000	176 300	83 000	0	0	0	655 300

（续表）

地区	时间	大菱鲆	牙鲆	半滑舌鳎	星突江鲽	漠斑牙鲆	星川斑鲽	总　计
天津	2013 年第四季度	20 130	12 720	15 600	0	0	0	48 450
	2014 年第四季度	20 520	11 600	10 250	0	0	0	42 370
	2015 年第四季度	10 000	2 800	23 340	0	0	0	36 140
山东	2013 年第四季度	2 531 600	61 500	689 500	17 000	0	5 400	3 305 000
	2014 年第四季度	2 741 600	61 000	722 500	17 000	0	3 400	3 545 500
	2015 年第四季度	2 722 500	56 000	387 000	10 000	0	0	3 175 500
江苏	2013 年第四季度	307 100	0	50 000	7 500	3 000	0	367 600
	2014 年第四季度	330 100	0	21 000	0	2 000	0	353 100
	2015 年第四季度	325 000	0	2 500	0	1 000	0	328 500
福建	2013 年第四季度	0	17 160	0	0	0	0	17 160
	2014 年第四季度	0	16 285	0	0	0	0	16 285
	2015 年第四季度	0	6 430	0	0	0	0	6 430
总计	2013 年第四季度	5 367 830	278 380	856 100	24 500	3 000	5 400	6 535 210
	2014 年第四季度	5 652 220	275 085	853 250	17 000	2 000	3 400	6 802 955
	2015 年第四季度	5 531 500	247 030	495 840	10 000	1 000	0	6 285 370

2015 年第四季度，大菱鲆工厂化养殖面积为 553. 2 万平方米，同比呈下降趋势，降幅为 2. 1％，与 2013 年同期相比呈增长趋势，涨幅为 3. 0％。牙鲆养殖面积为 24. 7 万平方米，同比下降 10. 2％，与 2013 年同期相比，降幅为 11. 3％。半滑舌鳎养殖面积为 49. 6 万平方米，同比下降 41. 9％，与 2013 年同期相比降幅为 42. 1％。在小品种养殖中，星突江鲽的养殖面积为 10 000. 0 平方米，同比呈下降趋势，降幅为 41. 2％，与 2013 年同期相比下降 59. 2％。漠斑牙鲆的养殖面积为 1 000. 0 平方米，同比下降 50. 0％，与 2013 年同期相比降幅为 66. 7％。

2.2.2　大菱鲆养殖面积年内有增有减，长期看呈增长趋势

跟踪调查数据显示，2015 年第一季度大菱鲆工厂化养殖面积为 598. 9 万平方米，第二季度养殖面积为 579. 2 万平方米，环比下降 3. 3％，第三季度大菱鲆工厂化养殖面积为 585. 6 万平方米，环比微幅增长，第四季度大菱鲆工厂化养殖面积为 553. 2 万平方米，环比呈下降趋

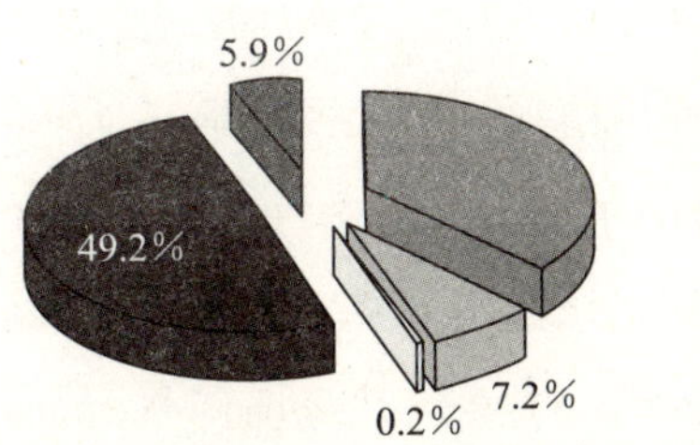

图 3　2015 年第四季度跟踪调查区域大菱鲆工厂化养殖面积分布情况

势,降幅为5.5%。2015年大菱鲆工厂化养殖面积同比呈先增后减之态势,即第一季度增长18.3%,第二季度增长6.2%,第三季度上涨3.3%,第四季度呈下降趋势,降幅为2.1%。与2013年同期相比均呈增长趋势,即第一季度增长13.3%,第二季度涨幅为9.5%,第三季度上涨8.8%,第四季度涨幅为3.0%。从各地区分布情况看,在2015年第四季度大菱鲆的总养殖面积中,山东大菱鲆的工厂化养殖面积占总养殖面积的比重为49.2%,辽宁占37.6%,河北占7.2%,江苏占5.9%,天津占0.2%。

2.2.3 牙鲆养殖面积年内先减后增,长期发展情况看增减各异

2015年第一季度,跟踪调查区域牙鲆工厂化养殖面积为29.6万平方米,第二季度牙鲆工厂化养殖面积下降为21.6万平方米,环比降幅为27.1%,第三季度牙鲆工厂化养殖面积持续下降,环比降幅为0.6%,第四季度牙鲆工厂化养殖面积为24.7万平方米,环比呈增长趋势,涨幅为15.1%。2015年第一至第四季度,牙鲆工厂化养殖面积同比的变动趋势为先增、后减。即第一季度同比增长17.3%,第二、第三、第四季度分别下降18.5%、16.5%及10.2%。与2013年同期相比第一季度大幅增长55.3%,第二季度持平,第三、第四季度分别下降19.6%及11.3%。从各地分布情况来看,在2015年第四季度跟踪调查区域24.7万平方米的牙鲆工厂化养殖面积中,河北的牙鲆工厂化养殖面积占总养殖面积的比重最大,为71.4%,其次是山东,占比为22.7%,最后是辽宁、天津及福建,占比分别为2.2%、1.1%及2.6%。

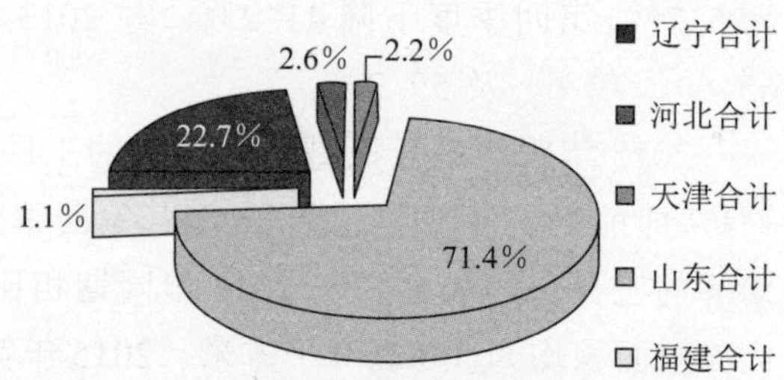

图4 2015年第四季度跟踪调查区域牙鲆工厂化养殖面积分布情况

2.2.4 半滑舌鳎养殖面积环比、同比均呈下降趋势

2015年跟踪调查区域半滑舌鳎工厂化养殖面积第一季度为68.8万平方米,占本季度跟踪示范区县鲆鲽类工厂化总养殖面积的比例7.7%,同比呈下降趋势,降幅为13.6%,与2013年同期相比下降14.5%。第二季度半滑舌鳎工厂化养殖面积为58.2万平方米,环比下降15.4%,同比降幅为30.4%,与2013年同期相比下降29.1%。第三季度养殖面积为50.5万平方米,环比降幅为13.3%,同比下降42.3%,与2013年同期相比降幅为41.5%。第四季度半滑舌鳎工厂化养殖面积为49.6万平方米,环比微幅下降1.8%,同比降幅为41.9%,与2013年同期相比降幅为42.1%。结合2014年及2013年的数据来看,半滑舌鳎工厂化养殖面积持续缩减。从区域分布情况看,半滑舌鳎养殖分别分布在山东、河北、天津及江苏。在2015年第四季度49.6万平方米的半滑舌鳎工厂化养殖面积中,山东的养殖面积最大,占比

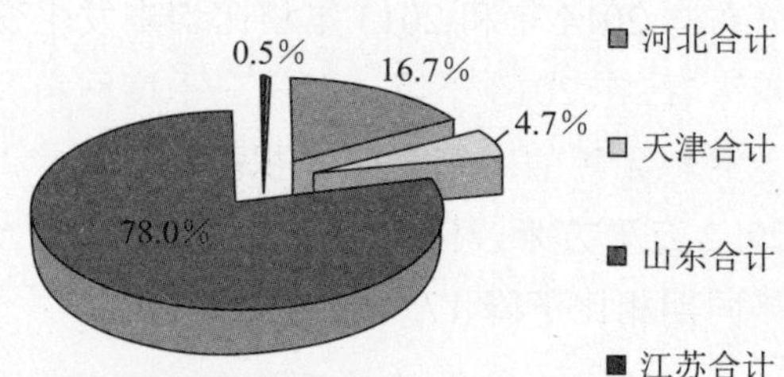

图5 2015年第四季度跟踪调查区域半滑舌鳎各地区工厂化养殖面积分布情况

为 78. 11%；其次是河北，占比为 16. 7%；再次是天津，占 4. 7%；最后为江苏，占 0. 5%。

2.2.5　星突江鲽、漠斑牙鲆、星川斑鲽小品种养殖面积变动情况

2015 年跟踪调查区域有工厂化养殖的小品种分别为星突江鲽、漠斑牙鲆、星川斑鲽三个品种。其中星突江鲽第一至第四季度都有养殖，其养殖面积第一季度为 17 000. 0 平方米，第二季度为 9 000. 0 平方米，第三季度养殖面积为 5 000. 0 平方米，第四季度养殖面积为 10 000. 0 平方米。2015 年第一至第四季度，跟踪调查区域星突江鲽的工厂化养殖面积年内环比的变动趋势为先减后增，同比第一季度持平，第二季度下降 47. 1%，第三季度降幅为 5. 7%，第四季度下降 41. 2%。与 2013 年同期相比均呈下降趋势，降幅分别为 37. 0%、65. 6%、79. 6%及 59. 2%。

2015 年跟踪调查区域漠斑牙鲆的工厂化养殖面积均为 1 000. 0 平方米，同比均呈下降趋势，即前三季度分别下降 80. 0%，第四季度降幅为 50. 0%。2015 年第一至第四季度，漠斑牙鲆的工厂化养殖面积与 2013 年同期相比分别下降 66. 7%，2013 年同期漠斑牙鲆的工厂化养殖面积均为 3 000. 0 平方米。2015 年第一季度，星川斑鲽的工厂化养殖面积为 5 800. 0 平方米，第二季度其养殖面积下降为 4 800. 0 平方米，第三季度星川斑鲽的工厂化养殖面积与第二季度持平。2015 年第一至第三季度，星川斑鲽的工厂化养殖面积同比第一季度下降 21. 6%，第二、第三季度分别增长 9. 1%及 41. 2%。与 2013 年同期相比均呈下降趋势，降幅分别为 43. 7%、35. 1%及 11. 1%。2015 年第四季度，跟踪调查区域无星川斑鲽养殖。

2. 3　各品种网箱和池塘养殖面积变动情况

2.3.1　各品种网箱养殖面积变动情况

跟踪调查数据显示，2015 年有网箱养殖的品种为大菱鲆和牙鲆，这种养殖模式的品种分布与 2014 年和 2013 年相比均未发生变动。就跟踪调查区域大菱鲆和牙鲆的网箱养殖面积来看，在 2015 年第一至第三季度网箱养殖面积中，牙鲆的养殖面积高居首位，第四季度大菱鲆和牙鲆的网箱养殖面积基本持平。2015 年第四季度大菱鲆、牙鲆的网箱养殖总面积为 29. 2 万平方米，环比呈增长趋势，涨幅为 71. 6%，同比呈下降趋势，降幅为 11. 5%，与 2013 年同期相比下降 17. 7%。

2.3.2　各品种池塘养殖面积变动情况

2015 年第四季度，跟踪调查区域鲆鲽类池塘养殖面积为 2 380. 0 亩，同比呈下降趋势，降幅为 62. 7%，与 2013 年同期相比也呈下降趋势，降幅为 50. 2%。2015 年第四季度，鲆鲽类池塘养殖面积分别分布于辽宁、山东及江苏。在 2 380. 0 亩的池塘总养殖面积中，辽宁的养殖面积为 2 000. 0 亩，占总养殖面积的比例为 84. 0%，同比下降 33. 3%，与 2013 年同期持平。山东的养殖面积为 280. 0 亩，占总养殖面积的比例为 11. 8%，同比下降 91. 5%，与 2013 年同期相比降幅为 87. 7%。江苏的养殖面积为 100. 0 亩，占总养殖面积的比例为 4. 2%，与 2014 年同期持平，与 2013 年同比降幅为 80. 0%。从养殖品种看，2015 年第四季

度跟踪调查区域鲆鲽类有池塘养殖的品种为牙鲆和漠斑牙鲆，其养殖面积分别为 2 280.0 亩及 100.0 亩。

3　2015 年跟踪调查区域鲆鲽类成鱼养殖存量变动情况

与往年一样，为了叙述方便，下文中统一将 1 两以下（平均 25 克/条）、1～3 两（平均 2 两/条）、3～7 两（平均半斤/条）、7 两～1 斤（平均 0.85 斤/条）[①]、1～1.5 斤（平均 1.25 斤/条）、1.5～2.0 斤（平均 1.75 斤/条）、2 斤以上（平均 2.5 斤/条）规格的鱼分别称为鱼苗、小鱼、中鱼、大鱼、标准商品鱼、大商品鱼及超大商品鱼。

3.1　鲆鲽类产品总存量分布状况

从跟踪调查区域鲆鲽类成鱼养殖存量变动情况看，2015 年鲆鲽类产品季末总存量年内环比有增有减，同比持续下降[②]。2015 年跟踪调查区域鲆鲽类产品存量变动情况见表 3。从表中可以看出，2014 年年底跟踪调查区域鲆鲽类产品总存量为 45 101.0 吨；2015 年第一季度末存量下降为 41 611.0 吨，环比降幅为 7.7%；第二季度末存量继续下降，为 41 114.0 吨，环比降幅为 1.2%；第三季度末鲆鲽类总存量为 42 546.0 吨，环比呈增长趋势，涨幅为 3.5%；第四季度末鲆鲽类总存量为 42 310.0 吨，环比微幅下降 0.6%。从表 4 也可以看出，2015 年第一至第四季度，跟踪调查区域鲆鲽类产品季末总存量变动情况与往年一样，完全取决于三大主要养殖品种存量的变动，而在三大主要养殖品种中，大菱鲆则为主要贡献者。

表 3　2015 年跟踪调查区域鲆鲽类主要产品存量变动情况（单位：吨）

品种	2014 年年末	2015 年第一季度	2015 年第二季度	2015 年第三季度	2015 年第四季度
大菱鲆	35 320	33 625	32 345	33 658	34 625
牙鲆	5 265	4 021	4 958	5 380	4 180
半滑舌鳎	4 226	3 691	3 703	3 407	3 384
三大品种合计	44 811	41 337	41 006	42 445	42 198
所有产品合计	45 101	41 611	41 114	42 546	42 310

从长期发展趋势看，2015 年第一至第四季度，鲆鲽类产品的季末总存量同比均呈下降趋势，降幅分别为 3.9%、11.6%、3.4%及 6.2%。与 2013 年同期相比，第一、第二季度微幅增长 1.1%及 1.2%，第三、第四季度呈下降趋势，降幅为 3.1%及 4.3%。

---

① 斤、两为非法定单位，考虑到生产实际，本书继续保留，1 斤 =500 克，1 两 =50 克。

② 本报告因赣榆县的季末存量没有填写，考虑到数据的可比性，故在本报告的存量分析中，不包含赣榆县的数据。望有关各方在与前面的报告相比时，请注意调查区域变动带来的影响。谢谢！

3.2　大菱鲆存量分布状况

大菱鲆季末存量年内环比先减后增，同比均呈下降趋势。2015 年大菱鲆季末存量年内环比先减后增，即第一季度大菱鲆的季末存量为 33 625. 0 吨；第二季度末存量为 32 345. 0 吨，环比呈下降趋势，降幅为 3. 8%；第三季度末存量为 33 658. 0 吨，环比呈增长趋势，涨幅为 4. 1%；第四季度末存量为 34 625. 0 吨，环比增长 2. 9%。2015 年度大菱鲆的季末总存量同比均呈下降趋势，即第一季度下降 8. 4%，第二季度下降 11. 1%，第三季度下降 1. 9%，第四季度降幅为 2. 0%。从长期发展趋势看，2015 年第一至第四季度，大菱鲆季末存量与 2013 年同期相比也均呈下降趋势，降幅分别为 5. 2%、5. 9%、4. 0%及 4. 1%。

从不同规格的产品存量分析，2015 年大菱鲆各规格产品存量变动特点分别如下：

小苗：第一季度末大菱鲆的小苗存量为 1 271. 0 吨，环比、同比均呈增长趋势，环比涨幅为 46. 6%，同比微幅增长 1. 0%，与 2013 年同期相比也呈增长趋势，涨幅为 7. 5%。第二季度末存量为 1 122. 0 吨，环比、同比均呈下降趋势，降幅 11. 7%及 4. 2%，与 2013 年同期相比下降 22. 6%。第三季度末存量为 1 066. 0 吨，环比仍呈下降趋势，降幅为 5. 0%，同比微幅增长 2. 6%，与 2013 年同期相比基本持平。第四季度末大菱鲆小苗存量为 1 048. 0 吨，环比下降 1. 7%，同比呈上涨趋势，涨幅为 20. 9%，与 2013 年同期相比下降 23. 1%。

小鱼：2015 年第一季度，大菱鲆小鱼存量为 3193. 0 吨，环比、同比均呈下降趋势，降幅分别为 3. 3%及 2. 1%，与 2013 年同期相比也呈下降趋势，降幅为 1. 8%。第二季度末小鱼存量为 3 394. 0 吨，环比增长 6. 3%，同比涨幅为 2. 7%，与 2013 年同比下降 3. 8%。第三季度末存量为 3 722. 0 吨，环比增长 9. 7%，同比涨幅为 16. 2%，与 2013 年同期相比下降 9. 5%。第四季度大菱鲆小鱼规格的产品季末存量为 3 647. 0 吨，环比下降 2. 0%，同比增长 10. 4%，与 2013 年同期相比涨幅为 15. 3%。

中鱼：2015 年第一季度末到第四季度末，达到中鱼规格的大菱鲆存量呈先增后减之态势，即第一季度末的产品存量为 5 978. 0 吨，第二季度末存量增长为 6154. 0 吨，第三季度末其存量继续增长为 6 789. 0 吨，年内环比涨幅分别为 2. 9%及 10. 3%，第四季度末存量为 6 179. 0 吨，环比呈下降趋势，降幅为 9. 0%。2015 年第一至第四季度，达到中鱼规格的大菱鲆季末存量同比均呈下降趋势，降幅分别为 12. 4%、10. 3%、4. 0%及 13. 5%。与 2013 年同期相比也均呈下降趋势，降幅分别为 11. 7%、5. 3%、5. 3%及 31. 6%。

大鱼：2015 年第一季度末，达到大鱼规格的产品存量为 9 533. 0 吨，第二季度末存量微幅增长 2. 0%，第三季度大菱鲆大鱼季末存量为 9 961. 0 吨，环比涨幅为 2. 5%，第四季度末存量与第三季度末持平。2015 年第一至第四季度，大菱鲆大鱼季末存量同比均呈下降趋势，降幅分别为 18. 1%、7. 6%、6. 0%及 3. 8%。与 2013 年同期相比，前三季度均呈增长趋势，涨幅分别为 1. 3%、10. 3%及 3. 4%，第四季度则下降 4. 2%。

标准商品鱼：2015 年第一至第四季度，达到标准商品鱼规格的大菱鲆季末存量变动情况增减各异。即第一季度末大菱鲆标准商品鱼存量为 10 385. 0 吨，环比呈增长趋势，涨幅为 1. 1%，同比增长 5. 4%，与 2013 年同期相比增长 7. 0%。第二季度末存量下降为 8 181. 0 吨，

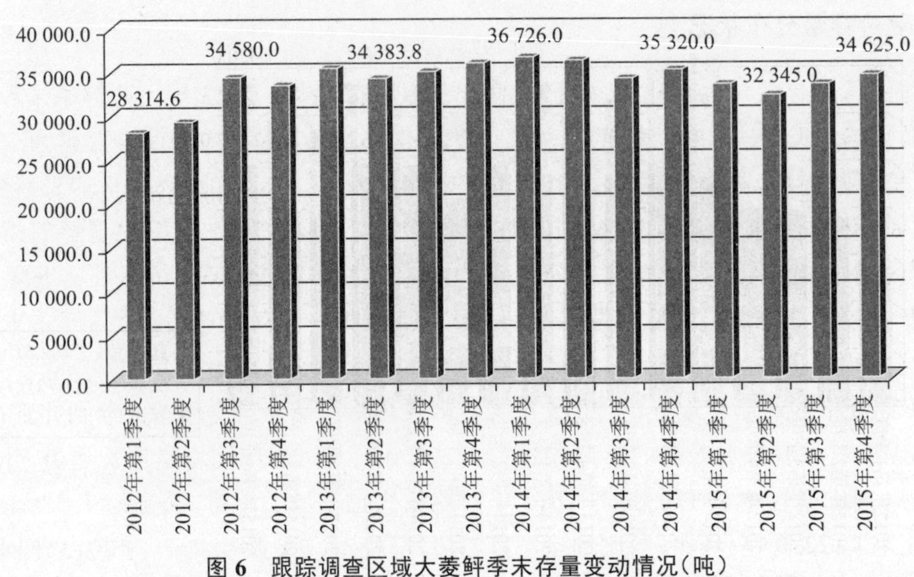

图 6　跟踪调查区域大菱鲆季末存量变动情况(吨)

环比降幅为 21.2%，同比也呈下降趋势，降幅为 20.6%，与 2013 年同期相比下降 19.9%。第三季度末存量为 8 328.0 吨，环比微幅增长 1.8%，同比下降 6.1%，与 2013 年同期相比降幅为 13.6%。第四季度末存量为 10 288.0 吨，环比呈增长趋势，涨幅为 23.5%，同比基本持平，与 2013 年同期相比增长 15.3%。

大商品鱼:2015 年达到大商品鱼规格的产品季末存量年内变动趋势为先减后增再减，即第一季度末存量为 1 996.0 吨，第二季度下降为 1 949.0 吨，环比降幅为 2.4%，第三季度末存量开始回升，为 2 256.0 吨，环比涨幅为 15.8%，第四季度末存量为 2 082.0 吨，环比呈下降趋势，降幅为 7.7%。2015 年第一至第四季度，大菱鲆大商品鱼季末存量同比均呈下降趋势，降幅分别为 18.0%、35.2%、6.4%及 12.9%。与 2013 年同期相比，第一、第二季度分别下降 51.3%及 27.6%，第三、第四季度分别增长 3.0%及 22.2%。

超大商品鱼，2015 年第一至第四季度，这一规格的大菱鲆季末存量年内环比先增后减，即第一季度末存量为 1 270.0 吨，第二季度末上涨为 1 825.0 吨，环比涨幅为 43.7%，第三季度末存量下降为 1 536.0 吨，环比降幅为 15.8%，第四季度末存量继续下降，为 1 420.0 吨，环比降幅为 7.6%。2015 年第一至第四季度，大菱鲆超大商品鱼的季末存量同比的变动趋势为，第一季度下降 13.5%，第二、第三、第四季度分别上涨 53.1%、37.8%及 43.0%。与 2013 年同期相比前三季度均呈增长趋势，涨幅分别为 19.3%、53.4%及 21.4%，第四季度呈下降趋势，降幅为 6.0%。

总体来看，2015 年第一季度末到第四季度末，达到商品鱼规格的所有商品鱼的总存量(从标准商品鱼到超大规格商品鱼合计)年内环比也呈现出先减、后增的变动趋势，即第一季度末存量合计为 13 651.0 吨，第二季度末存量为 11 955.0 吨，环比下降 12.4%，第三季度末存量为 12 120.0 吨，环比涨幅为 1.4%，第四季度末存量继续增长为 13 790.0 吨，环比涨幅为 13.8%。同比前三季度均呈下降趋势，降幅分别为 0.7%、17.6%及 2.2%，第四季度同

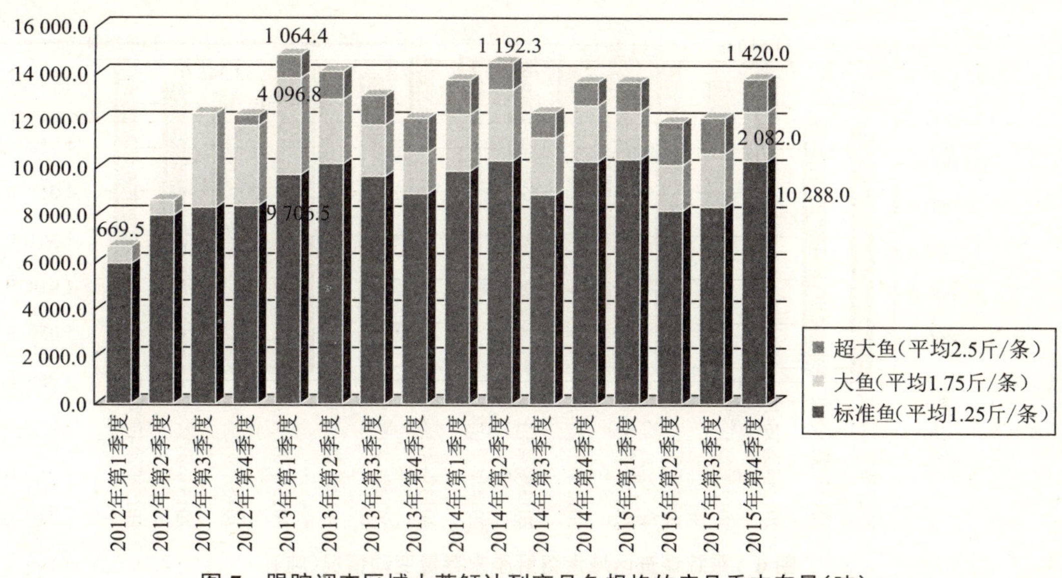

图 7　跟踪调查区域大菱鲆达到商品鱼规格的产品季末存量(吨)

比微幅增长 1. 0%。与 2013 年同期相比，前三季度分别下降 8. 2%、15. 2% 及 7. 4%，第四季度增长 13. 6%。

3. 3　牙鲆存量分布状况

牙鲆季末总存量环比、同比均呈先增后减之态势。2015 年在牙鲆各种规格产品季末存量的综合作用下，跟踪调查区域牙鲆的季末存量呈先增后减之态势。即 2015 年第一季度末牙鲆总存量为 4 021. 0 吨，第二季度存量增长为 4 958. 0 吨，环比涨幅为 23. 3%，第三季度末存量持续增长为 5 380. 0 吨，环比涨幅为 8. 5%，第四季度末牙鲆存量为 4 180. 0 吨，环比减少 1 200. 0 吨，降幅为 22. 3%。从长期发展趋势看，2015 年牙鲆季末总存量同比的变动趋势也呈先增后减之态势，即前三季度分别增长 63. 4%、23. 5% 及 6. 5%，第四季度同比下降 20. 6%。而与 2013 年同期相比则均呈增长趋势，涨幅分别为 67. 9%、77. 3%、18. 4% 及 4. 0%。

表 4　跟踪调查区域牙鲆各养殖模式季末产品存量合计(吨)

季　度	平均 25 g /条	平均 2 两 /条	平均 0. 5 斤 /条	平均 0. 85 斤/条	平均 1. 25 斤/条	平均 1. 75 斤/条	平均 2. 5 斤 /条	合　计
2012 年第 1 季度	106. 0	25. 0	200. 4	503. 9	1309. 5	38. 0	0. 0	2 182. 8
2012 年第 2 季度	58. 2	282. 5	1 272. 1	1 224. 9	625. 1	44. 0	16. 0	3 522. 7
2012 年第 3 季度	17. 4	189. 3	1 146. 3	1 031. 9	905. 3	655. 6	0. 0	3 945. 7
2012 年第 4 季度	11. 0	69. 0	314. 0	589. 0	1 544. 0	89. 0	461. 0	3 078. 0
2013 年第 1 季度	24. 8	63. 0	145. 9	417. 2	639. 4	634. 1	470. 3	2 394. 7
2013 年第 2 季度	175. 1	717. 0	373. 8	262. 7	420. 5	282. 7	563. 9	2 795. 7

(续表)

季 度	平均 25 g /条	平均 2 两 /条	平均 0.5 斤 /条	平均 0.85 斤/条	平均 1.25 斤/条	平均 1.75 斤/条	平均 2.5 斤 /条	合 计
2013 年第 3 季度	77.6	490.3	1 652.1	1255.0	197.8	263.5	607.4	4 543.7
2013 年第 4 季度	14.0	295.0	1 154.0	764.0	772.0	538.0	481.0	4 019.0
2014 年第 1 季度	15.8	181.9	749.6	516.7	591.3	90.4	315.3	2 461.0
2014 年第 2 季度	45.0	372.5	1 472.9	1 092.4	645.4	55.5	331.2	4 014.9
2014 年第 3 季度	21.4	120.4	1 512.1	1 320.0	1 432.2	231.3	412.6	5 050.0
2014 年第 4 季度	13.0	73.0	1 187.0	1 636.0	1 949.0	205.0	202.0	5 265.0
2015 年第 1 季度	13.0	61.0	324.0	1 011.0	1 460.0	982.0	170.0	4 021.0
2015 年第 2 季度	19.0	34.0	1 285.0	1 086.0	1 002.0	1 218.0	314.0	4 958.0
2015 年第 3 季度	81.0	104.0	337.0	1 681.0	1 718.0	1 238.0	220.0	5 380.0
2015 年第 4 季度	10.0	71.0	370.0	1 127.0	1 134.0	1 337.0	131.0	4 180.0

2015 年牙鲆达到商品鱼规格的产品存量年内环比呈先减后增再减之态势。即 2015 年第一季度末,达到商品鱼规格的产品存量为 2 612.0 吨;第二季度末产品存量为 2 534.0 吨,环比呈下降趋势,降幅为 3.0%;第三季度末达到商品鱼规格的牙鲆季末存量为 3 176.0 吨,环比增长 25.3%,第四季度末达到标准商品鱼规格的牙鲆存量为 2 602.0 吨,环比减少了 574.0 吨,降幅为 18.1%。从长期发展情况看,2015 年达到商品鱼规格的牙鲆存量持续增长,即 2015 年第一至第四季度,达到商品鱼规格的牙鲆季末存量同比第一、第二季度大幅增长 162.0%及 145.5%,第三季度涨幅为 53.0%,第四季度上涨 10.4%。而与 2013 年同期相比,也均呈增长趋势,其中第一季度增长 49.8%,第二季度涨幅为 99.9%,第三季度大幅增长 197.2%,第四季度涨幅为 45.3%。

3.4 半滑舌鳎存量分布状况

半滑舌鳎季末存量环比先增后减,同比均呈下降趋势。从跟踪调查区域半滑舌鳎养殖季末存量变动情况看,2015 年的变动特点为:半滑舌鳎各养殖模式季末总存量环比呈先增、后减之态势,同比均呈下降趋势,与 2013 年同期相比的变动趋势为先增长、后下降。

2015 年半滑舌鳎各养殖模式季末总存量环比先增后减,即从第一季度末的 3 691.0 吨,微幅增长为第二季度末的 3 703.0 吨,环比涨幅为 0.3%;第三季度半滑舌鳎的季末总存量为 3 407.0 吨,环比呈下降趋势,降幅为 8.0%;第四季度末半滑舌鳎存量为 3 384.0 吨,环比下降 0.7%。2015 年第一至第四季度,半滑舌鳎的季末存量同比均呈下降趋势,降幅分别为 0.7%、2.9%、12.3%及 19.9%。与 2013 年同期相比,第一、第二季度分别增长 22.2%及 15.2%,第三季度略微下降 1.5%,第四季度降幅为 10.6%。

表5 跟踪调查区域半滑舌鳎各养殖模式季末产品存量合计(吨)

时 间	平均25 g/条	平均2两/条	平均0.5斤/条	平均0.85斤/条	平均1.25斤/条	平均1.75斤/条	平均2.5斤/条	合 计
2013年第1季度	156.6	392.9	492.5	552.1	588.4	513.0	324.8	3 020.3
2013年第2季度	297.4	556.4	396.2	576.7	508.6	411.0	468.7	3 215.0
2013年第3季度	262.5	469.5	716.7	558.7	547.0	373.1	530.4	3 457.8
2013年第4季度	209.0	497.0	534.0	966.0	568.0	459.0	553.0	3 786.0
2014年第1季度	136.6	405.2	677.9	763.2	896.6	404.7	433.3	3 717.3
2014年第2季度	195.2	359.5	548.9	887.5	721.4	731.1	368.6	3 812.2
2014年第3季度	169.8	394.2	484.8	753.6	977.2	644.5	461.2	3 885.3
2014年第4季度	128.0	331.0	509.0	745.0	1 243.0	730.0	540.0	4 226.0
2015年第1季度	91.0	281.0	551.0	607.0	1 018.0	596.0	547.0	3 691.0
2015年第2季度	112.0	297.0	467.0	697.0	589.0	834.0	707.0	3 703.0
2015年第3季度	89.0	256.0	427.0	520.0	661.0	766.0	688.0	3 407.0
2015年第4季度	98.0	221.0	389.0	542.0	515.0	969.0	650.0	3 384.0

在半滑舌鳎季末总存量中,其主要构成分别以商品鱼(标准商品鱼——大商品鱼)、大鱼和中鱼为主,小鱼和小苗为辅。不同规格的产品存量分析如下:

商品鱼存量:2015年半滑舌鳎达到商品鱼规格(标准商品鱼+大商品鱼+超大商品鱼)的产品存量年内呈下降趋势,但降幅比较缓和。即2015年第一季度末半滑舌鳎的商品鱼存量为2 161.0吨,到第四季度末其存量为2 134.0吨,相比降幅为1.2%。从同比情况看,前三季度同比均呈增长趋势,涨幅分别为24.6%、17.0%及1.5%,第四季度同比呈下降趋势,降幅为15.1%。与2013年同期相比,第一季度增长51.5%,第二季度涨幅为53.4%,第三季度上涨45.8%,第四季度涨幅为35.1%。

大鱼存量:2015年第一季度,半滑舌鳎大鱼季末存量为607.0吨,环比呈下降趋势,降幅为18.5%;第二季度末存量为697.0吨,环比增长14.8%;第三季度末存量为520吨,环比下降25.4%;第四季度末存量为542.0吨,环比呈增长趋势,涨幅为4.2%。2015年第一至第四季度,半滑舌鳎达到大鱼规格的产品存量同比均呈下降趋势,降幅分别为20.5%、21.5%、31.0%及27.2%。与2013年同期相比,第一、第二季度呈增长趋势,涨幅分别为9.9%及20.9%,第三、第四季度则分别下降6.9%及43.9%。

中鱼存量:2015年第一季度,半滑舌鳎中鱼季末存量为551.0吨,环比增长8.3%;第二季度末存量为467.0吨,环比呈下降趋势,降幅为15.2%;第三季度末存量为427.0吨,环比降幅为8.6%;第四季度半滑舌鳎中鱼季末存量为389.0吨,环比下降8.9%。同比均呈下降趋势,即第一季度降幅为18.7%,第二季度下降14.9%,第三季度下降11.9%,第四季度降幅为23.6%。与2013年同期相比,第一、第二季度分别上涨11.9%及17.9%,第三、第四季度则分别下降40.4%及27.2%。

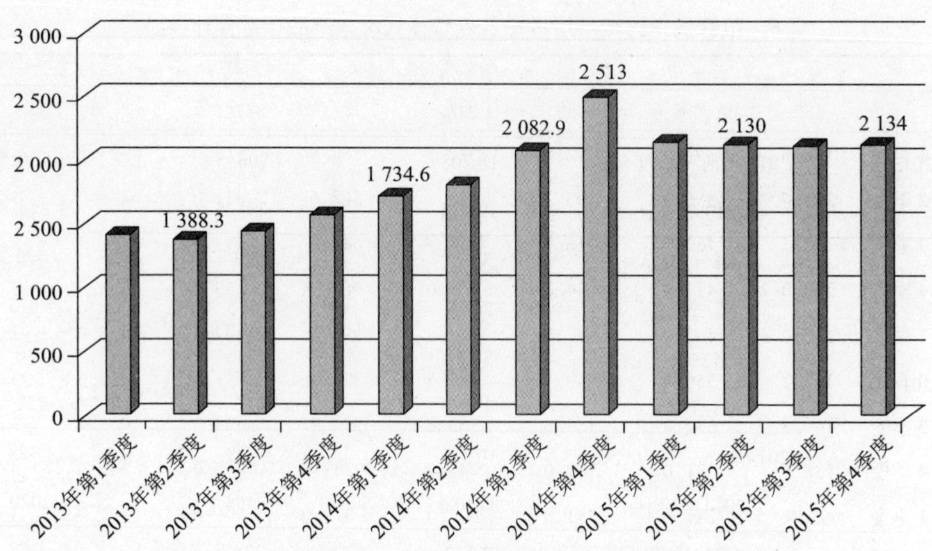

图 8　跟踪调查区域半滑舌鳎各养殖模式商品鱼季末存量(吨)
(标准商品鱼 + 大商品鱼 + 超大商品鱼)

小鱼存量:2015 年第一至第四季度,小鱼的季末存量年内环比呈先增后减之态势,从长期发展来看,均呈下降趋势。即同比分别下降 30. 7%、17. 4%、35. 1%及 33. 2%。与 2013 年同期相比,也均呈下降趋势。

小苗存量:2015 年第一季度末小苗的存量为 91. 0 吨,第二季度为 112. 0 吨,第三季度为 89. 0 吨,第四季度末为 98. 0 吨。年内环比也呈先增后减再增之态势,同比分别下降 33. 4%、42. 6%、47. 6%及 23. 4%。与 2013 年同期相比降幅为 41. 9%、62. 3%、66. 1%及 53. 1%。

综合上述存量分析可以看出,2015 年跟踪调查区域半滑舌鳎季末总存量同比均呈下降趋势。但值得注意的是,达到标准商品鱼规格的产品存量同比及与 2013 年同期相比仍在高位运行。

4　2015 年跟踪调查区域鲆鲽类苗种销量变动情况

2015 年跟踪调查区域鲆鲽类三大主要养殖品种苗种销量同比均呈下降趋势。

表 6　跟踪调查区域鲆鲽类主要养殖品种苗种销量变动情况(单位:万尾)

年 份	季 度	大菱鲆	牙 鲆	半滑舌鳎
2013	第一季度	9 355	210	143. 1
	第二季度	5 715	1 339. 5	903. 8
	第三季度	3 638	1357	490

（续表）

年份	季度	大菱鲆	牙鲆	半滑舌鳎
2013	第四季度	1 216	877	310
	2013 年前三季度合计	18 708	2 906. 5	1 536. 9
	2013 年合计	19 924	3 783. 5	1 846. 9
2014	第一季度	3 772	679	490
	第二季度	2 979	2 515	1 013
	第三季度	3 322	1 745	280
	第四季度	1 913	415	237
	2014 年前三季度合计	10 073	4 939	1 783
	2014 年合计	11 986	5 354	2020
2015	第一季度	3 132	326	197
	第二季度	3 780	2451	485
	第三季度	2 592	1 105	125
	第四季度	1 798	405	175
	2015 年前三季度合计	9 504	3 882	807
	2015 年合计	11 302	4 287	982

4.1　大菱鲆苗种销量变动

跟踪调查数据显示，2015 年第一季度，大菱鲆苗种销量为 3 132. 0 万尾；第二季度为 3 780. 0 万尾；第三季度为 2 592. 0 万尾；第四季度大菱鲆苗种销量为 1 798. 0 万尾，年内大菱鲆苗种销量先增后减。2015 年大菱鲆苗种销量总计为 11 302. 0 万尾，同比呈下降趋势，降幅为 5. 7%；与 2013 年同期相比大菱鲆苗种销量减少了 8 622. 0 万尾，降幅为 43. 3%。

4.2　牙鲆苗种销量变动

2015 年第一至第四季度，跟踪调查区域牙鲆苗种年内销量呈先增后减之态势，即第一季度销量为 326. 0 万尾；第二季度大幅增长至 2 451. 0 万尾；第三季度牙鲆苗种销量较第二季度减少 1 346. 0 万尾，环比降幅为 54. 9%；第四季度牙鲆苗种销量继续下降，环比降幅为 63. 3%。2015 年跟踪调查区域牙鲆苗种销量合计为 4 287. 0 万尾，同比呈下降趋势，降幅为 19. 9%；与 2013 年同期相比则增长了 13. 3%。

4.3　半滑舌鳎苗种销量变动

2015 年半滑舌鳎共计销售苗种 982. 0 万尾，年内环比先增后减。从长期发展情况看，2015 年半滑舌鳎苗种销量呈持续下降趋势。即 2015 年半滑舌鳎苗种总销量同比下降

51. 4%;与 2013 年同期相比降幅为 46. 8%。

5 主要养殖品种病害情况

在 2015 年第四季度 12 月份跟踪调查区域鲆鲽类养殖生产者病害报告中,腹水病、纤毛虫病、肠道白浊、烂尾病、红底病、红嘴病、寄生虫病、淋巴囊肿病、线虫病及烂鳃病等病害均有报告。而与往年一样尤其值得关注的是腹水病,在大菱鲆和牙鲆养殖中都高居首位;烂尾病在半滑舌鳎养殖病害报告中发病率最高;另外,纤毛虫病、肠道白浊在大菱鲆养殖生产中的发病率也列居前位。总之,结合鲆鲽类产业发展规模和病害发生情况来看,鲆鲽类三大主要养殖品种的病害防治工作依然任重道远。

5.1 大菱鲆病害情况

跟踪调查数据显示,在 2015 年第四季度 12 月份所跟踪调查的鲆鲽类养殖生产者中,有大菱鲆养殖的有 41 户,在 41 户的养殖生产者中,报告有病害的有 16 户,占大菱鲆总养殖户数的比重为 39. 0%。在 16 户的大菱鲆病害报告中,发病率最高的仍是腹水病,占总发病率的比例为 56. 3%;其次是红嘴病和肠道白浊,占比分别为 25. 0%;再次是红底病,其发病率占总发病率的比例为 18. 8%;再次为纤毛虫,占比 12. 5%;最后是寄生虫病、淋巴囊肿和烂鳃病,其在 16 户的大菱鲆养殖病害报告中各有一户发生,发病率分别为 6. 25%。

5.2 牙鲆病害情况

在 2015 年第四季度 12 月份所跟踪调查的鲆鲽类养殖生产者中,有牙鲆养殖的有 13 户,在 13 户的牙鲆养殖生产者中,报告有病害发生的有 3 户,占牙鲆养殖户数的比例为 23. 1%。在 3 户发生病害的养殖生产者中,其中有两户发生的病害是烂尾病及线虫病,有一户发生的病害是腹水病。

5.3 半滑舌鳎病害情况

在 2015 年第四季度 12 月份所跟踪调查的鲆鲽类养殖生产者中,有半滑舌鳎养殖的有 12 户,在 12 户的养殖生产者中,报告有病害发生的有 5 户,占半滑舌鳎总养殖户数的比例为 41. 7%。在半滑舌鳎的病害报告中,烂尾病的发病率与 2014 年同期一样,仍为最高,达 80. 0%;其次是腹水病,有两户养殖生产者报告在养殖生产过程中,有腹水病的发生;最后是红底病和寄生虫病,各有 1 户养殖生产者报告有此类病害。

6　鲆鲽类养殖生产投入要素价格变动情况

6.1　饲料价格

（1）主要品牌配合饲料价格。根据鲆鲽类产业经济岗位调查数据显示，2015年鲆鲽类养殖生产所使用的配合饲料升索、常兴、海康、七好的价格变动情况如下：

升索。根据调查的数据来看，2015年升索饲料的价格平均为16元/千克，年内价格基本平稳。2014年同期，升索饲料的平均价格为15元/千克，同比呈增长趋势，涨幅为6.7%。2013年同期，升索饲料的平均价格为14元/千克，2015年升索饲料的价格与2013年同期相比每千克涨幅为14.3%。

常兴。2015年常兴饲料的平均价格为17元/千克。2014年同期，其均价为14元/千克，同比涨幅为21.4%。2013年同期常兴饲料的均价为14.6元/千克，2015年常兴饲料的平均价格与2013年同期相比每千克涨幅为16.4%。

海康。2015年海康饲料的平均价格为15元/千克，同比增长7.1%，与2013年同期相比涨幅为10.3%。

七好。2015年度鲆鲽类专用饲料七好的均价为14元/千克，同比微幅下降，降幅为4.1%。与2013年同期相比每千克降幅为11.4%。

结合上述分析可以看出，2015年各品牌配合饲料的销售均价除七好饲料以外，同比及与2013年同期相比均呈增长趋势。

（2）冰鲜饲料鱼价格。从长期价格变动情况看，2015年度，山东玉筋鱼的平均价格为7元/千克，辽宁皮条鱼、天津皮条鱼、河北皮条鱼的平均价格为6元/千克。2015年度山东玉筋鱼、辽宁皮条鱼、天津皮条鱼、河北皮条鱼平均价格与2014年同比基本持平。

6.2　鱼苗价格

大菱鲆苗种价格：跟踪调查的数据表明，2015年跟踪调查区域大菱鲆苗种价格在0.4元/尾～2元/尾之间波动，其销售均价为1.0元/尾。2015年第一至第四季度，跟踪调查区域大菱鲆苗种销售均价与2014年同期持平。与2013年同期相比呈下降趋势，降幅为23.1%。

牙鲆苗种价格：2015年第一至第四季度，跟踪调查区域牙鲆苗种销售价格在0.5元/尾～2.6元/尾之间波动，即最高价为2.6元/尾，出现在2015年的7月份，最低价0.5元/尾，发生在6月份。2015年第一至第四季度，跟踪调查区域牙鲆苗种销售均价为1.1元/尾。从长期价格波动情况看，2015年牙鲆苗种销售均价与2014年同比呈上涨趋势。与2013年同期相比则呈下降趋势，降幅为31.3%。

半滑舌鳎苗种价格：2015年跟踪调查区域半滑舌鳎仅5月份和7月份有苗种销售，销售均价为2.0元/尾。2015年半滑舌鳎苗种销售均价与2014年和2013年同期相比的变动趋势为,与 2014 年同比下降 4.8%;与 2013 年同比大幅下降 23.1%。

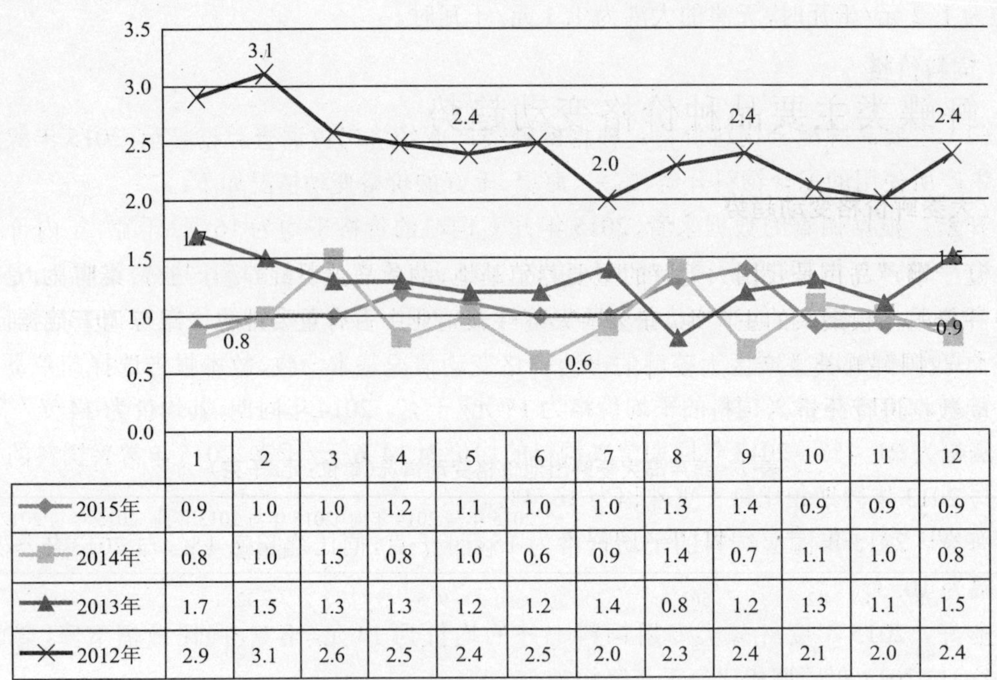

	1	2	3	4	5	6	7	8	9	10	11	12
2015年	0.9	1.0	1.0	1.2	1.1	1.0	1.0	1.3	1.4	0.9	0.9	0.9
2014年	0.8	1.0	1.5	0.8	1.0	0.6	0.9	1.4	0.7	1.1	1.0	0.8
2013年	1.7	1.5	1.3	1.3	1.2	1.2	1.4	0.8	1.2	1.3	1.1	1.5
2012年	2.9	3.1	2.6	2.5	2.4	2.5	2.0	2.3	2.4	2.1	2.0	2.4

图 9 跟踪调查区域大菱鲆苗种价格变动情况(单位:元/尾)

综上分析,从同比情况看,2015 年第一至第四季度,大菱鲆苗种销售均价同比持平,牙鲆苗种销售均价同比呈增长趋势,半滑舌鳎苗种销售均价同比呈下降趋势。其中与 2013 年同期相比,无论是大菱鲆、牙鲆还是半滑舌鳎,其销售均价均呈下降趋势。

6.3 临时工工资

从临时工工资看,2015 年较 2014 年同比略有增长。跟踪调查数据表明,跟踪调查区域 2015 年鲆鲽类养殖临时工平均工资为 88.5 元/人·天,与 2014 年同比微幅上涨 3.0%。而值得注意的是,与往年一样,除了看到跟踪调查区域鲆鲽类养殖临时工工资平均水平同比有所上涨以外,还需注意到不同地区在临时工工资方面的巨大差异。其中,辽宁葫芦岛龙港区、河北的曹妃甸区、丰南区、江苏如东等地较高,最高时达到 150 元/人·天;而山东文登、辽宁绥中等地较低,为 70 元/人·天。

6.4 电费价格

跟踪调查数据表明,跟踪调查区域鲆鲽类养殖用电价格变动不是很大。从 2015 年电费价格平均值来看,2015 年第一至第四季度平均电价为 0.61 元/千瓦时,与 2014 年同期基本持平。虽然 2015 年鲆鲽类养殖用电均价与 2014 年同比基本持平,但值得注意的是,与往年一样,部分地区差异仍然很大,如绝大多数地区养殖生产者的电价在 0.5 元/千瓦时~0.7

元/千瓦时之间，但少数几个地区因借用别人电压器等原因，电费出现过高现象，比如辽宁的大洼为1.2元/千瓦时，天津的大港为1.1元/千瓦时。

7　鲆鲽类主要品种价格变动趋势

7.1　大菱鲆价格变动趋势

辽宁葫芦岛市是我国大菱鲆的重要养殖基地，葫芦岛大菱鲆养殖产业聚集明显，是我国大菱鲆养殖规模最大的主产地，在全国大菱鲆养殖业中占有重要地位。跟踪调查数据显示，2015年我国鲆鲽类主产区大菱鲆的出池价格变动情况基本一致，故本报告选择葫芦岛的价格变动数据进行分析。

表7　葫芦岛大菱鲆出池价格变动情况(单位:元/千克)

时间	2015年	2014年	2013年	2012年	2015年与2014年同比增幅(%)	2015年与2013年同比增幅(%)	2015年与2012年同比增幅(%)
1	38	42	56	70	−9.5	−32.1	−45.7
2	44	36	55	74	22.2	−20	−40.5
3	44	36	50	87	22.2	−12	−49.4
4	44	36	46	74	22.2	−4.3	−40.5
5	50	36	44	84	38.9	13.6	−40.5
6	50	36	40	75	38.9	25	−33.3
7	42	36	38	75	16.7	10.5	−44
8	41	50	52	71	−18.0	−21.2	−42.3
9	38	46	58	70	−17.4	−34.5	−45.7
10	36	52	52	68	−30.8	−30.8	−47.1
11	34	50	51	62	−32.0	−33.3	−45.2
12	32	42	40	64	−23.8	−20.0	−50.0
平均价	41	42	49	73	−2.4	−16.3	−43.8

7.1.1　长期价格变动趋势

从长期价格变动情况看，2013年1月至2015年12月葫芦岛大菱鲆的出池价格在震荡中呈下降趋势。2015年1至12月份，葫芦岛大菱鲆的出池均价为41元/千克，2014年同期的出池均价为42元/千克，同比微幅下降2.4%。2013年同期的出池均价为49元/千克，2015年葫芦岛大菱鲆的出池均价与2013年同期相比呈下降趋势，降幅为16.3%。

7.1.2 年内价格变动趋势

2015年1至6月份，葫芦岛大菱鲆出池价格在38至50元/千克之间波动，上半年，虽然价格均在低位运行，但价格呈持续增长之态势，且同比也呈现出上涨趋势。7月份开始，价格持续下跌，7月份大菱鲆的出池价格为42元/千克，到11月份价格跌破往年的低谷价位，为34元/千克，12月份价格再次下跌，仅为32元/千克。2015年12月份，葫芦岛大菱鲆32元/千克的出池价格是自2013年1月份以来的最低价。其环比跌幅为5.9%，同比下跌23.8%，与2013年同期相比下降20.0%。

7.1.3 后市价格预测

结合上述跟踪调查区域大菱鲆季末存量数据分析可以看出，2015年第四季度，大菱鲆季末总存量为34 625.0吨，环比呈增长趋势，涨幅为2.9%。但同比和与2013年同期相比均呈下降趋势，降幅分别为2.0%及4.1%。而再结合产品的有效供给来看，2015年第四季度，大菱鲆的季末总存量中达到商品鱼规格的产品存量为13 790.0吨，环比呈增长趋势，涨幅为13.8%，由此可以看出，2016年第1季度，大菱鲆的有效供给充裕，若其他条件等不发生大的变动，产品价格大幅反弹的空间仍比较有限。这一推测可以从2016年1至3月份的价格变动情况中得以证实。而再结合大菱鲆达到大鱼及中鱼规格的产品季末存量来看，2016年第1季度以后，产品的市场供给压力会略有缓解，近期产品价格大幅下降的可能性不大；从中期看，鉴于存量较高而市场需求相对疲软，产品价格大幅回调空间也有限。

7.2 牙鲆价格变动趋势

7.2.1 长期价格变动趋势

从长期价格走势来看，2015年1至12月份，河北昌黎牙鲆的出池价格为近年来的最低价。2015年河北昌黎牙鲆的出池均价为36元/千克，与2014年同比每千克下降6元，降幅为13.9%。而2013年同期的出池均价为49元/千克，相比降幅为27.0%。

7.2.2 年内价格变动趋势

从年内价格变动情况看，根据团队跟踪调查数据显示，2015年1至12月份，河北昌黎牙鲆出塘价格在34至38元/千克的低谷价位波动。为近几年以来的最低价。2015年8、9月份，38元/千克的出池价格为全年的最高价，与2014年最高价相比，每千克相差12元，呈下降趋势，降幅为24.0%。11月份34元/千克的低谷价位与2014年同期相比降幅为10.5%。12月份价格为36元/千克，同比下降5.3%。

7.2.3 后市价格预测

根据2015年第4季度牙鲆的季末存量分析可以看出，后期牙鲆的市场供给将会有所减少，产品价格有一定的上扬空间但非常有限。因为就目前而言，虽然产品的市场供给有所减少，但产品消费市场长期处于疲软状态，产品的市场消费需求与往年相比仍未发生大的变动。因此，若其他条件因素等不发生大的变动，后市牙鲆价格将逐步回升，但大幅上扬的阻力较大。

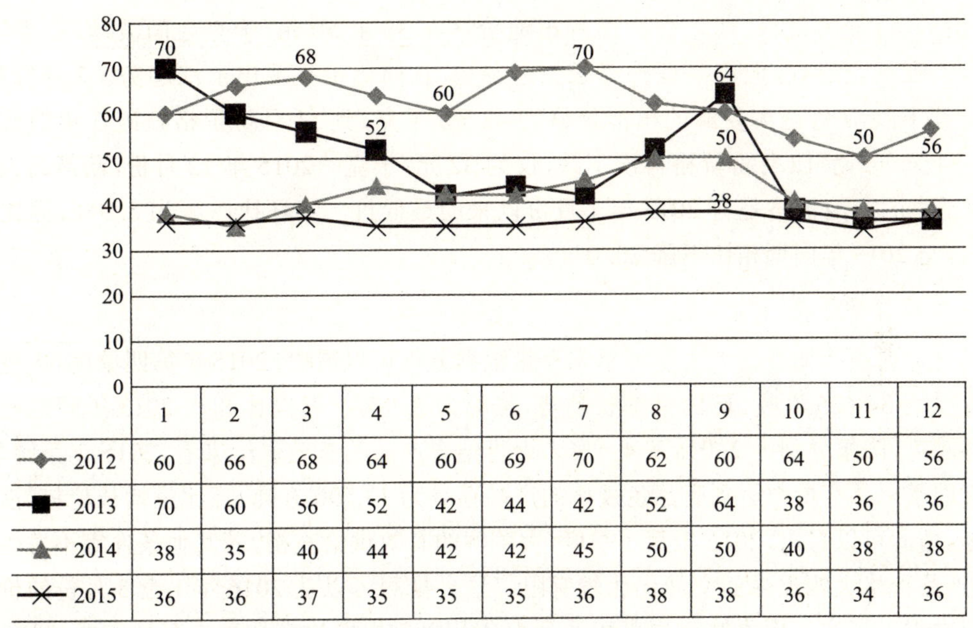

	1	2	3	4	5	6	7	8	9	10	11	12
2012	60	66	68	64	60	69	70	62	60	64	50	56
2013	70	60	56	52	42	44	42	52	64	38	36	36
2014	38	35	40	44	42	42	45	50	50	40	38	38
2015	36	36	37	35	35	35	36	38	38	36	34	36

图 10　河北昌黎牙鲆出池价格变动情况(元/千克)

7.3　半滑舌鳎价格变动趋势

7.3.1　长期价格变动趋势

跟踪调查数据显示，从长期价格变动情况来看，2015 年 1 至 12 月份，山东烟台的半滑舌鳎出池价格为历史最低价位，且低谷价位运行时间长达两年之久。

表 8　烟台半滑舌鳎出池价格变动情况(单位:元/千克)①

时间	2015 年	2014 年	2013 年	2012 年	2015 年与 2014 年同比增幅(%)	2015 年与 2013 年同比增幅(%)	2015 年与 2012 年同比增幅(%)
1	130	160	172	236	−18. 8	−24. 4	−44. 9
2	130	150	166	220	−13. 3	−21. 7	−40. 9
3	130	140	150	200	−7. 1	−13. 3	−35
4	130	130	150	185	—	−13. 3	−29. 7
5	130	130	148	190	—	−12. 2	−31. 6
6	130	130	164	222	—	−20. 7	−41. 4
7	130	130	160	220	—	−18. 8	−40. 9

① 规格为(0. 5～0. 75 千克/尾)

(续表)

时间	2015年	2014年	2013年	2012年	2015年与2014年同比增幅(%)	2015年与2013年同比增幅(%)	2015年与2012年同比增幅(%)
8	130	130	170	220	—	-23.5	-40.9
9	130	130	182	220	—	-28.6	-40.9
10	130	130	150	180	—	-13.3	-27.8
11	120	130	150	180	-7.7	-20.0	-33.3
12	130	130	150	180	0.0	-13.3	-27.8
平均价	129	135	159	204	-4.4	-18.9	-36.8

7.3.2 年内价格变动趋势

2015年1至12月份,烟台半滑舌鳎的出池价格持续在低谷价位运行。根据产业经济岗位团队对烟台半滑舌鳎跟踪调查数据看,2015年1至10月份,烟台半滑舌鳎的出塘价格均为130元/千克,同比1月份降幅为18.8%,2月份下降13.3%,3月份下降7.1%,4月份至10月份的价格同比持平。11月份开始,价格再次跌破往年130元/千克的低谷价位,为120元/千克。12月份价格回升为130元/千克。从出池均价看,2015年1至12月份,烟台半滑舌鳎的出池均价为129元/千克,2014年同期的出池均价为135元/千克,同比下降4.4%。2013年同期出池均价为159元/千克,相比降幅为18.9%。

7.3.3 后市价格预测

从供给面看。2015年第四季度,半滑舌鳎各养殖模式季末总存量为3 384.0吨,环比下降0.7%,同比降幅为19.9%,与2013年同期相比降幅为10.6%。值得注意的是,在2015年第四季度末3 384.0吨的半滑舌鳎存量中,达到标准商品鱼及以上规格的产品存量为2 134.0吨,占半滑舌鳎季末总存量的比例为63.1%,环比微幅增长0.9%,同比下降15.1%,与2013年同期相比,增长了554.0吨,涨幅为35.1%。

中鱼和大鱼的存量合计为931.0吨,占总存量的比例为27.5%,环比、同比均呈下降趋势,降幅为1.7%及25.8%,与2013年同期相比也呈下降趋势,降幅为37.9%。

从需求面看。半滑舌鳎属于中高端海水产品,其消费方式多年来一直是以酒店消费为主。但随着最近两三年酒店餐饮消费需求的减少,使得半滑舌鳎产品市场大幅萎缩。

综合上述情况分析,虽然2015年第4季度末半滑舌鳎的季末存量环比基本持平,而达到商品鱼规格的产品存量呈微幅增长趋势,但从同比情况看,其均呈下降趋势。因此,中、长期内,半滑舌鳎的有效供给较目前将有所减少,若其他条件因素不发生较大波动,则半滑舌鳎价格会有一定的反弹空间,实际上,半滑舌鳎价格反弹在2016年第1季度已开始,但因受最近两三年餐饮消费持续疲软的影响,产品市场消费需求减少,价格短时间内无法迅速上涨。

8　存在的问题

8.1　养殖经济效益下降，价格持续低迷是主要因素

受产品价格持续低迷因素的挤压，鲆鲽类养殖经济效益下降。2015年大菱鲆、牙鲆、半滑舌鳎的养殖成本利润率分别为8.9%、13.4%及16.8%；与2012年同比分别下降48.4%、20.0%及44.9%。

8.2　产品质量安全问题突出，消费者期待加强监管

产品质量安全关系到广大消费者的身体健康和生命安全，关系到产业稳定、持续、健康发展，而水产养殖生产环节的安全是水产品安全的源头和基础。“多宝鱼药残事件”再次警示我们：解决水产品质量安全问题，必须努力形成一套系统的事前管理和防范机制。要从推行养殖业标准化、强化技术服务到检验检测体系建设以及严格市场准入制度、落实行政执法责任制等方面入手，变被动的“事后救火”为主动的事前防范。这样，才能把好水产品质量安全的每一道关口，真正让老百姓吃得安全，吃得放心。

8.3　产品消费需求略有萎缩，市场拓展任重道远

阻碍产业发展的因素仍然较多，但目前最主要的瓶颈问题是在经历了非理性繁荣之后，又再次经历了“日照多宝鱼事件”的冲击，消费者对产品消费需求出现了缩减，使得产品市场需求有所萎缩，并进而导致供需失衡。因此，开拓市场、延展鲆鲽类产业链等工作任重道远。

8.4　养殖模式以工厂化流水养殖为主，产业转型升级任务艰巨

跟踪调查数据显示，我国鲆鲽类小规模养殖生产者占养殖总量的90%左右，其养殖模式以流水养殖为主，地下海水资源耗费大，利用率低，养殖废水直排会对环境造成一定污染。“十三五”期间，在“生态优先”为基本原则的宏观背景下，产业发展方式转型升级任务艰巨。

9　对策建议

虽然一段时间以来主要产品价格低迷，但以大菱鲆养殖为主导的鲆鲽类养殖产业已经拥有较好的技术基础和产业优势，已经成为一个代表我国未来海水养殖业发展方向的、名副其实、有特色、有活力、有潜力的新兴海水养殖新产业。然而病害防治、苗种繁育、水处理、饲料使用等技术一直是养殖户最为关注的养殖技术。与此同时，随着主产区水源日趋紧张，循环水养殖技术也受到了越来越多养殖者的关注；信息化生产经营管理技术也受到养殖者的

关注。如何结合鲆鲽产业发展面临的问题,研究确定产业技术政策的重点领域和关键环节,提高产业技术的应用效率,实现社会效益最大化,促进鲆鲽产业的发展,是应高度重视的问题。为此,提出以下建议:

9.1 控制养殖规模,实现供需平衡,保证产业健康发展

根据上述养殖面积和存量分析,2015 年度,虽然鲆鲽类工厂化养殖面积同比先增后减,产品的季末存量总体呈下降趋势,但各养殖品种的变动情况各不相同。建议养殖生产者在后期的养殖生产中,在控制投产规模、重视提高产量的同时,应更加重视产品的市场营销。尤其在后期制订生产计划前,要特别关注产业发展趋势相关信息,制订合理的投资计划,把握投入时机。避免在价格持续低迷的情况下,出现过度的供大于求或者供不应求的市场不平稳运行局面,造成产业的大幅波动。

9.2 加强示范企业的引领作用,提高养殖者市场拓展能力

建议加强由渔业行政主管部门牵头,由水产养殖技术推广机构负责,着力推进养殖专业合作社的建设,充分发挥协会的市场风险应对功能。从而大力推行“龙头企业 + 专业合作经济组织 + 农户”的经营模式和“利益共享、风险共担”的经营机制,联合更多的生产者,共同开拓市场,并通过集体的力量,早日行动,突破价格长期低迷的历史困境!

9.3 加大培训力度,促进生产者社会责任感的自我提升,切实保障产品质量安全

首先是养殖生产者应当充分意识到自身的社会责任。保障所生产的产品之质量安全又首当其冲。其次,相关各方应充分利用网络、电视、广播、报纸等媒体向广大群众宣传水产品质量安全的重要意义,讲解国家关于水产品质量安全的法律法规,增强养殖生产者的安全意识,营造全社会监督的氛围;再次,针对养殖生产者环保意识淡薄的现象,组织科技人员下乡进村入户,举办“放心农资下乡”、“科学生产技术”等活动,引导生产者掌握科学生产知识,合理施药、用料,树立“无公害养殖”新理念,推广非渔药防治,确保产业可持续健康发展;再次,建议相关各方定期或不定期地进行培训,参加人员主要为养殖生产者、合作社、公司企业负责人,通过学习,努力实现产业的规模化、规范化,减少个人行为和分散生产造成的不安全生产因素;最后,加大对消费者的宣传,普及常识性的有毒、有害物的识别方法,面对出现的问题产品,积极维护自身合法权益。

9.4 完善体制机制,建立产品可溯源性体系

产品是否具有可溯源性,直接决定终端产品的可信任度和销量,从而影响产业发展水平。建议加强对产品可溯源性体系建设的技术支持,实现产品从种苗、饲料、养殖到水产品生产加工、包装和运输等全过程的监控,从而确保产品的可追溯性,保障产品的质量和食品安全,进而促进产品的市场消费,有效扩展产品市场。

9.5　加强科技成果与生产需求的匹配性

目前鲆鲽类发展中最需要病害防治、苗种繁育、水处理、饲料使用、循环水养殖、信息化生产经营管理等关键技术。其中，病害防治技术需求最为突出。根据体系的定点跟踪，近四年来腹水病、纤毛虫病、烂尾病等病害发生率较高。针对这些病害，产业技术体系正在着力推进疫苗防治等相应技术且取得了实质性进展，但与目前的病害防治需求还有一定距离。在饲料技术方面，目前已经生产出鲆鲽类专用饲料，但根据养殖户的反映情况看，在产品质量的稳定性方面还有一定的改进空间，在饲料中的动物蛋白的替代品研发方面还需进一步探索。在循环水养殖技术方面，因地制宜的低成本、易操作的循环水养殖技术还需进一步开发。在产品加工及质量管理方面，对低成本、易操作的可追溯系统还需下大力气开发。

（岗位专家　杨正勇）

鲆鲽类良种选育技术研发进展

良种选育岗位

1 重点开展了大菱鲆新品种“多宝1号”的宣传推广、生产性能评估以及遗传连锁图谱的构建和耐温性状的QTL定位

在2015年度，获批大菱鲆“多宝1号”水产新品种证书(品种登记号:GS-02-001-2014);完成了“多宝1号”的宣传推广工作以及和普通养殖群体的生产对比实验;完成多宝1号生产性能评估以及“多宝1号”和普通养殖群体的生长特征比较;完成了大菱鲆选育家系7种免疫因子的分析;完成了大菱鲆遗传连锁图谱的构建和耐温性状的QTL定位;完成了大菱鲆高成活选育家系7种免疫因子的分析;完成了大菱鲆“多宝1号”大规模苗种的生产和推广工作。

1.1 大菱鲆“多宝1号”获得审批

平均体重和成活率分别提高36%和25%,主要经济性状遗传稳定性达到90%以上。

1.2 开展新品种“多宝1号”的宣传推广工作

从选育新品种的意义、目的、主要目标、育种过程、选育过程、品种特性和中试情况、优良性状、“多宝1号”的中试、人工繁殖技术、健康养殖技术、培育单位和种苗供应单位等进行了新品种宣传和推广工作。宣传内容发表在“2015水产新品种推广应用”。

1.3 基于点评估完成了“多宝1号”生产性能评估

在2015年度，完成了蓬莱宗哲养殖有限公司和烟台泰华海珍品有限公司于2014年7月购买大菱鲆“多宝1号”苗种养殖7个月(表1、表2),招远发海海珍品养殖有限公司、烟台开发区仁和水产有限公司和招远市牧海养殖专业合作社公司于2014年9月购买大菱鲆“多宝1号”苗种养殖9个月(表3),山东东方海洋鱼类养殖实验场、青岛卓越水产养殖有限公司和莱州金益源水产有限公司于2015年1月购买大菱鲆“多宝1号”苗种养殖10个月(表4),共三批次“多宝1号”苗种与同期非选育苗种的生长性能对比试验。每一批次的“多宝1号”苗种生长速度和成活率均高于非选育苗种，显示出良好的育种成效。

表1　第一批推广苗种养殖7个月的生产性能

推广公司	购苗时间	购苗数量	苗种规格	体重(g)			成活率(%)		
				"多宝1号"均重	非选育苗均重	提高百分比(%)	"多宝1号"成活率	非选育苗种成活率	提高的百分比
蓬莱宗哲养殖有限公司	2014-07	10 000尾	5 cm	195. 48	133. 79	46. 14	95. 67	76. 58	24. 93
烟台泰华海珍品有限公司	2014-07	8 000尾	5 cm	187. 43	129. 76	44. 44	96. 01	76. 68	25. 21

表2　第一批推广苗种养殖10个月的生产性能

推广公司	购苗时间	购苗数量	苗种规格	体重(g)			成活率(%)		
				"多宝1号"均重	非选育苗均重	提高百分比(%)	"多宝1号"成活率	非选育苗种成活率	提高的百分比
蓬莱宗哲养殖有限公司	2014-07	10 000尾	5 cm	401. 77	261. 39	53. 71	95. 19	76. 33	24. 71
烟台泰华海珍品有限公司	2014-07	8 000尾	5 cm	390. 65	264. 77g	47. 54	95. 85	76. 21	25. 77

表3　第二批推广苗种养殖9个月的生产性能

推广公司	购苗时间	购苗数量	苗种规格	体重(g)			成活率(%)		
				"多宝1号"均重	非选育苗均重	提高百分比(%)	"多宝1号"成活率	非选育苗种成活率	提高的百分比
招远发海海珍品养殖有限公司	2014-09	15 000尾	5 cm	308. 29	218. 35	41. 19	95. 69	76. 77	24. 65
烟台开发区仁和水产有限公司	2014-09	12 000尾	5 cm	320. 67	211. 88	51. 35	96. 01	76. 25	25. 91
招远市牧海养殖专业合作社公司	2014-09	20 000尾	5 cm	315. 89	214. 71	47. 12	95. 81	77. 02	24. 40

表4　第二批推广苗种养殖9个月的生产性能

推广公司	购苗时间	购苗数量	苗种规格	体重(g)			成活率(%)		
				"多宝1号"均重	非选育苗均重	提高百分比(%)	"多宝1号"成活率	非选育苗种成活率	提高的百分比
山东东方海洋鱼类养殖实验场	2015-01	18 000尾	5 cm	402. 75	251. 78	51. 76	96. 42	76. 37	26. 43
青岛卓越水产养殖有限公司	2015-01	14 000尾	5 cm	382. 11	251. 78	51. 76	95. 18	76. 37	26. 43
莱州金益源水产有限公司	2015-01	22 000尾	5 cm	388. 42	266. 78	45. 60	95. 56	76. 43	25. 03

1.4 基于曲线评估完成了“多宝1号”和普通养殖群体的生长特征比较

为利用曲线评估系统分析大菱鲆选育新品种“多宝1号”的生长性能，采集“多宝1号”和所建的对照系“普通养殖群体”不同月龄的体重，并基于Logistic等4个典型的非线性S-型生长曲线对两个群体的生长曲线进行拟合，以拟合度R2(确定系数)等4项指标为准则(表5)，对拟合两个群体的最适模型进行筛选，并评估育种成效。Gompertz模型是拟合这2个群体的最适模型。利用Gompertz模型对“多宝1号”和普通群体拟合分析发现，“多宝1号”达到500、750和1 000 g重量时，分别需要13.91、16.37和18.63月龄，而普通养殖群体则分别需要14.94、17.79961和20.79251月龄；在这三个商品鱼规格，“多宝1号”比普通养殖群体分别快1.03、1.43和2.17月龄(图1)。

表5 “多宝1号”和普通养殖群体四种拟合曲线模型参数估计值和拟合度

群体	模型	R2	MSE	AIC	SD	A	B	K	m
“多宝1号”	Logistic	0.995 3	2 958.04	74.281	50.355 5	2 099.992	96.404	0.239	
	Gompertz	0.996 8	2 015.56	70.829	41.565 4	2 775.347	7.901	0.110	
	Bertalanffy	0.996 4	2 308.57	72.050	44.483 3	3 664.800	1.202	0.066	
	Chapman-Richards	0.996 8	2 418.77	72.829	41.566 2	2 776.003	0.003	0.110	0.999 592 2
普通群体	Logistic	0.996 7	1 230.31	66.386	32.474 9	1 481.386	116.191	0.268	
	Gompertz	0.997 8	843.69	62.991	26.892 4	1 799.853	9.361	0.133	
	Bertalanffy	0.996 7	1 228.75	66.375	32.453 2	2 136.897	1.418	0.088	
	Chapman-Richards	0.997 8	1 012.64	64.993	26.894 2	1 800.015	0.002	0.133	0.999 737 0

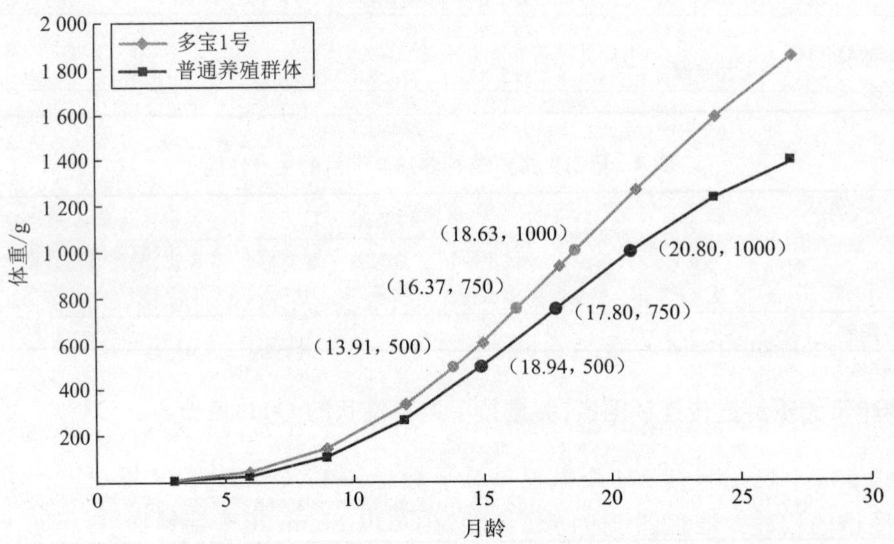

图1 基于Gompertz模型“多宝1号”和普通养殖群体的生长曲线

1.5　完成了大菱鲆“多宝1号”全周年大规模苗种的生产实验

利用2013、2014年度选留的大菱鲆亲鱼进行亲鱼促熟培育，根据养殖者实际生产用卵时间进行控光、控温、营养强化培育。“多宝1号”生长性能统计分析发现，5 cm苗种养殖12个月大约80%可达到600～700 g的商品鱼规格，剩余20%体重为400～500 g，经过2个月的养殖，这部分鱼可达到商品鱼规格。根据“多宝1号”的这一生长特性及其繁殖性能，为维持优质苗种的全周年供应，制订在每年3～4月、5～6月和10～12月，分三批进行苗种培育计划(图2)。基于这一计划，在2015年完成了三批苗种的生产，实现了全周年优质苗种的供应(表6)。

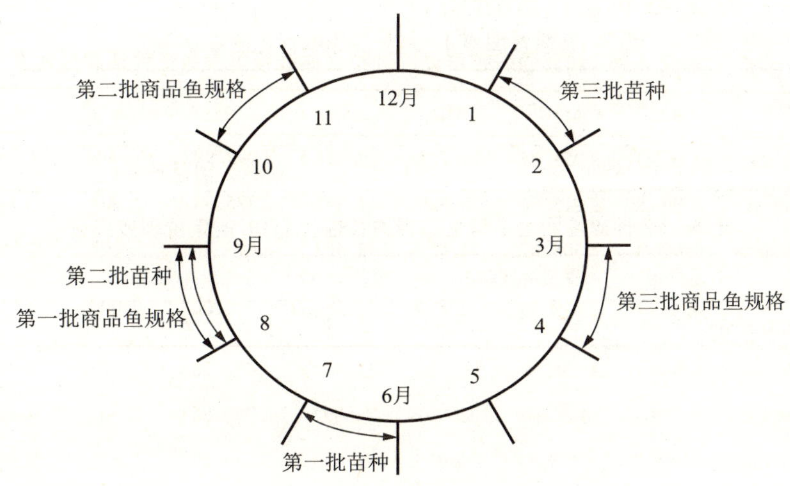

图2　“多宝1号”优质苗种全周年供应培育计划

表6　2015年“多宝1号”苗种生产

批次	布卵时间	生产5 cm苗种时间	生产苗种数量	推广数量	推广厂家
第一批	3～4月	6～7月	240万尾	220万尾	日照养殖场、河北养殖场、葫芦岛地区养殖场、蓬莱宗哲养殖场和烟台开发区养殖场等地
第二批	5～6月	8～9月	80万尾	40万尾	大连天正有限公司、天津立达公司、蓬莱京鲁有限公司、牟平泰华有限公司、莱州养殖场、文登养殖场、乳山养殖场、威海养殖场等地
第三批	10～11月	1～2月(预计2016年)	受精卵推广50 kg以上		福建省、山东海阳、乳山、威海、龙口等地

1.6　构建了大菱鲆遗传连锁图谱，并进行了选育性状的QTL定位。

利用238个标记包括221个微卫星分子标记和17个EST-SSR标记进行了大菱鲆遗传连锁图谱的构建。雌性图谱94个，长度为1 099.8 cm，20个连锁群，标记间平均间隔为11.7 cm；雄性图谱95个，长度为1 214.2 cm，22个连锁群，标记间平均间隔12.8 cm。并且该图谱还成功定位了 9 个 EST-SSR,由于 EST-SSR 标记属于Ⅰ型标记,能够进行物种之间的功能比对,这为相关性状的基因筛选提供了帮助,并且该图谱还能够初步满足 QTL 定位的研究,为大菱鲆分子标记辅助育种的发展提供了帮助。开展了大菱鲆的耐温相关性状的 QTL 分析,研究了性状在连锁群上的位置及效应。本研究结合实验室已构建的含有 155 个 SSR 标记的遗传图谱,利用 WinQTLCart 2.5 复合区间作图软件对大菱鲆的耐温相关性状进行 QTL 分析,研究性状在连锁群上的位置及效应。最终定位了一个与耐温相关的 QTL 区间,分布于第 9 连锁群上的 QTL TC9(Sma-USC65) LOD = 2.64,表 7、表 8),可解释的表型变异为 14.1%,置信区间为 12 cm(图 3)。以可解释表型变异率大于 20%为鉴定主效 QTL 区间的标准,其为非主效 QTL。

表 7 在雌性图谱中 QTL 与侧临标记的重组率

QTL	连锁群	左侧标记	与左侧标记的重组率(%)	右侧标记	与右侧标记重组率(%)
TC9	C9	Sma-USC65	0	L12144	1.8

表 8 F2 代雌性图谱中与生长相关各性状 QTL 的定位和效应值

QTL	连锁群	对应标记	置信区间(cm)	峰值(cm)	LOD score	可变解释率(%)
TC9	C9	Sma-USC65	12	58.1	2.64	14.1

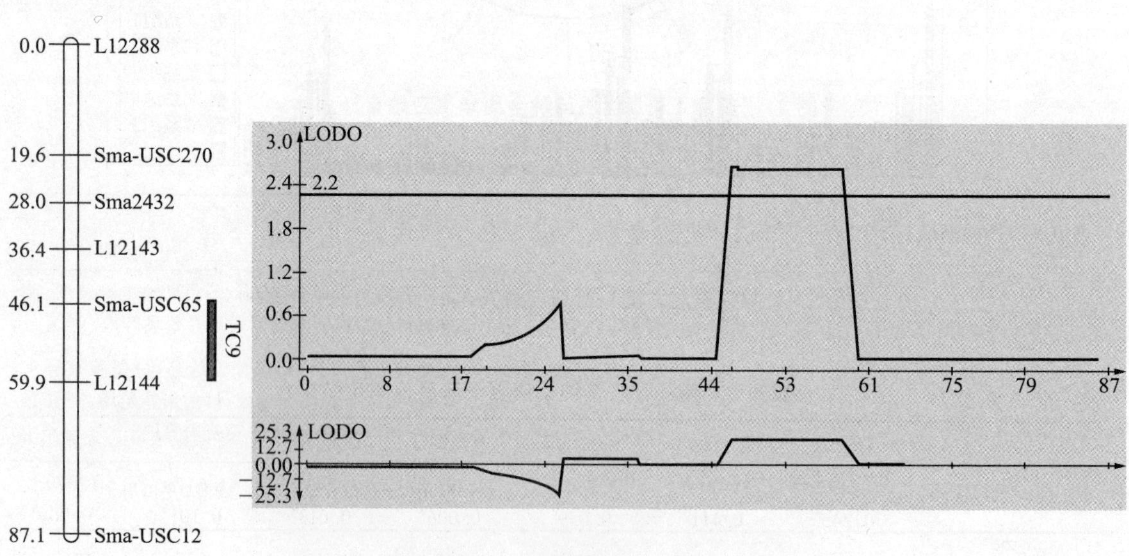

图 3 耐温性状 QTL 在雌性图谱上的定位图及定位结果
(右图的上半部分为 LOD 曲线图,下半部分为基因效应)

1.7 完成了大菱鲆高成活选育家系 7 种免疫因子的分析

对以高成活率为选育目标构建大菱鲆选育二代家系和 1 个普通养殖群体进行鳗弧菌攻

毒实验，统计分析死亡率（图4）。选取死亡率不同的选育家系和普通养殖群体构成实验组，对它们肝脏、脾脏、头肾的相关免疫因子的表达量开展研究，并对攻毒前后各免疫因子的表达量与攻毒后存活率之间的相关性进行分析（表9）。攻毒前后选育家系幼鱼肝脏、脾脏、头肾中免疫因子的表达量普遍高于普通养殖幼鱼，且攻毒后的表达量相较攻毒前均呈现下降趋势（图5）。综合研究结果，选育家系相对于普通养殖群体大菱鲆抗鳗弧菌性能更强，且各种免疫因子在鳗弧菌感染鱼体的过程中，发挥重要的抗感染作用；选育家系中获得一个抗鳗弧菌性能较强的家系，可用来指导今后大菱鲆高成活率品系的选育工作。

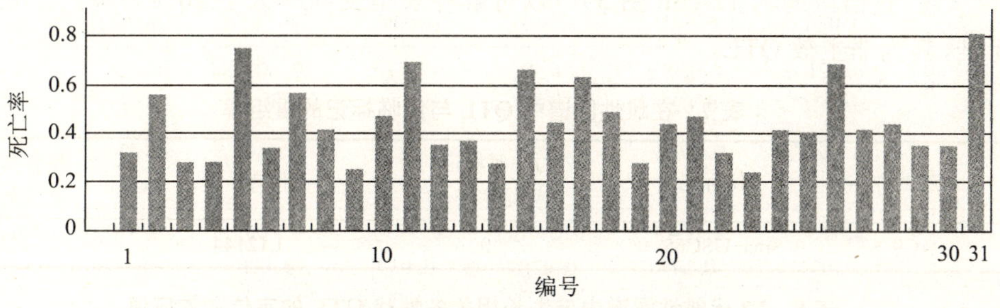

图4　感染鳗弧菌后31个组的死亡率统计

注：图中31为对照组

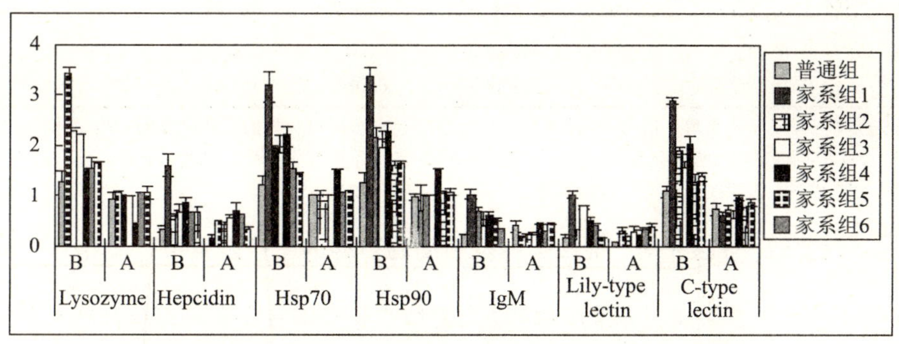

图5　攻毒实验对大菱鲆肝脏7种免疫因子表达水平的影响

注：B表示攻毒前，A表示攻毒后

表9　大菱鲆肝脏7种免疫因子灰度值测定结果

免疫因子		普通组	家系组1	家系组2	家系组3	家系组4	家系组5	家系组6
Lysozyme	B	1.249±0.245[a]	3.421±0.111[d]	2.280±0.059[c]	2.226±0.006[c]	1.543±0.013[b]	1.647±0.101[b]	1.679±0.009[b]
	A	0.915±0.155[b]	1.033±0.060[b*]	1.000±0.007[b*]	1.003±0.007[b]	0.461±0.005[a*]	1.057±0.014[b*]	1.041±0.120[b*]
Hepcidin	B	0.331±0.058[a]	1.605±0.231[c]	0.650±0.053[b]	0.729±0.100 b	0.851±0.105[b]	0.657±0.121[b]	0.634±0.139[b]
	A	0.155±0.050[a]	0.485±0.011[c]	0.422±0.013[bc*]	0.548±0.072[cd]	0.689±0.152[e]	0.624±0.019[de*]	0.331±0.048[b]

（续表）

免疫因子		普通组	家系组 1	家系组 2	家系组 3	家系组 4	家系组 5	家系组 6
HSP70	B	1. 189±0. 190^{a}	3. 157±0. 301^{d}	1. 946±0. 054^{c}	2. 021±0. 192^{c}	2. 180±0. 199^{c}	1. 555±0. 135^{b}	1. 403±0. 073^{ab}
	A	1. 000±0. 009^{a}	1. 033±0. 065 a b	1. 000±0. 001^{a}	1. 003±0. 009^{a*}	1. 534±0. 004^{d*}	1. 064±0. 006^{b*}	1. 112±0. 009^{c}
HSP90	B	1. 249±0. 220 a	3. 365±0. 190d	2. 161±0. 172^{c}	2. 129±0. 172^{c}	2. 273±0. 183^{c}	1. 606±0. 098^{b}	1. 662±0. 032^{b}
	A	0. 970±0. 060 ^{a*}	0. 700±0. 521^{a}	0. 975±0. 052^{a}	1. 003±0. 009^{a*}	1. 543±0. 014^{b}	1. 068±0. 012^{a}	1. 073±0. 066^{a}
IgM	B	0. 221±0. 015^{a}	1. 020±0. 092^{d}	0. 694±0. 080^{c}	0. 547±0. 142^{b}	0. 601±0. 059^{bc}	0. 528±0. 034^{b}	0. 333±0. 027^{a}
	A	0. 392±0. 120^{b*}	0. 178±0. 020^{a}	0. 202±0. 0355^{a}	0. 215±0. 051^{a}	0. 437±0. 014^{b}	0. 234±0. 049^{a}	0. 437±0. 018^{b}
Lily-type lectin	B	0. 163±0. 071^{a}	1. 024±0. 071^{f}	0. 287±0. 028^{b}	0. 773±0. 039^{e}	0. 505±0. 090^{d}	0. 399±0. 068^{c}	0. 178±0. 011^{a}
	A	0. 060±0. 009^{a}	0. 304±0. 070^{cd}	0. 174±0. 011^{b}	0. 280±0. 111^{bcd}	0. 226±0. 089^{bc}	0. 350±0. 017^{d*}	0. 386±0. 078^{d}
C-type lectin	B	1. 072±0. 121^{a}	2. 887±0. 061^{e}	1. 892±0. 091^{d}	1. 638±0. 073^{c}	2. 015±0. 182^{d}	1. 257±0. 170^{ab}	1. 376±0. 088^{b}
	A	0. 731±0. 120^{abc}	0. 623±0. 059^{a}	0. 805±0. 008^{bc}	0. 651±0. 081^{a}	0. 963±0. 061^{d}	0. 670±0. 071^{ab}	0. 855±0. 078^{cd}

注：B 表示攻毒前，A 表示攻毒后。同行中，标有不同小写字母者表示同种免疫因子相同实验阶段下不同组间差异显著（$P < 0.05$），标有相同小写字母者表示组间差异不显著（$P > 0.05$）；标有“*”者表示该组在不同实验阶段下差异显著（$P < 0.05$），没标“*”者表示该组在不同实验阶段下差异不显著（$P > 0.05$）。

1.8 完成了大菱鲆“多宝 1 号”优质苗种及耐高温苗种的生产及其推广工作

完成了大菱鲆“多宝 1 号”推广：培育大菱鲆“多宝 1 号”苗种 320 万尾，苗种测量：平均全长 13. 0 cm，体重 51 g。同期普通商品鱼苗测量：平均全长 12 cm、体重 37 g，“多宝 1 号”苗种生长速度比普通商品鱼提高 37. 8%，养殖成活率提高 20%以上。推广大菱鲆“多宝 1 号”苗种 260 万尾，推广到山东胶南、日照养殖场、招远、海阳、乳山、威海、龙口、蓬莱、烟台开发区养殖场、福建养殖场、葫芦岛养殖场等；125 kg 受精卵推广到山东乳山、威海、天津等养殖场。完成了大菱鲆耐高温性状苗种培育及推广；培育耐高温品系亲鱼 800 尾，2015 年采用选育亲鱼培育大菱鲆耐高温性状苗种 48 万尾，推广至江苏、福建等地。

2 在前瞻性研究方面

建立了三代大菱鲆耐高温品系，开展了生理生化及分子生物学研究，分析了溶菌酶、热激蛋白、凝集素、抗菌肽、IgM、IL-1β、酸性磷酸酶、SOD 等免疫因子与温度的相关性，提出了抗氧化系统在鱼体高温胁迫下起到关键调控作用的假设，并成功验证；利用双向电泳技术对高温胁迫下幼鱼体表黏液蛋白进行研究，构建了黏液蛋白图谱，并筛选到与热胁迫相关的蛋白（Lily-type lectin，酸性细胞角蛋白），完成了大菱鲆 Lily 型凝集素基因的克隆、表达和蛋白结构分析；完成了大菱鲆合成酶 α 亚基（ATP synthase α）基因全长 cDNA 的克隆及序列分析和表达，通过以上研究验证了耐温性个体的生理特质在热适应性上的调控优势，为耐温选育工作在分子和蛋白水平上提供了理论依据。完成了大菱鲆转录组基因深层挖掘；完成了快速生长非线性选育和线性选育的效果比较。

2.1　开展温度与溶菌酶、热激蛋白、抗菌肽等免疫因子的相关性分析

以大菱鲆幼鱼为研究对象，利用分子生物学手段，开展了温度对大菱鲆幼鱼肝脏、皮肤、肾脏组织溶菌酶、抗菌肽、热激蛋白 70、热激蛋白 90、IgM、C-type 凝集素、Lily-type 凝集素这七种免疫因子 RNA 表达水平的影响，从而确定其相关性。结果表明：肝脏中的各免疫因子表达量均呈现先升高后降低的趋势，其中在 25 ℃与对照组相比显著增强（$P < 0.05$），其中溶菌酶、抗菌肽、IgM、Hsp90 变化显著，表达量较高；肾脏中各免疫因子表达量受温度影响的变化趋势也基本一致，先升高后降低，但差异并不显著（$P > 0.05$）；皮肤中各免疫因子的表达量受温度的影响显著（$P < 0.05$），尤其是溶菌酶、抗菌肽变化显著，表达量最高。同时，我们对抗氧化系统在鱼体高温胁迫下起到的关键调控作用进行验证，结果显示：温度对大菱鲆幼鱼 SOD、CAT、GP-X 活力有显著影响（$P < 0.05$），随着水温的升高，肝脏、鳃、血清以及黏液中的 SOD、CAT 与 GP-X 活力呈折线变化，其活力在 20、23、28 ℃时表达差异显著。

通过分析这七种免疫因子对温度的敏感性及其在不同组织中表达的相对稳定性，以及抗氧化系统酶活力差异变化，初步判定溶菌酶、热激蛋白、SOD 与温度具有显著的相关（图 6-11）。

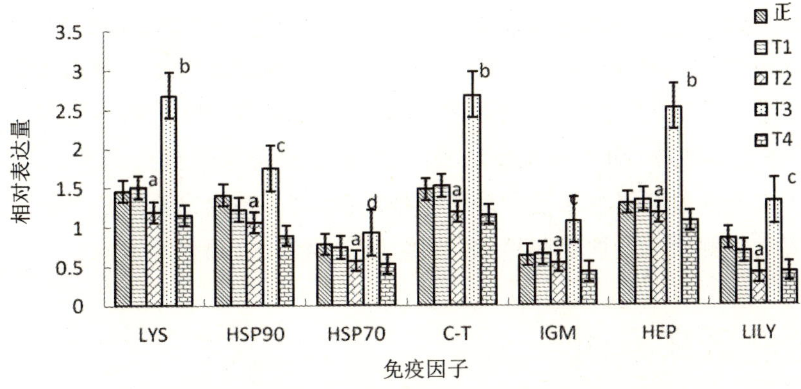

图 6　温度胁迫对肝脏组织 7 种免疫因子表达水平的影响

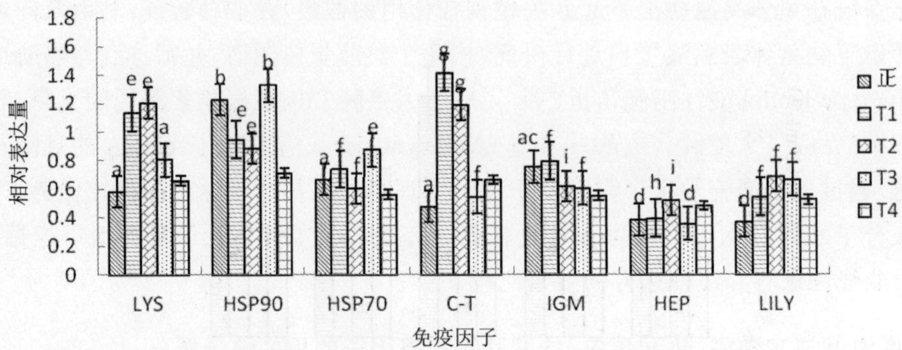

图 7 温度胁迫对肾脏组织 7 种免疫因子表达水平的影响

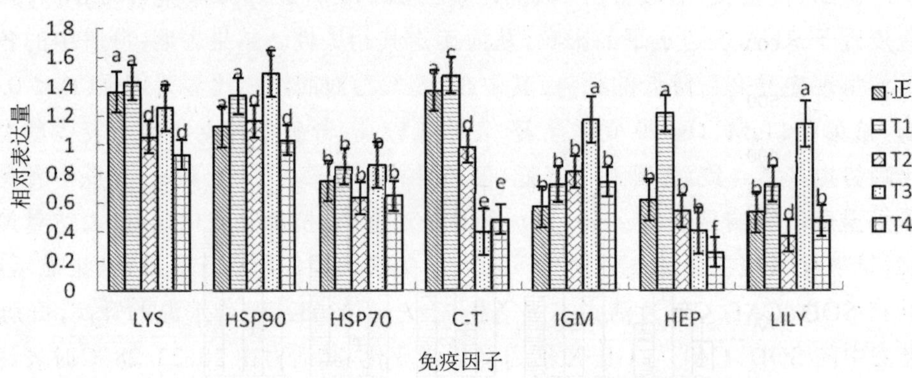

图 8 温度胁迫对皮肤组织 7 种免疫因子表达水平的影响

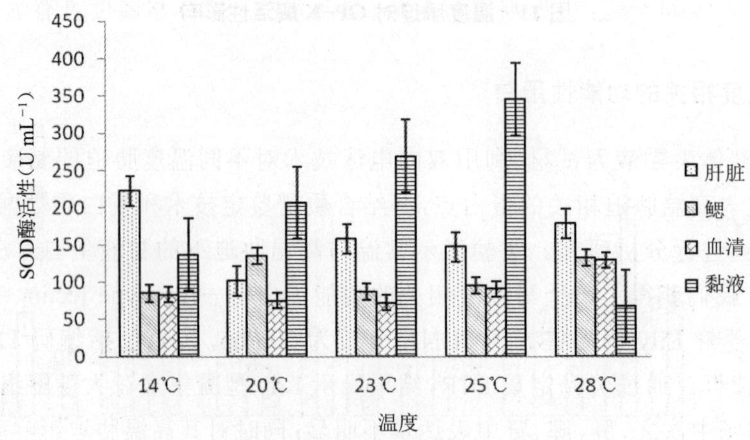

图 9 温度胁迫对 SOD 酶活性影响

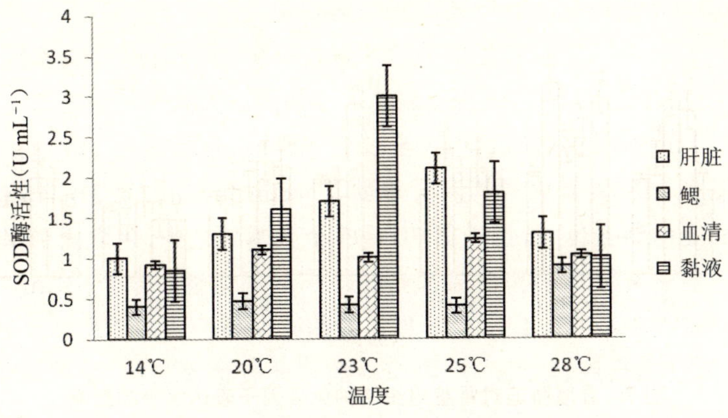

图 10 温度胁迫对 CAT 酶活性影响

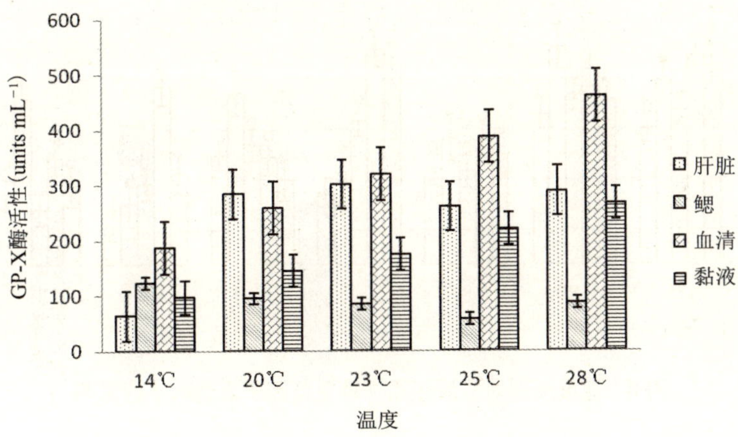

图 11 温度胁迫对 GP-X 酶活性影响

2.2 获得与温度相关的功能性蛋白

选取大菱鲆体表黏液为试材，利用双向电泳技术对不同温度胁迫的黏液蛋白图谱进行比较，找出可能与高温胁迫相关的蛋白点，并结合质谱鉴定技术和蛋白质数据库查询分析技术对差异蛋白点进行分析研究。实验显示常温与高温胁迫下的黏液蛋白存在显著的差异，通过质谱分析，我们获得了一个与温度相关的功能蛋白——lily-type lectin。通过 RACE 技术克隆得到大菱鲆 Lily 型凝集素的 cDNA 全长为 506 bp，其中包括编码 113 个氨基酸的 339 bp 开放阅读框。通过荧光定量 PCR，结果显示 Lily 型凝集素在大菱鲆组织中的皮肤表达量最高，鳃和肠中次之，肝、脾、肾中表达量不明显；同时对其高温胁迫影响研究发现，其变化趋势随着温度的升高而增加，24～25 ℃表达量达到最高，随后随着温度升高而降低；这一变化规律在皮肤、鳃和肠中基本一致。根据养殖实验结果大菱鲆在 25 ℃基本为半致死温度，其机体基本处于应激最高临界状态，当温度再升高时，鱼体将无法调节生理功能来适应温度变化，而 lily-type lecin 不仅与高温胁迫相关，同时其表达量的变化也标识机体的高温应激的临界点,因此我们将该蛋白确定为与脑高温相关的功能蛋白。

完成了大菱鲆 Lily 型凝集素基因的克隆、表达和蛋白结构分析,大菱鲆 Lily 型凝集素具有重要的生理、生化及免疫功能,对其基因克隆及功能研究具有重要意义。通过 RACE 技术克隆得到大菱鲆 Lily 型凝集素的 cDNA 全长为 506 bp,包括编码 113 个氨基酸的 339 bp 开放阅读框。大菱鲆 Lily 型凝集素具有典型的 β-lectin 结构域(第 3～113 位),在 β-lectin 结构域中有两个甘露糖结合位点,位于第 30～99 个氨基酸之中,包含 2 个保守的识别序列 QxDxNxVxY,与其他鱼类凝集素和细菌都具有较高的同源性。结合 BLAST 分析的结果,可以确认所获得的 cDNA 序列是 Lily 型凝集素的编码序列。通过荧光定量 PCR,Lily 型凝集素 RNA 在大菱鲆肝、肾、脾、鳃、肠、皮组织中的皮肤表达量最高,鳃和肠中次之,肝、脾、肾中表达量不明显(图 12)。通过生物工程软件进行蛋白的一级、二级、三级结构预测分析,得知其为亲水性蛋白(图 13),包含 5.36%的 α-螺旋,39.29%延伸链,16.07%的 β-折叠和 39.29%的无规卷曲(图 14),具有 3 个反式 β-折叠(图 15),两个蛋白结合位点(图 16)。

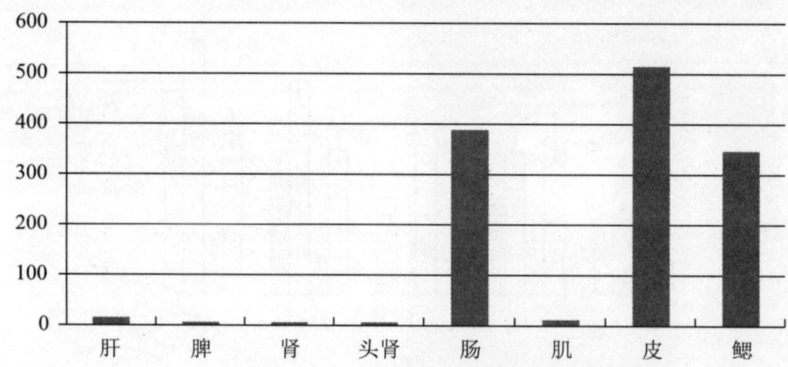

图 12　大菱鲆 Lily 型凝集素基因在各组织中的表达量

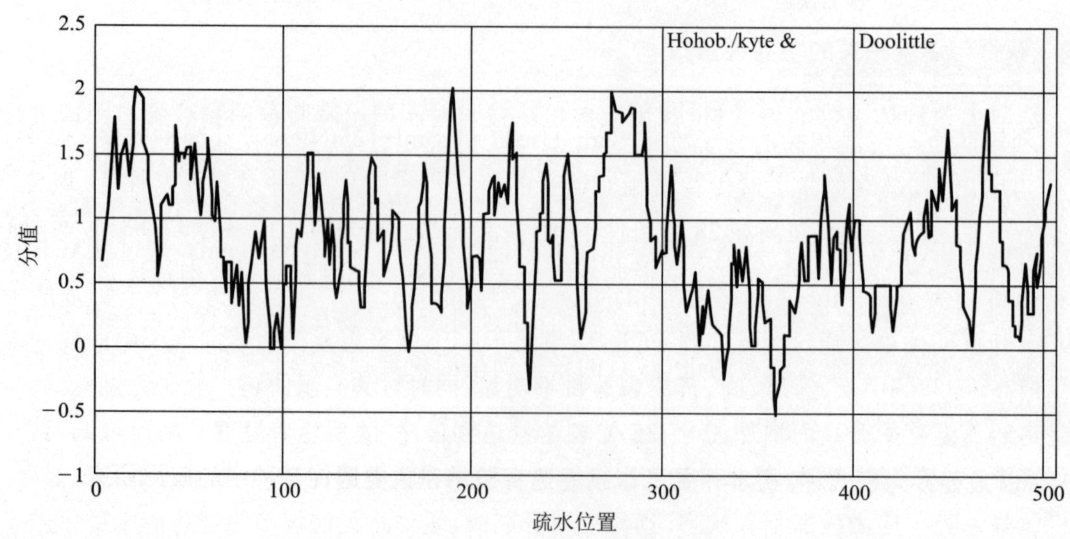

图 13　蛋白质的亲疏水性序列谱

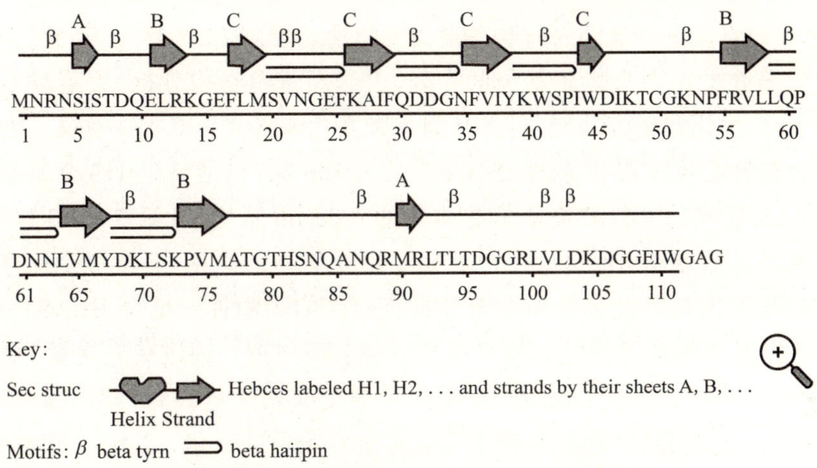

图 14 大菱鲆 lily-type lectin 二级结构

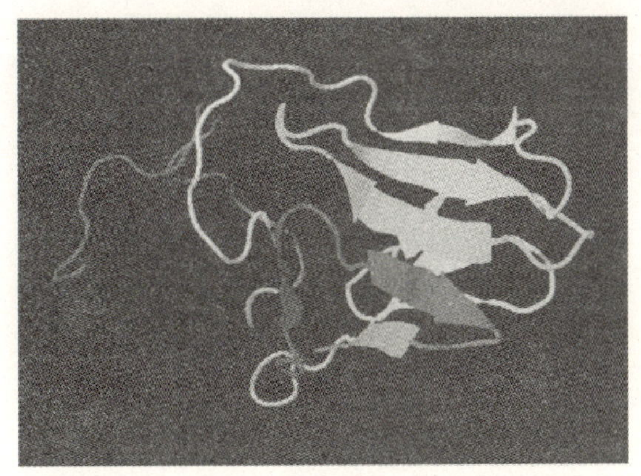

图 15 大菱鲆 lily-type lectin 三级结构预测模型

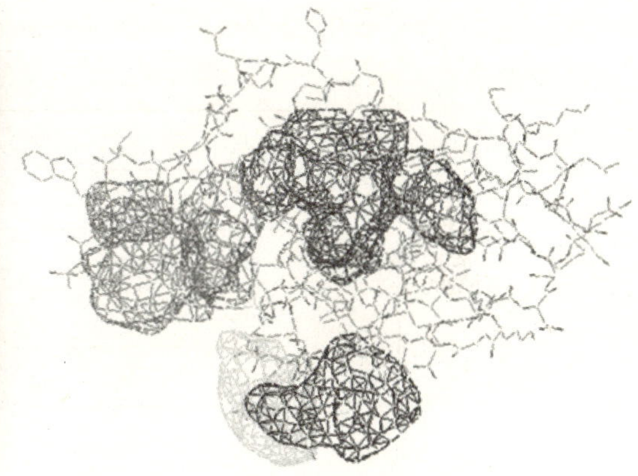

图 16 大菱鲆 lily-type lectin 糖结合位点（CDRS）示意图

2.3 建立三代耐温品系

利用两个与耐温相关的分子标记 Sam-Usc27 和 saml-125INRA 设计配种方案，从分子遗传角度出发，最终构建了遗传背景相对清晰的第三代耐温品系，并对其耐温性能，遗传性能进行评估，结果显示：在高温 28 ℃条件下，耐高温子二代的平均死亡率为 32. 83%，而耐高温子三代的平均死亡率 15. 93%，这说明利用分子标记对二代耐温品系亲本筛选是有效的，经过筛选提高后代的整体耐温性能是显著的；通过对两对引物在连续三代的耐温品系中的基因频率分析发现，随着选育的进行，目的条带的基因位点频率趋于升高，两对引物在后代的遗传相对稳定。

2.4 以大菱鲆为模式种，初步开展了非线性选育技术在鱼类遗传育种中的应用研究

通过比较大菱鲆非线性选育和线性选育的生长性能，非线性选育显示出更为良好的育

种效果,体现出“尽早地”在“最短的”时间内,取得“最大的”育种效果的特点。完成了快速生长非线性选育和线性选育的效果比较。为精确评估大菱鲆非线性选育的育种成效,采用 Gompertz 生长曲线,开展了大菱鲆非线性选育与线性选育的效果比较研究,评估育种成效。研究结果发现,非线性选育的最大月增重高于线性选育;非线性选育和线性选育进入快速生长期的时间点大约相同,非线性选育稍微滞后,而非线性选育的生长拐点和终速点均比线性选育提前;对快速生长期进行分析,非线性选育和线性选育几乎同时进入快速生长期,但非线性选育的快速生长期结束早,持续时间短,取得的净增重稍大;这两个选育的群体绝对增重率分别为 102. 68 g/月龄和 96. 56 g/月龄,非线性选育比线性选育提高了 6. 34%,显示出良好的育种效果。根据生长性能比较,非线性选育体现出“尽早地”在“最短的”时间内,取得“最大的”育种效果的特点(图 17)。

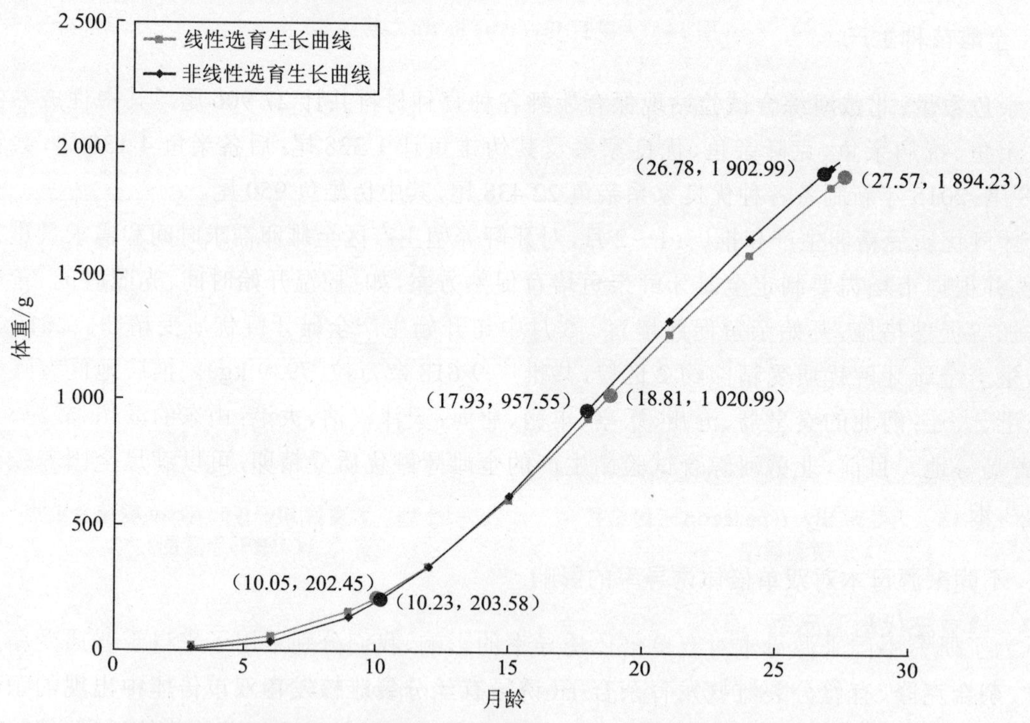

图 17　基于 Gompertz 模型的大菱鲆线性选育和非线性选育的生长曲线

(岗位专家　马爱军)

鲆鲽类全雌苗种生产技术研发进展

全雌苗种生产岗位

1　牙鲆

1.1　全雌苗种生产

亲鱼数量：北戴河综合试验站现保有牙鲆各种育种材料共计 27 906 尾。其中性成熟的野生亲鱼、抗病亲鱼、克隆亲鱼、优良家系及其伪雄鱼计 1 338 尾；后备亲鱼 4 130 尾，共计 5 468 尾；2015 年新制备各种优良家系亲鱼 22 438 尾，其中伪雄鱼 950 尾。

牙鲆优质受精卵生产和推广：1～2 月，对牙鲆养殖主产区全雌卵需求时间和需求量进行调研，并根据市场需要制定全雌牙鲆亲鱼培育促熟方案，如：控温开始时间、光照时间、营养剂添加等促熟措施，开始亲鱼促熟培育。3 月中旬开始生产全雌牙鲆优质受精卵。2015 年度共生产全雌牙鲆优质受精卵约 2 亿粒，共推广 9 618 余万粒（79.9 kg）。推广地区有辽宁的东港、大连；河北的秦皇岛、沧州、乐亭、丰南、唐海；天津汉沽、大港；山东的滨州、威海、日照、青岛等地。目前，北戴河综合试验站生产的全雌牙鲆优质受精卵，可以满足全国养殖牙鲆的需求。

1.2　不同来源母本对双单倍体诱导率的影响

为了研究不同来源母本对双单倍体诱导率的影响，我们分别采用了来自于普通受精二倍体、杂合克隆、有丝分裂雌核发育杂合子（诱导有丝分裂雌核发育双单倍体中出现的杂合个体）以及减数分裂雌核发育一代母本的卵进行有丝分裂雌核发育双单倍体的诱导，统计了受精率、孵化率和畸形率。并用覆盖牙鲆所有连锁群的 24 个高重组率微卫星标记对亲本以及诱导获得的子代进行了遗传鉴定。

实验结果显示，在与人工授精二倍体对照中，来自杂合克隆、有丝分裂杂合子以及减数分裂雌核发育一代的卵子的受精率要高于来自普通受精二倍体母本卵子的受精率（$P < 0.05$），但在孵化率和畸形率两个指标上，4 组之间差异不显著（$P > 0.05$）（图 1）。表明不同来源母本对人工授精二倍体无影响。

在减数分裂雌核发育诱导对照中，来自普通受精二倍体卵子的受精率最低（9.87% ± 2.06%，Mean ± SD，下同），显著低于其他三组（$P < 0.05$）。其他三组的受精率差异不显著

($P > 0.05$)。但在孵化率上,来自杂合克隆和减数分裂雌核发育一代母本的卵子的孵化率最高(分别为 40.28% ±5.78%和 27.12% ±18.64%),有丝分裂杂合子的居中(17.05% ±7.87%),普通受精二倍体卵子的最低(4.20% ±3.72%)。在畸形率指标上,各组差异不显著($P > 0.05$)(图 2)。

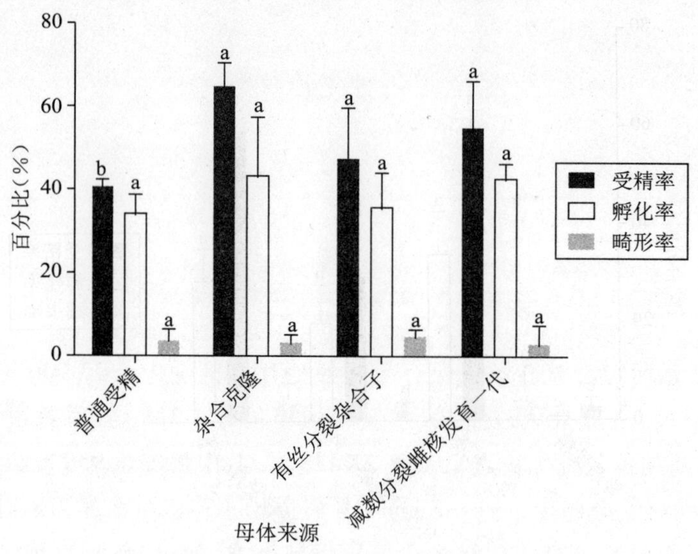

图 1　不同来源母本对人工授精二倍体制备的影响

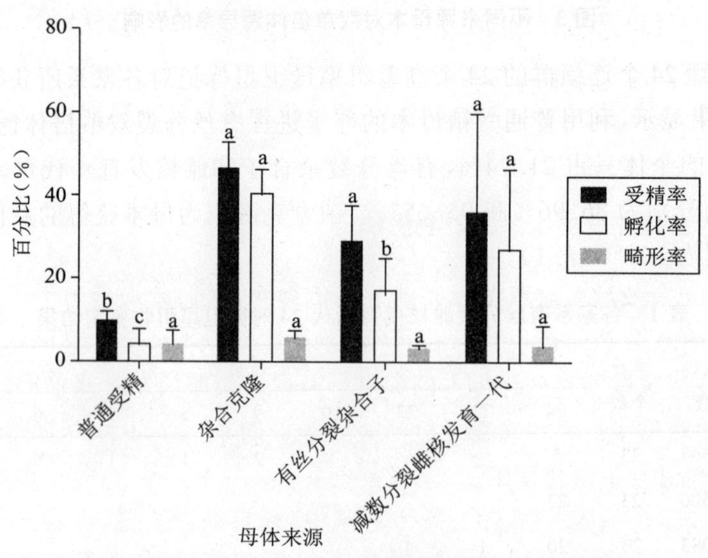

图 2　不同来源母本对减数分裂雌核发育诱导率的影响

双单倍体诱导实验结果显示,来自普通受精二倍体母本卵子的受精率(2.96% ±1.69%)、孵化率(0.87% ±0.47%)均为最小,显著低于其他三组($P < 0.05$)。有丝分裂杂合子卵子的受精率(29.47% ±9.28%)和孵化率(20.10% ±7.98%)居中,而杂合克隆和

减数分裂雌核发育一代母本两组的受精率和孵化率为最高，差异不显著($P > 0.05$)。但用杂合克隆母本卵子诱导双单倍体的畸形率为最低(3.33% ±0.58%)，和其他三组差异显著($P < 0.05$)(图3)。因此，利用杂合克隆卵子进行有丝分裂雌核发育的诱导，能获得最高的诱导效率。

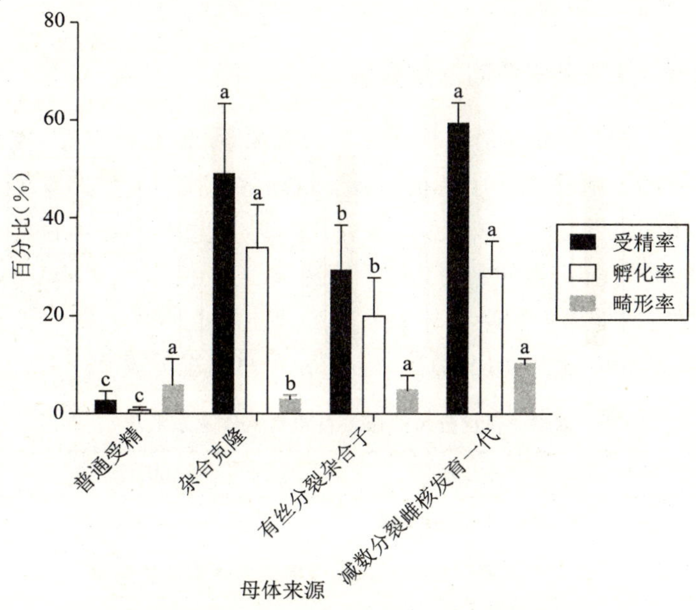

图3　不同来源母本对双单倍体诱导率的影响

利用覆盖牙鲆24个连锁群的24个高重组率微卫星标记对各家系所获得的个体的纯合度进行检测。结果显示，利用普通受精母本的卵子进行有丝分裂双单倍体诱导的后代中，在24个标记都纯合的个体只占21.74%，有丝分裂杂合子和雌核发育一代母本所获得的后代中，纯合个体比例分别为86.96%和95.65%。杂合克隆作为母本获得的后代无杂合个体出现，纯合个体比例为100%(表1)。

表1　各家系有丝分裂雌核发育后代24对微卫星引物鉴定结果

母本	母本纯合度	子代个数	纯合位点数									纯合个体比例(%)
			24	23	22	10	9	8	7	6	5	
普通受精	0.1667	23	5			1	2	1	1	9	4	21.74
杂合克隆	0.2500	23	23									100.00
有丝分裂杂合子	0.2083	23	20	1	1							86.96
减数分裂雌核发育一代	0.2917	23	22			1						95.65

诱导率和亲本纯合度之间存在极显著的相关关系，即随着纯合度的增加，双单倍体诱导率有上升的趋势。在本研究中，使用杂合克隆母本的诱导率最高，但其纯合度只有0.25。其原因是制备杂合克隆的父母本都是双单倍体，基因组中无隐性的有害基因存在，所以在利用

杂合克隆作为母本进行双单倍体诱导时,因隐性有害基因的纯合而带来的致死可能性能完全去除。我们的结果显示,利用减数分裂雌核发育个体作为母本也能获得高比例的纯合个体,且制备杂合克隆本身难度较大,因此,在实践中,为了提高诱导双单倍体的可能性和成功率,可以先诱导减数分裂雌核发育,在减数分裂雌核发育甚至多代减数雌核发育的基础上,提高了亲本的纯合度后再诱导双单倍体,可能会获得更好的效果。

1.3 有丝分裂雌核发育双单倍体的批量诱导

在研究清楚亲本来源对双单倍体诱导率的影响后,我们有针对性地挑选亲鱼进行双单倍体诱导。在繁殖季节,共挑选 5 尾亲鱼的卵子用经紫外线照射后的真鲷精子激活,并施以静水压处理。在 10 月初进行荧光标记时,共有 12 950 余尾双单倍体存活。这些家系中,最少的家系个体数为 600 尾,最多的利用为杂合克隆卵子诱导的,达 9 800 尾,这个数量是迄今为止世界上见诸报道的最大的双单倍体家系。这个结果也证明了第一部分“不同来源母本对双单倍体诱导率的影响”结果的准确性。各家系汇总情况见表 2。

表 2 有丝分裂雌核发育双单倍体家系汇总

母本 ID 号	家系来源	诱导用卵量(mL)	现有数量(尾)
11698	减数分裂雌核发育二代	60	600
9064	引进亲鱼	350	900
9945	引进亲鱼	250	1 050
2524	减数分裂雌核发育一代	50	600
8931	杂合克隆	510	9 800
	共计:	1 220	12 950

利用覆盖牙鲆 24 个连锁群的 24 个高重组率微卫星标记对母本为杂合克隆的家系所获得的个体的纯合度进行检测。在所检测的 95 尾子代中,所有个体在 24 个位点都为纯合,无杂合位点出现,证明了双单倍体诱导的成功。在所有 24 个标记中,除了 3 个标记在母本中为纯合外,在其余 21 个母本为杂合位点的标记中,有 14 个标记在子代中的分布遵守 1:1 的孟德尔分离定律。而另外 7 个标记在 95 尾子代中的分布不遵守孟德尔分离定律,呈现出偏分离现象。偏分离标记有助于正确分析和利用偏分离位点的选择效应;有助于获得正确的遗传图谱和基于遗传图谱的 QTL 标记定位,这些对于牙鲆的遗传研究和改良都是非常重要的。

1.4 基因 RAD-Seq 的牙鲆克隆二代遗传特性研究

限制性位点相关 DNA(restriction site associated DNA, RAD)技术是新近发展起来的一种测序技术,利用此技术结合第二代高通量测序技术,能快速准确地鉴别和记录数以千计的基因标记。较之于其他方法,RAD 技术不仅在鉴别、验证和记录标记的能力上更为优胜,而且能节省测序成本和时间,在模式和非模式生物中都可以广泛应用。RAD 测序技术能广泛应用于基因型与表型相关联的遗传图谱的构建，以及地理学、种群遗传学和基因组的连锁研究。

本岗位在2014年首次制备了牙鲆的克隆二代群体，经24对微卫星引物检测，牙鲆克隆二代在24个微卫星位点的基因型均为纯合型，且子代基因型与母本基因型完全一致，遗传相似系数为1.00。

为了在全基因组水平上更进一步地验证克隆二代的纯合性以及遗传相似性，在2015年，我们利用RAD-Seq技术对3尾克隆二代以及1尾克隆一代和1尾正常受精对照进行了遗传特性的研究。5尾个体测序共获得了10.571 G原始数据，各个体所获得的原始数据在1 283.039 M到4 556.052 M之间。过滤后，共有10.403 G数据被用于进一步的分析。对所有个体来说，测序质量都较高（Q20≥93.13%，Q30≥85.0%），而且GC含量在39.75%至40.26%间。在本研究中，因为缺少牙鲆参考基因组序列，将克隆一代的测序组装结果用作参考。克隆一代共获得了10 851 243个RAD标签，其他4个样品的RAD标签数在3 340 795至4 425 361之间。

用克隆一代测序结果组装的RAD参考基因组序列共含有212 820个contigs（78 774 559 bp），平均contig长度为370 bp（图4）。组装基因组的GC含量和克隆一代的组装前测序结果的GC含量相似（40.70%和40.12%），表明组装的参考基因组序列可以代表整个牙鲆基因组。

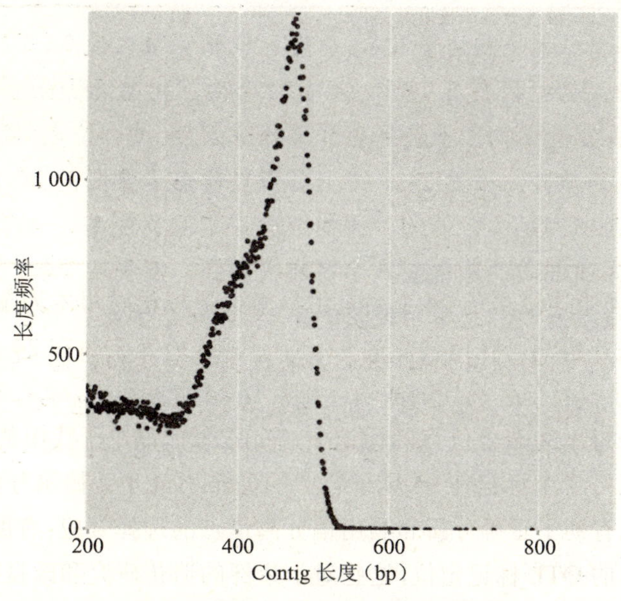

图4　参考基因组contig长度分布图

SNP分析结果显示每个样品所获得的SNP数在304 129至309 307之间，其中普通受精对照检测到190 010个杂合SNP，克隆一代和3尾克隆二代所检测到的杂合SNP数要显著小于普通对照（表3）。杂合度结果显示，普通受精的杂合度为61.83%，而克隆二代及克隆母本的杂合度在1.72%至2.17%间，具有极高的纯合度。遗传相似度结果显示，克隆母本和克隆二代以及克隆二代之间的遗传相似度在0.964 3以上，具有极高的遗传相似度

(表4)。RAD测序在全基因水平上证明了克隆二代的纯合度以及克隆性。

表3 各样品总SNP及杂合SNP数统计

样品	总SNP	杂合SNP	杂合度(%)
克隆一代	309 307	6 715	2.17
克隆二代-1	304 129	5 218	1.72
克隆二代-2	305 719	5 349	1.74
克隆二代-3	306 359	5 877	1.92
普通受精	307 308	190 010	61.83

表4 样品间的遗传相似度

	克隆母本	克隆二代-1	克隆二代-2	克隆二代-3	普通受精
克隆一代	****	0.964 4	0.968 3	0.972 0	0.098 2
克隆二代-1	0.964 4	****	0.964 9	0.964 3	0.094 0
克隆二代-2	0.968 3	0.964 9	****	0.967 7	0.095 2
克隆二代-3	0.972 0	0.964 3	0.967 7	****	0.096 3
普通受精	0.098 2	0.094 0	0.095 2	0.096 3	****

本研究基于全基因组水平的结果显示,克隆一代和克隆二代个体均具有一定的杂合位点,但比例非常小,最高的也只有2.17%,这与24个微卫星检测无杂合位点出现这一结果不太相符。究其原因,我们认为微卫星是串联重复序列,对某一位点,拷贝数的差异导致了检测结果上显示的条带差异。虽然24个微卫星位点覆盖了牙鲆的24个连锁群,但就牙鲆整个基因组来说,这个比例是非常低的。再加上微卫星的突变率在10^{-4}～10^{-2}之间,因此,利用微卫星方法,代际间细微的遗传差异不易被检测到。但利用RAD-Seq方法,得到的结果是全基因组水平,直接反映的是单个碱基的差异,而在基因组复制过程中,碱基会有一定比例的变异,这就导致了我们利用RAD-Seq方法在克隆一代和二代个体中检测到的杂合位点。克隆二代的杂合度要小于克隆一代,这表明在克隆一代卵子成熟过程中,部分杂合位点碱基发生了纯合。关于克隆的纯合度以及全基因组水平碱基代际间的突变问题,仍需进行深入的研究。

1.5 抗淋巴囊肿牙鲆的研究

淋巴囊肿病是近年来影响和制约牙鲆养殖产业持续健康发展的一种严重疾病。在河北省,由于牙鲆淋巴囊肿病的高发,致使养殖户遭受巨大的经济损失,造成河北省的牙鲆养殖面积大幅度萎缩,产量下降。为了攻克此难题,本岗位从遗传育种的角度对牙鲆抗淋巴囊肿新品种的选育进行了连续多年的研究,取得了一定的进展。

2014年度,我们构建了12个家系,计3 500尾进行染毒试验。2015年4月份对上述染毒实验鱼进行抗病和染病个体的统计,发现其中有两个家系的抗病个体比例分别达到了

98.37%以及100%，抗病效果显著。同时，2013年度经染毒试验筛选出的一个减数分裂雌核发育家系的抗病个体已经性成熟。因此，我们在2015年度的繁殖季节，有针对性地对上述三个家系进行了双列杂交配组，共制备了7个杂交组合。在10月份，对6 600余尾进行了荧光标记，并分至三个淋巴囊肿病高发养殖区进行染毒试验。

鱼类疾病的致病机理研究以及抗病基因和分子标记的开发一直是鱼类生物技术研究的热点。近年来，随着高通量测序技术的发展，在全基因组水平上对疾病的调控机理研究以及分子标记挖掘越来越多，并取得了一定的效果。但分子标记和某种疾病的关联性具有地域特性，一个地方种群上找到的抗性标记并不适用于其他地方种群。在牙鲆抗淋巴囊肿分子标记的开发上，日本学者Fuji等在2006年发表论文称筛选获得了一个和抗淋巴囊肿紧密相关联的微卫星标记，并通过此标记，在日本培育出了抗淋巴囊肿牙鲆。但利用此标记对中国种群的牙鲆进行筛选，我们发现，此标记筛选出的抗淋巴囊肿个体在染毒实验中也能感染上淋巴囊肿病，因此，日本的标记并不完全适合于中国种群。同时，关于牙鲆对淋巴囊肿病的抵抗机理研究，也尚未充分开展。

因此，在分子水平上研究牙鲆抗淋巴囊肿机理并开发适用于中国牙鲆种群的抗淋巴囊肿分子标记，对彻底解决淋巴囊肿疾病给产业发展带来的制约，具有十分重要的意义。

我们在2014年度，通过高通量转录组测序，获得了牙鲆淋巴囊肿抗和非抗个体间基因表达的差异，并通过进一步的生物信息学研究定位了其中一个跟抗性相关的主效基因。将通过转录组获得的这个基因的部分序列比对到我们所制备的牙鲆新一代BAC克隆库中，挑选出含有这部分序列的克隆，建库进行二代测序，获得了这个基因的全序列。针对这个基因的功能研究以及分子标记开发工作，正在进一步开展中。

2　大菱鲆

2.1　大菱鲆性别遗传决定机制

鱼类性别遗传决定机制（GSD）复杂多样，传统的研究方法包括染色体核型分析、种间杂交、性逆转和染色体操作技术等，随着分子生物学的发展，性别连锁分子标记、性别连锁QTL定位、性别决定相关基因、转录组测序乃至全基因组测序等均应用于鱼类GSD机制的研究中。为明确大菱鲆性别遗传决定机制类型，各国学者已采用多种技术开展研究。Baynes等、Cal等和Haffray等对商业化生产和小实验的大菱鲆性别比例的跟踪调查结果表明，雌雄比例基本为1∶1，说明大菱鲆的性别决定机制为单纯的遗传决定，即为雌雄同配（XX/XY型）和雌性异配（ZW/ZZ）中的一种。染色体核型分析证实大菱鲆性染色体处于进化的原始状态，在有丝分裂染色体形态、带型以及减数分裂同源染色体联会复合体等与常染色体无法区分。大菱鲆与光菱鲆（*Scophthalmus rhombus*）正反交得到性别完全相反的单性子代群体，意味着菱鲆属不同物种间存在不同的性别遗传决定类型。性反转个体与正常个体杂交后代的性别比例存在 3 种情况，部分家系符合 XX/XY 型，部分家系符合 ZW/ZZ 型，其余部分 2 种性别决定类型都符合，但是总体而言符合 ZW/ZZ 型的家系显著多于符合 XX/XY 型的家系，并据此推测大菱鲆性别遗传决定类型为雌性异配型(ZW/ZZ)[166]。染色体操作技术诱导获得减数分裂型雌核发育和三倍体群体，其子代性别比例波动较大，Cal 等认为是 XX/XY 型，而 Baynes 等认为是 ZW/ZZ 型。Martínez 等通过中等精度的基因组扫描微卫星遗传图谱确定了性别决定主效区域(SDg)位于 LG5 连锁群上，通过对其与距离最近的微卫星分子标记间(SmaUSC-E30)在子一代的分离分析，表明大菱鲆性别遗传决定类型符合 ZW/ZZ 型，同时明确 SDg 与着丝粒间遗传距离为 32. 2 cm，理论上减数分裂型雌核发育诱导过程中母本同源染色体非姐妹染色单体间存在 32. 2% 的遗传交换律，并据此推测子代雌雄比例理论值为 82. 2% F(17. 8% WW + 64. 4% ZW) : 17. 8% M(17. 8% ZZ)。Haffrray 和 Martínez 等在推测大菱鲆性别遗传决定机制为 ZW/ZZ 的同时，同样证实大菱鲆存在其他遗传或环境因素能够影响其性别决定。此外，近来 Casas 等采用 RAPD 标记技术、Taboada 等采用 cDNA-AFLPS 技术的转录组分析、Viñas 等通过性别相关分子标记的基因组扫描和多个性别决定及性别分化相关基因表达分析、Vale 等通过减数分裂型雌核发育子代性别相关 RAPD 标记筛选及其连锁基因分析，均偏向于支持大菱鲆性别遗传决定机制为 ZW/ZZ 型的推论，但基于性逆转和分子生物学技术推测的性别遗传决定类型尚不能提供直接的证据。

雌核发育技术尤其是有丝分裂型雌核发育诱导，为多种鱼类性别遗传决定机制明确提供了最直接的实验证据。通过分析减数分裂型、有丝分裂型雌核发育和减数分裂型雌核发育子代成熟“雄鱼”反交子代的性别比例，初步推测大菱鲆性别遗传决定机制。结果表明，4 个批次减数分裂型雌核发育子代(Ⅰ-Ⅳ)苗种雌性比例分别为 82. 86%、85. 00%、76. 67%、75. 81%，极显著偏离 1:1 的性别比例($P < 0.01$)，但未偏离 Martínez 等提出的大菱鲆性别遗传决定机制为雌性异配(ZW/ZZ)，减数分裂型雌核发育子代因遗传重组苗种性别比例为 82. 2% F:17. 8% M 理论值的推测($P > 0.05$)；获得 1 批次有丝分裂型雌核发育子代苗种 124 尾，检测 30 尾子代性别比例为 1:1，符合雌性异配的性别遗传决定机制(ZW/ZZ)有丝分裂型雌核发育子代苗种性别比例 1:1(ZZ:WW = 1:1，WW 能成活)的推断；减数分裂型雌核发育子代正常发育的“雄鱼”分别与 1 尾雌鱼卵子受精生产的子代苗种，雌性比例分别为 64% 和 52. 9%，2 者均未偏离 1:1 的性别比例($P > 0.05$)，同样符合雌性异配(ZW/ZZ 型)的性别遗传决定机制的推断。

表 5　不同批次大菱鲆雌核发育群体及子代雄鱼反交苗种的性别比例

组　别	雌　性	雄　性	合　计	性比 1:1 的 χ^2 检验	4. 6F:1M 的 χ^2 检验
减数分裂型Ⅰ Meiogynogenetic Ⅰ	58	12	70	ES	NS
减数分裂型Ⅱ Meiogynogenetic Ⅱ	51	9	60	ES	NS
减数分裂型Ⅲ Meiogynogenetic Ⅲ	46	14	60	ES	NS

（续表）

组　别	雌　性	雄　性	合　计	性比 1∶1 的 χ^2 检验	4.6F∶1M 的 χ^2 检验
减数分裂型Ⅳ Meiogynogenetic Ⅳ	47	15	62	ES	NS
有丝分裂型 Mitogynogenesis	15	15	30	NS	—
"杂交"Ⅰa "Hybrid"Ⅰ	32	18	50	NS	—
"杂交"Ⅱa "Hybrid"Ⅱ	27	24	51	NS	—

注：*a*—减数分裂型雌核发育子代雄鱼（♂）与正常雌鱼（♀）受精生产的子代；*ES*—差异极显著（$P < 0.01$）；*NS*—无显著性差异（$P > 0.05$）。

明确了大菱鲆性别遗传决定机制为 ZW/ZZ 型，建立稳定的大菱鲆全雌苗种生产技术体系可通过 2 种方式实现：① 有丝分裂型雌核发育子代雌性理论上为 WW 遗传型个体，诱导其性腺发育成熟和配子发生，与正常雄鱼（ZZ 型）交配可直接用于生产全雌苗种；② 减数分裂雌核发育子代雌性染色体类型为 ZW 型和 WW 型，可通过构建家系，根据子代性别比例筛选 WW 型雌性亲鱼，以冷休克的方法诱导第二代减数分裂型雌核发育群体，作为全雌苗种生产的基础雌性群体。

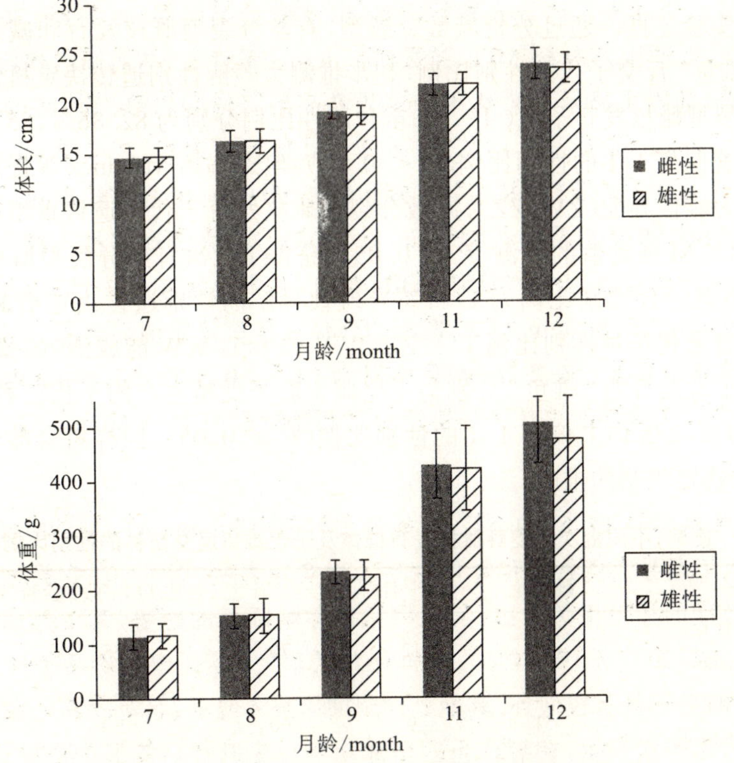

图 5　不同月龄雌性、雄性大菱鲆体长和体重间差异

2.2 大菱鲆雌雄生长差异的跟踪比较

2014～2015年度对东方海洋公司工厂化养殖的1批大菱鲆苗种定期随机取样，测量体长和体重，解剖后以性腺发育形态区分雌、雄，跟踪比较大菱鲆雌、雄生长差异。结果表明，7、8月龄大菱鲆雌性平均体长与雄性平均体长间无明显差异，9、11和12月龄雌性平均体长稍高于雄性，无显著性差异；体重方面，7、8月龄大菱鲆雌性与雄性间基本一致，无显著性差异，9、11月龄雌性平均体重大于雄性，同一月龄两者差异不显著，12月龄雌性平均体重则显著大于雄性($P < 0.05$)。由此可见，养殖全雌苗种对于目前以500 g规格上市的大菱鲆产业仍然具有重要意义。

2.3 大菱鲆四倍体的规模化诱导研究

优化了大菱鲆四倍体的诱导条件，在孵化水温为14.5±0.5 ℃条件下，受精后75～80 min、静水压力75 MPa、处理持续时间6 min，四倍体诱导率最高。采用该条件获得2批次的规模化诱导群体，通过NORs-Ag染法观察最大核仁数目、染色体计数、血涂片测量红细胞体积等方法证实在孵化阶段、5月龄、12月龄群体中均存在四倍体个体，孵化阶段四倍体诱导率可高达40%以上，随后四倍体比例迅速下降，至5月龄后四倍体苗种仅存活5%左右。

2.3.1 处理起始时刻

采用进行静水压法人工诱导大菱鲆四倍体，实验结果表明(见图6)，在受精/孵化水温为14.5±0.5 ℃、处理压力为65 MPa、持续时间6 min条件下，与对照组相比，各处理组间受精率差异不显著(数据未显示)；孵化率呈现先升高后降低的趋势，其中处理起始时间为80 min AF时，孵化率(52.66% ±6.18%)显著高于其他各实验组($P < 0.05$)；初孵仔鱼畸形率，各处理组均显著高于对照组，其中各处理组间除90 min AF显著较高外，其他组间差异不显著；各处理组取样30尾正常的初孵仔鱼，以NORs-Ag染法观察最大核仁数目(图7)，统计四倍体率(每尾仔鱼观察100个细胞NORs数目，其中出现4个核仁的细胞多于2个即视为四倍体)，75 min AF和80 min AF处理组初孵仔鱼四倍体比例显著高于其他处理组($P < 0.05$)，两者间差异不显著。在受精/孵化水温为14.5±0.5 ℃，综合考虑孵化率、畸形率和初孵仔鱼四倍体率，大菱鲆四倍体诱导最适处理起始时刻为75～ 80 min AF。

2.3.2 处理压力

在受精/孵化水温为14.5±0.5℃、起始处理时间为80 min AF、持续时间6 min条件下，进行静水压法人工诱导大菱鲆四倍体的处理压力实验表明(图8)，在实验压力范围内，各处理组均有一定数量的初孵仔鱼孵出，孵化率呈现逐渐降低的趋势，其中处理压力为60 MPa时，孵化率最高(64.20% ±10.94%)；初孵仔鱼畸形率，各处理组均显著高于对照组，处理组间除60 MPa畸形率显著较低外，其他处理组间差异不显著；各处理压力条件下，均可诱导一定比例的四倍体子代产生，初孵仔鱼四倍体率呈现先升高后降低的趋势，75 MPa处理组四倍体率显著高于其他处理组($P < 0.05$)，达58.87% ±5.10%。综合分析孵化率、畸形率

和四倍体率，大菱鲆四倍体诱导的最适静水压处理压力为 75 MPa。

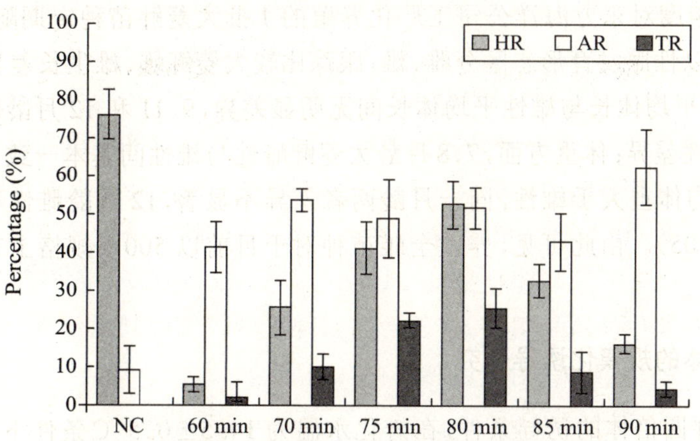

图 6　不同处理起始时刻对诱导大菱鲆四倍体的影响

注：HR—孵化率，AR—畸形率，TR—初孵仔鱼四倍体率

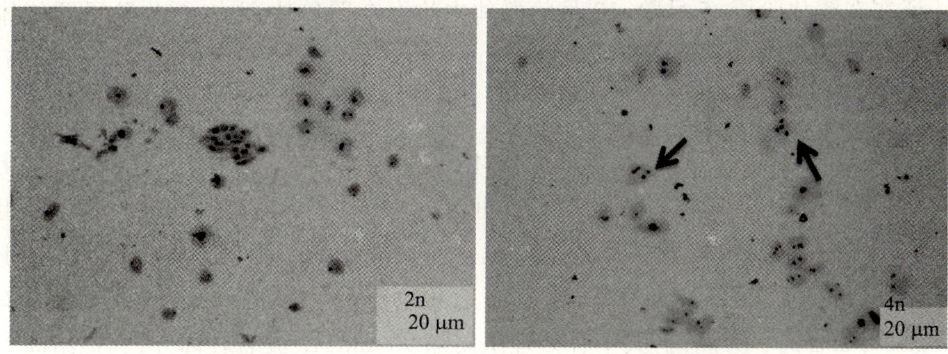

图 7　银染法显示大菱鲆普通二倍体和四倍体初孵仔鱼间期细胞核仁

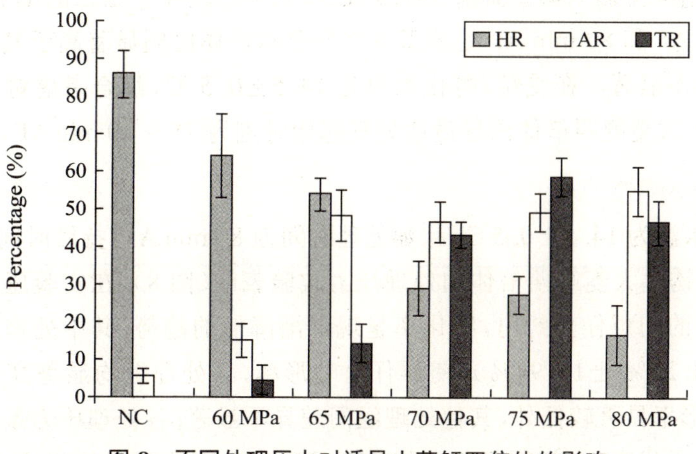

图 8　不同处理压力对诱导大菱鲆四倍体的影响

2.3.3 规模化诱导的四倍体苗种培育及养殖

在受精/孵化水温为14.5±0.5 ℃、起始处理时间为80 min AF、处理压力为75 MPa、持续时间6 min条件下,利用4尾大菱鲆雌鱼卵子(用卵量分别为520 g和690 g)采用静水压法人工诱导2批次大菱鲆四倍体,诱导结果见表6。其中,四倍体两次诱导实验的受精率与对照组(普通二倍体)相当,两者无显著性差异($P > 0.05$);四倍体诱导组孵化率(16.54%和11.40%)显著低于对照组(71.62%)($P < 0.05$),畸形率则显著高于对照组,2个诱导组分别达45.79%和64.10%;四倍体诱导组在孵化后60日龄内分池培育,至40日龄成活率(0.82%和0.22%)显著低于同期对照组(21.36%),至60日龄成活率(52.55%和74.56%)仍较对照组低,2个四倍体诱导组在60日龄因苗种数量较少而同池混养,混养至12月龄时($n = 465$),成活率(95.48%)与对照组(95.43%)相当。

表6 大菱鲆四倍体规模化诱导结果

变 量	普通二倍体	四倍体Ⅰ	四倍体Ⅱ	显著性
Weight of eggs used (g)	60	520	690	N/A
Approximate total number of eggs used	7.20×10^4	6.24×10^5	8.28×10^5	N/A
Volume of diluted sperm used (mL)	3	26	35	N/A
Fertilization rate (%)	83.52±3.78	81.47±5.23	79.92±5.31	NS
Hatching rate at 1 DAH (%)	71.62	16.54	11.40	$P < 0.01$
Abnormality rate of the newly hatched larval at 1 DAH (%)	4.54	45.79	64.10	$P < 0.01$
Survival rate in the period 1-40 DAH with respect to the total hatched larvae (%)	21.36	0.82	0.22	$P < 0.01$
Survival rate in the period from 40 to 60 DAH (%)	88.74	52.55	74.56	$P < 0.05$
Survival rate in the period from 60 DAH to 12 months (%)	95.43	95.48	NS	
Tetraploidy rate at 1 DAH (%) ($n = 30$)	—	53.33	46.67	N/A
Tetraploidy rate at 5 months (%) ($n = 20$)	—	5	$P < 0.05$	
Tetraploidy rate at 12 months (%) ($n = 465$)		4.95	N/A	

Note: a, not diluted turbot sperm. b, UV irradiated red sea bream sperm diluted to 1/20. N/A, not applied. NS, not significant.

2.3.4 四倍体诱导组初孵仔鱼倍性鉴定

2个诱导组分别随机选取30尾初孵仔鱼,采用NORs-Ag染法观察最大核仁数目。结果表明,诱导组Ⅰ中有4尾个体观察到最大核仁数为5($N = 5$),12尾个体最大核仁数为4($N = 4$),14尾个体最大核仁数为2($N = 2$),则该组四倍体比例为53.33%(图9)。诱导组

Ⅱ有4尾个体最大核仁数为5,10尾个体最大核仁数为4,16尾个体最大核仁数为2,四倍体比例为46.67%。

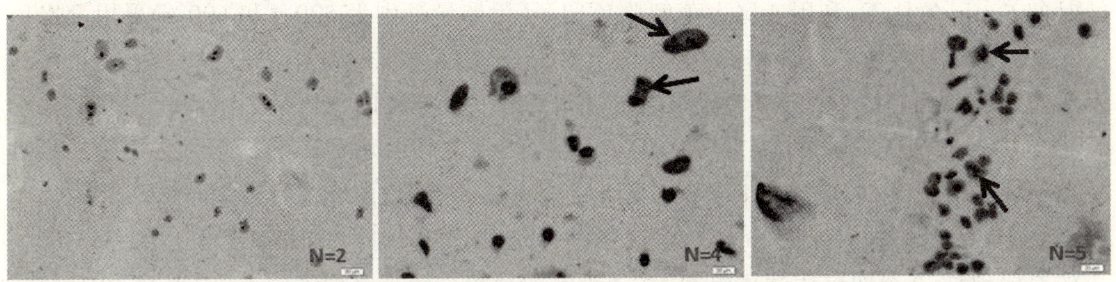

图9 NORs-Ag染法鉴定大菱鲆规模化诱导实验初孵仔鱼倍性

2.3.5 四倍体诱导组5月龄苗种倍性鉴定

至60日龄后,2个诱导组苗种同池混养(n = 487,60 DAH),为验证存活个体中是否有四倍体及四倍体比例,随机选取20尾苗种,采用染色体制片法观察染色体数目。结果表明,20尾个体中有1尾观察到染色体数目为88,是正常二倍体染色体数目($2n$ = 44)的2倍,19尾个体染色体数目为44(图10),说明大菱鲆四倍体可存活至5月龄,其比例大约为5%。

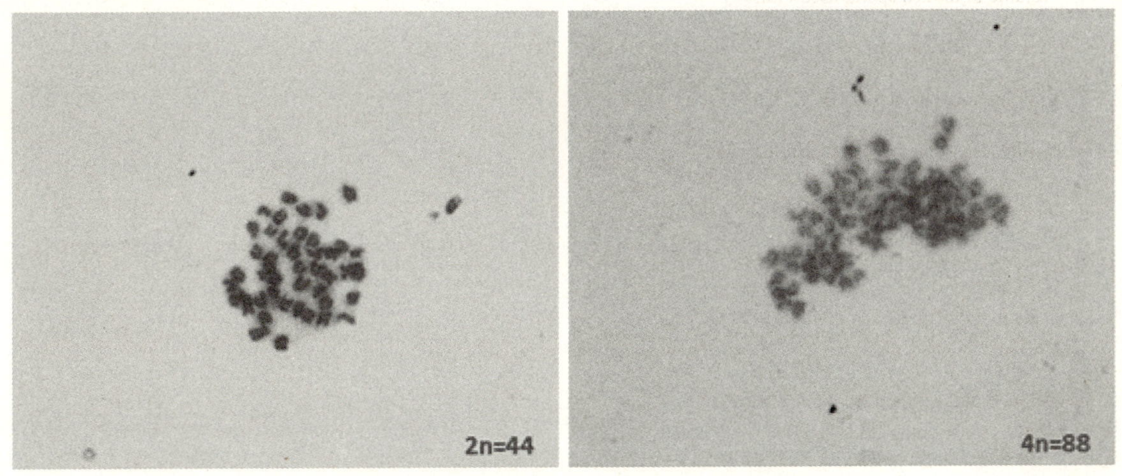

图10 染色体分析大菱鲆四倍体诱导组5月龄苗种倍性

2.3.6 四倍体诱导组12月龄苗种倍性鉴定

至12月龄,2个诱导组同池混养苗种共存活465尾,采用血涂片法统计红细胞体积,初步筛选全部存活个体中的四倍体苗种。结果表明,同期普通二倍体对照组红细胞长径平均为7.59±0.43 μm、短径为5.09±0.40 μm、体积为103.67±18.14 μm³,诱导组中有432尾个体红细胞平均体积介于84.33～136.59 μm³之间,可视为二倍体,有23尾个体红细胞平均体积介于184.51～195.44 μm³,显著高于普通二倍体和同组其他个体,视为四倍体,筛选后以PIT标记并继续培养,至12月龄,诱导组四倍体比例约为4.95%,与5月龄检测结果基本相当,但筛选后备四倍体苗种仍有赖于其他方法进一步验证。

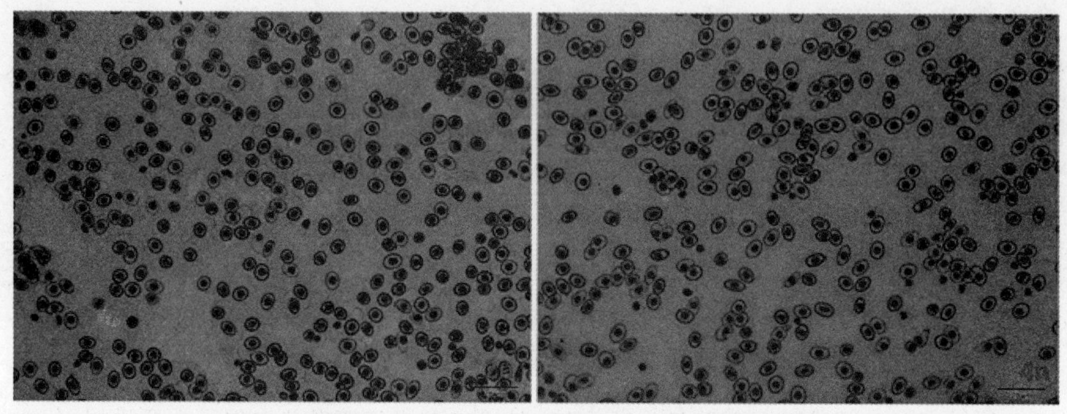

图 11　血涂片分析大菱鲆四倍体诱导组 12 月龄苗种倍性

(岗位专家　刘海金)

鲆鲽类苗种繁育技术研发进展

苗种繁育岗位

1 鲆鲽类繁育研究综述

目前，虽然针对重要鲆鲽类苗种人工繁育技术工艺进行研发并取得了重要进展，但对养殖鲆鲽类性腺发育规律及调控机制和苗种早期发育阶段组织器官发生机理不明确，相关理论欠缺严重制约着人工繁育技术工艺的提升。2015 年度鲆鲽类苗种繁育研究主要对象依然是塞内加尔鳎、星斑川鲽、大菱鲆、半滑舌鳎等重要鲆鲽类养殖品种，同时对具有养殖潜力的美洲拟鲽和大鳞舌鳎等鲆鲽类也进行了研究。研究发现波斯湾大鳞舌鳎为冬春季繁殖类型，性腺发育启动始于 10 月份，繁殖期为 2 月份至 6 月份，研究结果为大鳞舌鳎人工生殖调控技术建立奠定基础（Ghaffari et al.，2015）。繁殖期大菱鲆的受精率与卵巢液 pH 值成正比，在繁殖中期 pH 值达到最高，研究揭示大菱鲆受精率还与卵巢液蛋白含量、酸性磷酸酶、天冬氨酸转移酶以及碱性磷酸酶存在显著正、负相关性（Jia et al.，2015）。明确苗种早期发育规律及其与环境变化关系是提升鲆鲽类人工育苗技术重要环节，塞内加尔鳎在早期发育阶段有 7 个 NKA-β 酶亚基旁系同源基因参与渗透调节，其中 atp1b1a，atp1b1b 亚基主要参与高渗应答过程，atp1b3a，atp1b3b 亚基主要参与低渗应答过程（Armesto et al.，2015）。以往的研究认为鲆鲽鱼类的变态过程受到甲状腺激素的影响，但 Campinho et al.（2015）发现在塞内加尔鳎变态过程中甲状腺激素和促肾上腺皮质激素释放激素的表达量没有发生变化。大菱鲆骨粘连蛋白 SPARC 基因主要在大菱鲆幼鱼的头部的下颌、鳃弓和尾鳍、背鳍以及臀鳍鳍条位置表达，其表达量在变态期达到最高水平，证明其参与了大菱鲆变态期发育调控（Torres-Núñez et al.，2015）。大菱鲆高密度遗传连锁图谱揭示与其性别相关联的信息定位于 LG21、LG7 和 LG14 染色体上，性别决定由多连锁群共同参与完成（Wang et al.，2015）。研究鲆鲽类苗种早期发育阶段营养需求是提升鲆鲽类苗种质量的关键环节，研究发现星斑川鲽和塞内加尔鳎幼鱼都可以利用饲料中的豆蛋白源，但是添加比例不高于一定阈值（星斑川鲽不高于 40%，塞内加尔鳎不高于 30%）才能满足幼鱼的生长和发育（Li et al.，2015；Rodiles et al.，2015）。高水平的 VA 含量（203 000 U/kg）能够显著提高塞内加尔鳎免疫系统 C1inh、C3、C9、Lgals1、Hamp、LysC、Prdx1、Steap4 和 Transf 等因子表达量，苗种存活率显著提高，为其他鲆鲽类苗种营养强化提供了借鉴（Fernandez et al.，2015）。美洲拟鲽在孵化后 26 天时摄食人工饵料的频率最高，组织学结果显示此时其幼鱼胃和消化腺体已经发育，研究结果为美洲拟鲽幼鱼人工饵料强化时机提供了理论基础。随着在半滑舌鳎幼鱼饵料中花生四烯酸(ARA)添加量(1.07%～1.42%干重)的提高,幼鱼的存活率、体重增重率呈升高趋势,胰蛋白酶、亮氨酸氨肽酶和碱性磷酸酶的活性显著增加,同时与ARA代谢相关COX-2和5-LOX基因表达量也显著提高,当超过这个水平相关酶的活力显著降低。上述研究为塞内加尔鳎、星斑川鲽、大菱鲆、半滑舌鳎和美洲拟鲽等重要鲆鲽类亲鱼性腺发育成熟诱导调控、苗种早期培育及营养强化种类和时机选择奠定了理论和实践基础。

随着对鲆鲽类亲鱼培育过程中的环境因子调控、营养强化、促熟、催产和授精等技术的熟化,针对病害预防、白化及黑化率降低、提高生长率和成活率的营养强化技术,及微藻、光合细菌和中草药制剂使用的环境调控等技术的深入研究,使我国鲆鲽类人工繁殖和育苗技术及工艺发展迅速。2015年国内报道了有关大菱鲆、半滑舌鳎、牙鲆和星斑川鲽等鲆鲽类人工繁育的最新研究结果。在鲆鲽类性腺发育调控机理研究方面,半滑舌鳎膜孕激素受体(mPR-like)基因在性成熟雌性半滑舌鳎不同组织中的表达具有广泛性,尤其在脑、卵巢、心脏、鳃、脾和胃等组织表达丰富,并且其表达水平从II时相卵母细胞到V时相卵母细胞持续升高,揭示该基因在繁殖周期脑－垂体－卵巢的表达调控及在卵母细胞成熟过程中发挥重要作用(柳学周等,2015)。牙鲆野生亲鱼的繁殖力显著高于养殖亲鱼,卵子中维生素和粗蛋白含量显著高于养殖亲鱼生产的卵,营养强化能够显著提高养殖亲鱼的繁殖力(李宝山等,2015)。半滑舌鳎饲料中添加高水平的VE含量(1 200 mg/kg)不仅可以提高亲鱼产卵量、浮卵率、受精率、孵化率以及初孵仔鱼长度,而且可以提高仔鱼存活率,研究结果为鲆鲽类苗种繁育过程中的营养强化提供了借鉴(肖登元等,2015)。研究发现在半滑舌鳎亲鱼饲料中添加0.5%牛磺酸,不仅能够提高亲鱼的相对产卵量,还能促进亲鱼体内睾酮和雌二醇的分泌,饲料中牛磺酸的最适添加量为0.5%。在鲆鲽类苗种早期发育规律研究方面,研究发现视觉决定基因并非仅在眼部表达,牙鲆视杆视蛋白RH1基因和视锥视蛋白LWS、RH2、SWS1、SWS2基因除了在眼睛外表达外,在皮肤鳍条鳃和肠道等组织中也有表达,研究还发现在牙鲆眼睛发育过程中pax6基因在左侧眼睛发生区域的表达范围略大于右侧,提出pax6基因可能在眼原基发生阶段决定了牙鲆右眼移动。揭示视觉视蛋白基因具有与其他发育相关的调控功能(陈新页等,2015;陈洁等,2015)。与两栖类和哺乳类骨骼发育决定基因研究相比较,转录因子Runx2和Osterix虽然参与半滑舌鳎早期发育阶段生长发育调控,但其与骨骼发生、发育的相关性有待进一步研究(马骞等,2015)。在鲆鲽类性别决定研究方面,CSW3基因蛋白能够引起半滑舌鳎雌性相关基因的表达上调和雄性相关基因的表达下调,研究还发现常染色体参与了半滑舌鳎性别决定过程,研究结果为半滑舌鳎雌性苗种的规模化繁育奠定了理论基础(王天姿等,2015;王景伟等,2015)。在鲆鲽类苗种早期发育阶段营养强化研究方面,星斑川鲽幼鱼可以利用饲料中豆肽蛋白源,摄食后肝脏中高密度脂肪酸、应急蛋白的合成效率增高,糖降解速度增强,糖原以及胰蛋白酶合成速率降低(宋志东等,2015)。大菱鲆饲料中添加50～75 mg/kg糖萜素可显著提高幼鱼背肌多不饱和脂肪酸含量、降低血脂并改善肠道生理环境,饲料中Arg(0.9%)和Lys(1.19%)的添加可以使大菱鲆幼鱼具有最大生长和饲料利用效率，鱼油和豆油按 1∶1 混合添加则能使大菱鲆幼鱼更好地生长，研究还发现饲料中添加胆汁酸能够提高幼鱼脂肪利用及机体抗病力的作用（郝甜甜等，2015；代伟伟等，2015；李思萌等，2015；董纯等，2015；黄炳山等，2015；彭墨等，2015）。在胁迫环境下鲆鲽类幼鱼生理生化变化研究，牙鲆幼鱼在溶解氧胁迫条件下耗氧率呈现先降低后升高的"U"形变化，肌肉中丙二醛含量持续增加，生长激素和类胰岛素生长因子无显著差异，活性氧自由基增加迅速导致机体表现出氧化损伤，当胁迫条件恢复至正常条件下发现生长激素含量显著高于溶解氧胁迫组（李洁等，2015；黄国强等 2015）。牙鲆在雌二醇和塑化剂浸泡条件下能够引发鳃部结构发生病变，导致肾小管变细及崩解，严重影响牙鲆幼鱼的生长和发育，在鲆鲽类苗种繁育过程中应监测养殖环境中雌二醇和塑化剂等环境内分泌干扰物浓度（刘志峰等，2015）。上述研究为大菱鲆、牙鲆、半滑舌鳎和星斑川鲽等亲鱼性腺诱导发育成熟、营养强化技术优化及苗种培育过程中环境因子精细调控提供了理论参考。

2　苗种繁育岗位年度工作综述

2.1　鲆鲽类人工繁殖及苗种培育技术改进的生产性实验研究

（1）牙鲆与夏鲆种间杂交制种材料体系的构建：留种保育优质夏鲆种鱼 600 余尾，牙鲆种鱼 500 尾；培育牙鲆与夏鲆种间杂交半同胞家系 22 个，混合养殖，并通过体长、体高、体重、生殖力等多性状复合筛选留种。筛选 5 组牙鲆与夏鲆优良杂交组合，生长速度提高 15%～18%，成活率提高 12%～16%，并对筛选获得的雄性夏鲆种鱼性腺发育进行激素诱导获得大量优质精子，并进行冷冻保存，共冻存优质精子 150 余毫升。

（2）杂交苗种生产与养殖示范：优化种间杂交人工授精技术及杂交子代苗种培育技术工艺，实现杂交受精率 75%、孵化率 80% 以上，苗种成活率 55% 以上；生产杂交鱼苗 160 余万尾。池塘、网箱、工厂化示范养殖杂交鲆 40 余万尾，养殖成活率分别达到 71%，85% 和 93%。

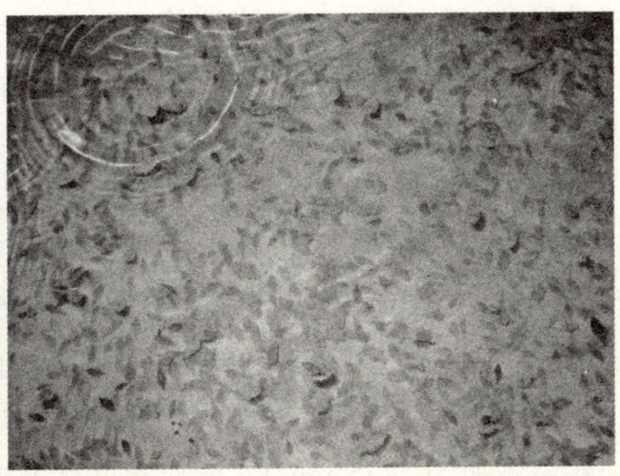

图 1　杂交鲆受精卵及苗种培育

(3) 鲆鲽类人工繁育技术的细化与应用：调整亲鱼培育温度调控策略，补充静息期低温处理措施，营养强化时机与剂量的调整，通过光照、温度调控、营养强化及培育密度控制，提高正常体色苗种比例。与体系示范基地合作生产大菱鲆受精卵 450 kg，苗种 500 万尾，牙鲆受精卵 80 kg。

(4) 鲆鲽类苗种繁育技术的延伸：与莱州明波水产有限公司合作进行斑石鲷苗种生产，生产 5 cm 的商品苗种 500 余万尾；斑石鲷亲鱼经过环境调控和营养强化，产卵时间比 2014 年提前 50 天；苗种畸形率降低 10%。选择条石鲷 F_1 和 F_2 代各 30 条作为亲鱼，采用环境和营养调控，诱导亲鱼性腺发育成熟，性腺成熟率达 90% 以上，与胶南福强养殖场合作，获得批量受精卵，实现了条石鲷转季苗种规模化生产，培育 5 cm 条石鲷商品苗种 100 余万尾。

图 2　斑石鲷与条石鲷苗种培育

(5) 海水鱼类冷冻精子的应用：完善海洋动物精子库，新补充冷冻牙鲆伪雄鱼、大菱鲆不同地理群体、石斑鱼、大西洋鲑等鱼类精子 300 余毫升，应用于苗种规模化生产及遗传改良，包括异源精子诱导雌核发育实验、种间杂交子代的苗种规模化生产，无偿提供企业、科研单位冷冻保存技术或冻精 200 余毫升，实现种质库资源的共享。

2.2　鲆鲽类受精卵质量评价研究

中性红为水溶性染料，能通过活细胞膜贮存于细胞内使其着色，当细胞膜与溶酶体膜破坏后则不能摄取染料。本研究采用中性红染色方法对 20 个批次的大菱鲆春季受精卵展开了活细胞染色实验。研究发现，在原生质凝集期，中性红染料能够均匀地分布到优质受精卵胚胎内，而对失活卵而言，中性红染料附着在胚胎外围。在 2 细胞期时胚胎通过有丝分裂形成两个细胞，活细胞染色时，染料会通过细胞膜均匀地分布于两个分裂细胞的细胞质中，失活卵染料附着在凝缩的原生质周围。在桑葚胚时由于在动物极细胞分裂加速形成桑葚胚结构，染料会均匀分布于桑葚胚的细胞质内，而失活卵的染料则聚集在卵膜外。

在囊胚期和原肠早期，中性红染料在优质受精卵的动物极均匀分布，失活卵和发育不良的卵，中性红染料或分布于受精卵卵膜外或成斑块状聚集于胚胎中央。在原肠中期活性染色的染料均匀地分布于帽子结构上，发育异常的胚体，通过活细胞染色可以发现胚体形状异常，并且染料在胚体分布上也不均匀。

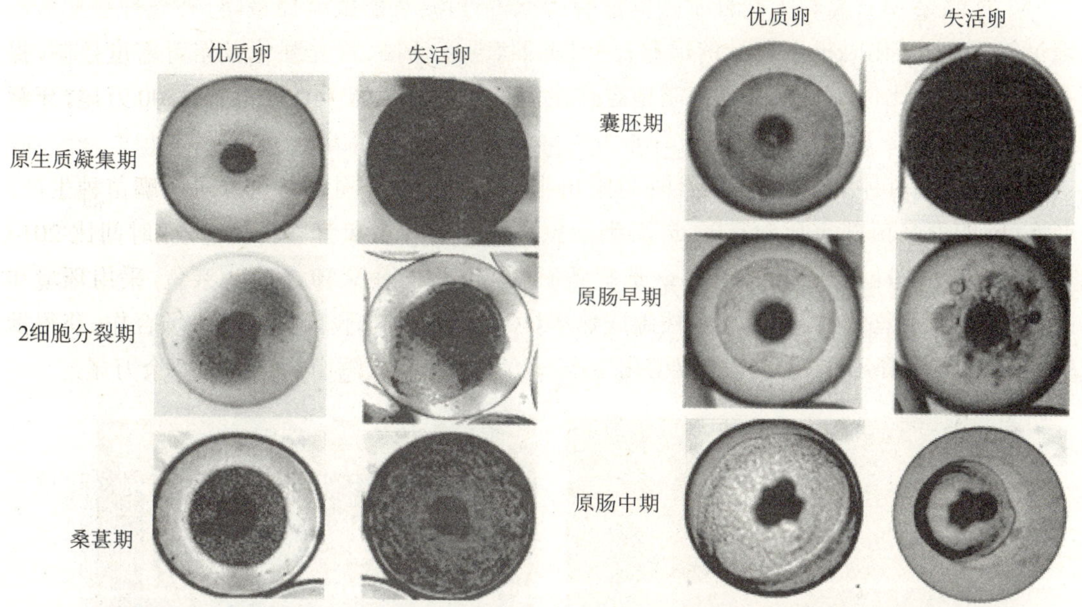

图 3　原生质凝集期至桑葚期活细胞染色结果　　**图 4　囊胚期至原肠中期活细胞染色结果**

在进行活细胞染色时优质活性卵中的染料能够均匀地分布于细胞质间；而失活卵和未受精卵由于卵膜透性差，中性红染料附着于卵膜表面，形成暗黑染色背景；对于胚胎发育异常卵，中性红染料虽然能够通过卵膜但在胚体中染料分布不均匀、呈块状，基于该方法可以对大菱鲆原生质凝集期、2 细胞期（分裂初期）、桑葚期、囊胚期、原肠早期、原肠中期卵质进行快速评价，尤其是在桑葚期评价效果最好。通过中性红活细胞染色实验，我们可以快速地对所生产的受精卵质量进行评价和判断，尤其是在胚胎发育早期、桑葚期、囊胚期以及原肠期这些卵质形态鉴别困难时期，我们通过活细胞染色不仅可以揭示胚体的活性，而且可以揭示胚体的发育正常与否。

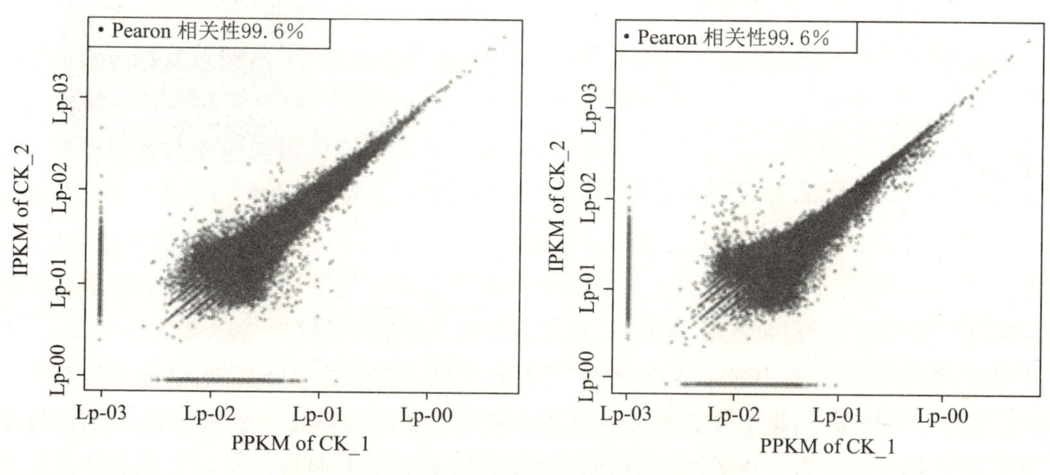

图 5　优质卵、过熟卵平行样转录组数据相关性

通过近5年项目组对大菱鲆受精卵的跟踪调查发现,大菱鲆沉卵量占总产卵量的30%,实际生产受精卵的出卵率仅为30%左右,沉卵主要为过熟卵子。项目组通过采集大菱鲆优质卵子和过熟卵子材料,分别提取总RNA并进行检测,采用HISQ2000测序获得大菱鲆优质卵子和过熟卵子转录组数据。通过数据过滤获得clean reads占到了所有数据的90.65%(Q30),共得到63 300条Unigene。

相关性分析和PCA分析结果显示用于优质卵子(CK1,CK2)研究的2个平行样的相关性水平很高,这为后续差异表达研究奠定了基础。基因表达统计分析结果显示在CK组共获得51 856个基因,在PM组中共获得55 739个基因,过熟卵子基因表达数显著高于优质卵子基因表达数,这个结果得到了表达量丰度分析和差异表达聚类模式结果支持。

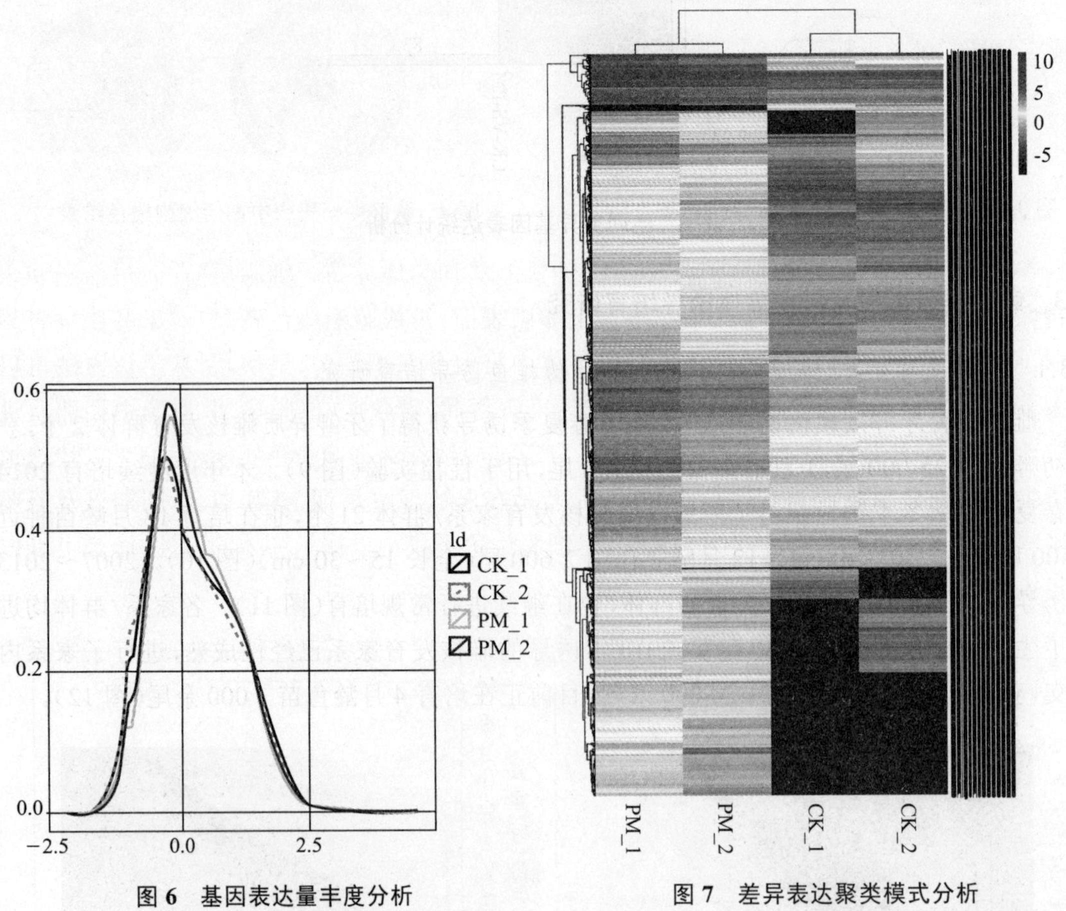

图6 基因表达量丰度分析

图7 差异表达聚类模式分析

通过采用筛选条件为FDR < 0.05且|log2FC| > 1研究优质受精卵和过熟卵子组间差异表达,研究结果显示相对于优质卵子,过熟卵子显著上调差异基因数为3 653,显著下调基因数为93。Pathway结果显示差异表达基因主要富集在蛋白消化与吸收、细胞外基质互作、细胞因子间互作和细胞氧化磷酸化等代谢调控通路上,基因的过表达有可能是导致卵子过熟的主要原因,这为监测成熟卵子质量、建立质量评价方法提供了依据。

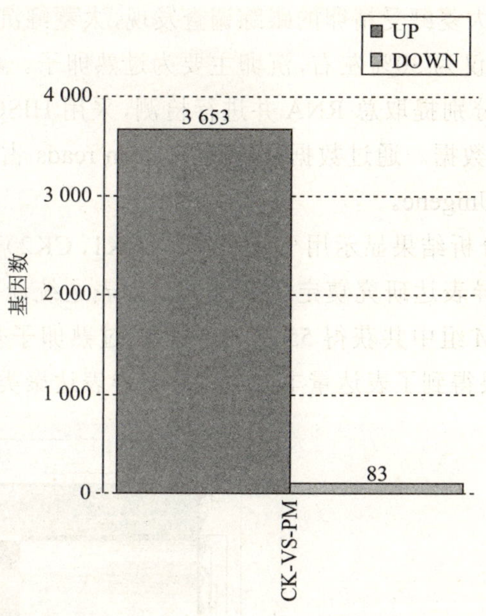

图 8　组间差异基因表达统计分析

2.3　鲆鲽类雌核发育与多倍体诱导培育研究

2.3.1　雌核发育牙鲆、大菱鲆规模化诱导及伪雄鱼诱导培育研究

雌核发育牙鲆规模化诱导：2015 年度春夏季诱导获得了牙鲆异质雌核发育群体 2 个，获得初孵仔鱼 25 000 尾，1 月龄鱼苗约 7 000 尾，用于性控实验（图 9）。本年度继续培育 2014 年春夏季及秋冬季诱导获得了牙鲆异质雌核发育家系/群体 21 个，正在培育 18 月龄苗种近 2 500 尾（全长 30～40 cm），12 月龄鱼苗约 2 600 尾（全长 15～30 cm）（图 10）。2007～2013 年诱导获得的异质雌核发育家系和群体，也在继续进行常规培育（图 11）。各家系/群体均进行了生长跟踪观察。2015 年春季，2010 年诱导的雌核发育家系已经性成熟，进行了家系内自交，获得自交后代初孵仔鱼 20 000 余尾，目前正在培育 4 月龄鱼苗 1 000 余尾（图 12）。

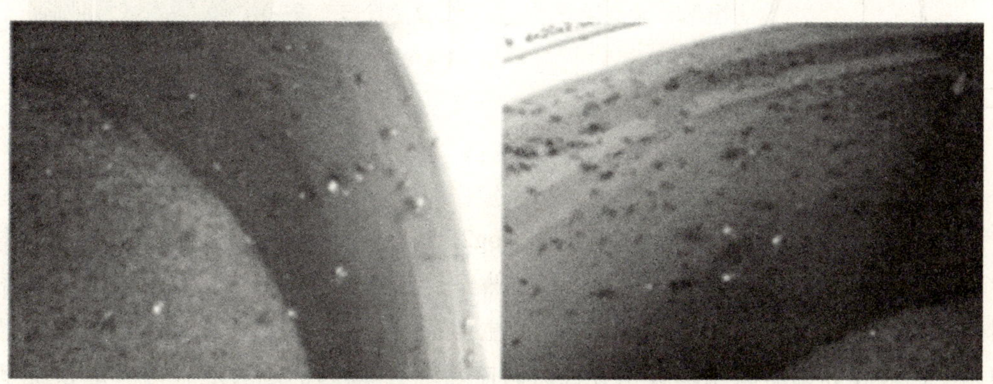

图 9　2015 年批量诱导牙鲆异质雌核发育群体

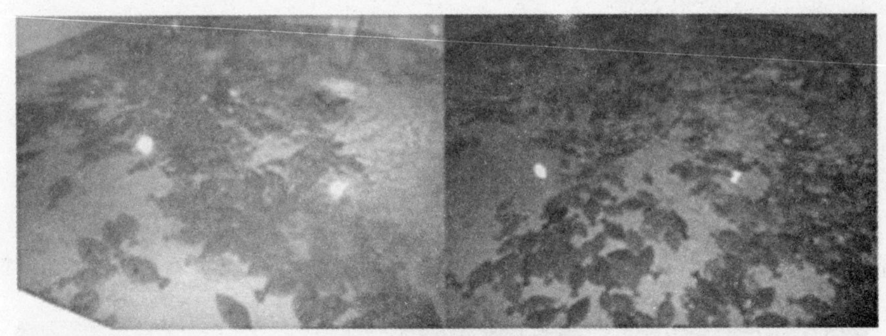

图 10　2014 年批量诱导牙鲆异质雌核发育家系培育情况

(左为 18 月龄,右为 12 月龄)

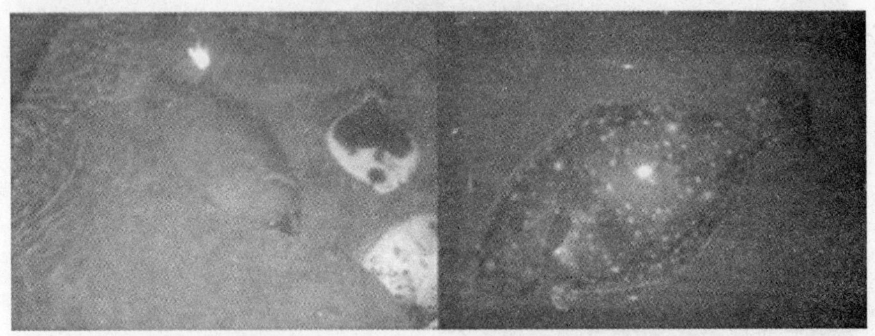

图 11　2007～2013 年诱导异质雌核发育牙鲆的培育情况

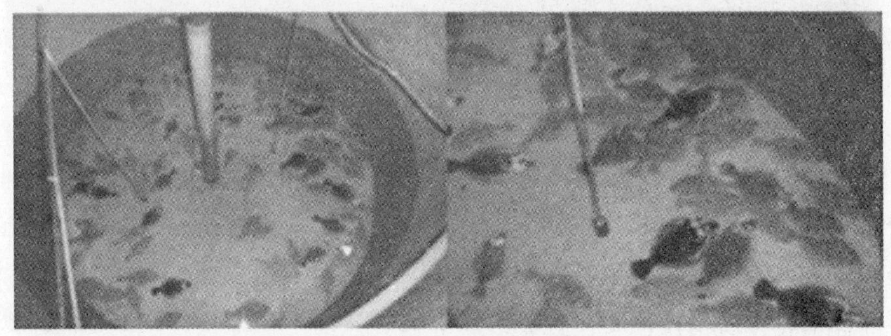

图 12　牙鲆异质雌核发育自交后代培育情况

2015 年秋季,对 2014 年春季诱导的雌核发育牙鲆家系及群体进行耐温实验,初步筛选出耐高温及不耐高温家系各 2 个,正在进行生理生化分析。牙鲆同质雌核发育:2015 年诱导获得了牙鲆同质雌核发育群体 1 个,正在培育 2014 年诱导的 12 及 18 月龄同质雌核发育群体苗种各约 100 尾(图 13)。雌核发育大菱鲆规模化诱导:2015 年诱导获得了大菱鲆异质雌核发育家系 7 个,正在培育 8 月龄苗种 1 500 余尾(全长 15～20 cm)(图 14)。2015 年秋季,对 2014 年春季诱导的雌核发育大菱鲆家系及群体进行耐温实验,初步筛选出耐高温及不耐高温家系各 2 个,正在进行生理生化分析。2015 年进一步优化了大菱鲆同质雌核发育的诱导条件,诱导获得 100% 的大菱鲆同质雌核发育鱼苗 8 000 余尾(图 15),其受精率为 70%,孵化率为 4%,观察其发育时序及形态特征与普通二倍体并无明显差别。

图 13　2015（左）、2014 年（中，18 月龄；右，12 月龄）诱导同质雌核发育牙鲆群体培育情况

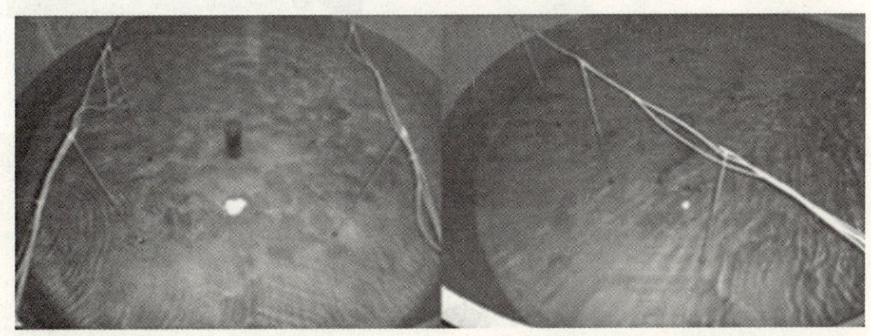

图 14　2015 年批量诱导大菱鲆异质雌核发育家系培育情况

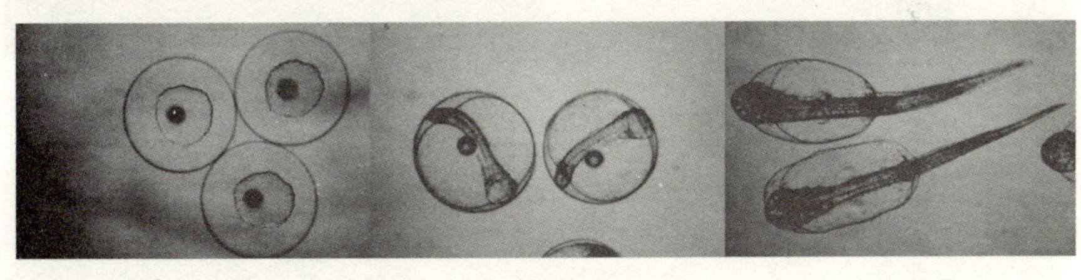

（a）胚体　　　　（b）初孵仔鱼　　　　（c）鱼苗

图 15　大菱鲆同质雌核发育诱导组发育情况

2.3.2　牙鲆、大菱鲆多倍体诱导实验初步结果

牙鲆三倍体批量化诱导及分析：2015 年度主要进行了牙鲆三倍体群体的诱导，并与二倍体对照进行生长发育情况的对比观察。诱导得到牙鲆三倍体初孵仔鱼 3 000 余尾，在胚胎期经过染色体制片鉴定其诱导率为 100%。观察发现，其早期生长速率与二倍体对照存在一定差异，这与我们之前的观察结果一致（图 16）。同时，我们对 2012 年诱导的三倍体牙鲆骨骼形态及营养成分进行了分析。发现人工养殖条件下，二倍体对照组和三倍体组均有脊椎畸形现象，常见的有 4 种：椎体聚合、椎体单面压缩、椎体双面压缩和椎体移位（图 17），其中椎体聚合是最常见的脊椎畸形。总体来说，三倍体牙鲆的骨骼畸形率显著高于二倍体（$P < 0.05$），三倍体发生脊椎畸形的个体数和各种畸形出现的次数也均高于二倍体。

对三倍体牙鲆肌肉的营养成分进行测定，并与二倍体进行比较。结果表明，二倍体和三倍体肌肉营养成分总体差异不大，其中水分、蛋白质、脂肪、灰分含量均没有显著差异（图 18）。二倍体和三倍体含有相同种类的氨基酸和脂肪酸。三倍体肌肉中的蛋白质、饱和脂肪酸、多不饱和脂肪酸和必需氨基酸含量高于二倍体，但是差异并不显著（表 1）。

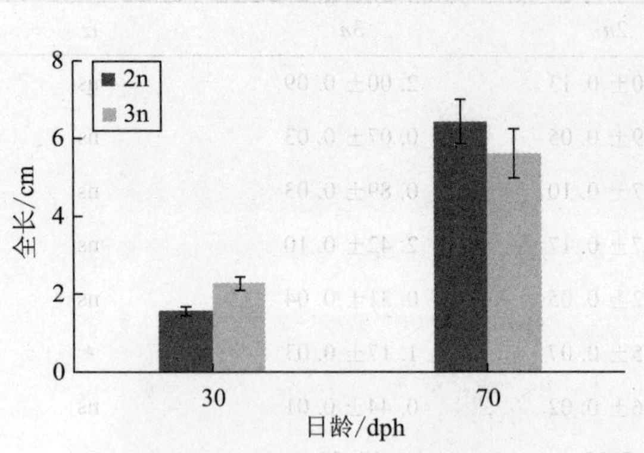

图16　牙鲆三倍体早期生长发育观察

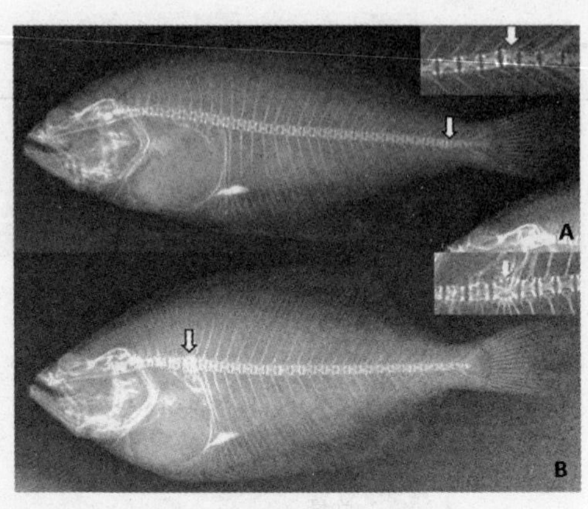

图17　三倍体牙鲆的X光片

A—椎骨移位;B—椎骨聚合

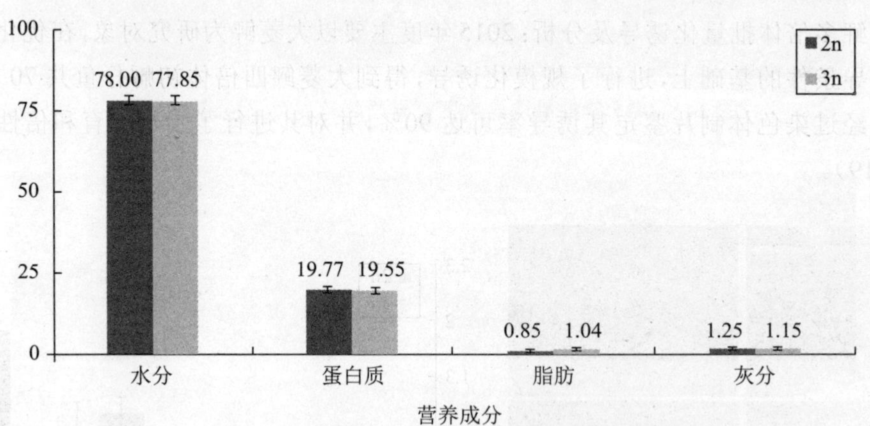

图18　二倍体和三倍体牙鲆肌肉的生化物质含量

表1　二倍体和三倍体牙鲆的氨基酸含量

	2*n*	3*n*	*α*
Asp	2. 08±0. 11	2. 15±0. 07	ns
Thr	0. 94± 0. 06	0. 97± 0. 03	**
Ser	0. 88± 0. 05	0. 90± 0. 03	ns
Glu	3. 13± 0. 18	3. 20± 0. 10	ns
Gly	0. 91± 0. 07	0. 92± 0. 04	*
Ala	1. 24± 0. 08	1. 26± 0. 05	ns
Cys	0. 16± 0. 02	0. 15± 0. 01	ns
Val	0. 89± 0. 05	0. 92± 0. 02	ns
Met	0. 12± 0. 04	0. 11± 0. 02	ns
Ile	0. 85± 0. 05	0. 90± 0. 02	ns

（续表）

	2n	3n	α
Leu	1. 90± 0. 13	2. 00± 0. 09	ns
Tyr	0. 09± 0. 05	0. 07± 0. 03	ns
Phe	0. 87± 0. 10	0. 89± 0. 03	ns
Lys	2. 37± 0. 17	2. 42± 0. 10	ns
His	0. 32± 0. 05	0. 31± 0. 04	ns
Arg	1. 15± 0. 07	1. 17± 0. 03	*
Pro	0. 46± 0. 02	0. 44± 0. 01	ns
总量	17. 22	19. 58	
必需氨基酸	6. 73	6. 95	

Mean ± SD ($n = 9$). 显著性检验：$^{**}P < 0.01$, $^{*}P < 0.05$, ns：差异不显著。

大菱鲆多倍体批量化诱导及分析：2015年度主要以大菱鲆为研究对象，在优化了四倍体规模化诱导条件的基础上，进行了规模化诱导，得到大菱鲆四倍体初孵仔鱼共70 000余尾，在胚胎期经过染色体制片鉴定其诱导率可达90%，并对其进行了生长发育和倍性率的跟踪观察（图19）。

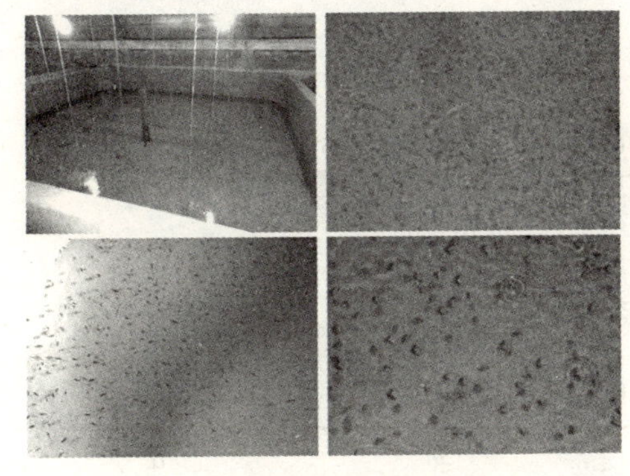

图19　大菱鲆四倍体诱导组鱼苗

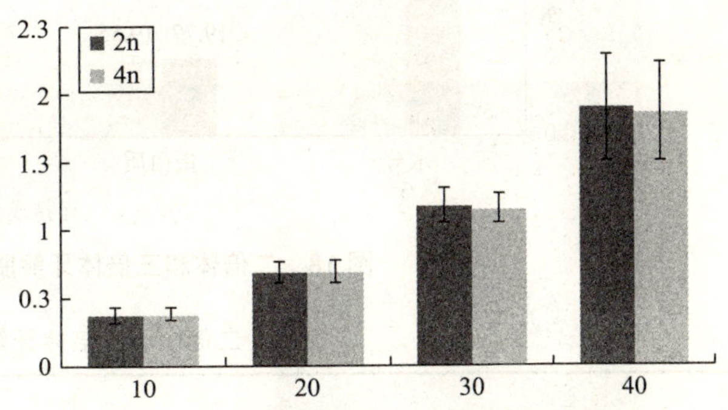

图20　大菱鲆四倍体诱导组的生长发育观察

生长发育观察发现，其早期生长及成活率与正常二倍体相比并无明显差别（图20）。使用流式细胞仪对大菱鲆四倍体诱导组鱼苗不同发育时期的倍性率测定，发现其在7 dph后倍性率明显下降，下一步将针对这一现象进行深入研究。

2.4　大菱鲆精子成熟及释放机制研究

大菱鲆精子成熟过程：通过透射电镜观察不同发育时期大菱鲆精子细胞学结构变化：第二次减数分裂后，精子细胞核周着色加深，随即核仁染色加深，线粒体增多（图21，b，c），出现微管样结构（d），染色质向微管处集中（e，f）；染色质进一步向单侧浓缩集中，线粒体增大、增多，附于对侧，原有精细胞质（残余体）变形并发生空泡化（g）；随后细胞核内染色质高度浓缩集中,镜下表现为黑色,线粒体组装完成,精子头部雏形显现,原有精细胞质(残余体)内可见大量空泡、细胞内容物碎片及凋亡小体(h);最后,精子头部与残余体脱离,精子细胞变态基本完成,镜下表现为成熟的精子结构(i)。

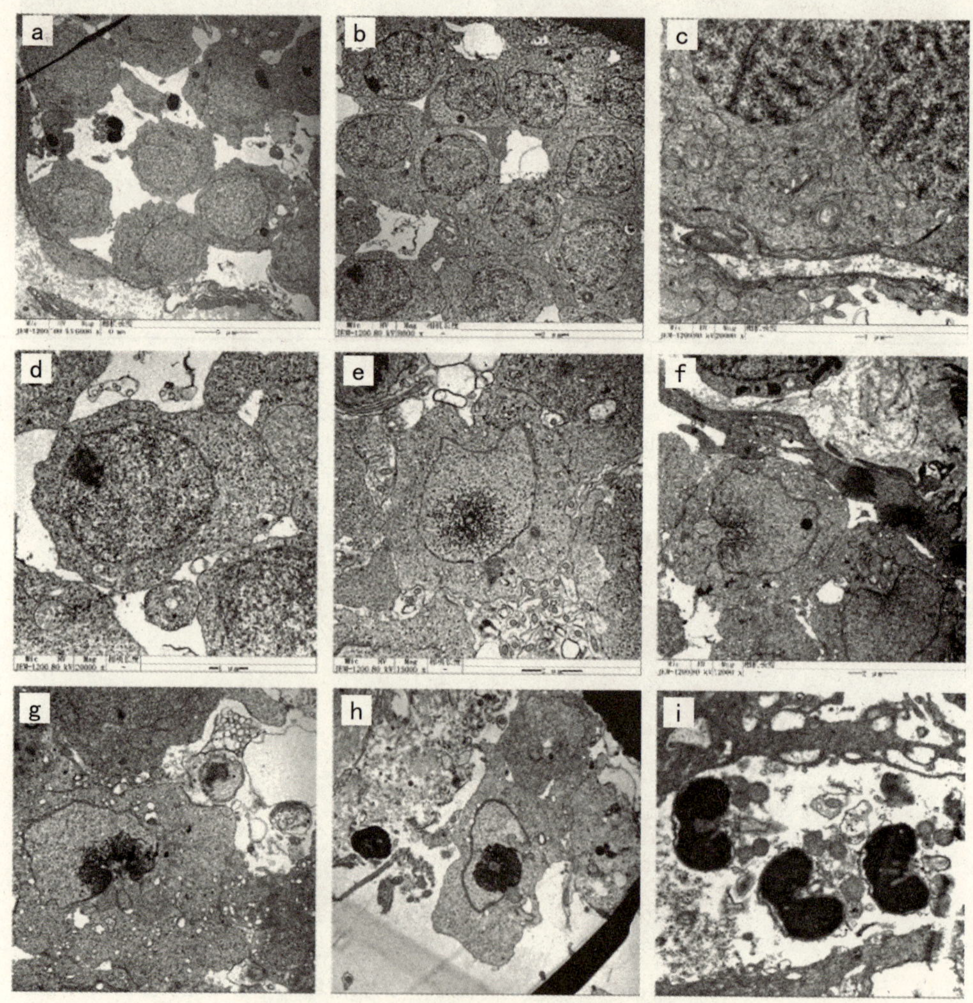

图 21 大菱鲆精子成熟变态过程

大菱鲆精子成熟过程中体细胞的结构变化:通过透射电镜可以观察到大菱鲆的精小囊结构,为非完全封闭的半囊型结构。精子细胞彼此串联,其发育时序在一定区域内趋于同步,暗示 Sertoli 细胞和细胞间连接在发育时序同步性的协调中发挥重要作用。透射电镜下观察到的 Sertoli 细胞结构形变较大,且富含囊泡结构,推测该结构特点便于其高效回收精子细胞质(残余体),释放信号物质,协调控制精子细胞发育时序。同时,通过透射电镜观察到了相邻 Sertoli 细胞间的连接方式:Sertoli 细胞质形变后彼此穿插,如人指相扣,连接处存在多种类型的细胞连接结构[紧密连接、锚定连接(桥粒)和缝隙连接],在形成牢固"屏障"的同时,允许信号分子通过。类似的细胞间连接结构还广泛存在于生殖细胞-生殖细胞、生殖细胞-体细胞、体细胞-体细胞之间，为区域内精子细胞的同步成熟提供物质和信息保障。

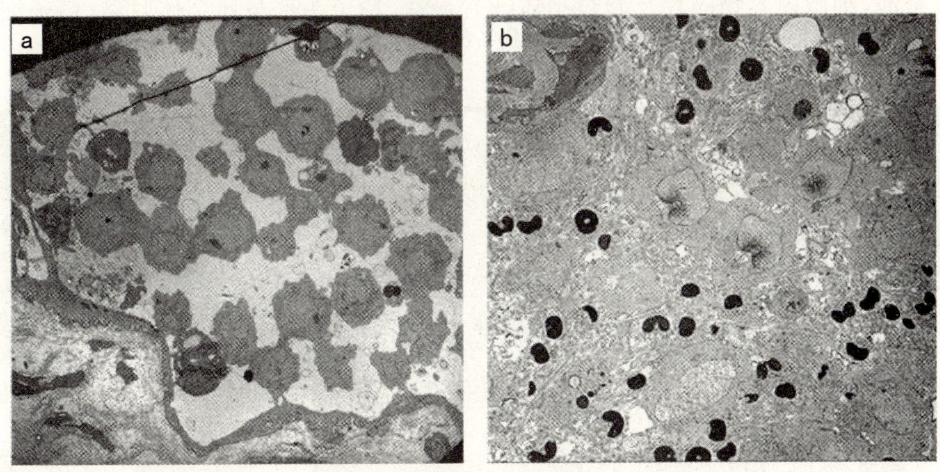

图 22　大菱鲆的精小囊结构

（a：精子细胞互相连接；b：实际观察到的精小囊结构不明显，不形成严格的封闭结构，精子细胞的发育时序仅在一定区域内趋于同步）

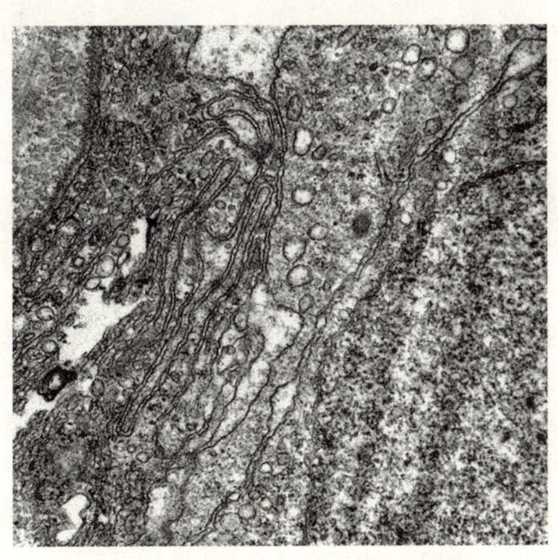

图 23　大菱鲆的 Sertoli 细胞间连接

此外，通过扫描电镜还捕捉到了不同成熟时期的大菱鲆精子细胞。在变态初期，精子细胞就出现尾部，甚至早于透射电镜观察到的微管的形成。扫描电镜的结果在一定程度上也验证了透射电镜中观察到的，存在于精子细胞尾部的大量囊泡在运输多余精子细胞质（残余体）中发挥的潜在功能，证明这一功能在精子细胞变态的早期已初步具备。该发现也更新了我们对精子尾部的认识，表明其不仅在成熟精子运动中发挥关键作用，也在早期的精子成熟过程中扮演了重要角色。Sertoli 细胞分子标记 sox9 的克隆：基于 Sertoli 细胞在光学显微镜下观察较困难的研究现状，拟通过分子标记手段的运用，对 Sertoli 细胞进行标示和研究。克隆获得了 Sertoli 细胞特异性分子标记基因 sox9 的部分 cDNA 序列，共 752 bp，包含 Sox 家族的标志性 HMG box 结构域,为下一阶段研究提供基础。

2.5 牙鲆性别分化过程中生殖细胞的分布及数量增殖变化研究

组织切片观察发现,雌核发育对照组,常规培育条件下,雌性率为 94.44%,为雌性主导群体;高温诱导组,雄性诱导率可达 95.24%,为雄性主导群体。对照组与高温组在性分化关键期,全长无显著性的差异,未出现性别二态性的生长模式。说明可能在高温诱导处理条件下,牙鲆在性分化过程中,生长与性别之间相关性不是很明显。对性分化过程中的关键节点的生殖细胞数量统计结果表明,相似全长情况下的幼鱼,朝着雌性分化的群体生殖细胞数量显著高于雄性,说明原始性腺朝着雌性和雄性分化时,生殖细胞的数量和增殖方式呈现性别二态性。

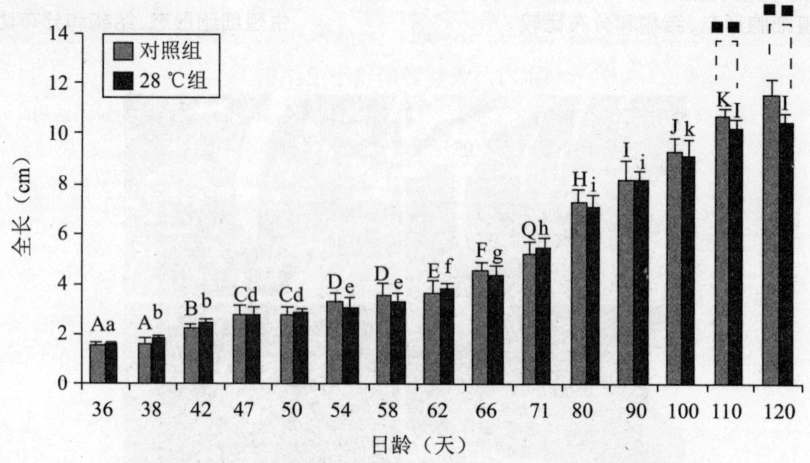

图 24 性分化关键期,对照组和 28 ℃组的全长比较

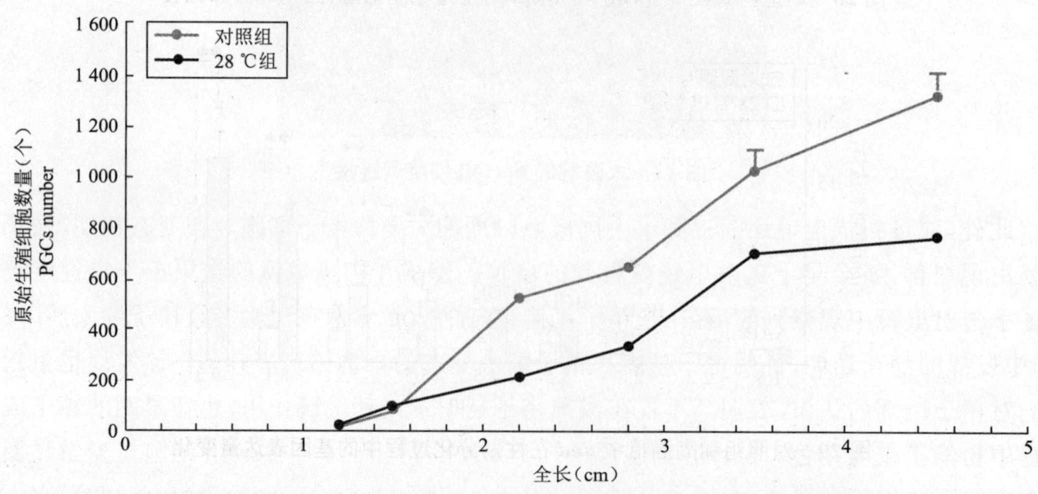

图 25 在性分化关键期,对照组和 28 ℃处理组生殖细胞数量变化

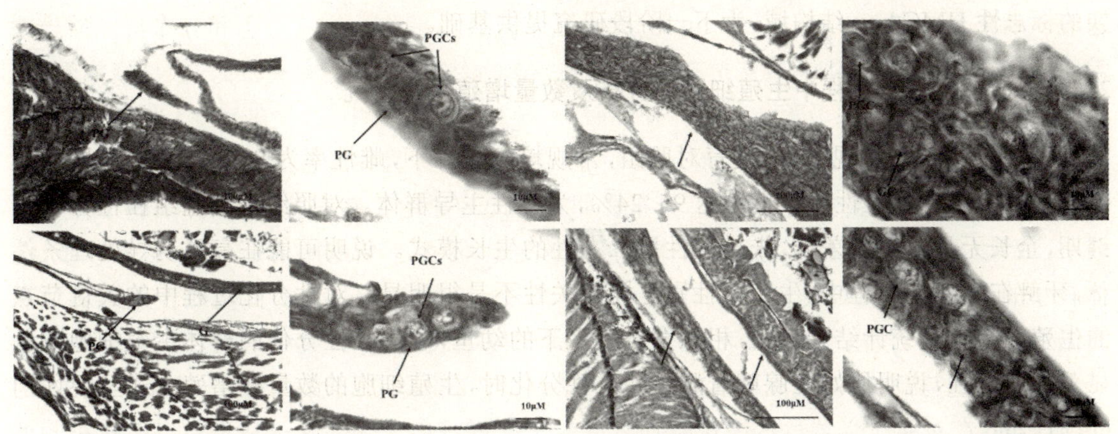

图 26 幼鱼全长在 1.2 cm～1.5 cm 时生殖细胞形态、结构和分布比较

图 27 幼鱼全长在 2.9 cm～3.2 cm 时生殖细胞形态、结构和分布比较

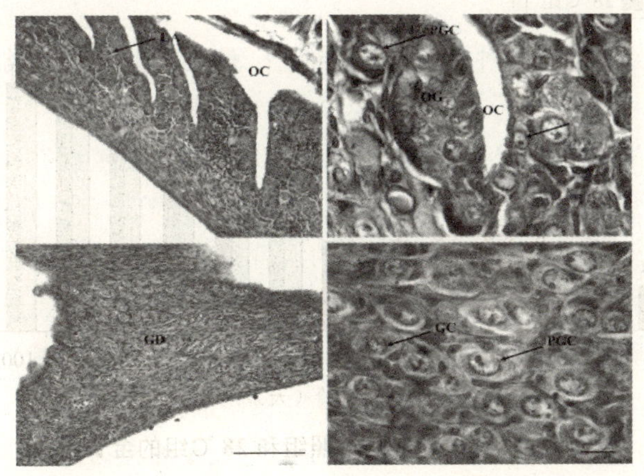

图 28 幼鱼全长在 5.5 cm～5.8 cm 时生殖细胞形态、结构和分布比较

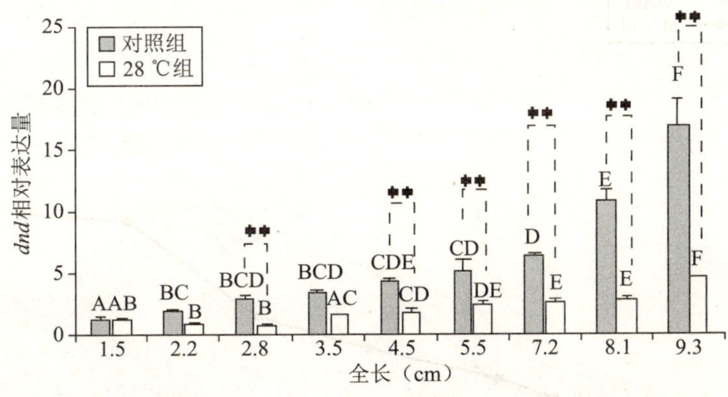

图 29 对照组和高温组中 *dnd* 在性别分化过程中的基因表达量变化

对照组和高温组，在幼鱼全长 1.2 cm～1.5 cm 之间，原始性腺的生殖细胞的形态特点、数量和结构有着相似的特征，核仁清晰，生殖细胞数量较少，且在数量上保持着较慢的增长

速度。幼鱼全长在 2.9 cm～3.2 cm 时,对照组和高温组的生殖细胞形态和分布特点差异非常明显,对照组的生殖细胞成簇分布,且部分生殖细胞核核仁偏离中央,部分核仁模糊消失,而高温组生殖细胞仍然散落均匀分布在性腺中,核仁位于细胞中央,清晰可见。当全长为 5.5 cm～5.8 cm 时,对照组产卵板已经非常明显,生殖细胞有两种形态:核仁和核膜均较清晰,一种细胞个体较大,数量较少,散落分布在卵巢中的为原始生殖细胞,另一种细胞个体相对较小,成簇分布,数量较多,为生殖细胞;高温诱导组,原始生殖细胞清晰可见,数量较少,个体较小的生殖细胞相对较多,同时输精管原基出现。由图可以看出对照组雌性主导群体和高温组雄性主导群体的 Podnd 表达呈现出两种不同的表达趋势,其中对照组的 dnd 表达呈一直上升的趋势,而高温雄性群体呈现出先降低后升高的趋势。同时,幼鱼全长在 2.2～9.3 cm 时,dnd 在对照雌性群体的表达量均显著高于高温雄性群体。这一结果与组织学检测的生殖细胞数量增殖情况变化是一致的。

2.6 褐牙鲆卵巢发生、发育以及卵子发育和成熟规律研究

研究通过石蜡组织切片、多种染色方法分析了牙鲆雌性性腺形成、分化、发育到成熟卵子的详尽过程。观察由几个原始生殖细胞(PGCS)和体细胞组成的原始性腺位于幼鱼体腔的后侧。经过缓慢的生殖细胞增殖形成一对未分化性腺和生殖囊(germline cysts)。卵巢分化开始一个强烈的生殖细胞增殖时期,生殖细胞数量显著增长。性腺中央形成裂缝,裂缝逐渐变长加深成卵巢腔。这一时期含有血细胞的血管组织分布于性腺的一侧。位于卵巢腔腹侧的上皮细胞内陷,加深形成产卵板。由生殖细胞、上皮细胞和基底膜共同形成生殖上皮分布于产卵板的边缘。卵母细胞进入减数分裂,经过减数分裂前期,减数分裂[细线期(LO)、粗线期(PO)、偶线期、双线期(ZO)],形成初级生长期的卵母细胞,生殖细胞囊增多,并被基底膜(BT)包围形成生殖巢(nest)。进入卵母细胞生长发育的 5 个时期:Ⅲ核仁核周或卵黄前卵母细胞由粒细胞层(granulose)包围,细胞质中开始形成滤泡。早期卵黄卵母细胞,大的核仁消失,形成多个小的核仁,多个卵母细胞并排排列并由基底膜相联系,细胞外围形成微绒毛。Ⅳ:晚期卵黄卵母细胞,两层体细胞层形成。Ⅴ:后卵黄卵母细胞,细胞核位于中央,细胞质中充满卵黄和脂肪滴。Ⅵ:成熟卵母细胞,细胞核迁移卵黄颗粒增加。Ⅷ:水合(化)卵母细胞,卵母细胞吸水体积显著增加。

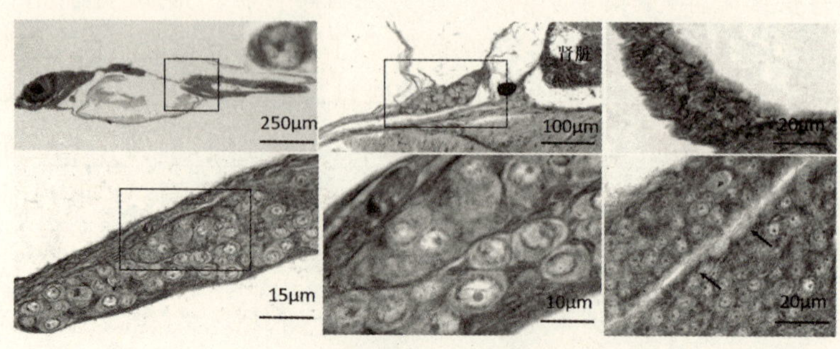

图 30 原始性腺与卵巢分化

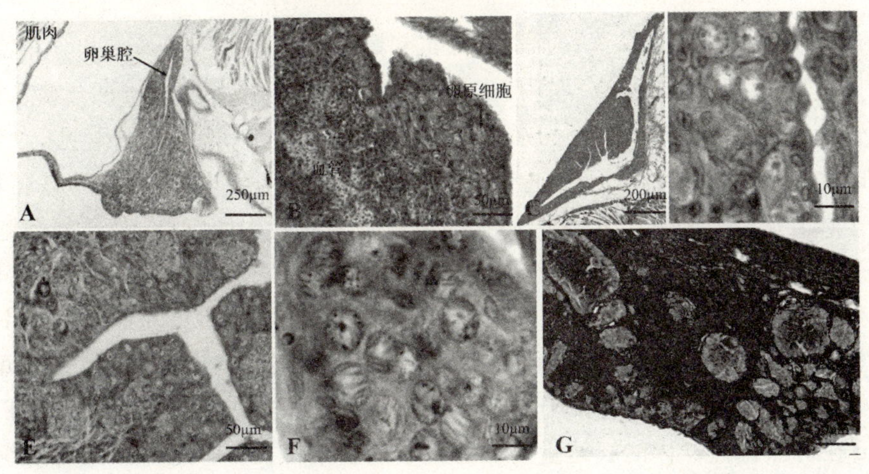

图 31　卵巢腔和生殖上皮形成

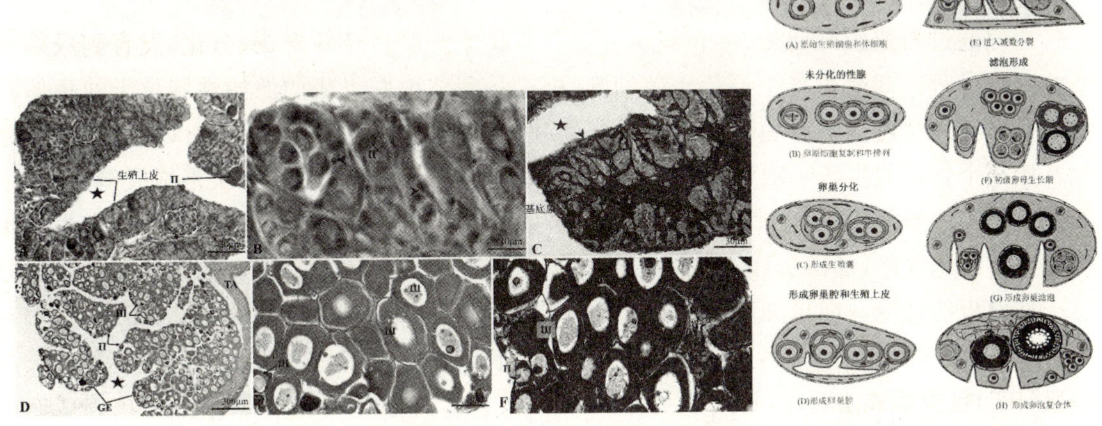

图 32　卵子生成

图 33　牙鲆卵巢发育模式图

2.7　孕酮对大菱鲆雄性生殖细胞精子发生的作用研究

组织学观察不同发育时期的雄鱼性腺：2015 年 1 月对亲鱼进行调控，从 2015 年 2 月～2015 年 9 月持续采样，采集了不同发育时期的雄鱼性腺。Ⅲ期：精小叶中存在大量精母细胞和少量精子，精小叶之间紧密挨着，没有空隙；Ⅳ期：精小叶之间存在空隙，精小叶内部也有空白，精子占的比例增高；此时鱼体还不能排精，解剖得到的精巢和输精管中的精液在显微镜下观察是具有活力的；Ⅴ期：精子几乎充满整个精小叶，但仍有少量精母细胞掺杂其中。通过人工挤压，鱼体可以排放精液，显微镜下观察，活力最高；Ⅵ期：内部每个精小叶里绝大部分都是精子，只有紧挨着精小叶边缘有一圈精母细胞。

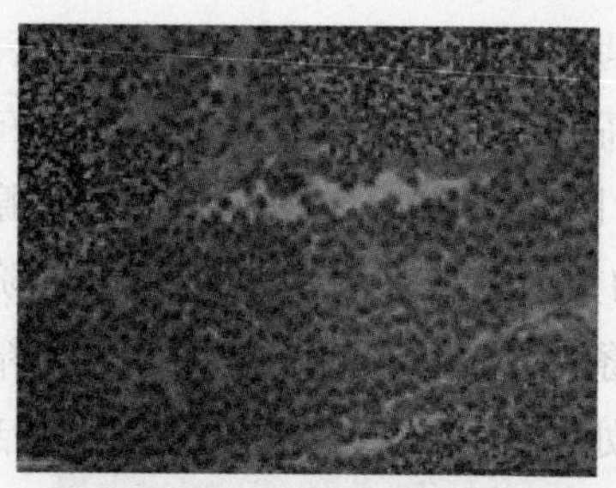

图 34 Ⅲ期精巢

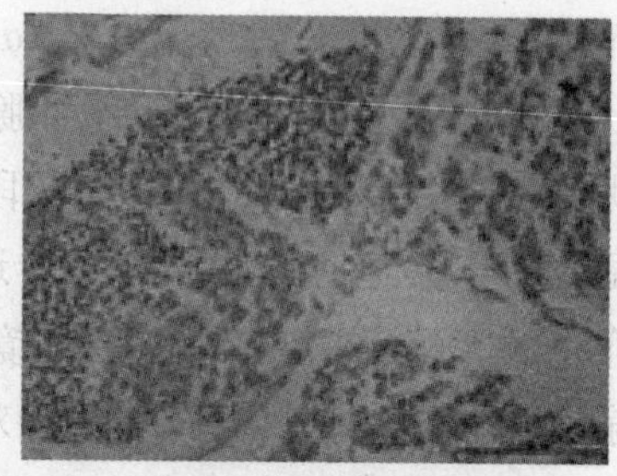

图 35 Ⅳ期精巢

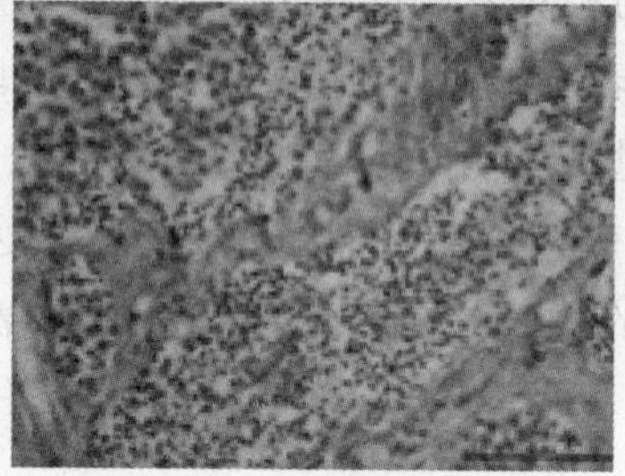

图 36 Ⅴ期精巢

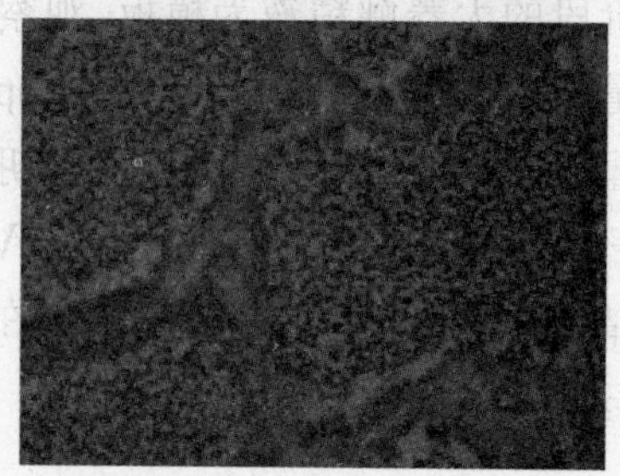

图 37 大菱鲆四倍体诱导组的生长发育观察

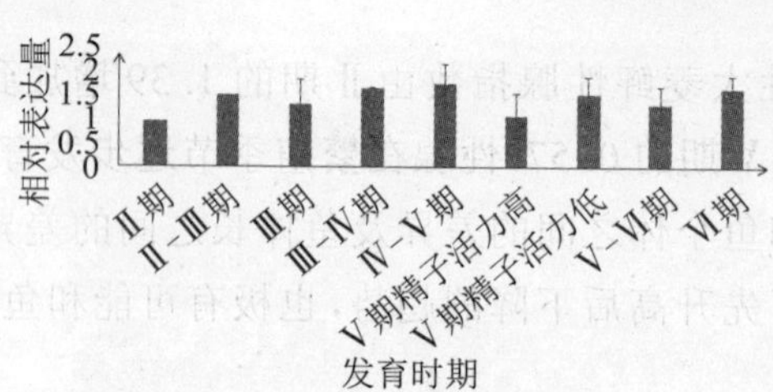

图 38 mpRα 在不同发育阶段大菱鲆性腺中的相对表达量

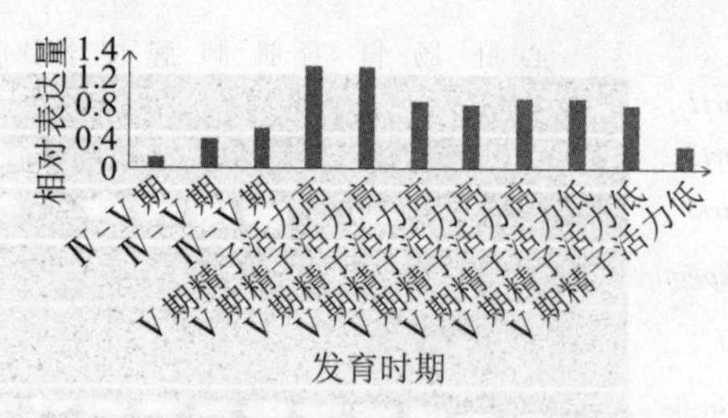

图 39 mpRα 在性腺中的相对表达量和精子活力的相关性

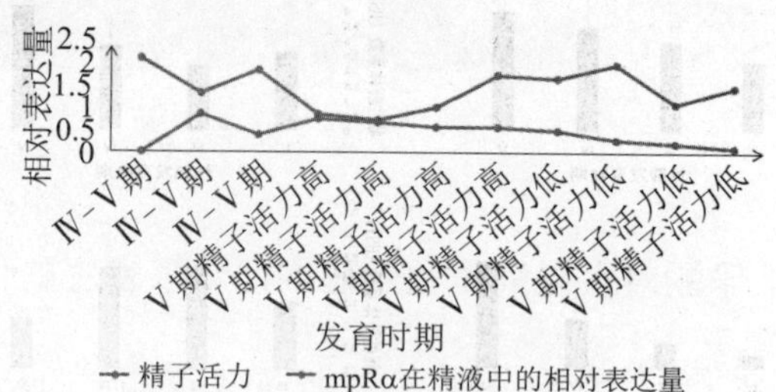

图 40 不同大菱鲆个体精液中 mpRα 的相对表达量

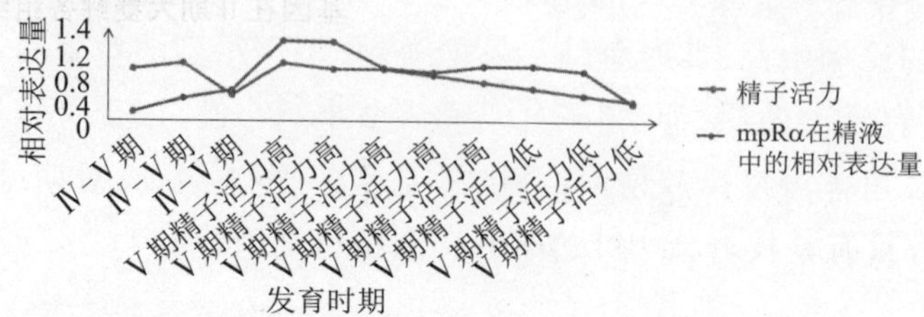

图 41 大菱鲆精子活力和精液中 mpRα 表达量的相关性

荧光定量检测相对表达量：mpRα 在繁殖期不同阶段的大菱鲆性腺中的相对表达量如图 38 所示，Ⅲ期表达量较低，随着性腺发育，略有增高，至Ⅳ-Ⅴ期时达到高峰后，在Ⅴ期第一阶段明显下降，随后在Ⅴ期第二阶段和Ⅵ期时有所回升。表明 mpRα 在Ⅴ期性腺中的表达量明显低于在其他时期的表达量。通过人工挤压的方法得到Ⅳ-Ⅴ期，Ⅴ期第一阶段和Ⅴ期第二阶段的大菱鲆精液，通过显微镜观察估算出每条鱼的精子活力，将每条鱼的精子活力和其性腺中 mpRα 的相对表达量进行对应比较，发现处于同一发育时期的鱼，精子活力越高的个体，其性腺中 mpRα 的相对表达量越低，如图 39 所示。以Ⅳ-Ⅴ期，Ⅴ期第一阶段和Ⅴ期第二阶段的大菱鲆精液为模板，观察精液中 mpRα 的相对表达量变化，发现Ⅳ-Ⅴ期 mpRα 的表达量较低；进入Ⅴ期第一阶段，mpRα 在精液中的表达量明显升高；Ⅴ期第二阶段 mpRα 的表达量略有降低，但仍高于Ⅳ-Ⅴ期 mpRα 的表达量。表明 mpRα 的表达量呈以下规律：Ⅴ期第一阶段＞Ⅴ期第二阶段＞Ⅳ-Ⅴ期（图 40）。比较每条鱼精液中 mpRα 的表达量和其对应的精子活力，如图 41 所示，发现在同一发育阶段的大菱鲆中，精液中 mpRα 的表达量越高，其精液的精子活力也越高。

2.8　Kisspeptin/gpr54 信号系统对繁殖季节大菱鲆性腺发育成熟调控机制的研究

随着性腺的发育，雌性大菱鲆性腺指数由Ⅱ期的 1.39 增加到Ⅴ期的 10.03，雄性性腺指数由Ⅱ期的 0.33 增加到Ⅴ期的 0.57，性腺在繁殖季节逐步发育至成熟。肝体系数呈现先降低后增加的趋势，可能和鱼个体之间的差异及鱼体长之间的差异有关系；而在雌性性腺发育过程中，肝体系数呈现了先升高后下降的趋势，也极有可能和鱼摄入营养成分的转化和鱼个体之间的差异有关。

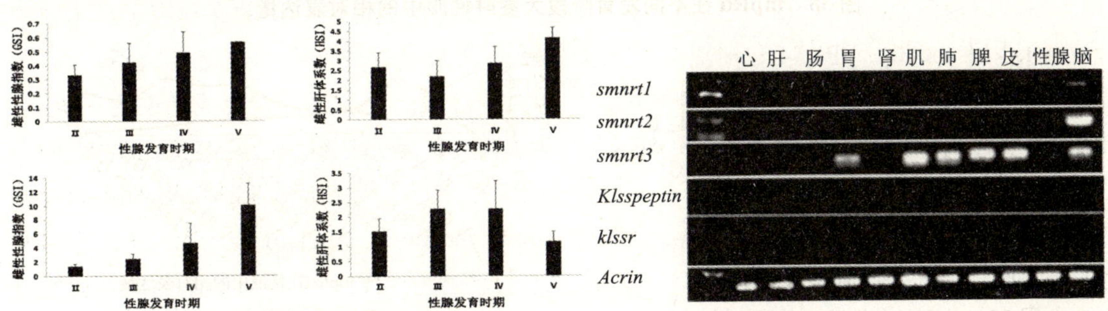

图 42　繁殖期大菱鲆雌雄性腺 GSI 及 HIS

图 43　mt1、mt2、mt3、kisspeptin、kissr 基因在Ⅱ期大菱鲆各组织的半定量表达

表 3　雌性大菱鲆在性腺发育成熟过程中激素水平的变化

	取样次数					
	1	2	3	4	5	6
melatoin	33. 055	36. 217	32. 719	25. 285	36. 751	37. 050
GnRH	34. 532	38. 864	45. 940	27. 382	32. 492	38. 758
LH	33. 417	38. 149	22. 768	28. 688	30. 87281	24. 74062
FSH	10. 665	10. 04132	9. 248	8. 671181	8. 118601	8. 42468

表 4　雄性大菱鲆在性腺发育成熟过程中激素水平的变化

	取样次数					
	1	2	3	4	5	6
melatoin	28. 528	40. 983	28. 469 81	26. 067	33. 953 72	30. 532 93
GnRH	34. 568	35. 063	40. 180	26. 732	29. 217 13	43. 934 21
LH	34. 810	37. 928	35. 689 75	35. 451 36	22. 182 61	27. 312 93
FSH	8. 474	10. 467 07	7. 117 304	9. 007 703	8. 798 754	10. 171 28

性腺发育过程中 MT 及 kisspeptin 信号系统研究：近年的研究发现，亲吻肽 kisspeptin 及其受体与正常繁殖有密切的关系；亲吻肽 kisspeptin 是 RF 酰胺肽家族的成员，它们所在神经元接收来自性类固醇激素的信号，分泌的相关 RF 酰胺肽直接作用于 GnRH 细胞，对生殖轴进行调控。同时，光周期调控生殖通过褪黑激素的夜间释放而实现。最近，有研究表明：kisspeptin 作为光周期介导因子与褪黑激素 MT 共同作用，对鱼类生殖进行协同调控，光周期对生殖的调控涉及 kisspeptin 的直接和间接作用，并且是褪黑激素作用的介导因子。本研究旨在探讨 kisspeptin/GPR54 和褪黑激素在繁殖季节性腺发育成熟中的作用，结合脑-垂体-性腺轴，阐明 kisspeptin/GPR54 信号系统在启动大菱鲆青春期和性腺发育成熟的内在机制。同时运用荧光原位杂交方法探讨 Kiss 神经元与褪黑激素受体脑组织的共定位，完善性腺发育的神经内分泌机制。现已分别获得 kisspeptin 基因目的片段 138bp，kisspeptin receptor 基因目的片段 769 bp，melatonin receptor 1、melatonin receptor 2、melatonin receptor 3 基因目的片段 1 054 bp、861 bp、954 bp，为下一步实验打好基础。利用已获得目的基因的片段设计半定量引物，检测目的基因 melatonin receptor 1、melatonin receptor 2、melatonin receptor 3、kisspeptin、kisspeptin receptor 在大菱鲆性腺发育Ⅱ期时各组织的表达。melatonin receptor 1、melatonin receptor 2 基因只在脑组织中表达，而 melatonin receptor 3 不仅在脑组织，而且在胃、肌、鳃、脾、皮组织中也有表达，这可能跟 melatonin receptor 3 的属性有关系，因为 melatonin receptor 1、melatonin receptor 2 为膜结合受体，它们均属于 G 蛋白偶联受体，而 melatonin receptor 3 其实是一种胞质酶—醌还原酶 2，不属于 G 蛋白偶联受体，对 Na^+、Mg^{2+} 和 Ca^{2+} 不敏感。Kisspeptin 在此时并没有检测到表达，而 kisspeptin receptor 基因却有微量的表达，可能是在Ⅱ期时 Kisspeptin 表达量较少，还需进行荧光定量来检测 Kisspeptin 基因

的表达。

大菱鲆脑组织观察。

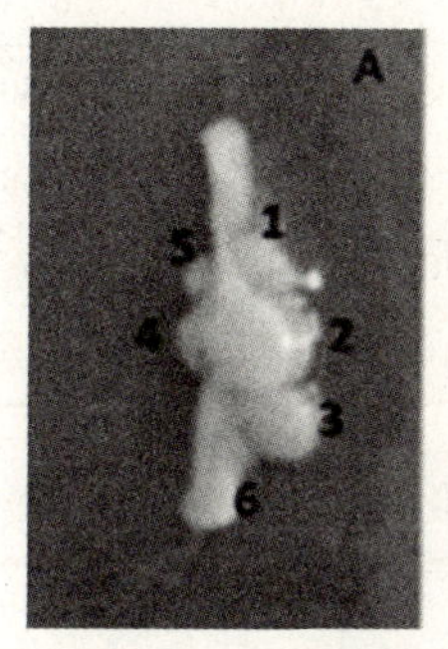

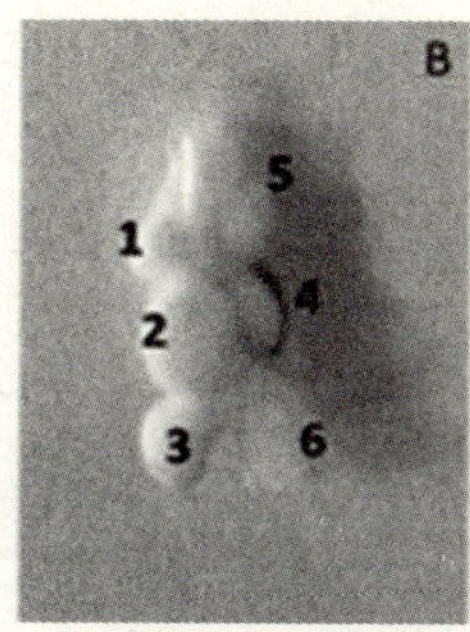

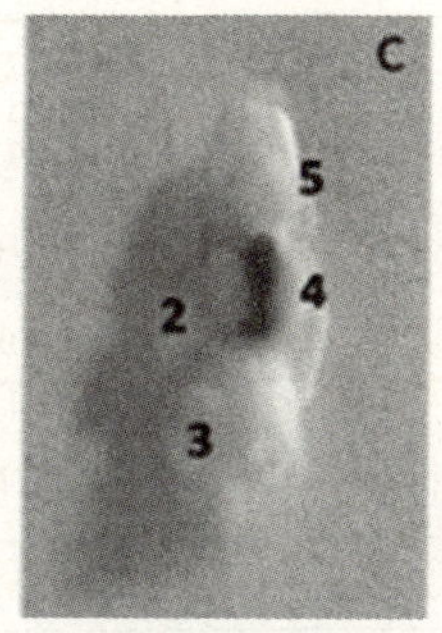

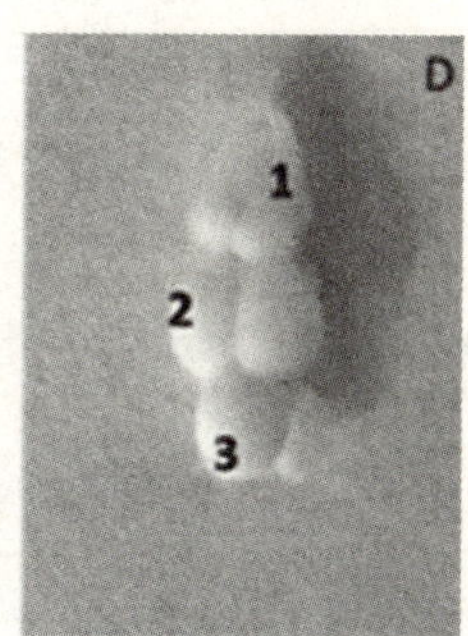

图 44　大菱鲆脑组织解剖学观察

A、B: 侧面观; C: 背面观; D: 正面观

1: 端脑; 2: 中脑; 3: 小脑; 4: 下丘脑和血管囊; 5: 垂体; 6: 延脑

大菱鲆作为真骨鱼类,脑也可分为端脑、间脑、中脑、小脑和延脑。研究认为鱼脑形态与生态关系十分密切,因为鱼脑各部分分别执行不同生理功能。已知端脑是嗅觉中枢;中脑是视觉中枢;间脑与内分泌有关并影响色素的变化;小脑是维持身体平衡,节制肌肉张力,掌握运动的协调中枢;延脑有神经通内脏各器官,它是味觉中枢、听觉中枢、触觉中枢及侧线感觉中枢等。大菱鲆是营底栖生活的海洋鱼类,端脑发达,中脑中等发达,小脑发达程度一般,这也是底栖鱼类的特征,但嗅觉及触觉皆很发达。大菱鲆眼睛露于外面,因而中脑也较发达。

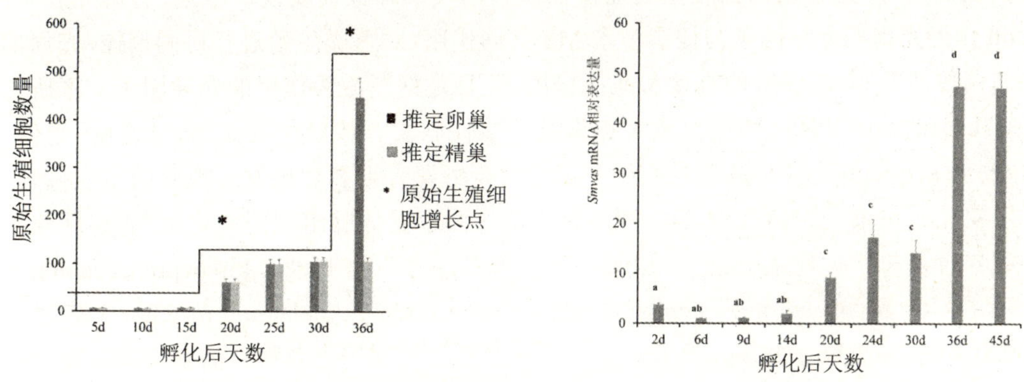

图 45　大菱鲆 2～45 dph 原始生殖细胞数量及 VASA 相对量表达

如图 45 所示,在性腺未分化时期,在 5～15 天,原始生殖细胞数量在雌雄大菱鲆性腺中基本保持不变,有 6～8 个,相对应的 VASA 的表达量也相对稳定,因为此时原始生殖细胞正经历孵化后的迁移,至第 15 天时迁移到生殖嵴处。在迁移到生殖嵴后就经历一次数量增加的增殖过程,具体表现在第 20 天时 PGCs 数量增加到 60 左右,同时 VASA 的相对表达量也呈增加的趋势,因此在第 20 天,大菱鲆 PGCs 有丝分裂增殖,数量增加。直到第 36 天,在雌性大菱鲆性腺 PGCs 数量又经历有丝分裂,数量急剧增加,为性腺分化做准备,雌雄性腺分化开始。

2.9　大菱鲆的精原干细胞分离技术研究

摘取雄性大菱鲆早期成鱼性腺，在冰上研磨成匀浆，之后用胰蛋白酶和 DNaseI 进行消化并用加了胎牛血清的 L15 培养基进行体外细胞培养，通过 Percoll 密度梯度离心法进行分离提纯，然后用活细胞拒染法确定活细胞数目。提纯后的精原细胞用 PKH26 荧光染料进行标记，并在荧光显微镜下进行观察，获得了直径 8～10 μm 的精原细胞，初步建立了海水鲆鲽鱼类精原细胞的分离方法。

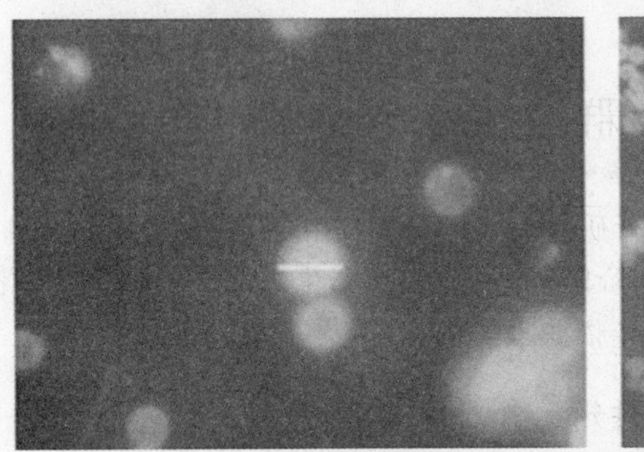
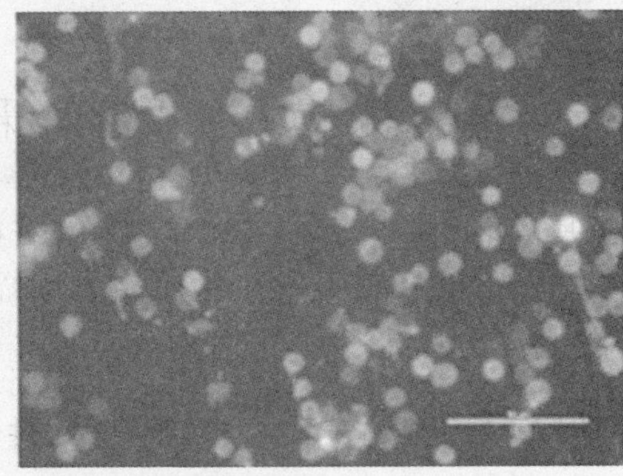

图 46　PKH26 染色后荧光显微镜下观察的精原细胞

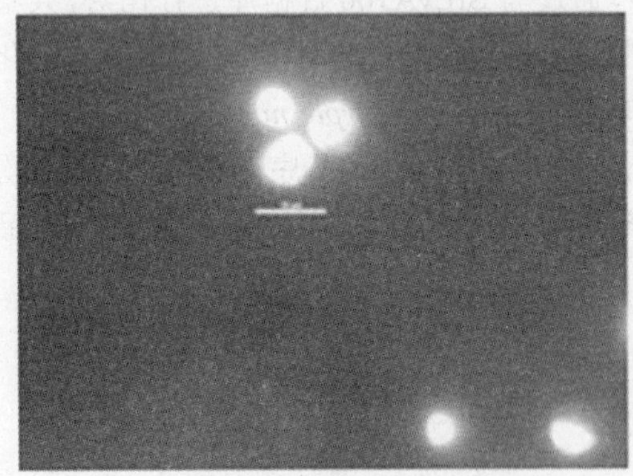
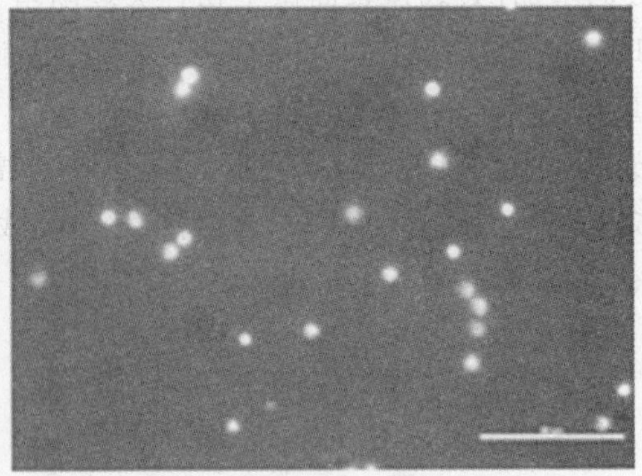

图 47　DAPI 染色后荧光显微镜下观察的精原细胞

（岗位专家　李军）

鲆鲽类循环水养殖系统与关键装备研发进展

工厂化养殖设施设备岗位

1 流化砂床生物滤器微生物群落分析研究

开展流化砂床生物滤器微生物群落分析研究，对比分析了采用自然挂膜和微生态制剂挂膜2种启动方式条件下，滤器在不同时间阶段载体表面细菌微生物群落的组成和变化情况，为生物流化床技术的管理和应用提供理论依据。

1.1 不同工况下载体表面微生物群落多样性分析

挂膜初期，两类工况下载体表面微生物种类较少，其优势细菌都是厚壁菌门，随着挂膜天数的增加，其载体表面微生物种类逐渐增多，通过与SILVA106数据库进行比对，共鉴定出156个微生物属，并筛选鉴定出了一些功能性细菌，如亚硝化螺菌属(*Nitrospira*)，硝化螺菌属(*Nitrospira*)，黄杆菌属(*Flavobacterium*)和紫色非硫细菌(*purple nonsulfur bacteria*)等。对样品进行总DNA提取，而后进行PCR扩增，6个样品共测得碱基序列34 130条，平均碱基长度为437 bp，如图1所示。将优化序列截齐后，与SILVA106库比对进行聚类，各样品在97%相似性下的稀释性曲线如图2所示。

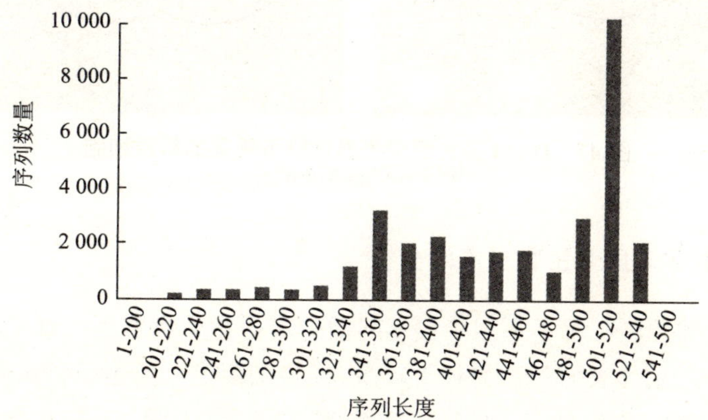

图1 样品碱基序列分布图

从图3可以看出，利用焦磷酸测序法可以获得更丰富的生物信息，由该图可知，随着挂膜天数的增加，两种挂膜方式下微生物的种类在逐渐增加，挂膜45天后，两种工况下样品的多样性指数分别为3.42和3.21,说明采用自然挂膜的方式使生物膜成熟后细菌的群落多样性更高。

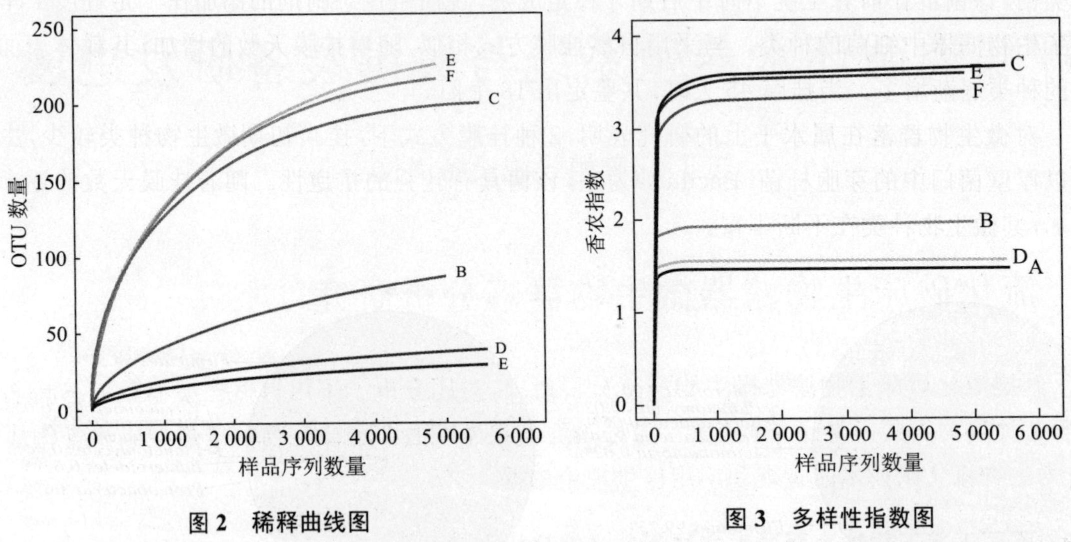

图2 稀释曲线图

图3 多样性指数图

Venn图能直观地了解载体表面不同阶段微生物种类的差别(图4),两种挂膜方式下,随着挂膜时间的增加,载体上的微生物种类有一定的变化,不同时期存在一些各自特有的种属和共有的种属。

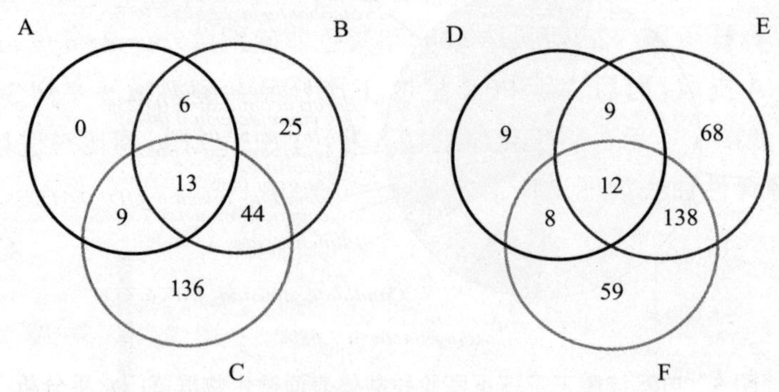

图4 样品Venn图

1.2 不同工况下载体表面微生物群落门分析

图5显示了自然挂膜工况下不同阶段滤料载体表面微生物群落门水平的变化,由该图可知,自然挂膜7天时,载体表面微生物种类较少,优势细菌是厚壁菌门(Firmicutes,99.75%)。当载体挂膜15天时,微生物的种类逐渐增多,但优势种类仍是厚壁菌门(Firmicutes,84.57%),其次为放线菌门(Actinobacteria,10.82%)和变形菌门(Proteobacteria,3.68%)。随着挂膜天数的增加,载体表面门水平的微生物种类更加丰富,共鉴定出15个门。

图6显示了采用接种微生态制剂方式下不同阶段滤料载体表面微生物群落门水平

变化，挂膜初期，微生态制剂中细菌的种类并不多，其优势菌种为厚壁菌门（Firmicutes，99.06%），另鉴定出 Candidate_division_TM7（0.04%）和 Candidate_division_OD1（0.02%）两类门，该菌群在前者工况下时中后期才稳定成熟，说明微生态制剂的添加在一定程度上丰富了生物滤器中细菌的种类。与采用自然挂膜方式相似，随着挂膜天数的增加，其载体表面门的种类逐渐增多。当挂膜 45 天时，共鉴定出 18 个门。

对微生物群落在属水平上的研究表明，2 种挂膜方式下，挂膜初期微生物种类较少，主要以厚壁菌门中的芽胞杆菌（Bacillus）为主，该菌具有较强的抗逆性。随着挂膜天数的逐渐增加，其微生物种类在不断丰富。

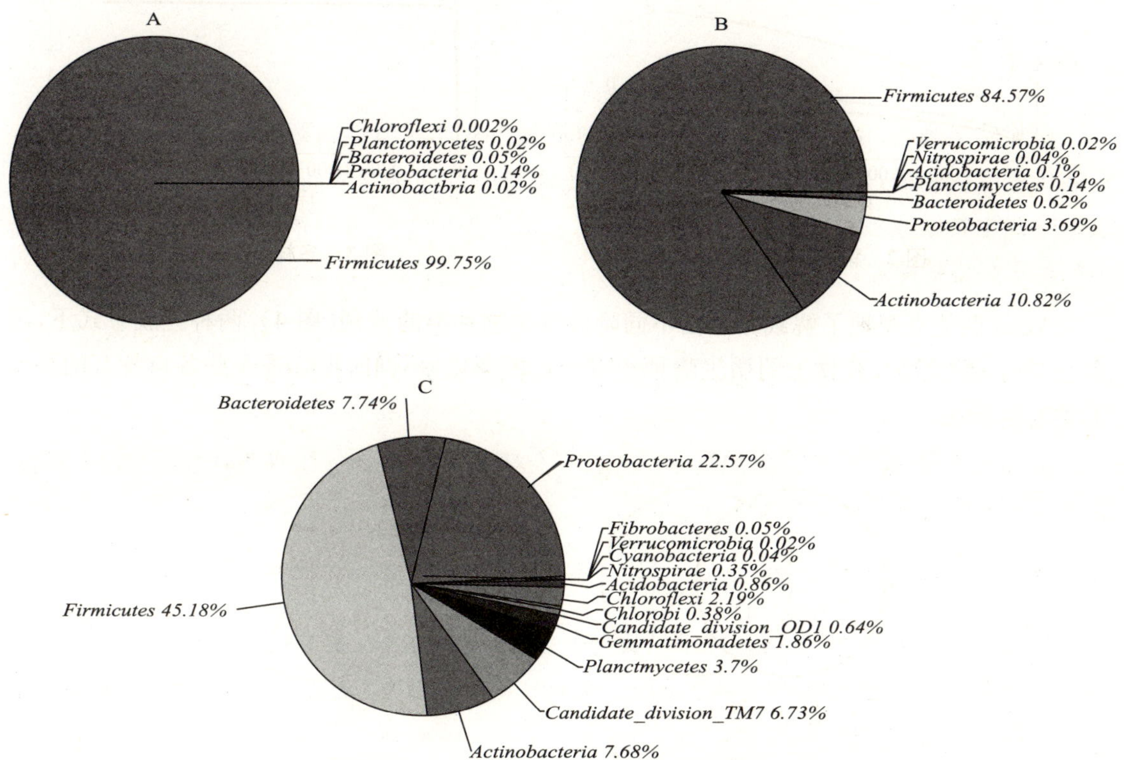

图 5　自然挂膜工况下不同阶段载体表面微生物群落门水平分析

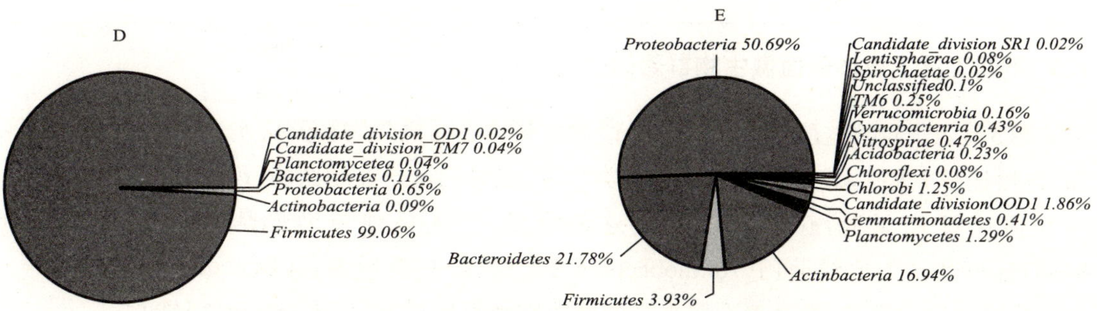

图 6　接种微生态制剂工况下不同阶段载体表面微生物群落门水平分析

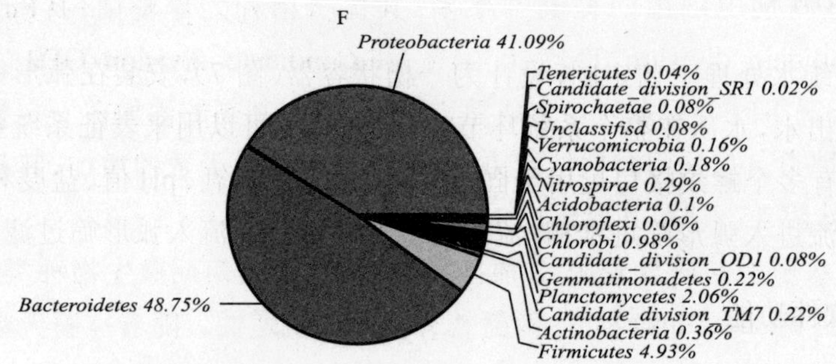

图 6(续) 接种微生态制剂工况下不同阶段载体表面微生物群落门水平分析

1.3 结论

研究结果表明,两种挂膜方式下,相邻时期微生物的相似性指数较大,表明不同时期生物载体上微生物的群落结构是在变化的,但是演替的过程是缓慢而有规律的。采用自然挂膜的方式生物膜成熟后细菌的群落多样性高于采用接种微生态制剂,说明自然挂膜方式微生物群落结构更稳定。

2 系统自动控制与水质在线监测系统设计构建

在大连湾鹤胜丰海产品养殖场示范点工厂化养殖系统中设计集成2套水质实时在线监测系统和按钮式电气自动控制系统。

2.1 水质在线监控系统组成

系统主要由水质监测仪表(技术参数见表1)、水质采样器、工控机、显示器、水质监测管理软件和数据无线通讯模块等部分组成。具有实时数据采集、无线传输、存储、查询、统计、故障报警及记录、报表打印功能。

表1 水质监测探头性能参数

参数	范围
ORP	0～500 mV
PH	0～14
温度	0～50 ℃
溶解氧	$0 \sim 20 \times 10^{-6}$
盐度	5～37
工作电压	220 VAC
输出	0,4～20 mADC

2.2 水质采样器设计研制

水质采样器根据系统水处理工艺定制，设计为一槽状容器(图 7)，安装在弧形筛进水槽中。该处为鱼池直接排出水，水质在整个系统环节中相对较差，可以用来表征系统整体水质情况。出水采样器底部有多个螺纹接口可用于固定水质探头(溶解氧、pH 值、盐度和 ORP)，养殖池出水通过管道自流进入弧形筛进水槽，流经各个水质探头后流入弧形筛过滤。

2.3 数据传输和配套软件功能

传感器探头获得的水质数据首先直接输出至显示仪表(图 8)，仪表 4～20 mA 输出信号经由数据线传输进工控机。整个数据采集过程由工控机控制，通过 MCGS(Monitor and Control Generated System)组态软件设定每隔半小时采集一次。水质实时数据集中输出显示在液晶显示器上(图 9)。利用 MCGS 组态软件二次开发的水质监控系统配套软件同时具有存储、查询及打印等功能，可将水质数据生成实时曲线或表格，实现对水质情况的实时在线监测，也可以根据需要设定水质超限报警。

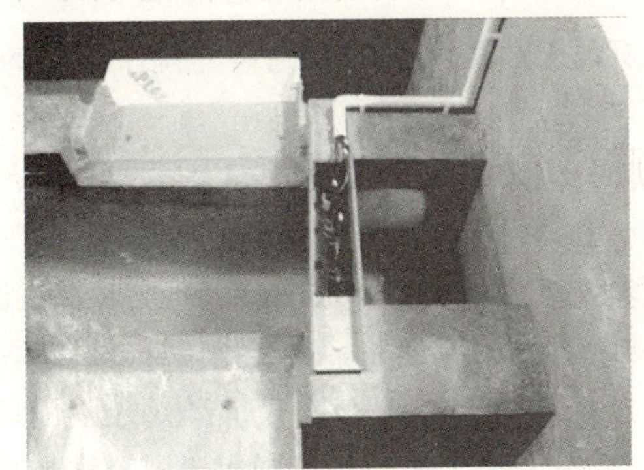

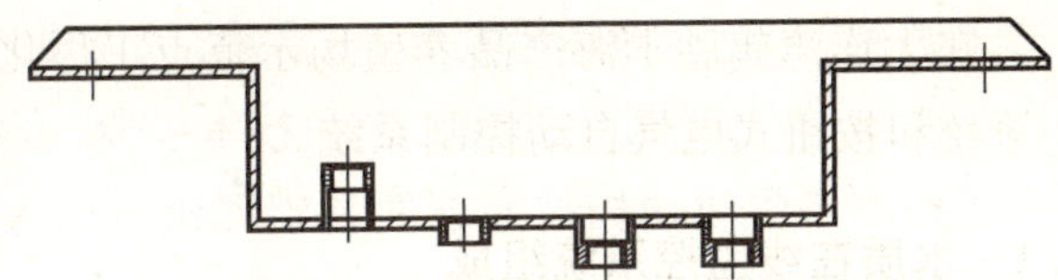

图 7 水质采样器

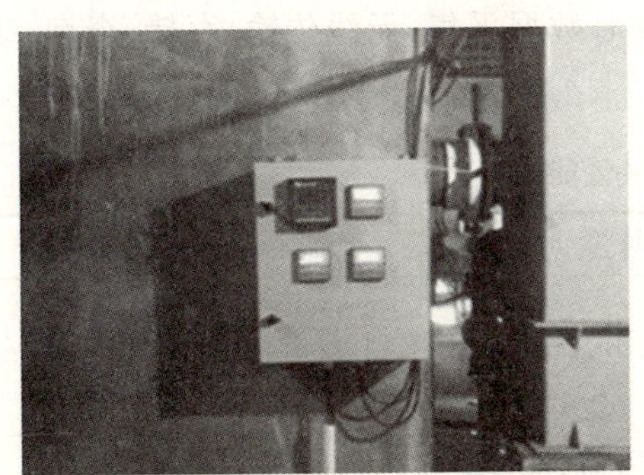

图 8 水质探头显示仪表

图 9 水质监测数据输出显示器

3 开展产业技术需求调研,编制发展规划

为进一步深入了解产业在工厂化养殖技术和装备方面的需求,明确十三五期间学科的研究和发展方向,以调查问卷形式开展产业技术需求调研,并完成《鲆鲽类产业技术体系工厂化养殖未来5年(2016—2020年)发展规划报告》和《鲆鲽类产业技术体系工厂化养殖中长期发展规划报告》撰写工作,进一步明确了今后发展方向和目标。

3.1 产业技术需求调研

调研工作采用调查问卷的形式,经岗位团队集中讨论,编制了2种问卷,向体系内9个综合试验站发放了调研表,共回收调研表46份。其中产区调研表27份,企业调研表19份。

3.2 《鲆鲽类产业技术体系工厂化养殖中长期发展规划》

报告重点阐述了2016～2030年我国鲆鲽类工业化养殖发展的总体思路和目标,主要内容分为三大部分。

第一部分,鲆鲽类工业化养殖发展形势。重点阐述产业发展现状和趋势、面临的问题和挑战以及发展机遇。

第二部分,总体思路与发展目标。重点阐述2016～2030年我国鲆鲽类工业化养殖发展的总体思路和目标。提出以实现养殖生产的绿色化、精准化、智能化和无人化为目标开展装备技术研究。绿色化即环境友好、无污染,国内现阶段的工厂化养殖排放物以点源污染为主,缺乏必要的、有效的最终处理工艺和技术手段,未实现真正的绿色化。精准化指针对目前国内在养殖对象生境调控技术方面基础理论研究薄弱的问题开展研究,实现养殖对象生长环境和生长周期的精准化调控。智能化和无人化针对的是目前养殖生产管理对于人力依赖程度较高的问题,利用目前尖端的工业4.0和互联网＋技术实现养殖生产系统的智能化和无人化管理。

第三部分,保障措施和政策。重点阐述完成该目标所必需的政策支持、企业支持、人才支持和培训宣传支持等。

3.3 《鲆鲽类产业技术体系工厂化养殖十三五发展规划》

报告重点阐述了2016～2020年鲆鲽类工业化养殖领域所要开展的主要研究内容,报告分为四大部分。

第一部分,意义和必要性。重点阐述研究的目的和意义。

第二部分,国内外技术发展现状和趋势。重点分析对比国内外的技术发展情况。

第三部分,发展思路与目标。总体思路与发展目标与《鲆鲽类产业技术体系工厂化养殖中长期发展规划》保持一致,以实现养殖生产的绿色化、精准化、智能化和无人化为目标开展装备技术研究。

第四部分，研究任务。按照体系管理分为重点任务、基础任务和前瞻性研究三个方向。重点任务包括：海水鱼类工厂化繁育装备及系统技术研究、海水养殖排放物资源化利用技术研究、海水鱼类生长模型与智能化管控技术研究和工厂化养殖自动化作业技术研究。最终，在这些研究的基础上集成构建标准化养鱼工厂系统。基础任务主要是开展全国海水循环水养殖模式建设和运行状态数据采集与分析，从中分析总结出较好的模式和经验，并将之固化成统一的技术或规范，加以推广应用，推动产业发展。前瞻性研究包括：RAS 中替代生物膜法的 TAN 净化新技术研究和鲆鲽类多层养殖模式构建技术研究。

第五部分，保障措施和政策与发展目标与《鲆鲽类产业技术体系工厂化养殖中长期发展规划》保持一致。

4　推广示范工作

完成烟台天源养殖公司 1 000 m^2 工厂化循环水养殖车间系统设备安装调试。该项目为原有流水养殖车间的升级改造。系统养殖池设计为双路出水，底排水颗粒物含量较高，直接进入转鼓式微滤机；上溢水颗粒物含量少，但是含有大量油膜，因此利用一台机械气浮装置对其进行分离去除。除此以外，物理过滤环节还设计集成了简易气浮池工艺，加强对于微细悬浮颗粒物的去除。生物过滤方面，采用了串联的三个移动床生物滤池代替传统的浸没式滤床，同时，在后道辅以一道截留沉淀过滤环节，避免部分颗粒物重新回入养殖池。增氧/杀菌环节，主要通过多功能气液混合装置往系统水体内添加氧气和臭氧，同时，在出水腔内设计集成一台开放式紫外杀菌装置，在强化水体杀菌效果的同时，对于残余臭氧也有较好的分解效果。目前，车间内所有设备都已安装调试完毕，满足开展养殖生产的需要。

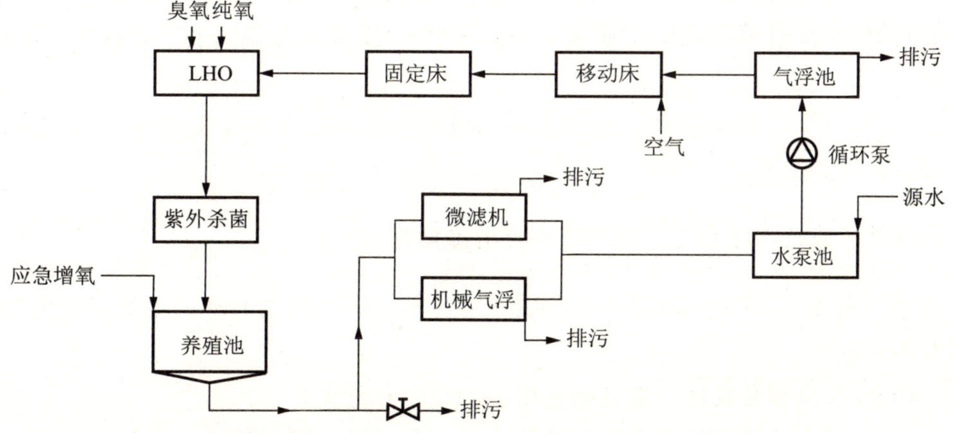

图 10　烟台天源水产养殖公司牙鲆亲鱼循环水养殖系统水处理工艺

图 11　烟台天源水产养殖公司牙鲆亲鱼循环水养殖系统

5　前瞻性研究

5.1　模块化养殖系统设计研究

针对目前海水工厂化养殖系统标准化程度低、设计、安装周期长的问题，设计研发一种模块化循环水养殖系统。

该模式的基本思路是利用标准集装箱通过模块化设计，规范海水养殖系统，包括车间、鱼池和水处理系统。如图 12 所示，鱼池由 40 英尺开顶柜集装箱改建完成，集装箱内部直角做倒角处理，其中 3 边倒角值为 300 mm × 300 mm，另一边倒角斜率较小。鱼池设计采用矩形池，尺寸为 12. 01 m ×2. 33 m ×2. 15 m，沿着长边两头设置成进水口和出水口。出水口设置成底部出水及上部出水，流量分别为 20 m^3/h 和 10 m^3/h。水处理系统拟采用两个集装箱，一大一小。其中，20 英尺小集装箱主要用于完成颗粒物去除并集成电气控制系统，低位布置，顶部安装风帽，侧边安装窗户，便于通风及采光；40 英尺大集装箱主要用于完成生物过滤(以 MBBR 为主)、增氧杀菌、调温，并自流回鱼池。三级生物处理系统分别经过生化毡池、立体弹性填料池及生物移动床池(MBBR)。系统中另外配备一个 20 英尺封顶集装箱改造的分机房及库房，一边开门，中间以移门作为隔断。

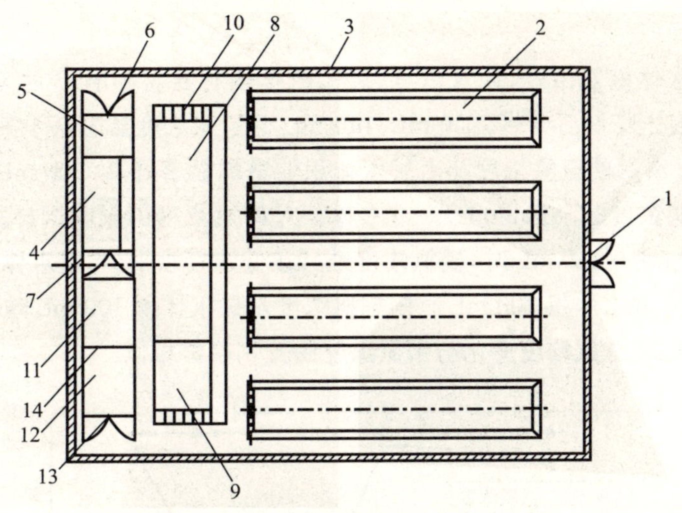

图 12　模块化养殖系统平面设计图

1：正门；2：矩形养殖池；3：简易温室大棚；4：微滤池；5：控制间；6：门；7：门；
8：三级生物过滤系统；9：杀菌系统；10：楼梯；11：风机房；12：库房；13：门；14：移门

5.2　基于同步硝化/反硝化的养殖排放水脱氮工艺研究

针对养殖排放污染日趋严重的现状，使用可生物降解填料，采用同步硝化/反硝化技术对养殖排放废水进行脱氮处理。探索反应器内产生硝化和反硝化反应所需要的必要条件，形成适用于对养殖排放水的高效脱氮工艺，降低养殖废水对环境的污染，真正实现健康和可持续养殖。

5.2.1　材料与方法

PBS 材料主料为聚丁酸丁二醇酯，辅料为 PE、聚乙烯醇、活性炭、轻质碳酸钙、交联淀粉、硬酯酸等。人工配置养殖废水水质参数为 NH_4^+-N 3～4 mg/L，NO_3^--N 100～110 mg/L，DOC 3～5 mg/L。

试验装置为模拟异氧反硝化反应器的摇瓶，由三角烧瓶改装并固定于恒温震荡箱内。由反应器、进水容器、出水容器、气体密封容器、水泵、恒温震荡箱组成。反应器主体为玻璃材料的三角烧瓶，有效容积为 250 mL，容器上方分别插有进水管、出水管和出气管，容器内添加 PBS 填料，质量为 80 g（40 g PBS 填料 + 120 mL 污泥 + 120 mL 模拟养殖废水）。

反应器的启动阶段采用活性污泥法进行挂膜，污泥水与模拟养殖水的体积比为 1∶1，期间每隔 2 天更换一次模拟养殖水体，震荡箱内温度为 25～30 ℃，震荡速度为 100 rpm。每天定时测量出水的 NH_4^+-N、NO_2-N、NO_3-N、DOC、pH。反应器挂膜成功后，分别调整进水体积为 100 mL、120 mL、140 mL、160 mL、180 mL、200 mL，运行反应器的水力停留时间为 2 小时，每天定时测量水体的 NH_4^+-N、NO_2^--N、NO_3^--N、DOC、pH、DO 浓度。

5.2.2 结果与分析

进水体积对水体氨氮浓度、硝氮浓度、总氮浓度均有显著影响($P < 0.05$)。氨氮浓度随着进水体积增加先降低后升高,120 mL、140 mL 组氨氮浓度显著低于其他进水体积组的氨氮浓度,160 mL 组后的氨氮浓度随着进水体积的增加显著升高,200 mL 组的氨氮浓度已接近于进水的氨氮浓度(2.85 mg/L)。进水体积对硝氮浓度的影响同样显著($P < 0.05$),当进水体积为 100 mL~140 mL 时,硝氮浓度维持在低浓度水平,当进水体积 > 140 mL 时,硝氮浓度急剧增加,进水体积 200 mL 时的硝氮浓度是进水体积 100 mL 时硝氮浓度的 8 倍。随着进水体积的增加,总氮浓度变化与硝氮浓度的变化趋势相似。

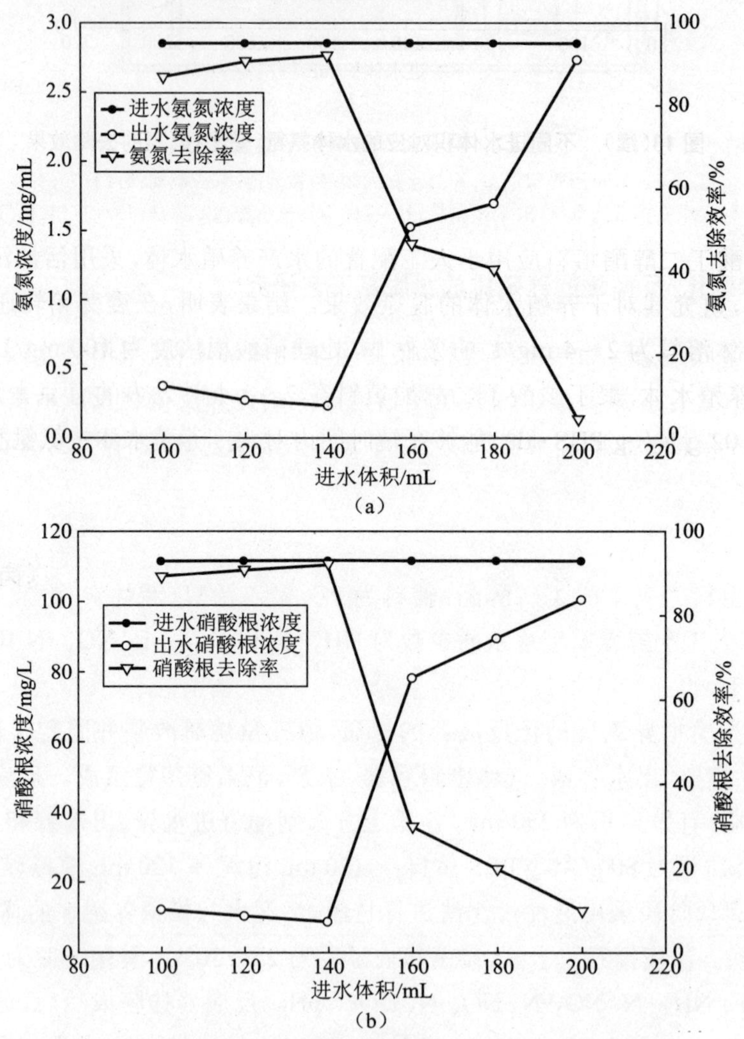

图 13 不同进水体积对应的水体氨氮、硝氮、总氮的去除效果

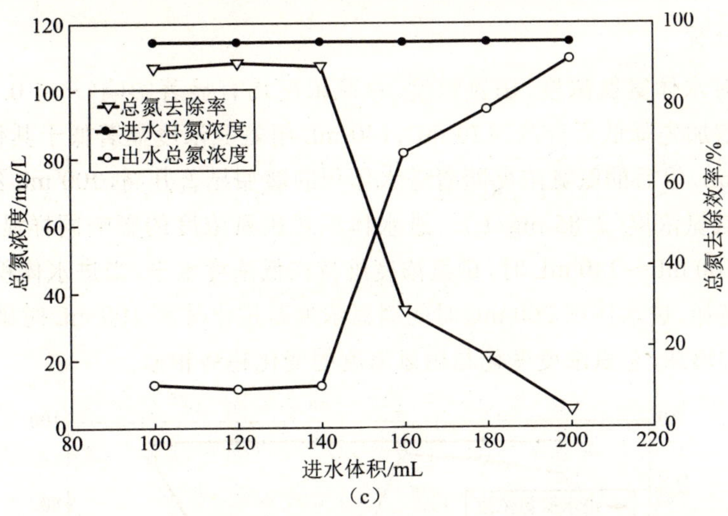

（c）

图 13(续)　不同进水体积对应的水体氨氮、硝氮、总氮的去除效果

5.2.3　结论

将聚丁二酸丁二醇酯填料应用于人工配置的水产养殖水体，采用活性污泥法对该填料进行生物挂膜，研究其对于养殖水体的脱氮效果。结果表明，在震荡箱转速为 100 rpm，水温为 30 ℃，水体溶氧为 2～4 mg/L 的条件下，处理硝酸根浓度为 100 mg/L、氨氮浓度为 3 mg/L 的模拟养殖水体，聚丁二酸丁二醇酯填料在 2～3 小时之内的总氮去除率为 80%，填料脱氮量为 0.02 g N/(g PBS·d)，能够在短时间内对水产养殖水体中氨氮和硝酸根进行同步脱氮。

（岗位专家　倪琦）

鲆鲽类网箱设施与养殖技术研发进展

专用养殖网箱岗位

2015年,鲆鲽类专用养殖网箱岗位围绕离岸网箱养殖及配套设施与技术,开展了新型鲆鲽类专用养殖网箱开发及其养殖示范、鲆鲽类网箱养殖配套设施产品性能检测、鲆鲽类陆海接力、南北接力养殖技术规范企业标准的制定以及鲆鲽类网箱设施与养殖基础理论研究,相关研究进展如下。

1　新型鲆鲽类专用养殖网箱开发及其养殖示范

2015年,新型环保塑胶网箱养殖示范及双层网底新型网箱养殖试验情况如下:

1.1　养殖示范基地及海区条件

养殖示范基地为宁德市金贝尔渔业有限公司鲆鲽类网箱养殖基地,位于宁德市三都澳龟鼻养殖区,该海区平均水深10～15 m,最大流速0.6 m/s。示范基地拥有新型环保塑胶网箱51个、试验的双层网底网箱2个。

1.2　养殖示范与试验情况

本年度完成的示范养殖共分为四个实验组,分别为:单层网底塑胶网箱大菱鲆养殖实验组、双层网底塑胶网箱大菱鲆养殖实验组、单层网底塑胶网箱牙鲆养殖实验组和传统木质网箱牙鲆养殖对照组。其中实验组双层大菱鲆塑胶网箱结构在2013年试验的基础上改成单口双架式镀锌网架结构,以适应上层网架的平稳性及沉降。养殖示范与试验分2批次实施。第一批次,2014年12月从山东运回平均尾重约430 g的牙鲆鱼苗13 750尾,分别投放到26个塑胶网箱和4个木质网箱进行对比养殖;第二批次,2015年1月从山东运回平均尾重约360 g的大规格大菱鲆苗种16 960尾,分别投放到25个单层网底和2个双层网底的塑胶网箱。试验纪录及验收抽检的4个网箱组别的大菱鲆、褐牙鲆养殖情况见表1。

表 1 新型塑胶网箱“南北接力”养殖大菱鲆、褐牙鲆情况

网箱组别	单层塑胶网箱		传统木质网箱		单层塑胶网箱		双层塑胶网箱		水温(℃)
种类	褐牙鲆				大菱鲆				
	体重(g)	尾数	体重(g)	尾数	体重(g)	尾数	体重(g)	尾数	
2014. 12. 28	420	550	432	550	/	/	/	/	13. 2
2015. 01. 30	/	/	/	/	362	600	354	680	14. 1
2015. 04. 20	671. 9	530	667. 2	510	521. 1	580	518. 8	650	16. 8
单位产量(kg/m^2)	17. 2		16. 4		14. 6		16. 3		

(a) 双层网底网箱

(b) 验收现场测试

图 1 新型塑胶网箱鲆鲽类养殖

2 鲆鲽类网箱养殖配套设施产品性能检测

在前期试验、测试的基础上，本年度改进和完善了鲆鲽类网箱养殖配套设施的设计，完成了网箱水下观察设备、网箱养殖环境在线监测系统和网衣清洗机等三大类 4 套设施设备的样机制作，并委托国家渔业机械仪器质量监督检验中心对产品样机进行了性能检测，主要性能指标均达到或超过了设计标准。

2.1 网箱水下观察设备

研制的全方位水下视频观测器由水下拍摄器、信号传输电缆和便携式监控器组成。水下摄像器可完成水平 360 度、垂直 180 度范围的视频采集，视频信号通过传输电缆输送至监控器，并在监控器上的显示屏实时播放，监视器同时设有控制板面，通过控制按钮可调整摄像头焦距、云台方向和照明单元，产品样机如图 2(a)所示。此外，还根据不同养殖用户的需求，研制了一款手持式水下摄像机，具有结构紧凑、携带操作方便、经济实用的特点。该系统配备 7 寸液晶显示屏，能实时查看水下的状况，并能进行录像。伸缩杆的长度可调，最大探测距离可达到 10 m，如图 2(b)所示。

(a) 全方位水下视频观测器

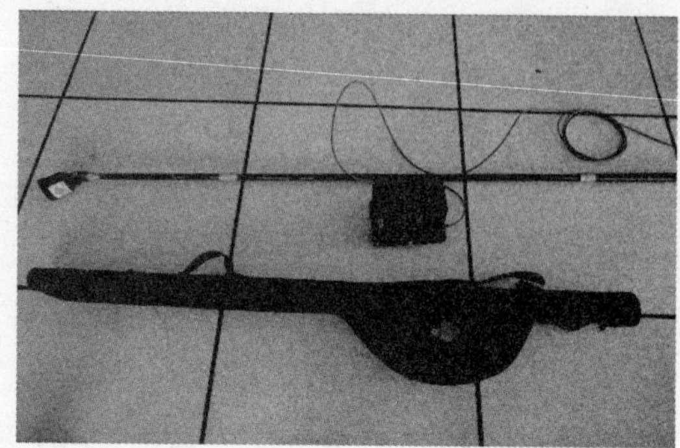

(b) 手持式水下摄像机

图 2　网箱水下观察设备

2.2　网箱养殖环境监测系统

网箱养殖环境监测系统由系统控制单元、数据采集单元、数据处理单元、通讯单元、设备控制单元以及数据监测管理软件等组成,可同时测量网箱养殖海区的温度、盐度、溶解氧、pH、电导率和流速等 6 个环境因子,通过 GPRS 通讯网络将监测数据传输至设备控制单元,并由数据监测管理软件完成数据的实时采集、保存和分析。建立了国家鲟鳇类产业技术体系网箱养殖环境监测平台,可方便用户随时通过电脑和手机查询。产品样机及养殖环境监控平台界面如图 3 所示。

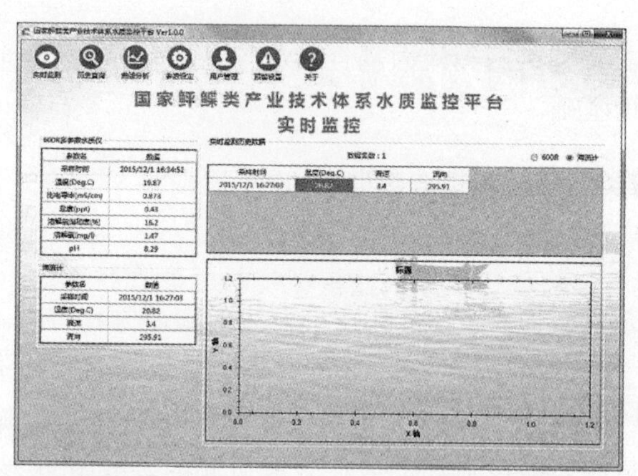

图 3　网箱养殖环境监测系统

2.3　喷射式网衣清洗机

喷射式网衣清洗机利用高压水泵产生的高压水完成网衣清洁,高压水由管路输送到清洗盘,通过清洗盘的喷嘴产生空泡射流,同时,射流的反作用力使清洗盘高速旋转以扩大清洗面积,清洗盘背面的叶片在旋转时产生的反向推力使清洗盘贴附在网衣表面。水枪压力 20 MPa,出口流量 15 L/min,清洗力 40 N。产品样机如图 4 所示。

图 4　网箱养殖环境监测系统

3　完成鲆鲽类陆海接力、南北接力养殖技术规范企业标准的制定

总结分析鲆鲽类陆海接力、南北接力养殖试验的相关数据及操作工艺流程，依托兴城龙运井盐水水产养殖有限责任公司（葫芦岛综合试验站）和威海正明海洋科技开发有限公司，制定《鲆鲽类陆海接力养殖技术规范》和《鲆鲽类南北接力养殖技术规范》企业标准各1项。

4　鲆鲽类网箱设施与养殖基础理论研究

开展了鲆鲽类网箱流固耦合、双层网底网箱耐流特性数值模拟研究，为网箱结构优化设计提供理论基础。

4.1　鲆鲽类网箱流固耦合数值模拟

4.1.1　流场中网箱受力模型

网箱整体结构在水流作用下的有限元离散方程可由下式来表示：

$$M\ddot{a}(t) + Ka(t) = F(t) + R(t)$$

式中，$a(t)$是节点位移向量，M是与时间无关的质量矩阵，K是系统总体刚度矩阵，$F(t)$和$R(t)$分别是流体静载荷和动载荷效应引起的等效节点力矢量，$\ddot{a}(t)$是节点加速度矢量。由上述的有限元动力分析方程可以看出，网箱结构离散后每个单元的质量矩阵、刚度矩阵和节点力矢量是求解方程的关键。

网箱结构主要由浮框、网衣、浮子、锚绳和底框架组成，其离散后以柔性的网衣单元为主体，在水流作用下网衣形状和张力的变化与受到的水动力相互影响，所以要对其整体结构变形和受力进行精确分析存在较大难度。借助于有限元建模商业软件 ANSYS，利用其内置的 PIPE59 管单元来模拟养殖网箱结构单元。ANSYS 中的管单元是一种可承受拉、压、弯作用，并且能够模拟海洋波浪与水流的单轴单元，可以用来计算位于水中的圆管形构件的浮力、水流力和波浪力的静载荷与动载荷。PIPE59 单元的每个结点有 3 或 6 个自由度,即沿 x,y,z 方向的线位移及绕 X,Y,Z 轴的角位移。当消除抗弯刚度时可以将管单元转换为缆索单元,因此可用于模拟柔性网衣结构。

4.1.2 网箱流场特性数值模型

流动问题需满足质量守恒定律,按照这一定律得出质量守恒方程(连续方程):

$$\frac{\partial\rho}{\partial t}+\frac{\partial(\rho u)}{\partial x}+\frac{\partial(\rho v)}{\partial y}+\frac{\partial(\rho w)}{\partial z}=0$$

因为流体为不可压缩,密度 ρ 为常数,上式变为:

$$\frac{\partial u}{\partial x}+\frac{\partial v}{\partial y}+\frac{\partial w}{\partial z}=0$$

任何流动系统还必须满足动量守恒定律,对于牛顿流体应用动量守恒定律,可导出 x、y 和 z 三个方向的运动方程即 Navier-Stokes 方程:

$$\frac{\partial(\rho u_i)}{\partial t}+\frac{\partial(\rho u_j u_i)}{\partial x_j}=-\frac{\partial p}{\partial x_i}+\rho g_i+\beta_i+\frac{\partial}{\partial x_j}\left(\mu\frac{\partial u_i}{\partial x_j}\right)+\frac{\partial}{\partial x_j}\left(\mu\frac{\partial u_j}{\partial x_i}\right)$$

式中,i、j=1,2,3 表示直角坐标系的 x,y,z 方向,ρ 为流体密度,p 是流体微元体上的压力,μ 为绝对粘性,β_i 为附加源项。

4.1.3 网箱流固耦合模型

图 5 为流场中网箱系统流固耦合数值模拟的计算机程序框图。网箱流固耦合模拟分析:首先读入网箱结构的初始形状与设计流速,假设流速固定不变,计算出网箱变形与受力情况。其次,当网箱在水流作用下达到平衡状态时,通过网目群化原理将网衣部分简化,通过计算流体力学,求解网箱流场变化与流态分布。第三,输入衰减后的流速,重新计算网箱变形与受力。第四,求解网箱平衡状态下的流速变化。利用每次迭代求得的流速增量大小,根据预先所设定的计算精度,判断计算结果是否收敛或满足实际工程需要,如此反复迭代计算,直到流速变化满足所设定的精度要求为止,最终求得网箱系统的平衡状态与网箱流场分布。图 6 为网箱流固耦合模拟结果。

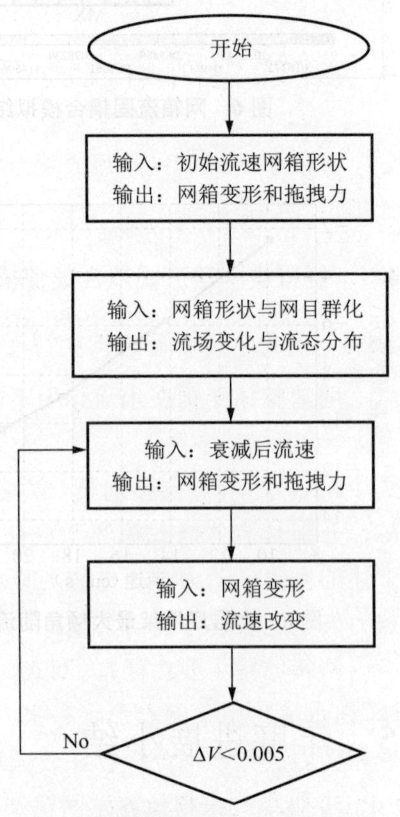

图 5 网箱流固耦合计算流程图

4.2 双层网底鲆鲽类网箱耐流特性的数值模拟

双层网底鲆鲽类网箱单网箱规格为 5 m×5 m×3 m,网底面积 25 m^2,网目尺寸 3.5 mm。双层网底结构的网箱上层网底设置水深为 2 m,底面积 9 m^2,即双层网底网箱的总面积为 34 m²。上层网底四角用聚乙烯绳索平衡固定于上框架四角，确保内层网箱平台处于水平状态（图 7）。为研究双层网底网箱的水动力特性，将数值模拟结果与单层网底网箱（详见 2011～2013 年相关研究结果）进行比较。图 8 为上层底框架最大倾角随流速变化情况。模拟流速分别为 9. 9、13. 3、14. 2、18. 4、20. 9、25. 6 cm/s，对应的原型流速分别为 0. 44、0. 59、0. 64、0. 82、0. 93、1. 14 m/s。图中最大倾角均为负值，表示上层框架倾斜方向为逆时针方向。当流速较大时，上层框架与下层框架因倾斜角度较大而发生接触，因此网箱应在流速小于 0. 6 m/s 海区使用。图 9 为双层底框网箱模拟值与单层底框网箱底框架最大倾角的比较。从图中可以看出双层网箱底框架最大倾角略小于单层底框网箱，稳定性较好。

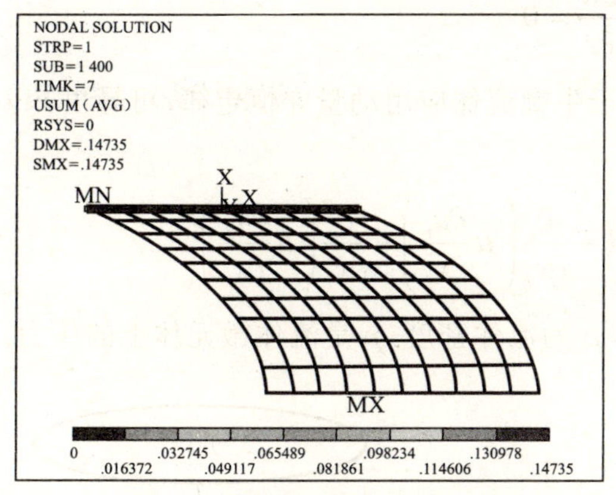

图 6　网箱流固耦合模拟结果

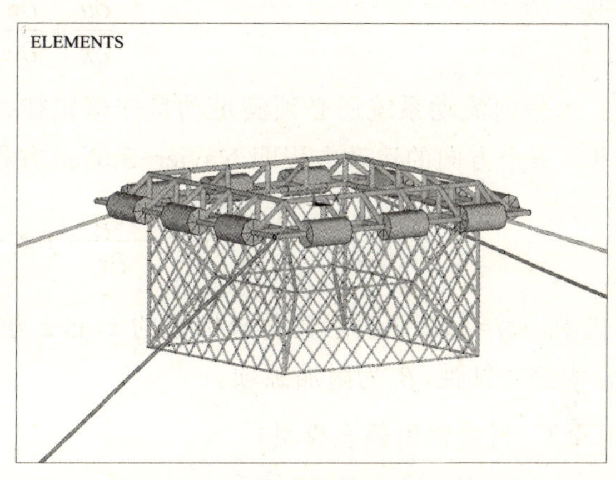

图 7　钢框架双层底鲆鲽类网箱

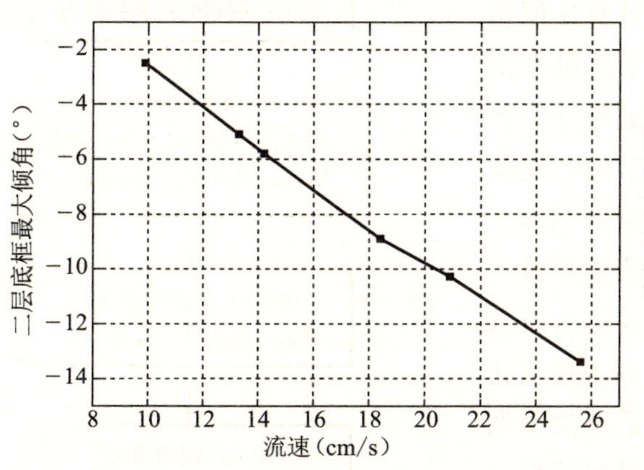

图 8　上层底框架最大倾角随流速变化

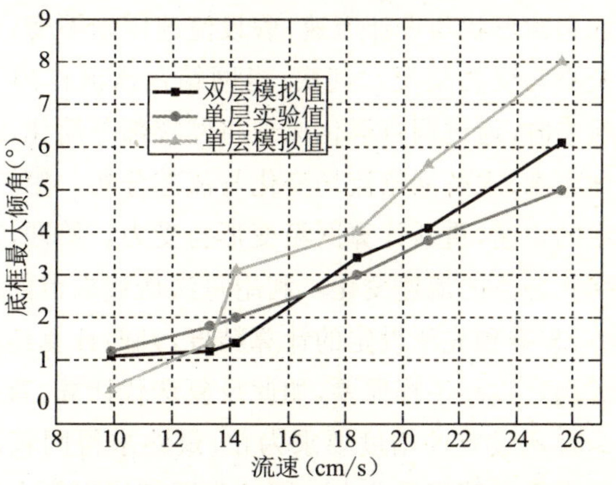

图 9　双层底网箱模拟值与单层网箱比较

5　年度进展小结

（1）完成单层网底塑胶网箱大菱鲆养殖、双层网底塑胶网箱大菱鲆养殖、单层网底塑胶网箱牙鲆养殖和传统木质网箱牙鲆养殖对照试验。

(2)改进和完善了鲆鲽类网箱养殖配套设施的设计,完成了网箱水下观察设备、网箱养殖环境在线监测系统和网衣清洗机等三大类4套设施设备的样机制作。

(3)制定《鲆鲽类陆海接力养殖技术规范》和《鲆鲽类南北接力养殖技术规范》企业标准各1项。

(4)开展了鲆鲽类网箱流固耦合、双层网底网箱耐流特性数值模拟研究,为网箱结构优化设计提供理论基础。

(5)完成了本年度"鲆鲽类网箱数量、分布、功能与现状数据库"的数据调研、录入工作。

(岗位专家 关长涛)

鲆鲽类工程化池塘养殖技术研发进展

池塘养殖工程岗位

2015年，池塘养殖工程岗位开展了鲆鲽类岩礁池塘工程化高效养殖示范、工程化池塘循环水养殖示范、池塘养殖专用设备研制与性能优化、体色调控机制、摄食调控机制、生殖与生长内分泌调控机制等系列研究，相关研究进展如下。

1　牙鲆岩礁池塘工程化养殖试验与示范

在青岛贝宝海洋科技有限公司使用一个经工程化改造的岩礁池塘（面积为10亩），2014年10月，放养全长12～14 cm的牙鲆苗种66 000尾，放养水温18 ℃～20 ℃。苗种放养后，及时投喂饵料。周年养殖条件：水温：3 ℃～29 ℃，盐度28～32，日换水率为90%。日投喂饵料2次，按照体重2%～3%投喂。

养殖过程中，按照本岗位制定的鲆鲽类工程化池塘养殖技术规范进行生产。越冬期间，采用增氧和零投喂的方法安全越冬，越冬成活率为84.5%。自2015年5月开始，当养殖水温达14 ℃以上时，逐步恢复投喂。8月高温期，为了预防水质恶化和疾病发生，减少饵料投喂量，同时添加益生菌调控水质防病。目前，养殖牙鲆平均体重已达到572克/尾（图1），养殖期成活率为80.6%，养殖单产为2 571千克/亩。养成商品鱼无眼侧体色与野生鱼基本相同。

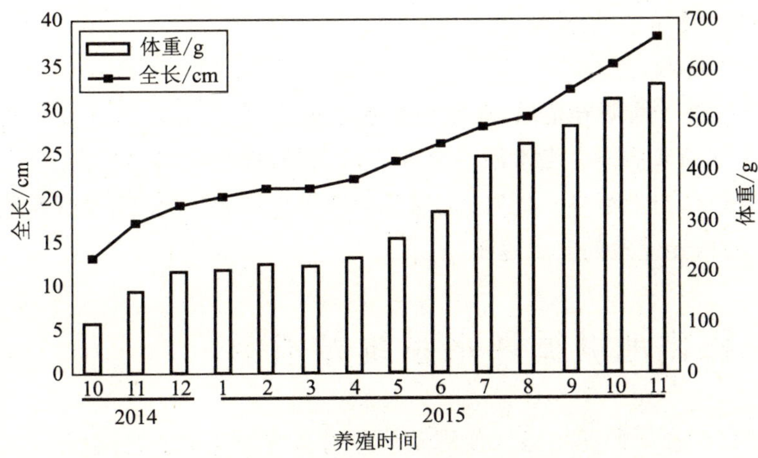

图1　2014～2015年胶南基地岩礁池塘养殖牙鲆生长情况

根据岩礁池塘的结构特点,开发了牙鲆岩礁池塘高效养殖关键技术:

(1)岩礁池塘的工程化设计与改造技术。

按照工程化池塘养殖系统原理和设计工艺,首先根据牙鲆底栖潜沙习性在岩礁池塘底部铺设 30 cm 厚沙层;其次,在进排水系统设置方面,设置了5个独立的进水和排水闸门,并在进水口设置提水泵,用于低潮时换水;另外,还配备了增氧机和水质自动监测设备,保障了养殖池塘水质的实时监测和调控。

(2)饵料精准投喂技术。

岩礁池塘养殖采用冰鲜饵料与配合饲料相结合投喂的方式。冰鲜饵料主要是玉筋鱼,利用自主研制的冰冻饵料自动切块机,在养殖早期对冰冻饵料进行切割分段,利于苗种摄食,节省了人力和饵料预解冻时间,预防了细菌滋生。干性配合饲料投喂采用本岗位改进的自动饵料投喂机进行,饵料抛洒距离可达 25 米,投料扇面角 150°±20°,投饵效果良好。投喂结束后 2 h,观察池塘内残饵情况,确定下次投喂标准,同时适当捞取过多的残饵。另外,养殖过程中,定期测量养殖鱼体重,按照生长情况及时调整投喂量,做到饵料精准投喂。

(3)高效增氧技术。

岩礁池塘内配备了 1.5 kW 涡轮式增氧机 4 台,安放在池塘对角线位置,在高温期或阴雨天气及时开启增氧机增氧,保证了养殖水体溶解氧含量。另外,池塘可实现每天 90% 以上换水,养殖过程中池塘内溶解氧含量一直保持在 5 mg/L 以上,未发生养殖鱼缺氧浮头的现象。

(4)水质监测与调控技术。

岩礁池塘内安装了水质监测设备,对每天的养殖水质参数进行实时监测和预警报告。在 8 月高温期,采用添加微生态制剂的方法,调节养殖池塘底质和微生态环境,预防水质恶化和疾病发生。另外,高温期青岛近海浒苔生物量猛增,危及岩礁池塘鱼类养殖,采用进排水口安放过滤网的方式防止浒苔大规模进入养殖池塘;同时,还利用提高池塘内养殖水位、降低水体透明度等方法,抑制了塘内浒苔及其他大型藻类的繁殖,有效控制了藻类的繁殖和生长,保障了养殖牙鲆的生长安全。

(5)安全越冬技术。

2014 年,苗种进入池塘养殖后,在放苗初水温适宜时,加强对苗种投喂催肥,促进生长,保证了苗种越冬期的成活率。当水温降至 8 ℃以下时,停止饵料投喂,在整个越冬期间保持池塘高水位、零投喂,自然越冬。同时,定期开启增氧机增氧,并定期观察养殖鱼的行为与生长状态,保证了池塘养殖鱼的安全越冬。

2 牙鲆工程化池塘循环水系统养殖示范

2015 年,本岗位在日照基地继续使用整体养殖系统的 3 个池塘,放养全长 16～18 cm 的牙鲆苗种 50 000 尾,进行养殖示范。系统另外 3 个池塘,放养全长 8～10 cm 的苗种,用于大规格苗种培育和销售。养殖过程中，按照本岗位制定的鲆鲽类工程化池塘养殖技术规范进行。养殖用水为自然海水，日换水率为50%～80%。养殖期间投喂鲜杂鱼，在高温期利用微生态制剂调控水质防病。养殖条件：水温15 ℃～29 ℃，溶解氧5.0～8.7 mg/L，盐度26～30。

至2015年11月，池塘养殖牙鲆已生长至全长29～32 cm，平均体重673克，统计养殖成活率为89.4%，养殖单产可达2 002千克/亩。目前，养殖水温已降至10 ℃以下，养殖鱼进入越冬阶段。越冬期间，采用地下海井水保温措施，定期开启增氧机保持溶氧水平适宜，同时减少饵料投喂以保证安全越冬。

3　鲆鲽类工程化池塘高效养殖技术规范

2012～2015年，本岗位在日照、胶南基地连续开展了牙鲆、半滑舌鳎等鲆鲽类工程化池塘养殖示范。养殖期间，对工程化池塘养殖系统及工艺参数不断进行优化和完善，形成了鲆鲽类工程化池塘高效养殖技术规范：

3.1　环境条件

3.1.1　养殖池塘选址

养殖池塘选择海流畅通，无污染源，悬浮物少，进排水方便，通讯、交通便利，电力、淡水供应充足的地方构建。根据鲆鲽类底栖潜沙的生态习性，选择池塘规格、形状、底质等条件，一般以中小型（5～10亩）池塘为宜，底质以泥沙底质为宜，养殖池深度最好达2.5 m以上，水深达1.5 m以上。

3.1.2　水源与水质条件

水源条件应符合GB 11607的规定，养殖用水水质应符合NY 5052的要求。

3.2　苗种放养

3.2.1　苗种来源

苗种为经仔稚鱼培育和中间培育及越冬培育的全长12 cm以上健康鲆鲽类苗种，在工厂化中间培育期间，已驯化摄食面条鱼等鲜饵料。

3.2.2　苗种质量

要求色泽正常，大小规则整齐，健康无损伤、无病害、无畸形、无白化，游动活泼，摄食良好。全长合格率≥95%，伤残率≤5%。

3.2.3　苗种入池条件

当水温上升至14 ℃以上时，即可放养苗种入塘。苗种入池水温和运输水温应在±2 ℃以内，盐度差应在5以内。

3.2.4 苗种放养密度

控制在3 000尾/亩～4 000尾/亩。

3.3 养殖条件

3.3.1 工程化池塘设置

工程化池塘养殖系统包括蓄水池塘(回水调配池)、粗滤池塘、联体组合养殖池塘、进排水系统、增氧设备和水质监测系统。系统一般由6～8个单体池塘组合构成,其中每3～4个单体养殖池塘串联为一组,两组并联在一起组成组合池塘系统。蓄水池塘设置进水闸门和轴流泵,可根据潮汛自然纳水或者抽提海水。进水口设置过滤网,防止杂鱼、杂藻等进入。每个单体养殖池塘设置独立的进水闸门和排水闸门。进排水系统包括蓄水池塘、提水水泵、进排水管道及闸门、养殖池塘的进排水闸门等。自然海水进入蓄水池塘后,经由进水系统进入联体组合养殖池塘,养殖排放水由联体组合养殖池塘进入回水系统后经粗滤进入回水调配池(即蓄水池),经水质调控处理后再注入养殖池塘循环利用。每个单体养殖池塘设置增氧设备和水质监测传感器,做到对水质参数的实时监测和增氧调控。

3.3.2 水质条件

周年养殖水温2 ℃～30 ℃,盐度26～32,pH 7.8～8.3,溶解氧5 mg/L以上,[NH_4^+-N] ≤ 0.2 mg/L,水体透明度:0.5 m～1 m,换水率:50%～100%。

3.4 饵料投喂管理

3.4.1 饵料种类

养殖饵料包括冰鲜杂鱼、干性颗粒饲料、软颗粒饲料等。放养半滑舌鳎时,放苗前进行基础饵料的繁育,提高养殖早期苗种成活率和生长速度。

3.4.2 饵料质量安全

饲料鱼与配合饲料应新鲜、无病原、无污染,符合NY5072的规定。

3.4.3 饵料投喂策略

苗种放养适应2天后,开始人工投喂鲜杂鱼,饵料的日投喂量为鱼体重的3%～5%,每天上下午投喂1次。养殖过程中定期测量鱼体重和检查池塘底部残饵,及时调整投喂量。夏季水温26 ℃以上和冬季水温10 ℃以下时,减少投喂量和投喂次数,避免水质恶化。当池塘温度达到28 ℃以上时,停止投喂饵料。

3.5 养殖管理

3.5.1 水环境监测与微生态调控

(1) 养殖水质监测:利用水质在线自动监测系统,对池塘水温、盐度、DO、pH等关键水质参数实时监控和预警。

（2）养殖水环境微生态调控：养殖过程中，夏季高温期可利用微生态制剂调控养殖水体中氨氮、磷酸盐、硝酸盐和亚硝酸盐等代谢物和营养盐水平，达到养殖水环境的微生态平衡，保障养殖水质安全。

3.5.2　高效增氧

养殖过程中应使用增氧机增氧，常用的增氧机有叶轮式增氧机、氧龙增氧机、喷雾式增氧机、涡轮式增氧机等。遇有阴雨天、高温期、养成后期，应连续开启增氧机增氧。

3.5.3　安全度夏与越冬

养殖过程中，夏季高温期和冬季低温期可采取使用地下海井水进行温度调控，控制水温在 28 ℃以下或 6 ℃以上，维持养殖鱼类较低的基础代谢水平。当水温高于 28 ℃或低于 6 ℃时，应停止投喂饵料，增加换水量，加强增氧和疾病检测，在高温期连续使用益生菌制品，达到调水和防病效果。

3.6　病害防治

3.6.1　定期巡池

每天上、下午各巡池一次，观察水色变化、摄食状况、有无浮头现象、有无死鱼。

3.6.2　检测分析

定期观察、检测养殖鱼的摄食和生长发育情况，发现病鱼或死鱼时，及时进行解剖观察，分析原因。对病鱼或死鱼进行焚烧或深埋处理。

3.6.3　药物使用与病害防治原则

渔药的使用和休药期按 NY5071 中的规定执行。养殖过程中，密切观察养殖鱼的摄食、行为与体色异常情况，及时察觉发病前兆并防治；在高温期等定期添加微生态制剂等，调控底质和养殖水质，达到微生态调控防病；气候异常时期，结合养殖鱼的行为，注意增氧、换水、投喂等操作的调整，预防疾病发生。

3.7　商品鱼出池收获

（1）商品鱼出池按照 GB 18406 中的规定执行。

（2）商品鱼出池前检测：有毒有害物质检测参照 NY5073 中的规定执行，对检测出有毒有害物质的商品鱼禁止销售。药物残留检测按照 NY5070 中的规定执行，对检测出渔药残留的商品鱼禁止销售；出池前检测鱼体病害状况，对发现寄生虫和细菌病的病鱼，应及时治疗，待休药期过后再行销售。

4 工程化池塘养殖用冰冻饵料自动切块机研制

研制了池塘养殖用冰冻饵料自动切块机 1 台,由压紧装置、导轨、上下刀架、弹性挡块、出料斗、曲柄、齿轮、减速电机等组件构成(图 2)。主机功率为 0.75 kW,主电机转速 2 800 转/分,切割次数记录主电机功率为 120 W,副电机功率为 16 W。该装置适合于池塘养殖冰冻鲜杂鱼板切割,可大大节约劳动力,同时缩短了冰冻鲜杂鱼在室外解冻的时间,可有效预防解冻时间过长细菌滋生的问题。目前,本岗位正在进行样机生产,即将应用于池塘养殖生产中。

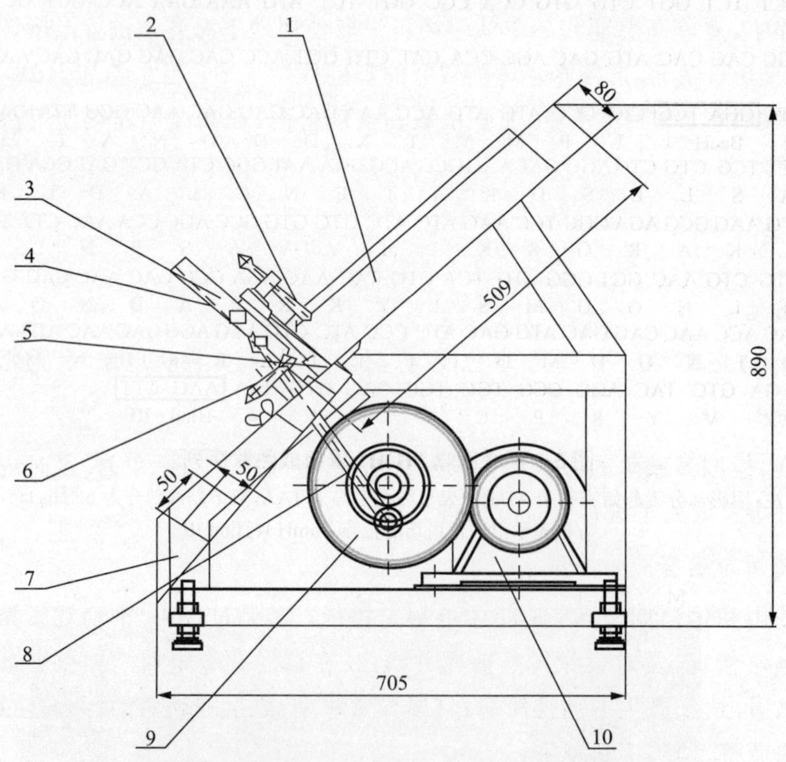

图 2　池塘养殖用冰冻饵料自动切块机结构示意图

(1: 冰冻鱼块; 2: 压紧机构; 3: 导轨; 4: 上刀架; 5: 下刀架; 6: 弹性挡块; 7: 出料斗; 8: 曲柄机构; 9: 齿轮; 10: 减速电机)

5 养殖鲆鲽类无眼侧体色调控机制研究

5.1 半滑舌鳎 MCH 蛋白体外制备与生理功能研究

(1) 半滑舌鳎 MCH1 蛋白的体外制备与生物活性分析。

利用原核表达载体 pET-32a 构建了半滑舌鳎 MCH1 重组质粒(图 3),体外成功表达了

MCH1 重组蛋白，相对分子质量大小为 29.9×10^3，32 ℃条件下以 0.2 mmol/L IPTG 诱导 6 h 时目的蛋白表达量最高，占菌体总蛋白的 49.8%（图 4、图 5、图 6）。目的蛋白经过了特异性检测（图 7），并获得了纯化的 MCH1 重组蛋白（图 8）。

ATG AGC GAT AAA ATT ATT CAC CTG ACT GAC GAC AGT TTT GAC ACG GAT GTA CTC AAA GCG
GAC GGG GCG ATC CTC GTC GAT TTC TGG GCA GAG TGG TGC GGT CCG TGC AAA ATG ATC GCC
CCG ATT CTG GAT GAA ATC GCT GAC GAA TAT CAG GGC AAA CTG ACC GTT GCA AAA CTG AAC
ATC GAT CAA AAC CCT GGC ACT GCG CCG AAA TAT GGC ATC CGT GGT ATC CCG ACT CTG CTG
CTG TTC AAA AAC GGT GAA GTG GCG GCA ACC AAA GTG GGT GCA CTG TCT AAA GGT CAG TTG
AAA GAG TTC CTC GAC GCT AAC CTG GCC GGT TCT GGT TCT GGC CAT ATG CAC CAT CAT CAT
H H H H
CAT CAT TCT TCT GGT CTG GTG CCA CGC GGT TCT ATG AAA GAA ACC GCT GCT GCT AAA
H H
TTC GAA CGC CAG CAC ATG GAC AGC CCA CAT CTG GGT ACC CAC GAC GAC GAC AAG GCC ATG

GCT GAT ATC GGA TCC CIG CCC ATG ATG ACC AAA GAC GAC GAC AAC GCG TTA GAC CAG GAG
BacH I L P M M T K D D D N A L D Q E
ACA TTT GCT TCG CTG CTG AGC GAT AAG GCG ACG GAA AAT GGC CTA GCT GAT GCA GAT CTG GGC
T F A S L L S D K A T E N C L A D G D L G
GCA GAC CTG AAG GCG AGA GGC TCC AAG ATC ATC GTC GTG GCC AGC CCA AAC CTT TTG AGG GAC
A D L K A R G S K I I V V A S P N L L R D
CTG CGG GTG CTG AAC GGT GGG ATG TCA CTG TAC AAG AGA GCG GAC AAC CAG GTC TCC ACC
L R V L N G G M S L Y K R R A D N Q V S T
GCT TCC GAC ACC AAC CAG GAC ATG GAC ATC CCC ATC CTG AGG AGG GAC AAC ATG AAC TGC ATG
A S D T N Q D M D I P I I L R R D N M R C M
GTG CGA CGA GTC TAC AGG CCG TGC TGC GAG GTG TAA AAG CTT
V G R V Y R P C W E V * Hind III

图 3　半滑舌鳎 MCH1 重组成熟肽序列

注：阴影部分为起始密码子 ATG，* 表示终止密码子 TAA，双下划线部分为 6×His tag，方框表示限制性内切酶位点 BamH I、Hind III

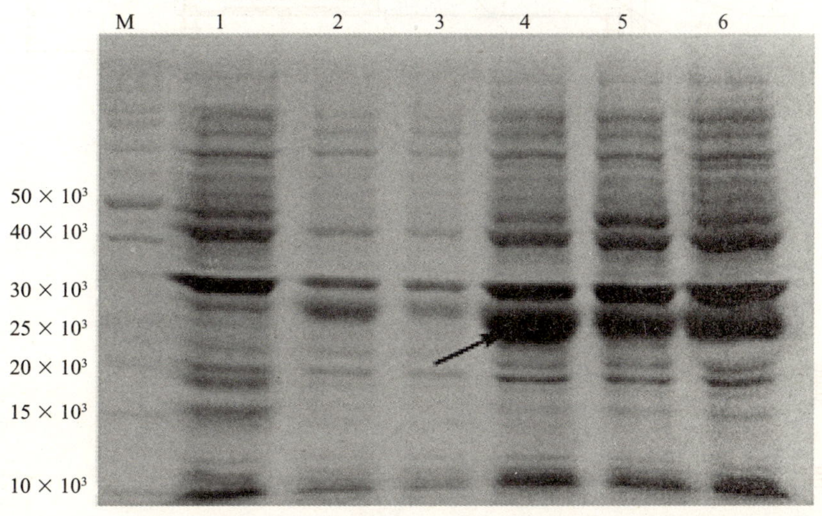

图 4　温度对半滑舌鳎重组 MCH1 蛋白表达的影响

M：蛋白 Marker；1：诱导 6 h 的对照菌（空载 pET-32a 质粒）；2-6：22 ℃、27 ℃、32 ℃、37 ℃、42 ℃诱导 6 h（IPGT 浓度为 1.0 mmol/L）的重组 MCH1 表达菌蛋白（箭头示 29.9×10^3 重组蛋白）

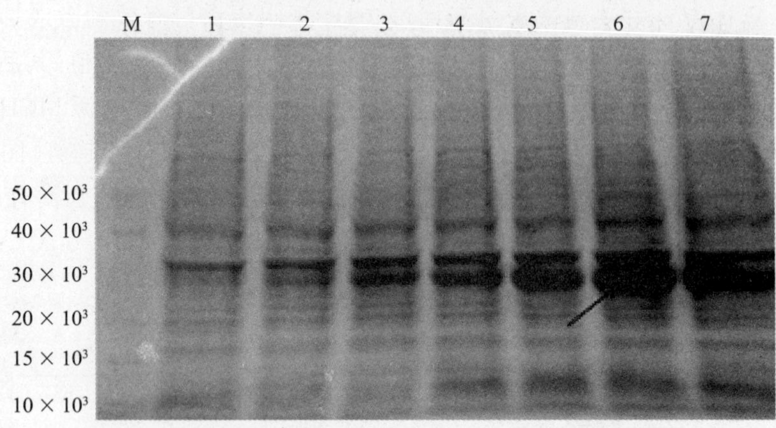

图 5 诱导时间对半滑舌鳎重组 MCH1 蛋白表达的影响

M: 蛋白 Marker; 1: 32 ℃条件下 1.0 mmol/L 的 IPTG 诱导 6 h 的对照菌(空载 pET-32a 质粒); 2-7: 32 ℃条件下 1.0 mmol/L 的 IPTG 诱导 1 h、2 h、3 h、4 h、6 h、8 h 的重组 MCH1 表达菌蛋白(箭头所指为 29.9×10^3 重组蛋白)

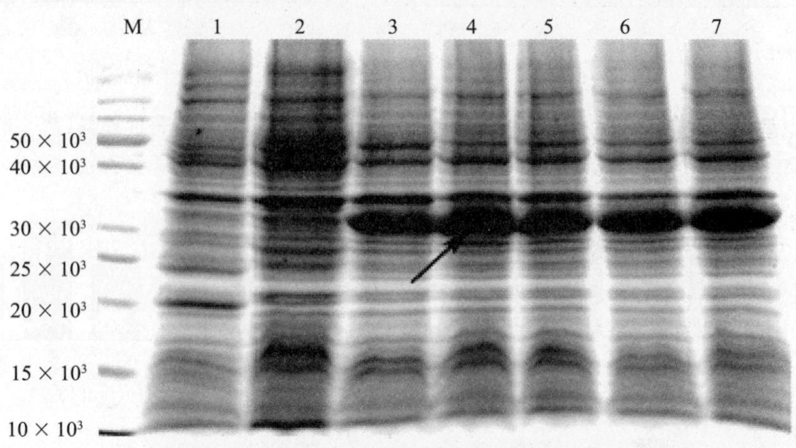

图 6 IPTG 浓度对半滑舌鳎重组 MCH1 蛋白表达的影响

M: 蛋白 Marker; 1: 诱导 6 h 对照菌(空载 pET-32a 质粒); 2-7: 32 ℃条件下 0、0.1、0.2、0.5、1.0、2.0 mmol/L 的 IPTG 诱导 6 h 的重组 MCH1 表达菌蛋白(箭头指示 29.9×10^3 重组蛋白)

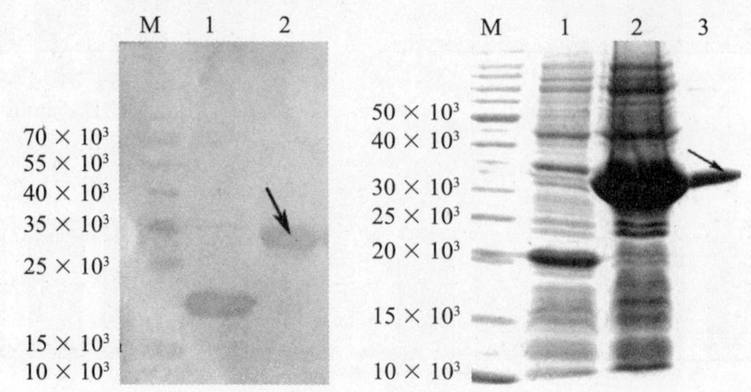

图 7 半滑舌鳎重组 MCH1 蛋白的 Western-blotting 检测(左)与纯化(右)

M: 蛋白 marker; 左图 1: 对照菌(空载 pET-32a 质粒); 左图 2: 重组 MCH1 表达菌; 右图 1: pET32a 空载; 右图 2: 重组 MCH1 蛋白表达菌; 右图 3: 纯化蛋白(箭头示重组蛋白)

采用垂体离体孵育方法测试蛋白活性，MCH1 重组蛋白可有效刺激或抑制垂体 MCH 和 MSH 肽的分泌，MCH 肽水平先上升后下降，在 100 nmol/L 达到峰值，其后显著下降，随着 MCHI 重组蛋白浓度的增加，MSH 肽水平显著升高（图 8）。随着外源 MCH1 重组蛋白浓度的增加，垂体 MCH1 和 MCH2 mRNA 表达都呈现先上升后下降的趋势（图 9），POMC-a 和 PACAP mRNA 表达都呈现明显下降趋势（图 9），表明 MCH1 重组蛋白具有调节垂体激素分泌和基因表达的生理功能。

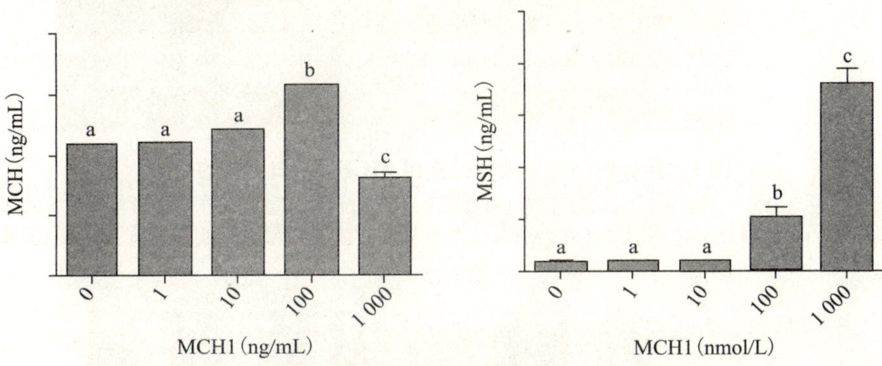

图 8　垂体孵育液中 MCH、MSH 肽水平的变化（不同字母代表显著性差异（$P < 0.05$））

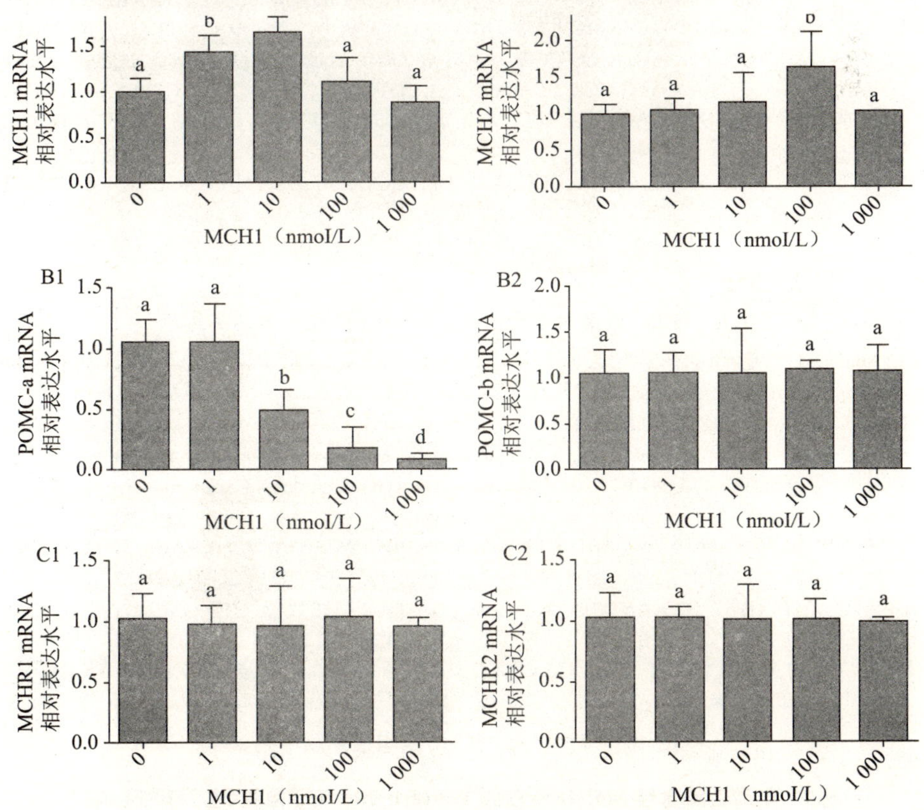

图 9　MCH1 重组蛋白对半滑舌鳎体色相关基因表达的影响

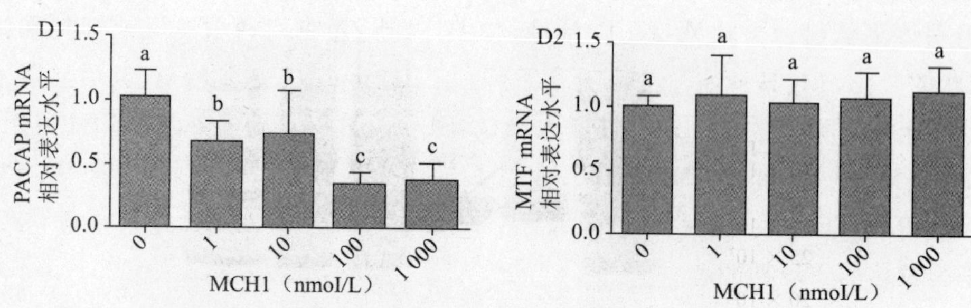

图 9（续） MCH1 重组蛋白对半滑舌鳎体色相关基因表达的影响

注：MCH1（A1），MCH2（A2），POMC-a（B1），POMC-b（B2），MCHR1（C1），MCH1（C2），PACAP（D1），MITF（D2）mRNA 表达水平变化［＊不同字母代表显著性差异（$P < 0.05$）］

（2）半滑舌鳎 MCH2 蛋白的体外制备与生物活性分析。

利用原核表达载体 pET-32a 构建了半滑舌鳎 MCH2 重组质粒（图 10），体外成功表达了 MCH2 重组蛋白，相对分子质量大小为 32.1×10^3。最优表达条件：27 ℃，以 0.2 mmol/L IPTG 诱导 6 h 时目的蛋白表达量最高，占菌体总蛋白的 55%（图 11、图 12、图 13）。目的蛋白经过了特异性检测（图 14），并获得了纯化的 MCH1 重组蛋白（图 14）。

ATG AGC GAT AAA ATT ATT CAC CTG ACT GAC GAC AGT TTT GAC ACG GAT GTA CTC AAA GCG
GAC GGG GCG ATC CTC CTC GAT TTC TGG GCA GAG TGG TGC GGT CCG TGC AAA ATG ATC GCC
CCG ATT CTG GAT GAA ATC GCT GAC GAA TAT CAG GGC AAA CTG ACC GTT GCA AAA CTG AAC
ATC GAT CAA AAC CCT GGC ACT GCG CCG AAA TAT GGC ATC CGT GGT ATC CCG ACT CTG CTG
CTG TTC AAA AAC GGT GAA GTG GCG GCA ACC AAA GTG GGT GCA CTG TCT AAA GGT CAG TTG
AAA GAG TTC CTC GAC GCT AAC CTG GCC GGT TCT GGT TCT GGC CAT ATG CAC CAT CAT CAT
H H H H
CAT CAT TCT TCT GGT CTG GTG CCA CGC GGT TCT GGT ATG AAA GAA ACC GCT GCT GCT AAA
H H
TTC GAA CGC CAG CAC ATG GAC AGC CCA GAT CTG GGT ACC CAC GAC GAC GAC AAG GCC ATG
GCT GAT ATC GGA TCC CTG CCC ATG ATG ACC AAA GAC GAC GAC AAC GCG TTA GAC CAG GAG
BacH I L P M M T K D D D N A L D Q E
GCG ATG ATG GAG CAG GAC AGC CTG GGT TCG TTA CTG GGG GAC GAG AGC CTG ACG GAC CGA
A M M E Q D S L G S L L G E E S L T D R
GCC ATG CTT CCA TCA GCG TAT GCT AAC GGC CTG ATG TTG AAC AAC TAC AGA GCA GAC GAC
A M L P S A Y A X C L M L X X T B A D D
GCA AAC CCT AAC GTT CTA ATT TTC TCG GAC ATG CGG CAA AAA GGA CAG CGC ATT CGT GGG
C N P N V L I F S D M R Q K G Q G I R G
CTG AGT CCA GGT TTT ACC CGA AGC CTT CCT CAA ATC ACA GAC CGA AAG ATG AAC CAG TCC
L S P G F T R S L P Q I T D R K M N Q S
CCG GGC GAA TAT AGT CTG AAA ATG GAT CGA CGA AAC ACT GAA CTT GAC ATG CTG CGC TGC
P C E T S L E M D R R K T E L D M L R C
TGC ATG ATA GGC AGA GTT TAC CGA CCC TGC TGG GGA ACC TCC AAC TAA AAG CTT
C M I C R V Y R P C V G T S N X Hind III

图 10 半滑舌鳎 MCH2 重组成熟肽序列

注：阴影部分为起始密码子 ATG，＊表示终止密码子 TAA，双下划线部分为 6×His tag，方框表示限制性内切酶位点 BamH Ⅰ、Hind Ⅲ，单下划线部分为半滑舌鳎 MCH2 成熟肽

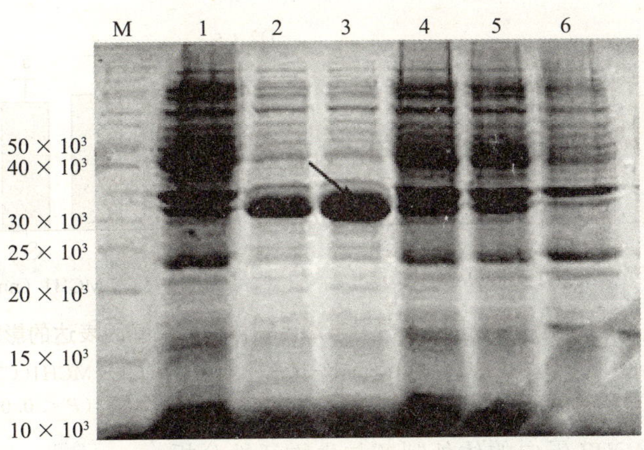

图 11 温度对半滑舌鳎重组 MCH2 蛋白表达的影响

M: 蛋白 Marker; 1: 诱导 6 h 的对照菌（空载 pET-32a 质粒）; 2-6: 22 ℃、27 ℃、32 ℃、37 ℃、42 ℃诱导 6 h（IPGT 浓度为 1.0 mmol/L）的重组 MCH2 表达菌蛋白（箭头示 32.1×10^3 重组蛋白）

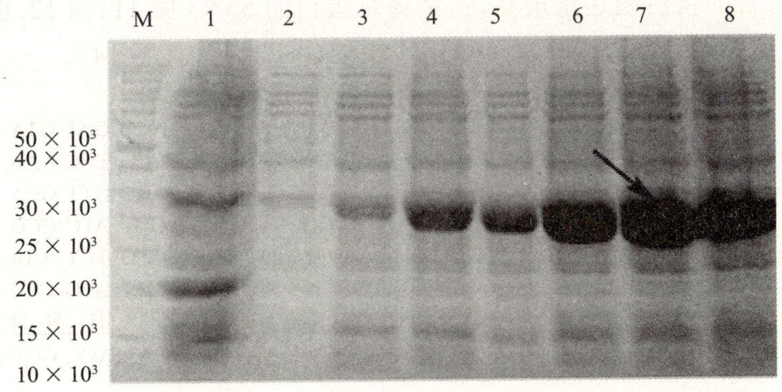

图 12 诱导时间对半滑舌鳎重组 MCH2 蛋白表达的影响

M: 蛋白 Marker; 1: 27 ℃条件下 1.0 mmol/L 的 IPTG 诱导 6 h 的对照菌（空载 pET-28a 质粒）; 2-8: 27 ℃条件下 1.0 mmol/L 的 IPTG 诱导 0 h、1 h、2 h、3 h、4 h、6 h、8 h 的重组 MCH2 表达菌蛋白（箭头所指为 32.1×10^3 重组蛋白）

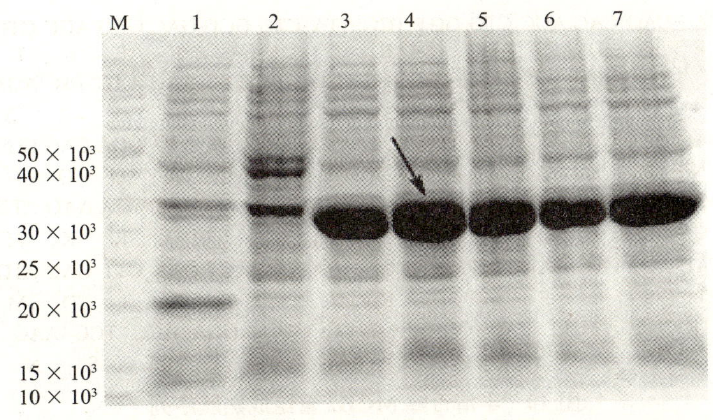

图 13 IPGT 浓度对半滑舌鳎重组 MCH2 蛋白表达的影响

M: 蛋白 Marker; 1: 诱导 6 h 的对照菌（空载 pET-32a 质粒）; 2-7: 27 ℃条件下 0、0.1、0.2、0.5、1.0、2.0 mmol/L 的 IPTG 诱导 6 h 的重组 MCH2 表达菌蛋白（箭头示 32.1×10^3 重组蛋白）

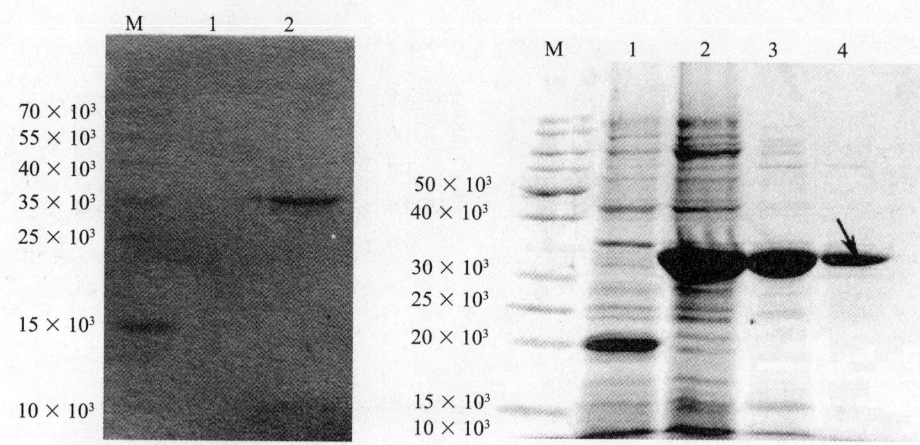

图 14　半滑舌鳎重组 MCH2 蛋白的 Western-blotting 检测（左）与纯化（右）

M：蛋白 Marker；左图 1：对照菌（空载 pET-32a 质粒）；左图 2：重组 MCH2 表达菌；右图 1：pET32a 空载；右图 2：重组 MCH2 蛋白表达菌；右图 4：纯化蛋白（箭头示 32.1 × 10^3 重组蛋白）

垂体离体孵育测试表明：MCH2 重组蛋白可有效刺激或抑制垂体 MCH 和 MSH 肽分泌，孵育液中 MCH 肽水平一直处于上升表达状态，并在 1 000 nmol/L 达到峰值，MSH 肽水平仅在 1 000 nmol/L 时显著升高（图 15）。随着外源 MCH2 重组蛋白浓度的增加，10～100 nmol/L MCH2 蛋白可显著促进垂体 MCH1 mRNA 上调表达，其后显著下降至与对照组相同水平，而 MCH2 mRNA 仅在 1 000 nmol/L 时显著上调表达（图 16）；POMC-a 和 POMC-b mRNA 表达呈现出相反的变化趋势，10 nmol/L 以上浓度的 MCH2 蛋白可显著促进 POMC-a mRNA 上调表达，而 100 nmol/L 以上浓度的 MCH2 蛋白可显著调控 POMC-b mRNA 下调表达（图 16）。10 nmol/L 以上浓度的 MCH2 蛋白可显著促进 PACAP mRNA 显著上调表达，而对 MITF mRNA 表达基本没有影响（图 16）。这些结果表明获得的半滑舌鳎 MCH2 重组蛋白具有调节垂体激素分泌和基因表达的生理功能，为开展生产应用奠定了基础。

（3）池塘养殖牙鲆无眼侧黑化消褪的血清学机制。

针对工程化池塘养殖牙鲆无眼侧黑化消褪的现象，在认识了其细胞学机制的基础上，在养殖过程中连续取样，追踪无眼侧黑化消褪的进程（图 17），同时从无眼侧皮肤超微结构（图 18）、血清学角度（图 19）进一步阐释其可能的机制。

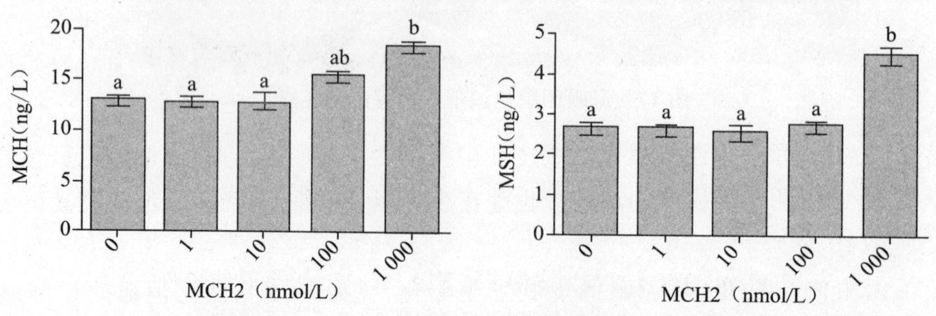

图 15　MCH2 重组蛋白对垂体 MCH 肽和 MSH 肽分泌的影响

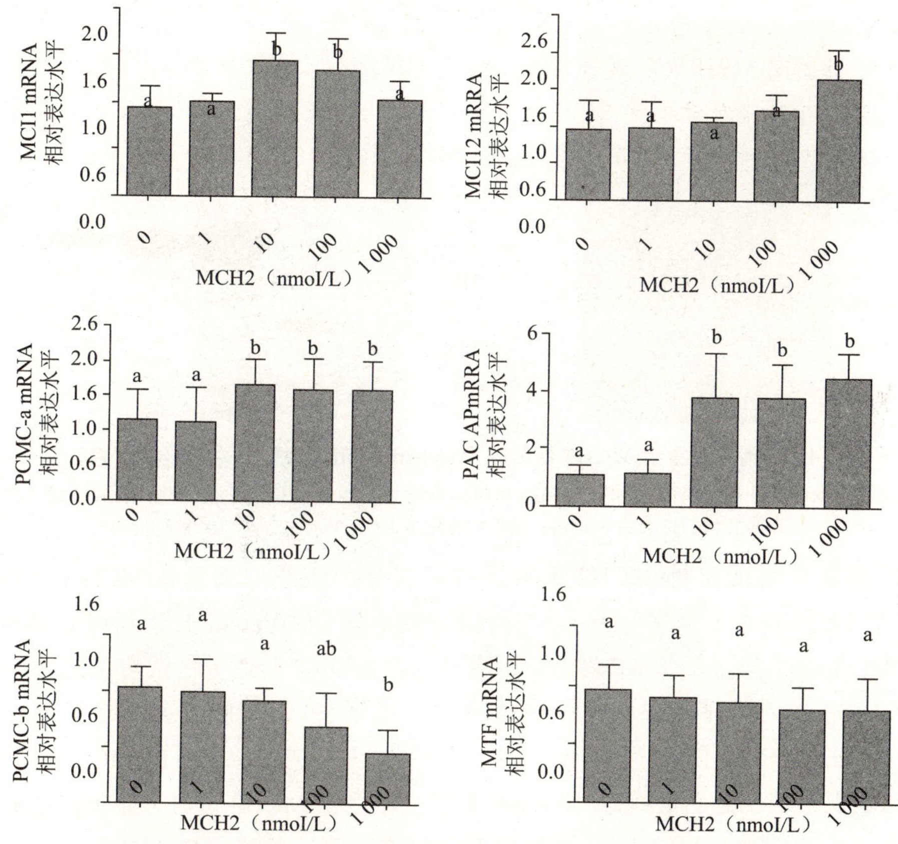

图 16　MCH2 重组蛋白对半滑舌鳎垂体中体色相关基因表达的影响

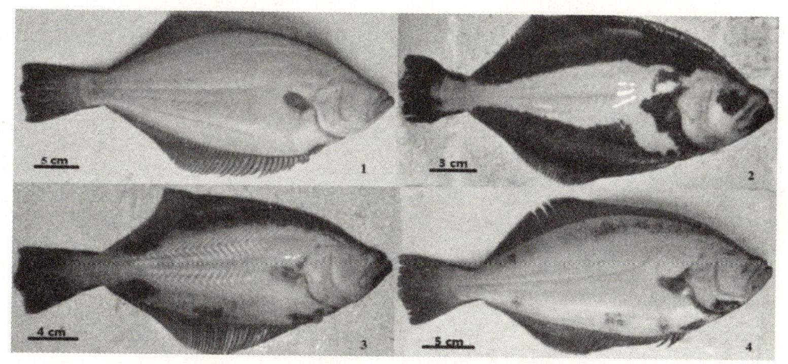

图 17　无眼侧黑化消褪不同程度的牙鲆

电镜观察表明，牙鲆无眼侧黑化区域皮肤中黑色素细胞明显，细胞内的黑色素颗粒清晰且均匀分布，而无眼侧消褪区域的皮肤中也存在少量黑色素细胞，黑色素细胞及其黑色素体存在凋亡现象（图 18）。

比较了无眼侧皮肤正常、无眼侧皮肤发生黑化、无眼侧皮肤黑化消褪的牙鲆血清中 MCH 和 MSH 肽的表达水平差异。结果表明：无眼侧黑化消褪的牙鲆血清 MCH 水平显著高于无眼侧正常和无眼侧黑化的个体，而无眼侧黑化个体血清 MCH 水平显著低于其他两种类型，表明MCH在池塘养殖牙鲆无眼侧黑化消褪过程中起重要调控作用。对MSH而言，无眼侧黑化个体血清MSH水平显著高于无眼侧正常和无眼侧黑化消褪个体，而无眼侧正常个体和无眼侧黑化消褪个体血清MSH水平无显著差异，表明与MCH相比较，MSH在池塘养殖牙鲆无眼侧黑化消褪过程中可能起次要调控作用(图19)。

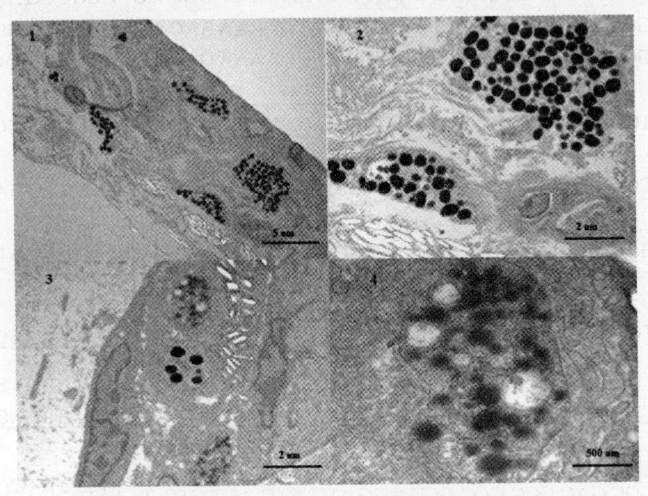

图18　电镜下牙鲆皮肤色素细胞颗粒形态及分布

注：1：无眼侧黑皮区域皮肤(5000×)；2：无眼侧黑皮区域皮肤(12000×)；3：无眼侧退化区域皮肤(12000×)；4：无眼侧退化区域皮肤(60000×)

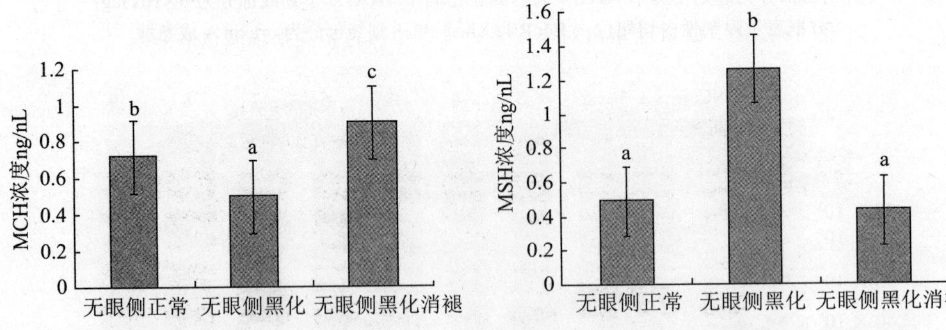

图19　三种不同无眼侧体色的牙鲆血清MCH(左)和MSH(右)肽的表达水平比较分析

5.2　半滑舌鳎摄食因子的重组制备与生理功能研究

半滑舌鳎摄食具有底部匍匐吞食的独特性。为认识半滑舌鳎的摄食调控机理，利用原核表达载体pET32a成功构建了重组半滑舌鳎食欲素A(orexin A)/pET32a质粒(图20)，体外获得了orexin A重组蛋白，蛋白大小为24.9×10^3。优化了表达条件：32 ℃下以1.0 mmol/L的IPTG诱导6小时目的蛋白表达量最高，占菌体总蛋白的52.8%，并主要分泌在上清液中(图21、图22、图23)。检测了orexin A重组蛋白的特异性(图24)，获得了纯化的半滑舌鳎orexin A重组蛋白(图24)，测试了其生物活性，结果可为深入探究orexin A在半滑舌鳎摄食代谢中的作用机制及研制高效绿色促摄食剂提供基础资料。

ATG AGC GAT AAA ATT ATT CAC CTG ACT GAC GAC AGT TTT GAC ACG GAT GTA CTC
AAA GCG GAC GGG GCG ATC CTC GTC GAT TTC TGG GCA GAG TGG TGC GGT CCG TGC
AAA ATG ATC GCC GCG ATT CTG GAT GAA ATC GCT GAC GAA TAT CAG GGC AAA CTG
AAC GTT GCA AAA CTG AAC ATC GAT CAA AAC CCT GGC ACT GCG CCG AAA TAT GGC
ATC CGT GGT ATC CCG ACT CTG CTG CTG TTC AAA AAC GGT GAA GTG GCG GCA ACC
AAA GTG GGT GCA CTG TCT AAA GGT CAG TTC AAA GAC TTC CTC GAC GCT AAC CTG

H　H　H　H　H　H

GCC GGT TCT GGT TCT GGC CAT ATG CAC CAT CAT CAT CAT CAT TCT TCT GGT CTG

GTG CCA CGC GGT TCT GGT ATG AAA GAA ACC GCT GCT GCT AAA TTC GAA CGC CAG

CAG ATG GAC AGC DCA GAT CTG GGT ADC GAC GAC GAC GAC AAG GCC ATG GCT GAT

ATC GGA TCC GAA TTC AAC AGT ATG ACC GAG TGC TGC AGA CAA ACA TCT CGC TCC

EcoR I　N　S　M　T　E　C　C　R　Q　T　S　R　S

TGC CGC CTC TAC ATC CTG CTG TCC CGC TCA GGC GGA AGC TTC GTG AGC GGA GCC

C　R　L　Y　I　L　L　C　R　S　G　G　S　F　V　S　G　A

CTG ACA GGC GAC GCC GCC GCT GGG ATC CTC ACT CTG TAA CTC GAG

L　T　G　D　A　A　A　G　I　L　T　L　*　Xho I

图 20　半滑舌鳎 orexin A 重组成熟肽序列

注：阴影部分为起始密码子 ATG；* 表示终止密码子 TAA；单下划线部分为 6×His tag；方框表示限制性内切酶位点 EcoR I、Xho I；单下划线部分为 orexin A 成熟肽

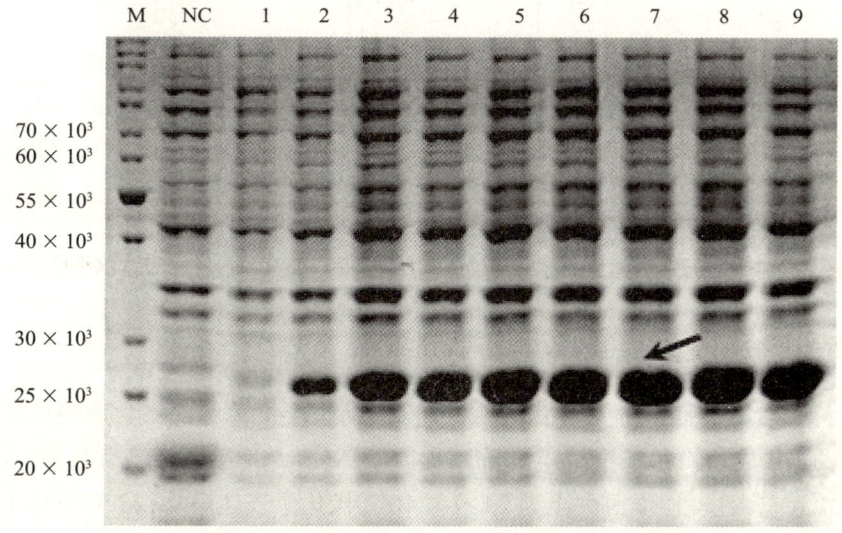

图 21　诱导时间对半滑舌鳎 orexin A 重组蛋白表达的影响

M：蛋白 Marker；NC：对照菌（空载 pET-32a 质粒）；1-9：37 ℃条件下 1.0 mmol/L 的 IPTG 诱导 0 h、1 h、2 h、3 h、4 h、5 h、6 h、7 h、8 h 的 orexin A 重组蛋白（箭头所指重组蛋白）

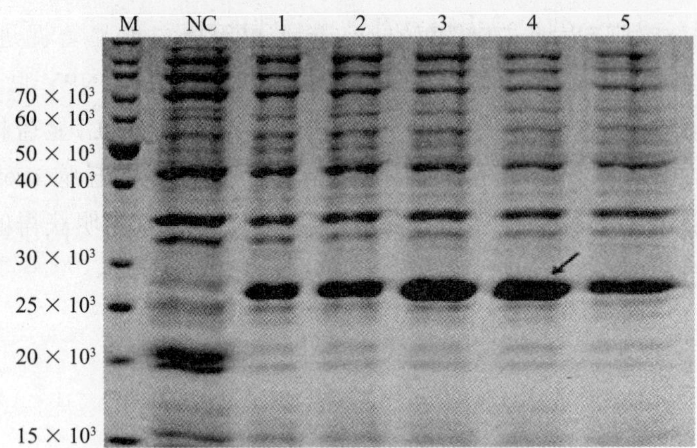

图 22　温度对半滑舌鳎 orexin A 重组蛋白表达的影响

M: 蛋白 Marker; NC: 诱导 6 h 的对照菌(空载质粒); 1-5: 22 ℃、27 ℃、32 ℃、37 ℃、42 ℃诱导 6 h (IPGT 浓度为 1. 0 mmol/L)的 orexin A 重组蛋白(箭头示重组蛋白)

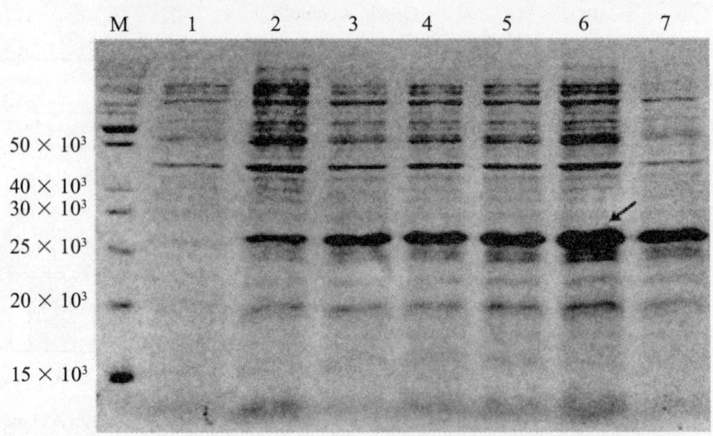

图 23　IPGT 浓度对半滑舌鳎 orexin A 重组蛋白表达的影响

M: 蛋白 Marker; 1-7: 32 ℃条件下 0、0. 1、0. 25、0. 5、0. 75、1、2. 0 mmol/L 的 IPTG 诱导 6 h 的 orexin A 重组蛋白(箭头示重组蛋白)

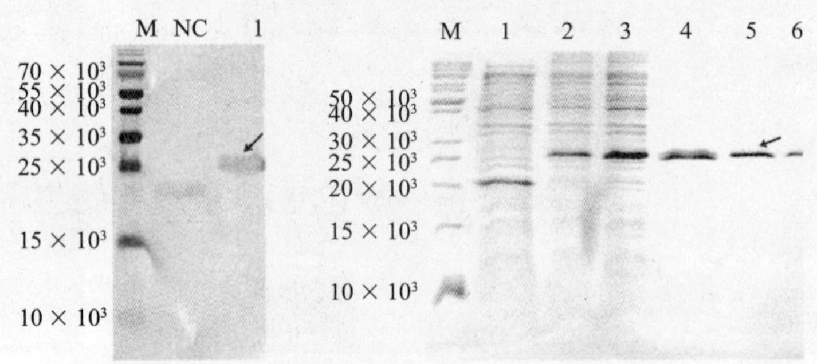

图 24　半滑舌鳎 orexin A 重组蛋白的 Western-blotting 检测(左)和纯化(右)

M: 蛋白 Marker; NC: 对照菌(空载 pET-32a 质粒); 左图 1: 重组 orexin A 表达菌; 右图 1: pET32a 空载; 右图 2: orexin A 重组蛋白超声波破碎后沉淀; 右图 3: orexin A 重组蛋白超声波破碎后上清液; 右图 4-6: Ni_2^+-NTA 纯化蛋白(箭头示 orexin A 重组蛋白)

下丘脑离体孵育试验表明，高浓度的 orexin A 重组蛋白能显著促进半滑舌鳎下丘脑 NPY 肽的分泌。随着 orexin A 重组蛋白浓度的增加，下丘脑中 NPY 肽上调表达，并在 1 000 nmol/L 时达峰值；低浓度 orexin A 重组蛋白（小于 10 nmol/L）显著抑制下丘脑 orexin mRNA 表达，而当 orexin A 重组蛋白达到 100 nmol/L 以上时，下丘脑 orexin mRNA 表达水平再次显著升高，达到与对照组相似水平（图 25、图 26、图 27），表明获得的重组蛋白具有生物活性。

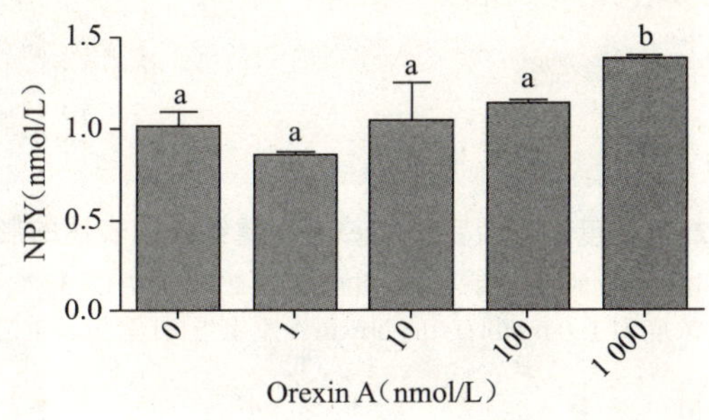

图 25　下丘脑孵育液中 NPY 肽表达水平含量情况

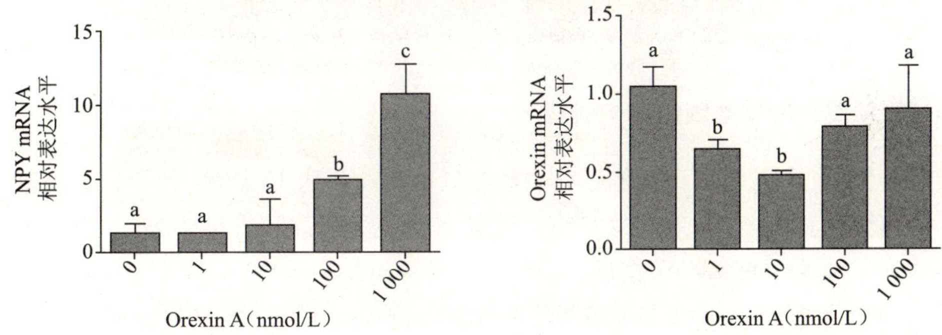

图 26　半滑舌鳎 Orexin A 重组蛋白对下丘脑 NPY 和 orexin mRNA 表达的影响

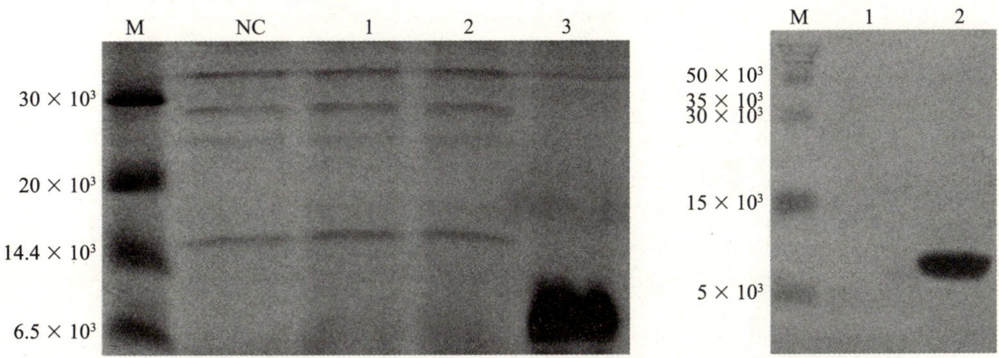

图 27　毕赤酵母表达的半滑舌鳎 IGF-I 重组蛋白的纯化（左）与特异性检测（右）

注：M：蛋白 Marker；NC：对照菌（空载质粒）；左图 1，2：IGF- Ⅰ 重组蛋白上清液；左图 3：IGF-I 纯化蛋白；右图 1：对照菌（空载 pPICZαA 质粒）；右图 2：IGF- Ⅰ 重组表达菌

5.3 半滑舌鳎 IGFs 重组制备技术

利用 pPICZαA 真核载体构建了 IGFs 重组质粒，在毕赤酵母 X33 工程菌中成功表达了半滑舌鳎 IGF-I 和 IGF-Ⅱ蛋白。获得的半滑舌鳎 IGF-Ⅰ重组蛋白和 IGF-Ⅱ重组蛋白大小均为 8.7×10^3，获得了纯化的重组蛋白，检测了其表达特异性(图 27、图 28)，研究结果可为 IGFs 蛋白的规模化发酵制备和养殖生产应用提供技术支撑。

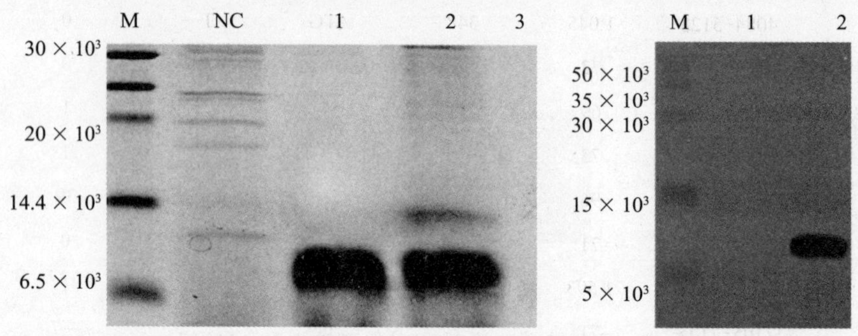

图 28 毕赤酵母表达的半滑舌鳎 IGF-II 重组蛋白的纯化(左)与特异性检测(右)

(注：M：蛋白 Marker；左图 1：IGF-Ⅱ重组蛋白上清液；左图 2，3：纯化蛋白；右图 1：对照菌(空载质粒)；右图 2：IGF-Ⅱ重组表达菌)

5.4 养殖鲆鲽类线粒体基因组结构研究

我国已开展过人工繁育和养殖研究的鲆鲽鱼类品种多达 10 余种，为了认识养殖鲆鲽类不同品种间遗传特性差异和系统发育特性区划，完成了黄盖鲽、漠斑牙鲆、大西洋牙鲆以及星斑川鲽(♀) × 大菱鲆(♂)杂交后代的线粒体基因组结构分析，获得了其线粒体基因组全序列结构，为其分类地位、系统进化和遗传多样性分析提供了分子水平的证据。

黄盖鲽(*Pseudopleuronectes yokohamae*)线粒体基因组全长 16 864 bp，包含 37 个基因和一个富含 AT 的 D-loop 控制区(表 1)，系统进化分析表明，黄盖鲽系统进化地位与条斑星鲽、星突江鲽相近(图 29)。

表 1 黄盖鲽线粒体基因组结构特征

基因	位点	核苷酸长度(bp)	氨基酸	密码子		基因间核苷酸数	编码链
				起始	终止		
$tRNA^{Phe}$	1-68	70				0	H
12S RNA	69-1017	947				0	H
$tRNA^{Val}$	1018-1090	71				0	H
16S RNA	1091-2806	1 735				0	H
$tRNA^{Leu}$ (UAA)	2807-2880	76				0	H
ND1	2900-3871	972	323	ATG	TAA	0	H

（续表）

基因	位点	核苷酸长度（bp）	氨基酸	密码子		基因间核苷酸数	编码链
				起始	终止		
tRNA^{Ile}	3861-3931	72				2	H
tRNA^{Gln}	3931-4001	71				−1	L
tRNA^{Met}	4001-4069	69				−1	H
ND2	4084-5128	1 045	348	ATG	T--	0	H
tRNA^{Trp}	5115-5186	72				0	H
tRNA^{Ala}	5202-5270	69				1	L
tRNA^{Asn}	5272-5344	73				1	L
tRNA^{Cys}	5383-5448	96				39	L
tRNA^{Tyr}	5449-5519	71				0	L
COI	5521-7113	1 593	530	GTG	AGG	1	H
tRNA^{Ser}	7105-7175	71				−7	L
tRNA^{Asp}	7181-7250	70				5	H
COII	7257-7947	691	230	ATG	T-	6	H
tRNA^{Lys}	7948-8023	76				0	H
ATPase 8	8025-8192	168	55	ATG	TAA	1	H
ATPase 6	8183-8865	683	227	ATG	TA-	−8	H
COIII	8866-9650	785	261	ATG	TA-	0	H
tRNA^{Gly}	9651-9722	72				0	H
ND3	9723-10071	349	116	ATG	T-	0	H
tRNA^{Arg}	10072-10142	71				0	H
ND4L	10143-10439	297	98	ATG	TAA	0	H
ND4	10433-11813	1 381	460	ATG	T-	−5	H
tRNA^{His}	11814-11882	69				0	H
tRNA^{Ser}	11883-11953	71				0	H
tRNA^{Leu}	11954-12026	73				0	H
ND5	12027-13868	1 842	613	ATG	TAA	0	H
ND6	13865-14386	522	173	ATG	TAG	−2	L
tRNA^{Glu}	14387-14455	69				0	L
CytB	14460-15599	1 140	379	ATG	TAA	4	H
tRNA^{Thr}	15600-15672	73				0	H
tRNA^{Pro}	15679-15748	70				6	L
Control region	15749-16864	1 116				0	H

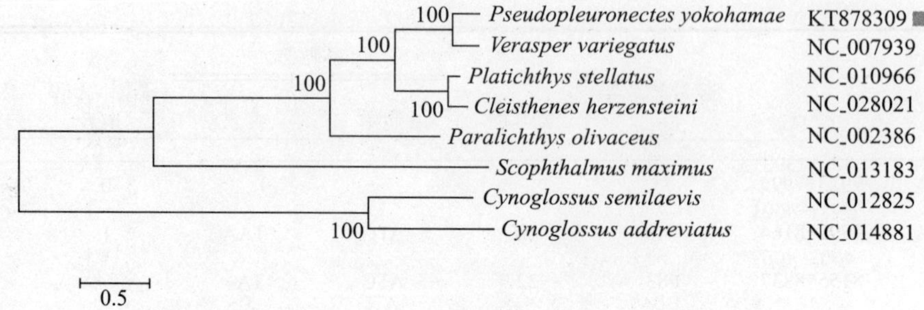

图 29　基于线粒体基因组结构的黄盖鲽系统进化分析

漠斑牙鲆（*Paralichthys lethostigma*）线粒体基因组全长 16 843 bp，编码 37 个基因和一个 D-loop 控制区（表 2），系统进化分析表明漠斑牙鲆与我国牙鲆系统进化分类地位关系最近（图 30），结果可为牙鲆属鱼类的分类地位和今后分析提供依据。

表 2　漠斑牙鲆线粒体基因组结构特征

基因	位点	核苷酸长度（bp）	氨基酸	密码子 起始	密码子 终止	基因间核苷酸数	编码链
tRNA^{Phe}	1-68	68				0	H
12*S* RNA	69-1017	949				0	H
tRNA^{Val}	1018-1090	73				0	H
16*S* RNA	1091-2821	1 731				0	H
tRNA^{Leu}（UAA）	2822-2895	74				0	H
ND1	2896-3870	975	324	ATG	TAG	0	H
tRNA^{Ile}	3875-3945	71				4	H
tRNA^{Gln}	3945-4015	71				−1	L
tRNA^{Met}	4015-4083	69				−1	H
ND2	4084-5129	1 046	348	ATG	TA-	0	H
tRNA^{Trp}	5130-5201	72				0	H
tRNA^{Ala}	5204-5272	69				2	L
tRNA^{Asn}	5274-5346	73				1	L
tRNA^{Cys}	5384-5448	65				37	L
tRNA^{Tyr}	5449-5516	68				0	L
COI	5518-7068	1 560	519	GTG	TAG	1	H
tRNA^{Ser}	7069-7139	71				0	L
tRNA^{Asp}	7153-7223	71				13	H
COII	7232-7922	691	230	ATG	T-	8	H

（续表）

基因	位点	核苷酸长度（bp）	氨基酸	密码子 起始	密码子 终止	基因间核苷酸数	编码链
$tRNA^{Lys}$	7923-7995	73				0	H
ATPase 8	7997-8164	168	55	ATG	TAA	1	H
ATPase 6	8155-8837	683	227	ATG	TA-	−8	H
COIII	8838-9622	785	261	ATG	TA-	0	H
$tRNA^{Gly}$	9623-9694	72				0	H
ND3	9695-10043	349	116	ATG	T-	0	H
$tRNA^{Arg}$	10044-10112	69				0	H
ND4L	10113-10409	297	98	ATG	TAA	0	H
ND4	10403-11783	1 381	460	ATG	T-	−5	H
$tRNA^{His}$	11784-11853	70				0	H
$tRNA^{Ser}$	11854-11920	67				0	H
$tRNA^{Leu}$	11926-11998	73				5	H
ND5	12000-13847	1 848	615	ATG	TAG	1	H
ND6	13844-14365	522	173	ATG	TAG	−2	L
$tRNA^{Glu}$	14366-14434	69				0	L
CytB	14439-15579	1 141	380	ATG	T-	4	H
$tRNA^{Thr}$	15580-15651	72				0	H
$tRNA^{Pro}$	15651-15723	71				−1	L
Control region	15724-16843	1120				0	H

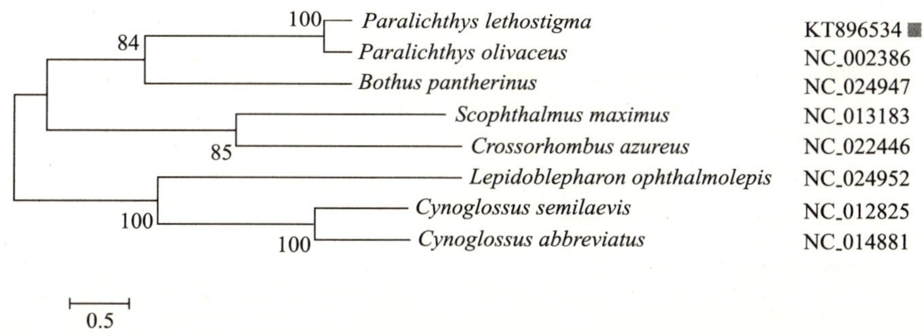

图 30 基于线粒体基因组结构的漠斑牙鲆系统进化分析

星斑川鲽(♀) × 大菱鲆(♂)杂交后代线粒体基因组长度为 17 004 bp，包括 13 个蛋白质编码基因、22 个 tRNA 基因、2 个 rRNA 基因和 2 个非编码区，其排列顺序与大多数脊椎动物一致(表 3)。比对分析发现，杂交后代的线粒体基因组结构与其母本的相似度高达 99%，远高于与其父本的相似度,长度的差异主要是因为控制区内存在串联重复序列,推测杂交后代的遗传物质可能主要来自于母本,杂交后代可作为星斑川鲽生殖调控机制和杂交育种研究的材料,相关深入研究正在进行中。

表3 星斑川鲽(♀)×大菱鲆(♂)杂交后代线粒体基因组结构特征

基因	位点	核苷酸长度(bp)	氨基酸	密码子		基因间核苷酸数	编码链
				起始	终止		
tRNA Phe	1-68	68				0	H
12S RNA	69-1017	949				0	H
tRNA Val	1018-1090	71				0	H
16S RNA	1091-2864	1774				0	H
tRNA Leu(UAA)	2865-2938	74				0	H
ND1	2939-3913	975	324	ATG	TAA	0	H
tRNA Ile	3919-3989	71				2	H
tRNA Gln	3989-4095	71				−1	L
tRNA Met	4059-4127	69				−1	H
ND2	4128-5172	1045	348	ATG	T-	0	H
tRNA Trp	5173-5244	72				0	H
tRNA Ala	5246-5314	69				1	L
tRNA Asn	5316-5388	73				1	L
tRNA Cys	5427-5491	65				39	L
tRNA Tyr	5492-5559	68				0	L
COI	5561-7123	1560	519	GTG	AGG	1	H
tRNA Ser	7121-7191	71				−7	L
tRNA Asp	7206-7276	71				5	H
COII	7283-7973	691	230	ATG	T-	6	H
tRNA Lys	7974-8046	73				0	H
ATPase 8	8048-8215	168	55	ATG	TAA	1	H
ATPase 6	8206-8888	683	227	ATG	TA-	−8	H
COIII	8889-9673	785	261	ATG	TA-	0	H
tRNA Gly	9674-9745	72				0	H
ND3	9746-10094	349	116	ATG	T-	0	H

（续表）

基因	位点	核苷酸长度（bp）	氨基酸	密码子		基因间核苷酸数	编码链
				起始	终止		
$tRNA^{Arg}$	10095-10163	69				0	H
ND4L	10164-10460	297	98	ATG	TAA	0	H
ND4	10454-11834	1 381	460	ATG	T-	-5	H
$tRNA^{His}$	11835-11904	70				0	H
$tRNA^{Ser}$	11905-11971	67				0	H
$tRNA^{Leu}$	11976-12048	73				0	H
ND5	12153-13886	1 734	577	ATG	TAA	0	H
ND6	13883-14404	522	173	ATG	TAG	−2	L
$tRNA^{Glu}$	14404-14473	70				0	L
CytB	14478-15618	1 141	380	ATG	TAA	4	H
$tRNA^{Thr}$	15619-15691	73				0	H
$tRNA^{Pro}$	15692-15762	71				6	L
Control region	15763-16810	1 048				0	H

5.5　鲆鲽类生殖调控机制研究

（1）新型膜孕激素受体（mPRL）基因功能研究。

查明了半滑舌鳎 mPRL 蛋白组织表达特性：mPRL 蛋白表达量在卵巢、脑、垂体中相对较高，在肝脏、头肾、肾脏组织中也有少量表达（图 31），表明 mPRL 在半滑舌鳎多种组织中参与调节孕激素生理功能。

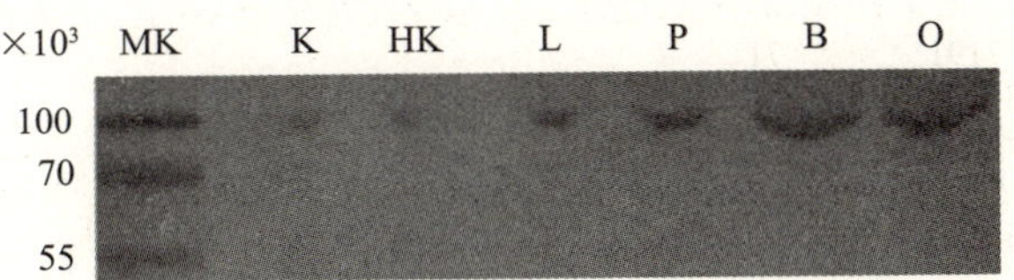

图 31　半滑舌鳎不同组织 mPRL 蛋白的表达

MK：蛋白相对分子质量标准；K：肾；HK：头肾；L：肝；P：垂体；B：脑；O：卵巢

检测了 HCG 对半滑舌鳎卵母细胞 mPRL 蛋白表达的调控影响：10 U/mL 和 20 U/mL HCG 对卵母细胞中 mPRL 蛋白表达都有一定的促进作用，特别是对Ⅴ时相卵母细胞中 mPRL 蛋白的表达量提升明显，说明 HCG 通过 mPRL 提升了卵母细胞的减数分裂成熟能力（图 32）。

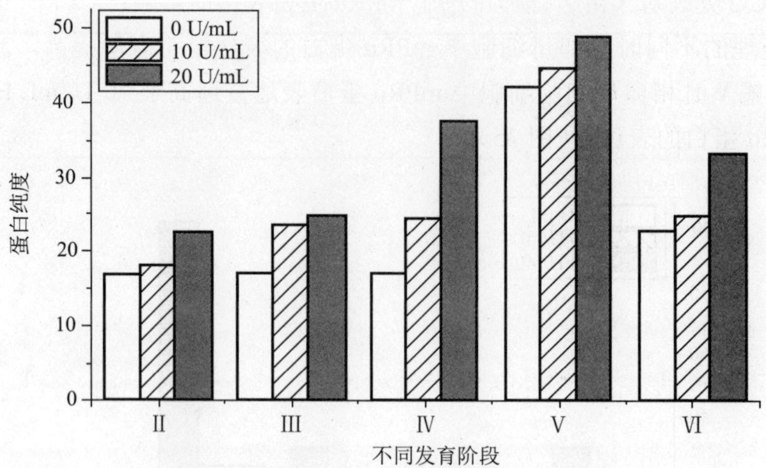

图 32　不同浓度促性腺激素调控不同时相卵母细胞 mPRL 蛋白表达

认识了 mPRL 基因敲除对半滑舌鳎卵母细胞成熟的影响：敲除 mPRL 基因后显著影响卵母细胞成熟，而对照组和反义注射组影响较小，说明 mPRL 基因对卵母细胞成熟进程影响大，与卵母细胞成熟关系密切(图 33)。

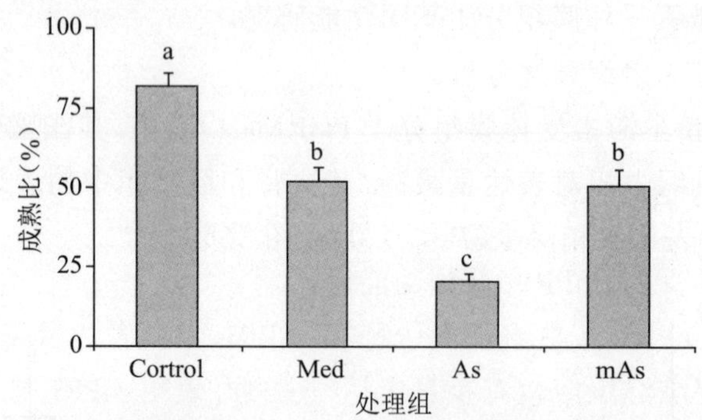

图 33　半滑舌鳎 mPRL 基因敲出对卵母细胞成熟影响

Control：对照组；Med：溶液注射组；As：反义注射组；mAs：反义注射对照组

(2)膜孕激素受体基因的功能研究。

分析了半滑舌鳎 mPRα 蛋白的组织表达特性：mPRα 蛋白表达量在脑、卵巢、垂体中相对较高，在头肾、肾脏和肝脏组织中少量表达(图 34)，说明 mPRα 在半滑舌鳎多种组织中参与调节孕激素生理功能。

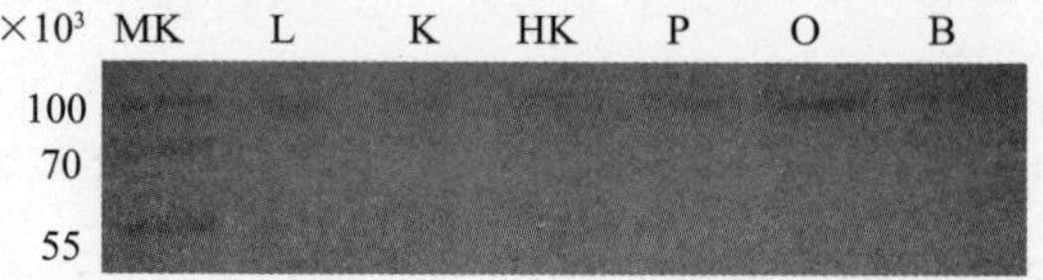

图 34　半滑舌鳎不同组织 mPRα 蛋白的表达

MK：蛋白相对分子质量标准；L：肝；K：肾；HK：头肾；P：垂体；O：卵巢；B：脑

检测了 HCG 处理对半滑舌鳎卵母细胞 mPRα 蛋白表达的影响：用 20 U/mL HCG 和 10 U/mL HCG 处理的不同时相卵母细胞中 mPRα 蛋白的表达量都有所提高。20 U/mL HCG 培养的半滑舌鳎Ⅴ时相卵母细胞细胞中 mPRα 蛋白表达量远高于 10 U/mL HCG 培养的卵母细胞中 mPRα 蛋白的表达量（图 35）。

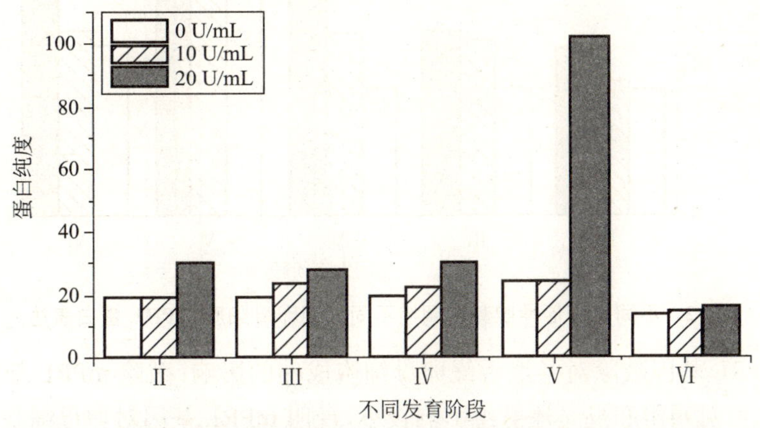

图 35　不同浓度促性腺激素调控不同时相卵母细胞 mPRα 蛋白表达

（3）半滑舌鳎孕激素受体膜组分 1 基因功能研究。

① 膜 PGRMC1 基因组织表达分析。

克隆了半滑舌鳎膜孕激素受体膜组分 1（PGRMC1）基因，其在繁殖期雌鱼的 12 个组织中均有表达，在卵巢组织中相对表达量最高，其次肾和肠组织中的表达量也较为丰富，而在肌肉、胃和心组织中的表达量相对少（$P < 0.05$）（图 36）。

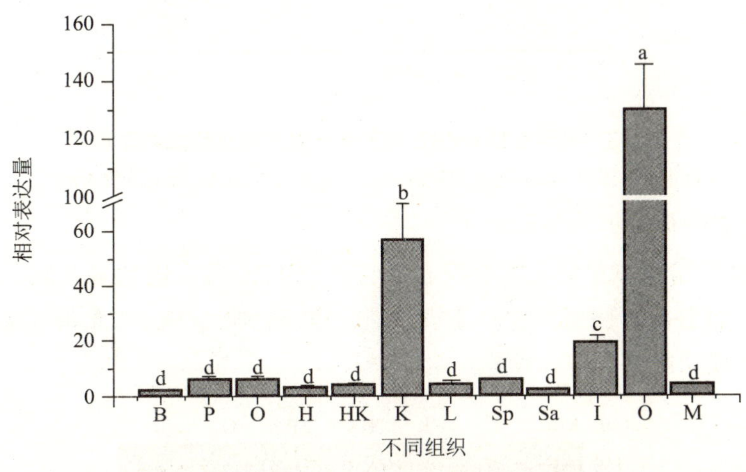

图 36　半滑舌鳎 PGRMC1 mRNA 在不同组织中的表达水平

② 卵母细胞中 PGRMC1 基因表达分析。

在性腺发育Ⅳ期的雌鱼中，处于Ⅳ时相的卵母细胞中 PGRMC1 基因表达量最高；在性腺发育Ⅴ期鱼的卵母细胞中，PGRMC1 表达量最高值出现在Ⅴ时相卵母细胞（$P < 0.05$）；

卵母细胞 PGRMC1 表达的最高值出现在性腺发育Ⅴ期($P < 0.05$)，表明半滑舌鳎的 PGRMC1 在性成熟的Ⅴ时相卵母细胞的作用效果最强(图 37)。

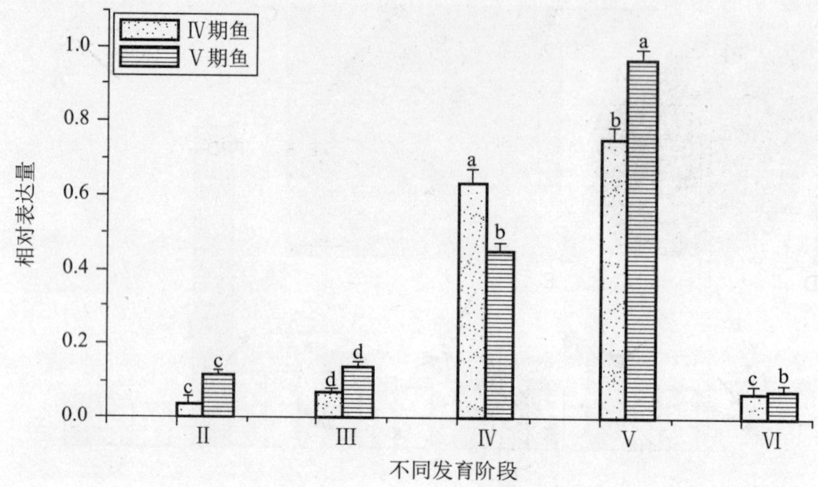

图 37　半滑舌鳎不同卵巢发育时期的不同时相卵母细胞 PGRMC1 基因的表达

③ 卵母细胞中 PGRMC1 基因表达对外源 HCG 调控的响应表达。

采用不同浓度的外源 HCG 处理半滑舌鳎卵母细胞，发现 20 U/mL HCG 对 PGRMC1 表达的调控作用比 10 U/mL HCG 作用更明显。HCG 对不同时相的卵母细胞的调控作用效果不同，对Ⅴ时相卵母细胞调控作用最明显($P < 0.05$)，预示 PGRMC1 主要在成熟阶段发挥作用(图 38)。

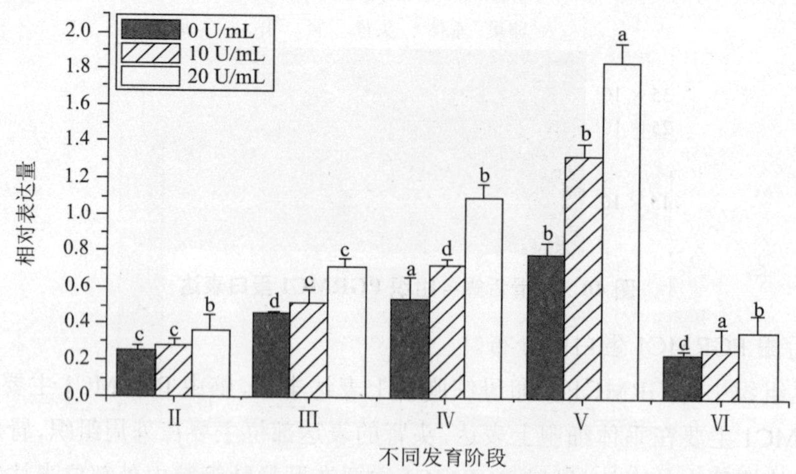

图 38　不同浓度 HCG 调控半滑舌鳎不同时相卵母细胞 PGRMC1 表达

④ PGRMC1 基因表达的定位分析。

在成熟卵巢组织中，PGRMC1 主要在卵母细胞膜上表达，在脑组织中 PGRMC1 主要在神经元表达，垂体中 PGRMC1 主要在垂体细胞表达，头肾中 PGRMC1 主要在头肾细胞显色、表达丰富，并向内管道式延伸，肾脏中 PGRMC1 表达在肾脏的外周部位，而肝脏 PGRMC1 主要在胆小管周围显色表达(图 39)。

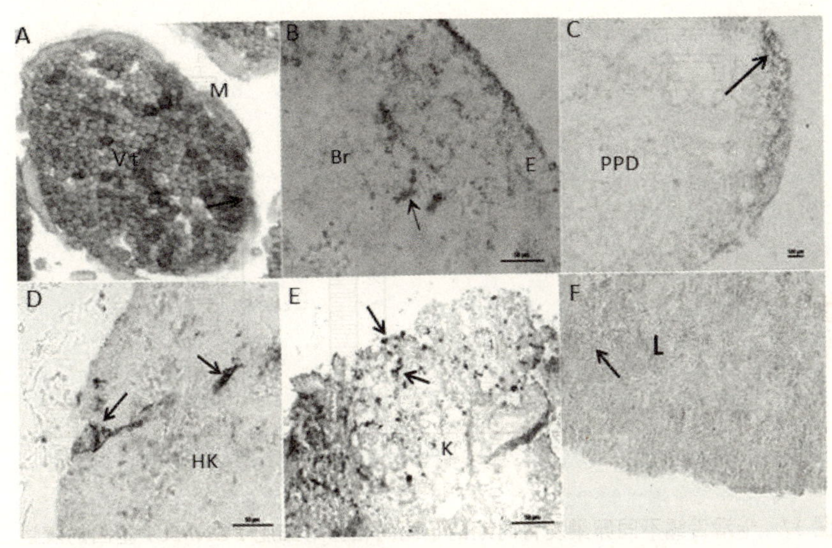

图 39　PGRMC1 在不同组织中的表达(200 倍)

A：卵巢；B：脑；C：垂体；D：头肾；E5：肾；F：肝脏；Vt：卵黄；TU：肾小管；K：肾脏细胞；E：组织的边缘；L：肝脏细胞；Br：脑细胞；HK：头肾细胞；M：卵母细胞膜；PPD：外周部位

⑤ PGRMC1 蛋白组织表达分析。

对半滑舌鳎不同组织中 PGRMC1 蛋白表达量进行检测表达：PGRMC1 蛋白表达量卵巢、脑、垂体中相对较高，其他组织中也有表达，表达量相对较少(图 40)。

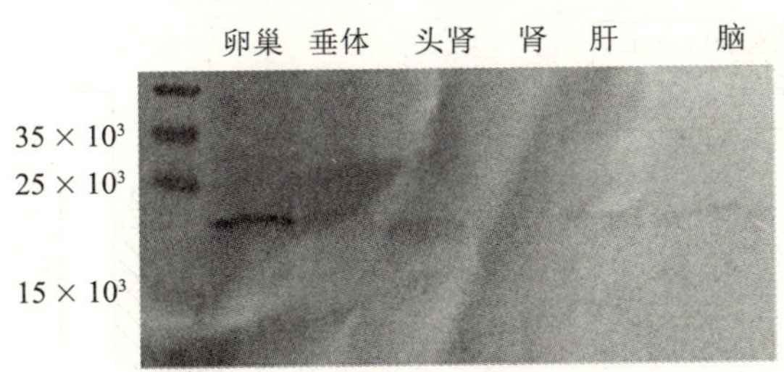

图 40　半滑舌鳎各组织 PGRMC1 蛋白表达

⑥ 半滑舌鳎 PGRMC1 蛋白的分布。

成熟卵巢组织中，PGRMC1 在卵母细胞膜上表达丰富，脑中 PGRMC1 主要定位在神经元，垂体 PGRMC1 主要在垂体细胞上表达，头肾的表达部位主要在外周组织，肾脏 PGRMC1 主要在肾小管的管腔内外表达，肝脏 PGRMC1 主要在肝静脉管腔内外部位表达(图 41)。

⑦ PGRMC1 基因在繁殖周期的表达分析。

半滑舌鳎垂体、脑和卵巢中 PGRMC1 mRNA 相对表达水平在不同卵巢发育时期的变化特征显示：与脑和垂体相比，卵巢中 PGRMC1 mRNA 表达水平，在卵巢发育各个阶段都显著高于脑和垂体；随着卵巢的发育，PGRMC1 mRNA 表达水平逐渐迅速升高，至Ⅴ期达到最高峰值($P < 0.05$);在垂体和脑中 PGRMC1 mRNA 表达水平显示从Ⅱ到Ⅴ期表达水平缓慢升高,且在Ⅴ期达峰值(图 42)。

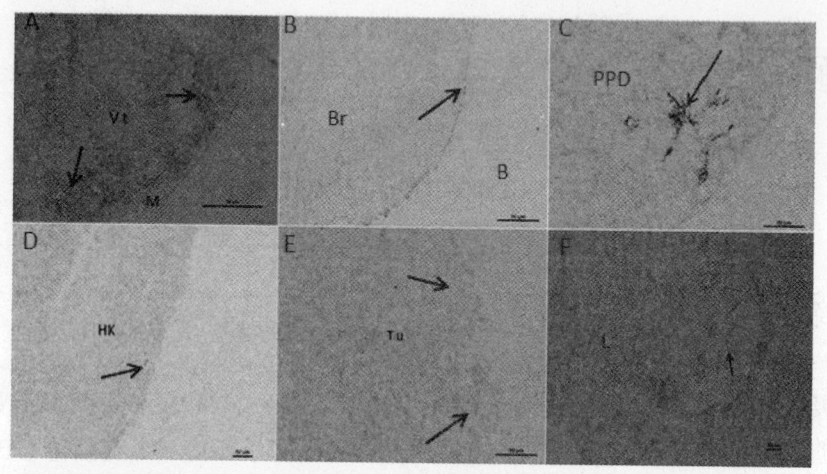

图 41 半滑舌鳎 PGRMC1 蛋白在不同组织中的表达分布(200 倍)

A: 卵巢; B: 脑; C: 垂体; D: 头肾; E: 肝脏; F: 肾; Vt: 卵黄; TU: 肾小管; L: 肝脏细胞; B: 空白区; Br: 脑细胞; HK: 头肾细胞; M: 卵母细胞膜; P: 垂体细胞; PPD: 外周部位

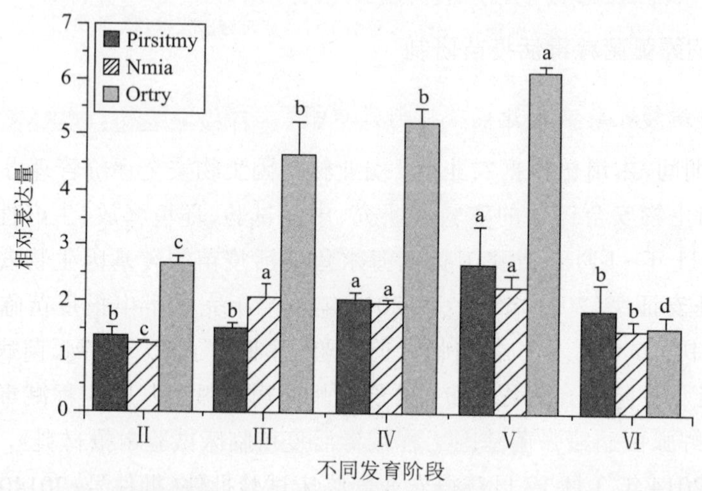

图 42 半滑舌鳎雌鱼卵巢发育周期中垂体、脑和卵巢中 PGRMC1 表达特性

(岗位专家 柳学周)

鲆鲽类疾病防控疫苗技术研发进展

疾病防控岗位

1　重点任务研究进展

围绕鲆鲽类重要细菌性疾病疫苗的研发工作，在“十二五”鲆鲽类体系经费支持下针对已筛选获得的针对鲆鲽类主要疾病（弧菌病和腹水病病原）鳗弧菌和迟钝爱德华氏菌具有良好保护性作用的优选减毒或弱毒活疫苗株（共3株，其中弱毒疫苗株1株），积极推进单个疫苗和联合疫苗的临床试验和新兽药注册，制定相关的技术标准和产业化应用规程，进行产业化示范，加快推进疫苗的产业化发展进程。

1.1　鲆鲽类弧菌病鳗弧菌减毒活疫苗研制

1.1.1　大菱鲆弧菌病鳗弧菌减毒活疫苗注册证申报

在“十二五”期间，本岗位根据农业部《农业转基因生物安全评价管理办法》的规定，进行了疫苗的转基因生物安全评价的实验室研究、中间试验、环境释放、生产性试验等阶段的评价工作，并于2011年11月获得我国首例海水鱼类活疫苗的转基因生物安全证书［生产应用，证书号：农基安证字（2011）65号］。2013年下半年完成了申报疫苗临床试验申报所需要进行的GMP中间试制工作和各项临床前试验，并制定了《大菱鲆弧菌病鳗弧菌基因工程减毒活疫苗制造及检验试行规程》和《大菱鲆弧菌病鳗弧菌基因工程减毒活疫苗质量标准》，完成了《大菱鲆弧菌病鳗弧菌基因工程减毒活疫苗临床试验申报材料》，于2014年年初向农业部申报，于2014年3月17日获得农业部临床试验批件（批件号：2014016）。

按照农业部临床批件要求和临床试验方案，2014年和2015年度在山东省烟台开发区天源水产有限公司、蓬莱宗哲养殖有限公司、烟台开发区仁和水产养殖有限公司和辽宁大连天正实业有限公司的大菱鲆工厂化养殖车间进行了总计4万尾规模的疫苗临床试验。通过浸泡和注射两种接种方式，在生产养殖条件下有效实现了大菱鲆养殖病害的免疫防控效果（3个月免疫保护率均达到70%以上）。目前已完成全部所有临床评价试验项目，各项临床指标达到预期，完成临床试验总结报告和撰写新兽药注册证申报材料，于2015年11月初向农业部兽药评审中心提交了新兽药注册证的申报（图1），并于2015年11月25日通过中检所新兽药评审会初审。预计于2016年进行复检，2017年有望获得新兽药证书。

流水号：　07050020151027-1

新兽药注册申请表

申请单位（盖章）：华东理工大学，上海浩思海洋生物科技有限公司

申请日期：2015年10月27日

中华人民共和国农业部制

第1页

农业部行政审批综合办公受理通知书

流水号：　07050020151027-1

许可名称	新兽药注册		
申请人	华东理工大学		
通讯地址	上海市徐汇区梅陇路130号华东理工大学生物工程学院		
联系人	刘琴	电子邮箱	qinliu@ecust.edu.cn
联系电话	13917035943 021-64253065	传　真	021-64253025
收费状况	已缴费	受理时间	2015年11月04日
材料接收时间	2015年10月30日	承诺截止日期	2017年03月01日 （60个工作日（需要专家评审的，专家评审时间不超过120个工作日；需要复核检验的，复核检验时间不超过120个工作日，需要特殊方法检验的不超过150个工作日））
审批编号	大菱鲆鳗弧菌基因工程活疫苗（MVAV6203株）	批件发送方式	邮寄
退回申请的申报材料是否需要退回		⊙是　○否	
若需要退回，请选择取回材料方式		邮寄 （自办结之日起20个工作日内领取，超期将予以销毁）	

申请人凭本通知书及有效证件领取审批结果

受理人：张珩　　　　联系电话：010-59191816

行政许可法规定：

1.申请人申请行政许可，应当如实向行政机关提交有关材料和反映真实情况，并对其申请材料实质内容的真实性负责。

2.行政许可申请人隐瞒有关情况或者提供虚假材料申请行政许可的，行政机关不予受理或者不予行政许可，并给予警告；行政许可申请属于直接关系公共安全、人身健康、生命财产安全事项的，申请人在一年内不得再次申请该行政许可。

农业部行政审批综合办公大厅　　　　电子信箱：nybzhb@agri.gov.cn

图1　大菱鲆弧菌病减毒活疫苗新兽药注册申报受理

1.1.2　鲆鲽类弧菌病疫苗生产性应用示范与产业化推广

以大菱鲆弧菌病疫苗临床试验为产业化推广契机，本岗位在山东省和辽宁省鲆鲽类养殖主产区的工厂化养殖企业进行了累计注射接种 20 万尾鱼苗（10 cm 以上）和浸泡接种 150 万尾稚鱼（3～5 cm 以上）的生产性应用示范和推广工作。

技术人员疫苗接种操作规程培训

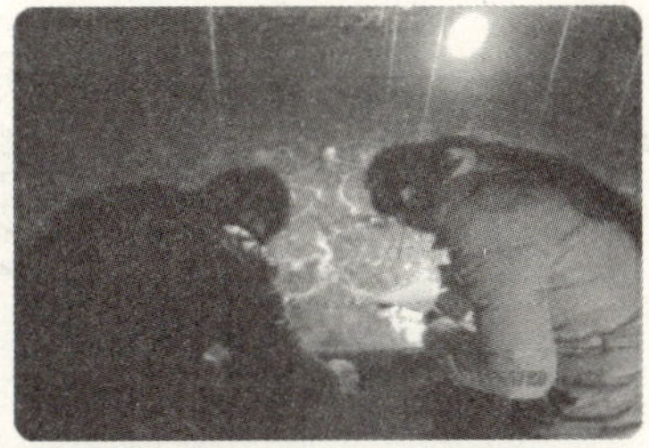
疫苗接种前鱼群状态检查

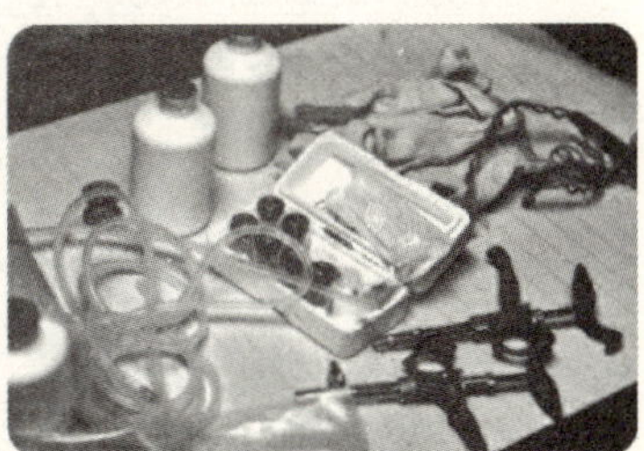
疫苗产品与注册器材准备

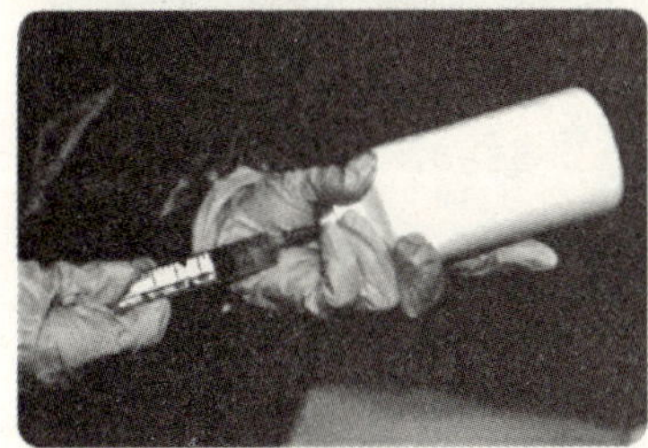
疫苗注射稀释液配置

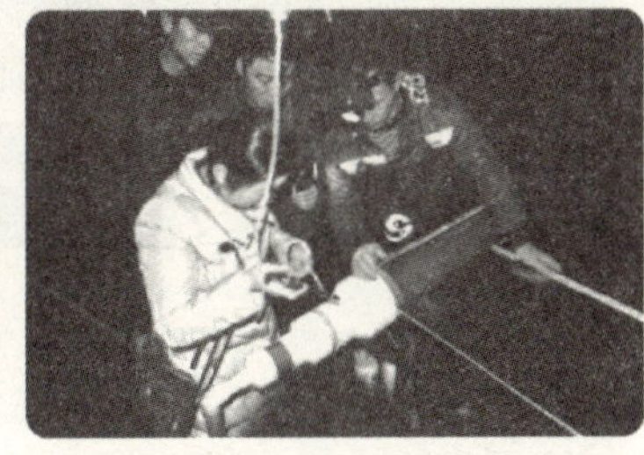
连续注射器剂量调校

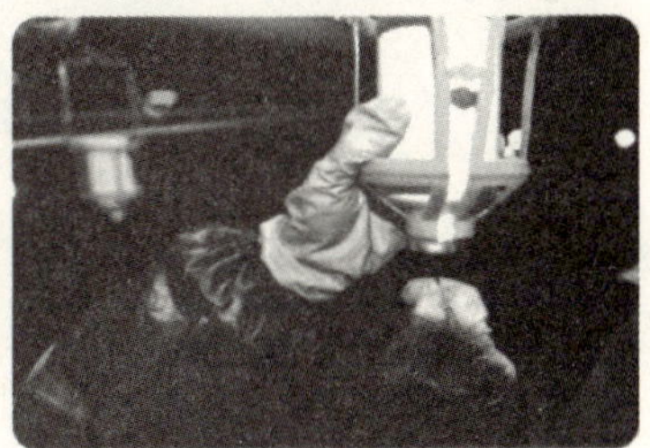
疫苗注射液吊挂与连接

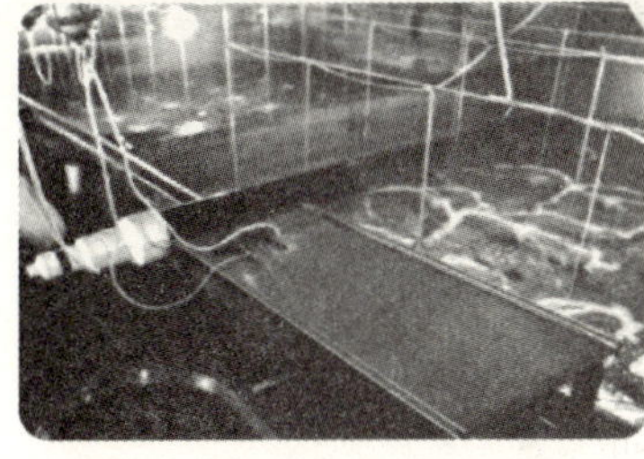
疫苗接种操作设施（自行设计）

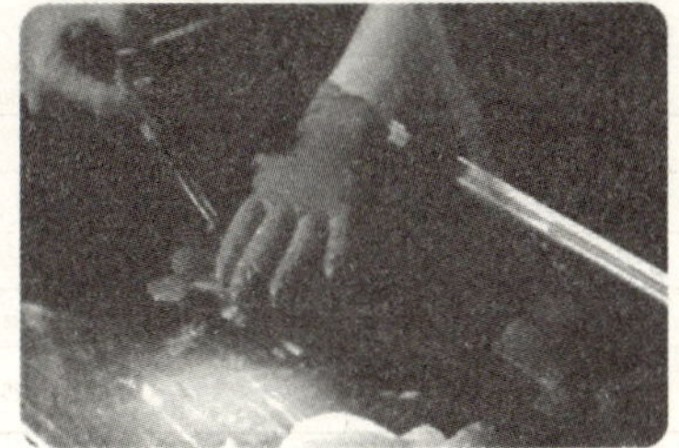
大菱鲆注射接种

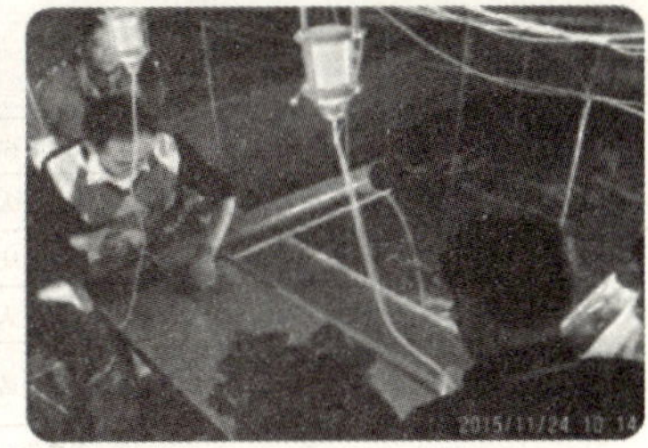

大菱鲆连续注射接种操作

图 2　大菱鲆疫苗生产应用技术培训与示范推广

主要示范企业有烟台开发区天源水产有限公司、大连天正实业有限公司和兴城龙运水产有限公司等。根据本岗位制定的《大菱鲆弧菌病疫苗生产性免疫接种操作规程》的试行标准和接种操作规范（图 3），本岗位成员培训指导养殖企业技术人员进行了生产性接种操作。示范效果表明：疫苗接种操作规范、适用性强、易于掌握、接种成本为养殖企业所接受、操作损失可控，同时目标病害防控效果明显，有助于养殖企业建立更为安全有效的病害防控生产体系。

1.2　鲆鲽类腹水病迟钝爱德华氏菌减（弱）毒活疫苗的研制

1.2.1　迟钝爱德华氏菌减毒活疫苗 WED 临床前试验

本岗位于 2014 年 4 月顺利获得迟钝爱德华氏菌减毒活疫苗 WED 安全证书［证书号：农

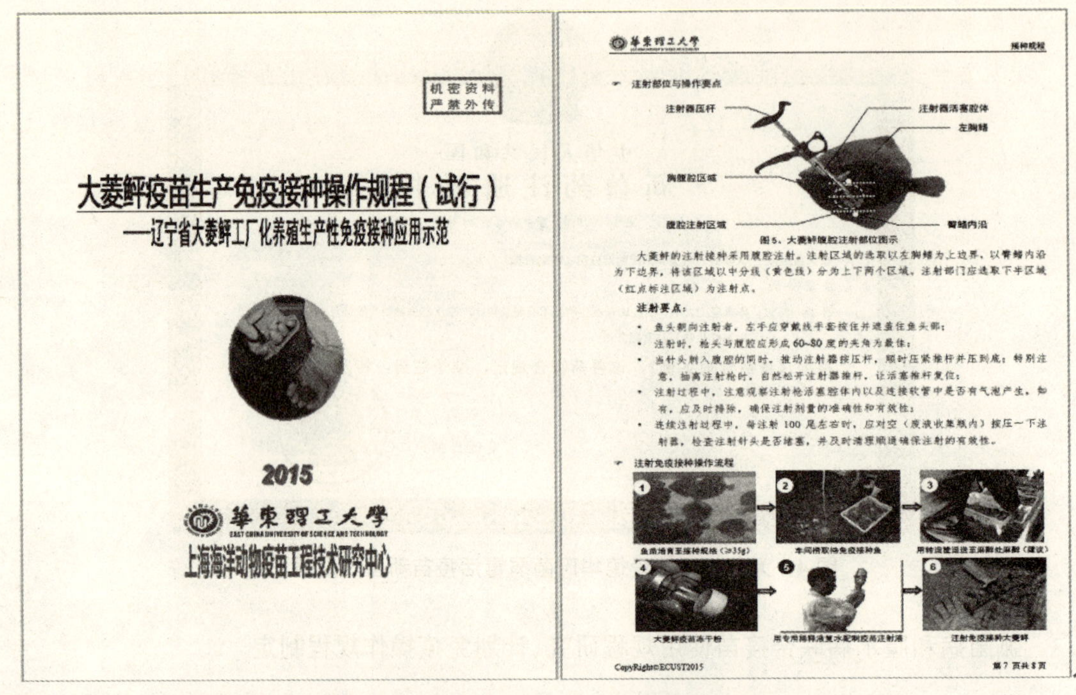

机密资料
严禁外传

大菱鲆疫苗生产免疫接种操作规程（试行）
——辽宁省大菱鲆工厂化养殖生产性免疫接种应用示范

2015

華東理工大學
EAST CHINA UNIVERSITY OF SCIENCE AND TECHNOLOGY
上海海洋动物疫苗工程技术研究中心

華東理工大學　　接种规程

注射部位与操作要点

图5、大菱鲆腹腔注射部位图示

大菱鲆的注射接种采用腹腔注射。注射区域的选取以左胸鳍为上边界，以臀鳍内沿为下边界，将该区域以中分线（黄色线）分为上下两个区域。注射部门应选取下半区域（红点标注区域）为注射点。

注射要点：

- 鱼头朝向注射者，左手应穿戴线手套按住并遮盖住鱼头部；
- 注射时，枪头与腹腔应形成60~80度的夹角为最佳；
- 当针头刺入腹腔的同时，推动注射器按压杆，顺时压紧推杆并压到底；特别注意，抽离注射枪时，自然松开注射器推杆，让活塞推杆复位；
- 注射过程中，注意观察注射枪活塞腔体内以及连接软管中是否有气泡产生，如有，应及时排除，确保注射剂量的准确性和有效性；
- 连续注射过程中，每注射100尾左右时，应对空（废液收集瓶内）按压一下注射器，检查注射针头是否堵塞，并及时清理疏通确保注射的有效性。

注射免疫接种操作流程

CopyRight©ECUST2015　　第7页共8页

图3　大菱鲆疫苗生产免疫接种操作规程

基安证字(2013)第267号,生产应用],这为今后以此菌株为基础进行临床申报或构建多价载体疫苗(见前瞻性研究部分)奠定了坚实基础。本年度在前面工作基础上完成了申报疫苗临床试验申报所需要进行的GMP中间试制工作和各项临床前试验,初步制定了《大菱鲆腹水病迟钝爱德华氏菌减毒活疫苗WED制造及检验试行规程(草案)》和《大菱鲆腹水病迟钝爱德华氏菌减毒活疫苗WED质量标准(草案)》,目前正在积极准备《大菱鲆腹水病迟钝爱德华氏菌减毒活疫苗WED临床试验申报材料》。

1.2.2　迟钝爱德华氏菌天然弱毒活疫苗EIBAV1的药证申报与产业化推进

针对迟钝爱德华氏菌天然弱毒活疫苗EIBAV1株,本岗位在2013年10月顺利通过农业部兽药评审中心初审会评审的基础上,于2014年在浙江诺倍威生物技术有限公司(兽用生物制品GMP生产资质企业)质检中心,配合农业部中国兽医药品监察所进行了疫苗产品的安全与效力复核检验,于2014年11月顺利通过复审,并最终于2015年6月24日获批我国首例海水鱼类活菌疫苗药证I类新药(图4),打通了我国鲆鲽类和其他海水养殖鱼类基于疫苗防控病害发生的技术路线,奠定了产业健康发展的基础。上述工作的积极推进也有力地促进了大菱鲆疫苗的产业化进程。

目前针对迟钝爱德华氏菌天然弱毒活疫苗EIBAV1株,本年度还进行了规模化使用示范、推广和疫苗使用技术培训,覆盖辽宁、山东和河北养殖企业12家,总计达到注射接种幼鱼苗(10 cm以上)约20万尾,浸泡接种稚鱼苗(3~5 cm)约150万尾。在鲆鲽类体系辽宁综合试验站和葫芦岛综合试验站进行了多家养殖企业的疫苗应用技术宣传和入户培训。

中华人民共和国

新兽药注册证书

证号：（2015）新兽药证字 28 号

新兽药名称：大菱鲆迟钝爱德华氏菌活疫苗（EIBAV1株）

注 册 分 类：一类

研 制 单 位：华东理工大学、浙江诺倍威生物技术有限公司、广东永顺生物制药股份有限公司、上海纬胜海洋生物科技有限公司

根据《兽药管理条例》，该兽药符合规定，准予注册，特发此证。

发证日期：二〇一五年六月二十四日

图 4　大菱鲆迟钝爱德华氏菌弱毒活疫苗新兽药注册证书

1.3　弧菌病和腹水病联合疫苗使用规程研究、计划免疫操作规程制定

针对上述研究得已经比较成熟的鲆鲽类弧菌病和腹水病活疫苗，本年度进一步在烟台试验站进行了这两种疫苗的联合活菌疫苗试验研究，该联合疫苗对鳗弧菌和迟钝爱德华氏菌的联合攻毒具有至少 70% 以上的免疫保护率，取得了较好的效果。在此基础上完善并修订了腹水病和弧菌病疫苗的联合应用相关规程 1 项，为该疫苗的临床试验申报打下了基础。

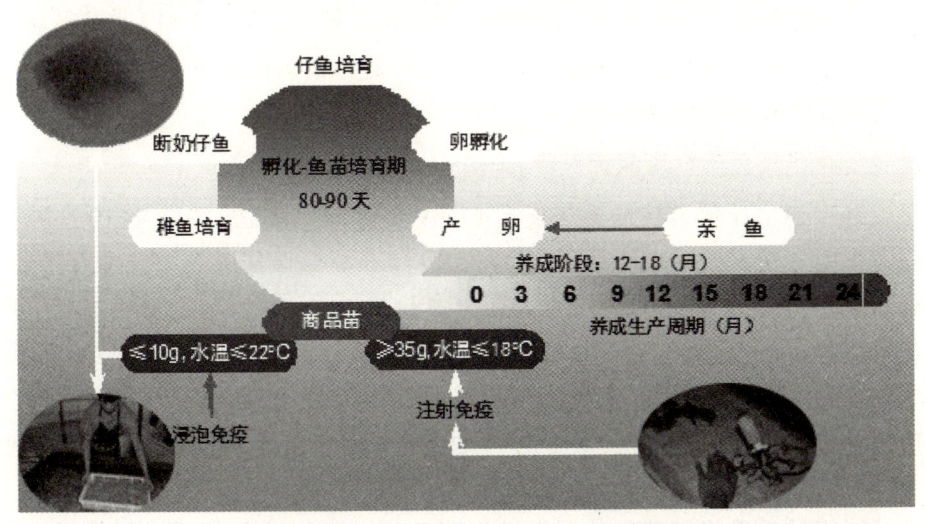

图 5　鲆鲽鱼类“计划免疫”的标准操作规程

综上所述，疾控岗位团队初步形成了具有我国特色的鲆鲽类疫苗研究技术体系 1 个；初步形成了鲆鲽鱼类“计划免疫”的标准操作规程，为“十三五”其他系列疫苗研制和产业化应用打下了坚实的基础。

2 基础性工作

在基础性工作方面，本年度围绕数据库建设，完成了疾病防控岗位相关领域的鲆鲽类产业技术国内外研究进展数据库、科技项目数据库、人员数据库、主要仪器设备数据库和其他主产国鲆鲽类产业技术研发机构数据库的数据收集和整理工作，并交由本体系产业技术中心数据库建设相关技术人员进行汇总。另外，进一步完善了鲆鲽鱼类疾病防控数据库网站，网址 http://biotech. ecust. edu. cn/ehua/，为更好地进行鲆鲽鱼类疾病的宣传、教育、资讯、交流、数据收集等方面打下良好基础。

3 前瞻性研究

3.1 病害调研

本年度组织研发团队硕士和博士研究生于 5～11 月间在鲆鲽类产业技术体系的主要试验站进行每年一次的例行系统鲆鲽类病害情况调研，本年度已是继 2012 年进行鲆鲽类病害情况系统普查调研的第四次调研(图 6)。本年度总计采集样品 200 余份，鉴定病原 74 株，主要病原种类为细菌性疾病，其中绝大多数为弧菌(49 株，66.2%)，其次为迟钝爱德华氏菌(11 株，14.8%)、各种单胞菌(10 株，13.5%)和其他病原菌(4 株，5%)等。这些工作为将来疫苗的研究提供了对照病原，积累了我国鲆鲽类主产区季节性病害流行资料，为疫苗的产业化应用提供流行病学参考。另外，培养学生对水产生产实际情况和病害的直接认知，使其将来成为我国水产病害防控领域的后备生力军。

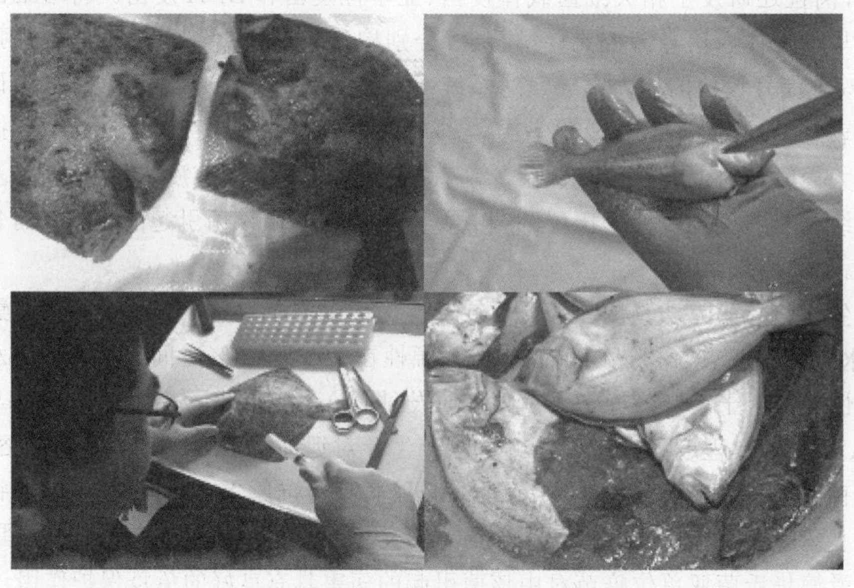

图 6 病害调研一览

3.2　其他相关疫苗的研究和技术储备

针对临床分离病原如哈维氏弧菌、杀鲑气单胞菌、溶藻弧菌的疫苗开发工作已取得一定进展。首先建立攻毒感染模型，确保实验动物感染病原后具有明显发病症状；随后根据鱼种、病原种类确定待研疫苗种类，并基于疫苗种类确定研发思路；采用多种策略例如配合佐剂、免疫增强剂等开发疫苗；考察所研疫苗对实验动物及靶动物的安全及效力，并进行一系列免疫效果评价分析。通过以上实验，筛选获得有效疫苗候选株进行临床前试验。目前，已建立杀鲑气单胞菌的感染模型，其灭活疫苗配合商业佐剂后免疫大菱鲆的免疫保护效果可达60%，后续实验将进一步筛选更为有效的佐剂类型以增强疫苗保护效果；已建立哈维氏弧菌的感染模型，其灭活疫苗配合商业佐剂后免疫大菱鲆的免疫保护效果接近50%，免疫效果有待进一步提高(图7)。

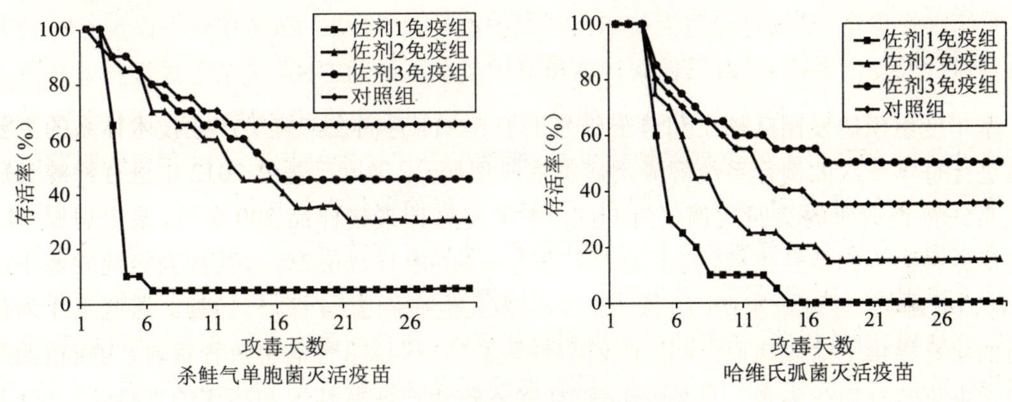

图7　疫苗候选株免疫保护效果

此外，岗位还研发了相关细菌载体疫苗、亚单位疫苗和DNA疫苗。将哈维氏弧菌群体感应基因与多种体内诱导调控元件相整合，分别构建了受“铁-细菌密度”或“阿拉伯糖-细菌密度”双重信号调控的体内诱导表达系统；将编码嗜水气单胞菌的GAPDH编码基因分别引入两个表达系统，转入迟钝爱德华氏菌，构建多价细菌载体疫苗。结果显示，接种两种载体疫苗的大菱鲆针对迟钝爱德华氏菌分别获得57%和65%的免疫保护力，说明基于体内诱导表达系统研发的迟钝爱德华氏菌细菌载体疫苗对预防由该菌引起的病害具有良好的免疫保护作用。

利用生物信息学方法预测并获得迟钝爱德华氏菌抗原蛋白FBA，该蛋白与鳗弧菌、溶藻弧菌、嗜水气单胞菌、哈维氏弧菌的FBA同源性在75%～98%之间，故推测FBA可作为广谱型保护性抗原用于迟钝爱德华氏菌疫苗研发(图8)。结果显示，接种迟钝爱德华氏菌抗原蛋白FBA可在一定程度上激发大菱鲆血清产生针对迟钝爱德华氏菌、鳗弧菌、溶藻弧菌、嗜水气单胞菌、哈维氏弧菌的抗体；接种以上五种病原菌抗原蛋白FBA的斑马鱼针对以上病原可获得良好免疫保护效果，并产生一定的交叉免疫保护作用，说明基于抗原蛋白FBA研发的迟钝爱德华氏菌亚单位疫苗对由该菌引起的病害具有良好的免疫保护作用。

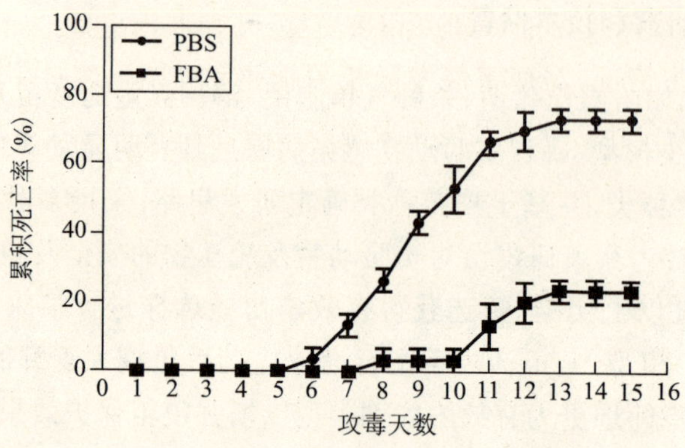

图 8 FBA 疫苗候选株免疫保护效果

以真核表达载体 pcDNA3. 1+ 为骨架,从增强启动子效率及维持 mRNA 稳定性出发,对该系统进行优化;将编码迟钝爱德华氏菌保护性抗原 ETAE-1227 和分子佐剂 C5a 的编码基因分别引入优化系统,以双质粒共转染和双顺反子系统的 DNA 疫苗形式接种斑马鱼。结果显示,采用两种方式构建的 DNA 疫苗可同时激活细胞免疫和体液免疫,且对迟钝爱德华氏菌均可获得 60% 以上的免疫保护效果,说明基于分子佐剂与抗原蛋白共表达研发的迟钝爱德华氏菌 DNA 疫苗对由该菌引起的病害具有良好的免疫保护作用。

为了加快我国海水养殖疫苗的产业化进程,使更多疫苗进入产业化推进阶段,本岗位系统继续采集国际上美国、日本、欧洲等水产疫苗产业发达国家企业和政府管理部门的水产疫苗的生产规程、质量标准、临床管理法规和管理规程,并且同国内各级政府主管部门、学术专家和相关疫苗企业进行了广泛交流与咨询,继续在水产疫苗研发、临床试验、药证申报、产业化示范到成果孵化等各环节完善总结可操作的标准、规范和规程,为该标准化方案进入政府征询意见以及纳入行业标准以及国家标准奠定坚实基础。

4 病害调研、产业技术宣传、培训、技术转化与产业推广

4.1 病害调研

为了全面系统摸清我国鲆鲽鱼类主产区的主要病害流行病学特征与蔓延分布情况,并就养殖企业和用户疫苗应用意愿进行统计调查,本年度岗位团队成员相继于 4 月～10 月在山东、河北、辽宁省等广大鲆鲽主产区的 30 多家养殖场进行了入户走访和调研工作(图 9 和图 10),例如蓬莱宗哲养殖有限公司、烟台开发区天源水产有限公司、烟台开发区仁和水产养殖有限公司、烟台东方海洋公司、莱州明波水产、兴城市海利渔业养殖场、兴城市龙运水产养殖有限公司、中国水产科学研究院北戴河中心实验站、山东莱州京华育苗场、威海荣成鑫福育苗场等养成和育苗企业等。在调研走访过程中通过向广大养殖户介绍国外疫苗使用情况并展示实际操作视频等方式,灌输和宣传以疫苗接种为核心的先进病害防控策略和产业发

展趋势，提高养殖户对水产疫苗的认知度和接受度。同时，为更好地第一时间了解和监控我国鲆鲽主产区疫情发生情况，与病害高发区相关企业和养殖场签订了病害监控及病原菌采集与临床诊断技术服务合作协议以及疫苗及免疫接种示范推广等技术服务等。

病害防控技术现场指导

苗种繁育基地调研参观

与养殖企业现场交流

苗种病害防治交流

养殖车间现场调研

养殖车间病害现场诊断

介绍国外疫苗接种资料

疫苗接种免疫后追踪回访

图9　岗位成员在河北和辽宁地区病害调研

图10 在山东莱州和威海养殖区育苗场调研

4.2 培训工作

为推广体系先进成果与产业理念,满足我国鲆鲽主产区广大鲆鲽养殖企业对于新产业发展趋势、国家政策导向和体系科研新技术成果的认识,疾控岗位科学家及团队成员积极参与或组织实施各项体系产业技术培训与推广示范工作。在2015年度分别参加了国家鲆鲽类产业技术体系青岛综合试验站联合产业经济、加工与质量控制、病害防控、高效养殖模式、网箱设施等岗位,与黄岛区海洋与渔业局共同举办的"鲆鲽类健康养殖与质量安全培训会";由体系循环水岗位和烟台综合试验站共同举办以循环水养殖技术为主题的国家鲆鲽产业技术体系烟台培训会,并作了题为"循环水养殖生产体系中的病害防控策略"的专题讲座;由辽宁省海洋水产科学研究院(辽宁综合试验站)与辽宁省水产学会在大连共同举办了"辽宁省水产病害防控及水产品质量安全技术培训会"。

培训工作中,本岗位契合养殖生产中最为关切的病害防控管理的实际问题为广大鲆鲽养殖户进行了深入浅出的培训,配合其他岗位专家和政府主管部门,共同就当前的产业发展趋势、质量安全方面存在的问题和监管举措、循环水养殖技术、病害防控的科学理念、可追溯机制的平台和技术、提高组织化水平的重要性等为鲆鲽类养殖业的转型发展提供了具体的理念、措施和方法,为广大鲆鲽养殖业者交流探讨促进鲆鲽类养殖产业的健康持续发展分享了本岗位的研究成果和产业建议。

图 11　水产养殖培训会一览

4.3　疫苗生产应用培训与示范推广

2015 年 11 月 23 日～25 日，我岗位联合产业体系辽宁综合试验站和葫芦岛综合试验站，在辽宁省葫芦岛兴城地区鲆鲽养殖园区选取了两家具有良好管理规范和养殖规模的大菱鲆养殖企业进行疫苗免疫生产应用技术操作规程培训和大规模示范应用。本次示范所用的连续注射操作台设施为自行设计（正在申报专利），经过专门培训的操作工人可实现 2 000 尾份/小时的接种效率，完全能满足生产接种应用中的技术成本和操作效率要求。本次示范规模每家 10 万尾，共计 20 万尾鱼苗。此次培训和示范活动受到了当地广大鲆鲽类养殖企业的热烈响应和欢迎，也得到了当地渔业主管部门的大力支持和肯定，并受到所在地新闻媒体的跟踪报道，为今后在我国鲆鲽主产区普及养殖病害免疫防控理念及疫苗接种生产应用的有序推广起到了积极示范推动作用。

4.4　产业化和宣传工作

4.4.1　疾病防控岗位微信公众号开通

2015 年 5 月 24 日，本岗位的微信公众号正式开通（微信号：Maricultured）。该公众号本着“服务养殖用户、打造行业标杆”的宗旨，定期推送最新、最快的国内外水产养殖技术信息。推送内容包括养殖水质监测与评价、养殖病害预防与治疗、养殖现状综述与发展等相关信息。不仅为本岗位的工作宣传提供途径，更为养殖用户的实际生产提供理论性指导。

4.4.2 参展宣传

2015年6月24日至26日，岗位团队联合上海生物制造产业研究院暨协同创新中心，共同参展“第十五届世界制药原料中国展”。展会期间，岗位团队组织专人对鲆鲽类疫苗研究进展、研究成果等进行专业讲解，并现场解答用户提问，推介了岗位团队针对鲆鲽鱼类的腹水病和弧菌病疫苗专利技术和相关产品 。2015年8月26日，岗位团队参加了2015第十届上海国际渔业博览会，并在会上展出已获新兽药证书的疫苗产品。会上，岗位团队成员作了“海水养殖鱼类疫苗应用及开发”的报告，就我国目前海水养殖模式、品种、病害、疾控，国外疫苗使用成功案例，以及岗位团队疫苗研发的策略、思路、流程等进行了介绍。2015年11月4日至7日，岗位团队参加了第17届中国国际工业博览会，并在会上展出已获新兽药证书的疫苗产品。展会上，岗位团队成员向参展人员介绍了国内大菱鲆养殖现状、病害发生情况、渔用疫苗的研发思路及开发流程等，从而向公众加强了鲆鲽类体系健康养殖的理念。

图12 鲆鲽鱼类疫苗产品参展宣传一览

5 国际前沿跟踪与交流

2015年6月1日～6月4日，本岗位团队成员王启要教授被韩国首尔大学分子微生物学与毒理国家实验室主任 Sang Ho Choi 教授邀请在该学校和釜山的食品科技学会年会作大会报告，介绍本岗位关于鲆鲽类疫苗和病原感染机制的进展。

2015年10月29日，哈佛医学院 Matthew Waldor 教授受聘华东理工大学“国家外专千人计划”特聘专家，加盟鲆鲽类疾病防控岗位科学家研究团队，并进行有关病原微生物研究进展讲座。加拿大西部三一大学 Ka Yin Leung 教授作为客座教授也加盟本体系岗位团队，提供技术支持。2015年11月2～3日由华东理工岗位团队组织了一个ISBBE(生物系统与生物合成)国际会议。国内外研究海洋弧菌和迟钝爱德华氏菌的相关单位和专家学者200多人参会，就相关病原菌的研究进展进行了深入的探讨和交流。参加单位包括哈佛医学院 Matthew Waldor 教授，韩国首尔大学分子微生物学与毒理国家实验室主任 Sang Ho Choi 教授，中山大学彭宣宪教授团队，中科院南海海洋研究所王晓雪教授，黄海水产研究所莫照兰团队以及华东理工大学等。本次讨论会主要围绕国际上相关病原菌研究的前沿领域进行了探讨和交流：① 海洋病原菌与鱼类宿主互作的研究方法；② 爱德华氏菌 T3SS 效应蛋白的系统鉴定；③ 爱德华氏菌的疫苗研究进展等。

图 13　国际交流与合作

（岗位专家　张元兴）

鲆鲽类营养与饲料技术开发研发进展

营养与饲料岗位

2015年,国内外有关鲆鲽类营养研究的重点主要涉及替代蛋白源开发和替代脂肪源开发两大方面。这两方面的研究又体现出两个特点,一个特点是实用性更强,研究目的更贴近实际生产;另一方面体现出对代谢机理研究的深入,从分子机制上阐述鱼粉、鱼油替代引起的代谢变化。研究对象包括大菱鲆、牙鲆、半滑舌鳎、大西洋庸鲽等,研究焦点集中于大菱鲆,且以其替代蛋白源开发替代脂肪源开发为重点。在替代蛋白源方面,2015年的研究统计发现更多的研究聚焦在复合蛋白源替代上,因为复合蛋白源较单一的蛋白源氨基酸平衡性更好,实际生产中应用更广泛;在替代脂肪源研究上,研究机理更加深入,涉及分子机制的更广泛。此外,虽然国内外对鲆鲽类营养研究目前仍不够系统和全面,但有更多的研究聚焦在之前关注较少的仔稚鱼和亲鱼研究上,这反映出国内外对鲆鲽类营养研究的重视和深入。

1 鱼粉替代和氨基酸研究进展

由于鱼粉短缺和价格上涨,鱼粉替代研究仍然是2015年国内外研究的热点。董纯等(2015)研究了谷朊粉、宠物级鸡肉粉、脱脂肉骨粉、豆粕和玉米蛋白粉复合替代鱼粉对大菱鲆生长、体组成和表观消化率的影响,结果表明复合蛋白源替代鱼粉水平应不超过35%。柳茜等(2015)以鱼粉、豆粕、玉米蛋白粉、谷朊粉和酵母粉为复合蛋白源,制作酵母水解物,该水解物可提高大菱鲆幼鱼机体免疫力、肝脏抗氧化性能和抗应激能力,并且添加2%的酵母水解物的效果最佳。Wang等(2015)发现大菱鲆饲料中添加蝇蛆粉可提高植物蛋白的利用率,蝇蛆粉可提高饲料消化率、血浆羟脯氨酸水平及小肠胰蛋白酶活力。Salas-Leiton等(2015)研究结果表明,塞内加尔鳎可耐受高低磷日粮,饲料可采用较高含量的高植物蛋白替代鱼粉。Danwitz等(2015)在含有菜籽蛋白的基础饲料中添加植酸酶,可以提高大菱鲆干物质和蛋白质消化率以及营养物质的利用率,并提高氮元素和磷元素的利用率。

影响蛹肽蛋白利用的原因主要集中在适口性、消化率和脂肪代谢等方面。梅琳等(2015)研究发现蛹肽蛋白可以替代大菱鲆幼鱼饲料中15%的鱼粉,并且不影响其生长摄食、饲料利用以及与消化、代谢、免疫相关的酶活性。Wei等(2015)研究了超滤水解鱼蛋白对大菱鲆饲料利用率、表观消化率和近端肠肽转运蛋白1(PEPT1)mRNA水平的影响,发现低水平的超滤水解鱼蛋白可促进大菱鲆生长和提高饲料利用率。Khosravi 等(2015)采用磷虾、罗非鱼和金枪鱼水解产物替代鱼粉,发现三种水解物可促进牙鲆生长,提高饲料利用率、免疫力,以及干物质和蛋白质消化率和牙鲆。代伟伟等(2015)研究发现饲料中精氨酸(Arg)与赖氨酸(Lys)的交互作用显著影响大菱鲆幼鱼的饲料效率、蛋白质沉积和肌肉氨基酸含量;Arg 和 Lys 添加量分别为 0.9%和 1.19%时,大菱鲆有最大生长和饲料利用效率。适量添加 Lys 可以促进生长,而 Lys 添加量过高,会与 Arg 产生拮抗作用,抑制生长、饲料利用和肌肉氨基酸沉积。

2　植物油替代、脂肪和脂肪酸代谢研究进展

植物油替代鱼油和 LC-PUFA 的生理作用依旧是国内外鲆鲽类脂肪方向的研究热点。彭墨等(2015)研究了菜籽油替代鱼油对大菱鲆幼鱼生长、脂肪酸组成以及脂肪沉积的影响,发现在大菱鲆幼鱼饲料中菜籽油替代鱼油水平应低于 66.7%。李思萌等(2015)研究了饲料脂肪源对大菱鲆幼鱼生长性能和肌肉脂肪酸组成的影响,豆油和菜籽油是大菱鲆幼鱼饲料良好的脂肪源,鱼油和豆油按 1∶1 混合添加显著促进大菱鲆幼鱼生长。Han 等(2015)研究了棕榈油替代鱼油对牙鲆生长性能、血脂和肝脏抗氧化能力的影响,发现棕榈油替代水平低于 40%不影响牙鲆生长性能、血脂和肝脏抗氧化能力,而替代水平高于 40%则抑制牙鲆生长性能和肝脏抗氧化能力,棕榈油替代鱼油的范围为 20%～40%。

黄炳山等(2015)研究了胆汁酸对大菱鲆幼鱼生长、体组成、脂肪代谢酶活力及血清生化的影响,结果显示,胆汁酸显著提高大菱鲆增重率、特定生长率、蛋白质效率及脂肪效率,降低全鱼粗脂肪和粗灰分含量;降低甘油三酯、总胆固醇及高低密度脂蛋白胆固醇含量,并推荐大菱鲆幼鱼饲料中胆汁酸的适宜添加量为 0.09%。Hu 等(2015)研究发现,5%的 2-羟基-4-甲基硫代丁酸(HMTBA)促进大菱鲆生长、抗氧化能力、小肠绒毛高度,饲料中添加低于 5%的 HMTBA 可促进大菱鲆生长。郭中帅等(2015)研究发现在大菱鲆饲料中添加 5%的浒苔时,对大菱鲆生长和非特异性免疫力具有一定促进作用,但浒苔添加量增加到 20%时,大菱鲆幼鱼的生长和非特异性免疫力均受到抑制。

动物脂肪代谢是机体能量平衡的一个重要环节,脂肪代谢的失衡会引起脂肪的过度沉积,影响畜牧生产的效益。当饲料脂肪水平超过肝细胞氧化及代谢能力时,多余的甘油三酯在肝脏沉积,容易导致肝脏脂肪性病变。脂肪组织不但是机体能量储存和能量动员的主要场所,而且是一种活跃的内分泌器官。脂肪细胞因子 TNF-α 是一种重要的脂平衡分子,对肝脂代谢起着重要的调控作用。本年度本实验室研究了 TNF-α 对大菱鲆肝脏脂肪沉积的调控作用,TNF-α 抑制肝脏 LPL 和 FAS 基因表达水平,显著降低肝脏 LPL 和 FAS 酶活力;另外,TNF-α 显著降低大菱鲆血清 TG、TC、HDL-C 和 LDL-C 水平。研究结果表明,脂肪细胞因子 TNF-α 抑制大菱鲆肝脏脂肪沉积。

3 饲料添加剂研究进展

王雅慧等(2015)研究了饲料中添加甘草次酸对大菱鲆幼鱼(初始体重为5.12±0.04 g)脂肪代谢和血清抗氧化酶的影响。结果表明,肝脏脂肪酸组成不受饲料中甘草次酸的影响。血清超氧化物歧化酶(SOD)活性随着甘草次酸添加量的增加而显著上升,血清过氧化氢酶(CAT)活性随甘草次酸添加量的增加先显著上升后下降的趋势,血清丙二醛(MDA)含量随饲料中甘草次酸添加量的增加而显著下降,血清还原型谷胱甘肽酶(GSH)活性随饲料中甘草次酸添加量的增加而呈显著下降的趋势。以上结果说明,饲料中添加甘草次酸显著提高了大菱鲆幼鱼血清抗氧化酶活性。对肝脏脂肪代谢关键基因实时荧光定量PCR分析结果表明:脂蛋白酯酶(LPL)和脂肪酸合成酶(FAS)的表达量随饲料甘草次酸添加量的升高而显著降低。而胆固醇调节元件结合蛋白(SREBP-1)和过氧化物酶体增殖活化受体a(PPARa)的表达量随饲料中甘草次酸添加量的升高而升高,但各组间差异不显著。肉碱棕榈酰转移酶-I (CPTI)和磷脂酸磷酸化酶1 (Lipin1)的表达量则随饲料中甘草次酸添加量的增加而显著提高。据此猜测,饲料中添加甘草次酸降低大菱鲆幼鱼脂肪沉积的机制应该与其促进了脂肪酸氧化,抑制了脂肪合成有关。王雅慧等(2015)还研究了饲料中添加姜黄素对大菱鲆幼鱼(初始体重为5.12±0.04 g)肝脏脂肪酸组成和抗氧化酶的影响。结果表明,肝脏脂肪酸组成不受饲料中姜黄素添加量的影响。血清超氧化物歧化酶(SOD)活性随姜黄素添加量的增加而显著升高,血清过氧化氢酶(CAT)活性随姜黄素添加量的增加呈先上升后下降的趋势,但各组间差异不显著。血清丙二醛(MDA)含量随姜黄素添加量的增加呈先下降后上升的趋势,组间差异显著。血清还原性谷胱甘肽(GSH)活性随姜黄素添加量的增加呈显著下降的趋势。以上结果表明,饲料中添加姜黄素能够提高大菱鲆幼鱼血清抗氧化酶活性。对肝脏脂肪代谢关键基因实时荧光定量PCR分析结果表明:脂蛋白酯酶(LPL)、脂肪酸合成酶(FAS)和过氧化物酶体增殖活化受体a(PPARa)的表达量随饲料甘草次酸含量的升高而显著降低。而肉碱棕榈酰转移酶-I (CPTI)的表达量随饲料中甘草次酸含量的升高而升高,各组间差异不显著。胆固醇调节元件结合蛋白(SREBP-1)和磷脂酸磷酸化酶1(Lipin1)的表达量则随饲料中甘草次酸添加量的增加而显著提高。据此猜测,饲料中添加姜黄素降低大菱鲆幼鱼脂肪沉积的机制应该与其促进了脂肪酸氧化,抑制了脂肪合成有关。

4 亲鱼营养研究及专用饲料开发

本实验旨在研究饲料花生四烯酸(ARA)对大菱鲆亲鱼性类固醇激素合成中关键蛋白的调控。以脱脂鱼粉和豆粕为蛋白源,菜籽油和亚麻油(1∶1)为脂肪源,配制3组等氮、等能的试验饲料,分别向3组饲料中添加0、0.6%和1.8%(干重比)的ARA,以三油酸甘油酯调平,并在各组饲料中添加一定量的DHA和EPA(总量占饲料干重1.8%,DHA∶EPA=2∶1)来满足实验鱼大菱鲆对*n*-3 HUFAs的需要。以试验饲料饲喂健康大菱鲆亲鱼8个月。在性腺发育的前期（开始投喂后2个月）、中期（开始投喂后5个月）和后期（产卵期），分别取性腺及血液样品，验证饲料ARA对性腺性类固醇激素合成的影响。克隆得到了大菱鲆性类固醇激素合成过程中关键蛋白基因的核心片段：如促黄体激素受体（LHR）、促卵泡激素受体（FSHR）、胆固醇原料转运蛋白（StAR）、P450侧链裂解酶（CYP11A）、3β-羟基类固醇脱氢酶（3β-HSD）、17β-羟基类固醇脱氢酶（17β-HSD）、17α羟化酶（CYP17）及芳香化酶（CYP19A1）；通过荧光定量PCR分析得到饲料ARA对大菱鲆亲鱼性腺中各蛋白表达量的调控情况：在性腺发育前期的雄鱼中，低水平的ARA显著降低了性腺中CYP17和StAR的表达量，显著升高了CYP19A1的表达量，对其他蛋白的表达量没有显著性影响；在性腺发育前期的雌鱼中，饲料ARA水平对所有蛋白基因表达量都没有显著性影响。

5　小结

2015年度营养与饲料岗位的研究内容主要涉及大菱鲆幼鱼营养研究、仔稚鱼营养生理研究以及亲鱼营养研究等，这有力地推动了鲆鲽类营养研究与饲料开发，对水产养殖业的可持续发展具有重要意义。目前本岗位及产业存在的主要问题如下：养殖户目前仍然以冰鲜饵料为主养殖鲆鲽鱼类，使用饲料投喂较少，需加大配合饲料的推广力度；国内养殖企业对国产饲料的质量不信任和部分饲料原料需要进口，导致成本增加；鲆鲽类亲鱼营养与饲料的研究工作需进一步加强。这些都是需要在十三五期间着重解决的问题。

（岗位专家　麦康森）

鲆鲽类产品质量安全与加工技术研发进展

加工与质量控制岗位

1　水产品可追溯系统研究进展

1.1　完成 2 000 尾大菱鲆产地追溯示范推广

地点:日照市;规模:2 000 尾大菱鲆。

2015 年 10 月 30 日,选择日照国际海洋城淘宝渔业专业合作社开展大菱鲆产地追溯现场示范推广,该企业养殖大菱鲆为农业部无公害认证水产品,产品经检验符合国家规定,从源头保证产品质量安全。采用改进后的鱼体标识设备进行背部肌肉嵌挂,过程中使用硫酸新霉素进行伤口处理,可有效预防伤口化脓性感染,降低了鱼体死亡率。带有企业信息和追溯网址的标识嵌挂情况良好,在挂标后的 1 个月暂养期内脱标率小于 2%。通过后期调研运输和销售情况,将大菱鲆从养殖到流通和销售的信息录入体系平台,帮助消费者进行信息有效查询,实现产品的全程可追溯。

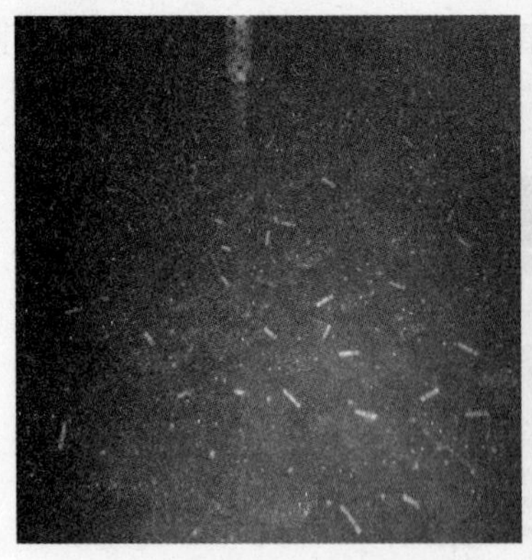

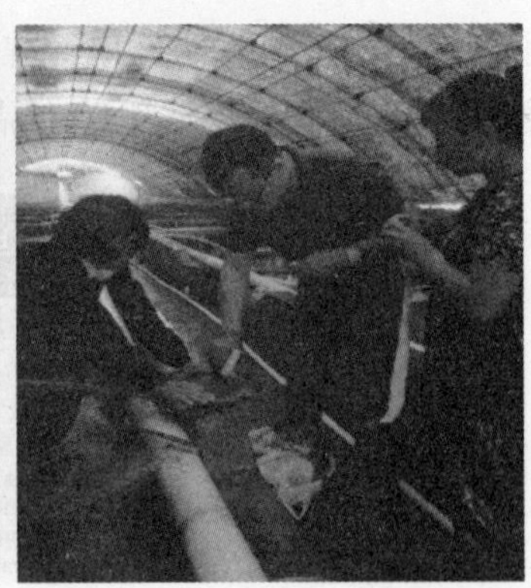

图 1　大菱鲆挂标示范现场图

1.2　鲆鲽鱼类快速标识设备进入样机制作阶段

2015 年 7 月起,重新启动了鲆鲽鱼类快速标识设备的研发工作。经过与研发单位沈阳创新科技有限公司进行的深入研讨,决定在目前的设备基础上增加标识定位功能和标签储存功能,提高二维码的挂标效率。目前已经完成了设备的内部构造和外观设计工作进入到样机制作阶段，预计样机于 12 月中旬完成。设备的研发成功将解决目前手动挂标的效率问题，预计挂标速度能够达到 600 尾/小时。同时对二维码标签进行了规格改造，完成 1.8 cm × 1 cm 的设计，减少挂标后对鱼体游动造成的阻力。

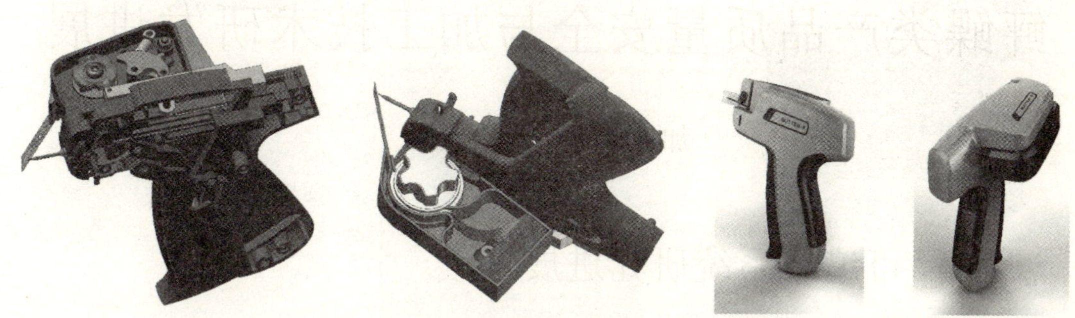

图 2　鲟鳇鱼类快速标识设备三维结构图

1.3　鲟鳇鱼类产地溯源系统平台研究

鲟鳇鱼类溯源体系平台是以数据库技术和计算机网络技术为支撑，以各企业的生产档案数据为基础，围绕鲟鳇鱼类“从养殖到餐桌”的全过程，对鲟鳇鱼类的苗种生产、放养、投喂、病害防治到收获、运输销售等生产流程进行剖析，对产品的生产环境、生产流程、质量安全管理及销售状况实施电子化管理。同时，结合目前已经试验成熟的编码和条码标记技术，可以实现鲟鳇鱼类从生产到消费的全程可追溯。追溯平台为生产者、监督者和消费者提供信息交流平台，并以电话、网络、短信等方式向公众提供追溯查询服务及认证监管服务等。企业将养殖产品生产流程的原始数据录入系统，便于企业管理并为产品追溯提供数据支持，消费者可以通过网站查询鲟鳇鱼类产品的相关信息，监督管理部门通过平台对企业进行监督和管理，更好地保证养殖产品的质量安全。

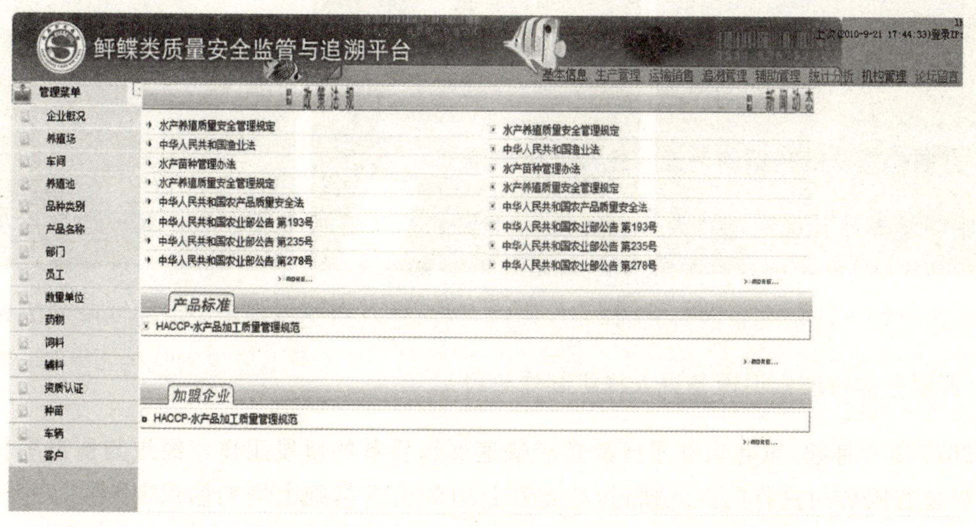

图 3　鲟鳇类质量安全监管与追溯平台的生产管理系统页面

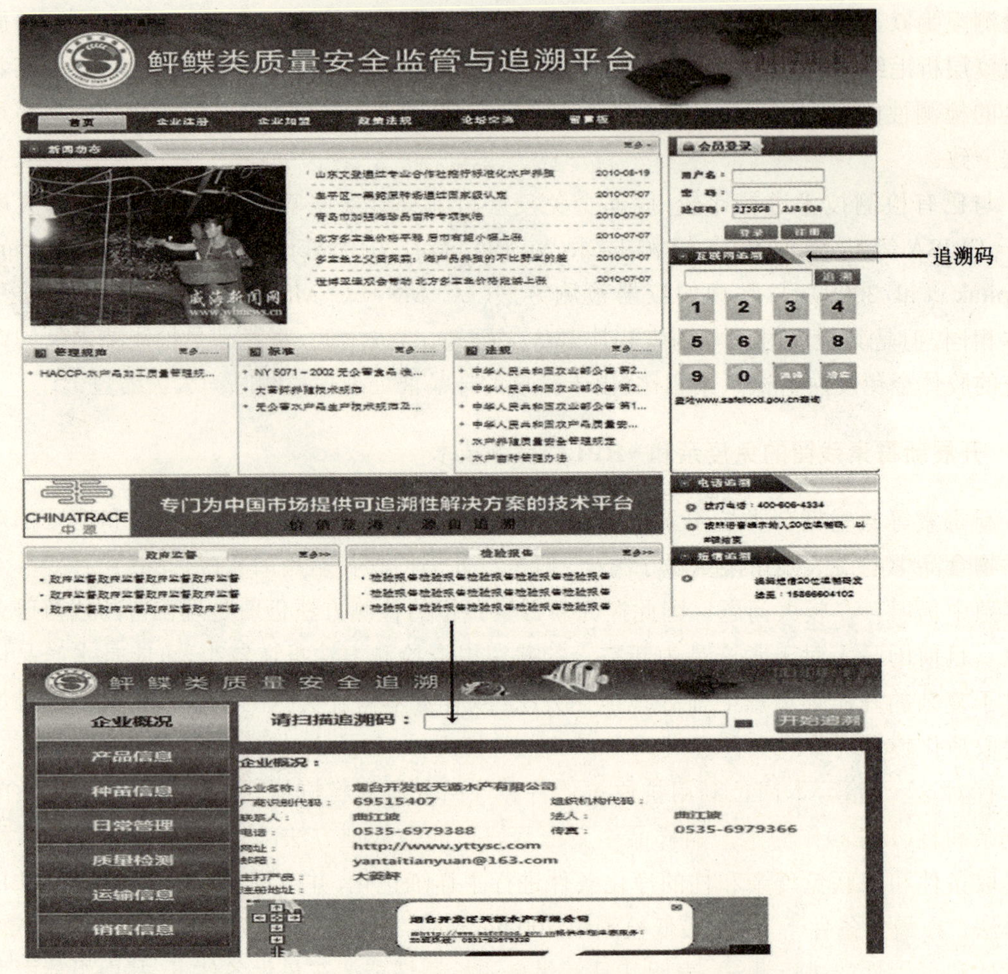

图4　鲆鲽类质量安全监管与追溯平台的追溯查询系统页面

2　鲆鲽类化学危害物快速检测技术研究进展

2.1　开展硝基呋喃残留的毛细管免疫层析检测技术

呋喃唑酮及其代谢物对人体具有致癌和致畸危害，在很多国家和地区已被禁止在动物食品中应用，但目前仍存在滥用情况，尤其是在鲆鲽等水产品中，因此探究呋喃唑酮及其代谢物新的检测方法仍是目前研究的热点。目前国内外利用免疫层析技术对呋喃唑酮检测的报道较少，究其原因可能是由于样品处理的时间较长，体现不出快检的优势，或者是检测灵敏度还达不到要求。

针对这一问题，利用竞争原理组装了用于水产品中呋喃唑酮快速检测的免疫层析毛细管，将AOZ-OVA和羊抗鼠二抗分别共价固定在修饰后毛细管的两端作为检测区和质控区；对修饰条件和检测条件进行了详细优化，改进了检测方式和测定方法。在最优条件下其视觉检测限为 0. 57 ng/mL，使用平板扫描仪进行半定量测试其检测限为 0. 26 ng/mL；对胶体金免疫层析毛细管的检测性能如：稳定性、重复性、特异性和再生性能进行测试，表明其具有优良的检测性能。利用组建的胶体金免疫层析毛细管测试大菱鲆等样品，检测结果与标准方法一致。

与已有检测技术进行比较，胶体金免疫层析毛细管对呋喃唑酮代谢物的检测灵敏度低于 ELISA 等传统的免疫检测技术（Yu Liu et al，2010；Yong Tang et al，2011；Umaporn Pimpitak et al，2009），与常规的仪器检测方法（LC-MS，LC-MS/MS，和 LC-ESI-MS-MS）基本相同，但是其检测时间与两者相比都大大缩短，且成本低，都能满足检测要求。同时与传统的胶体金免疫层析试纸条相比，由于简单的样品前处理使检测时间大大缩短。

2. 2 开展新霉素残留的免疫亲和-HPLC 检测技术

新霉素等氨基糖苷类抗生素对人体具有较强耳毒性和肾毒性，很多国家和地区都对其在动物食品中的最大残留限量做了规定；但是目前仍旧存在滥用的状况，尤其在鲆鲽等水产品养殖中仍旧存在较大问题。因此探究新霉素残留的检测方法仍旧是现在兽药残留研究的热点。目前国际上对于水产品中新霉素的残留提取检测方法报道较少，可能是水产品样品中过于复杂的基质环境影响前处理净化方法；或者氨基糖苷类抗生素极强的水溶性特性导致提取净化较为困难。

针对这一问题，本岗位利用抗原抗体特异性结合原理将抗体固定于固态填料制备酶联免疫亲和柱（IACs）作为水产品样品中新霉素残留的前处理方法；同时对水产品新霉素残留的提取条件和酶联免疫亲和柱的净化条件进行了详细优化，并改进了新霉素 HPLC-FLD 检测方法。在最优条件下，方法最低检测限 200 ng/mL。对酶联免疫亲和柱的性能如：稳定性、重复性和再生性能进行测试，表明其具有优良的检测性能。在最优条件下，利用组建酶联免疫亲和柱净化大菱鲆等样品，加标回收率均大于 90%，效果符合检测要求。

与传统的动物食品中新霉素的固相萃取方法相比，酶联免疫亲和柱的特异性、重复使用性、回收率等普遍高于 SPE 方法。在水产品中的复杂基质中针对新霉素的提取净化适应性较好。

3 鲆鲽鱼类深加工和高值化综合利用技术研究

3. 1 鲆鲽鱼类保鲜和加工技术

3.1.1 建成一条大黄鱼加工生产线

地点：福建省宁德市；规模：年加工量 1 000 吨以上。

在宁德市登月食品科技有限公司新建一条大黄鱼加工生产线，形成年加工各种鱼类 1 000 吨以上的规模。建成多功能低温流通系统，能够有效进行活鱼、冰鲜鱼的暂养及物流运输,在鱼类养殖、加工、销售过程中提供有效的安全保障。完善了鱼类食品加工车间管理制度,对加工人员和非加工人员的卫生和工作制定了具体的细则,对生产车间各个设备管理、废弃物处理等也进行了详尽的规范。

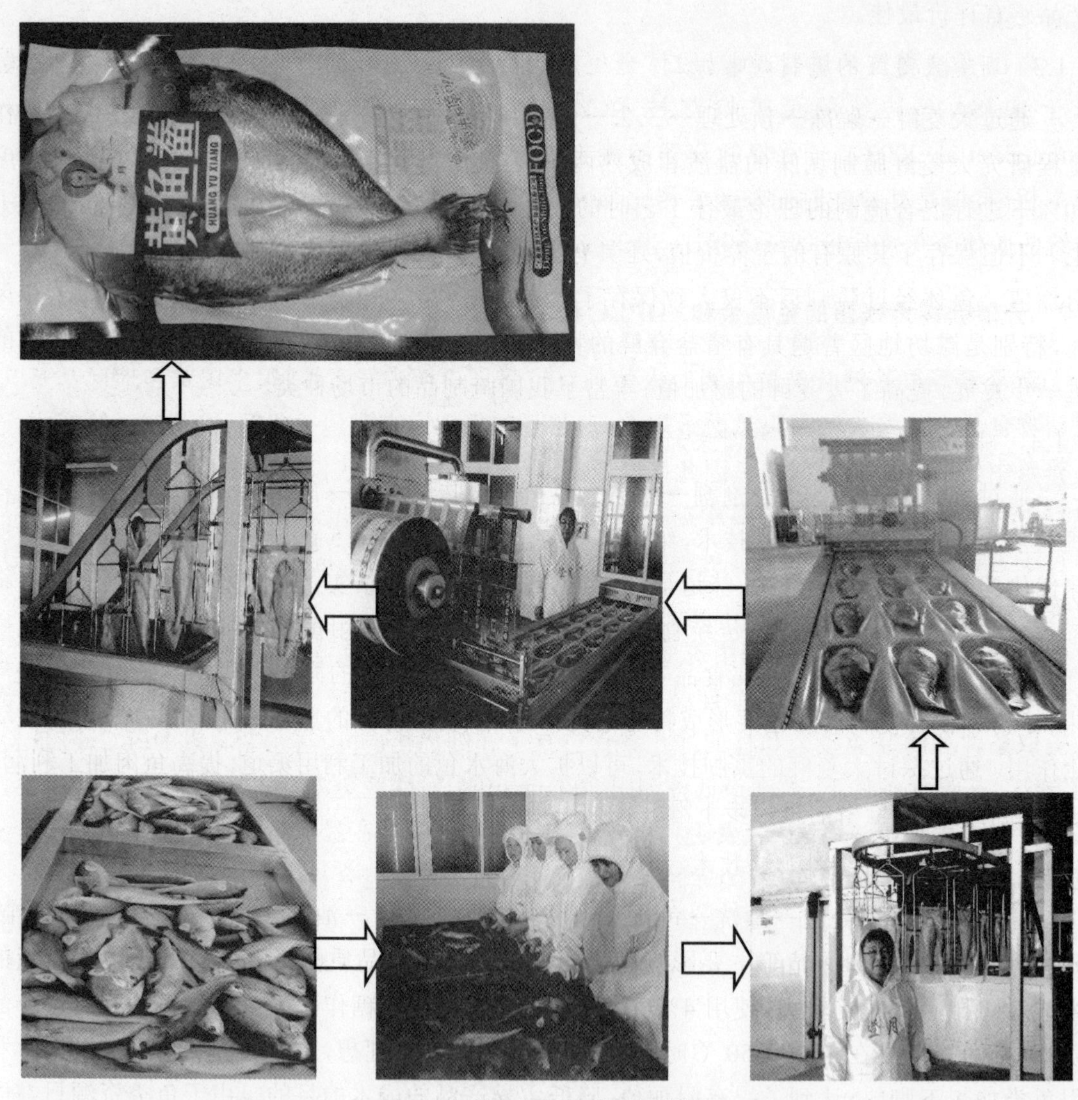

图 5　大黄鱼加工生产线流程图

3.1.2　研究大菱鲆鱼片炸制技术

炸制加工是一种传统的加工技术,既能有效地保存鱼类营养,又能产生独特的口味。本文以大菱鲆为原料,通过原料→预处理→切块→漂洗→腌制→干燥→炸制→调味→包装→冻藏等工艺,研究炸制调味优化工艺,以达到长期贮藏、方便食用进而商品化之目的,为大菱鲆炸制产品的产业化生产提供借鉴作用。经过制作的大菱鲆产品安全卫生、色美味优、易于贮存、方便食用,适合中小型企业生产,值得推广。

本实验采用盐渍浓度 8%、盐渍温度在 15 ℃以下、盐渍时间控制在 20 min 以内处理的鱼片感官评价较好。在 160～180 ℃的范围内，油炸的颜色、风味和组织等较理想，炸鱼质量较为稳定。在 10%香料水、味精 0.5%、酱油 1.0%和 1.5%白糖条件下进行调味所得到的产品感官评价最佳。

3.1.3　研究大菱鲆的腌制调味加工

通过大菱鲆→解冻→预处理→三去→切片→清洗→沥干→腌制→去盐干燥→贮存操作流程研究大菱鲆腌制调味的盐渍和成熟两阶段加工技术，结果表明：腌制温度 10 ℃、盐度 10%下进行混合腌制的理论最佳工艺时的大菱鲆清香浓郁、紧密有弹性、鲜亮整洁、安全卫生。不但保存了其原有的营养价值，还具有独特的口感和风味，提高了大菱鲆的加工品种和附加值。鱼体经过腌制后不仅大致保存了其原有的营养价值，而且产生了独特的口感和风味，特别是潍坊地区普遍具有嗜盐弃鲜的特点，有着广阔的市场需求，以利于产业化加工的进一步发展，提高了大菱鲆的附加值，丰富了我国腌制品的市场种类。

3.1.4　研究大菱鲆的熏制预调味加工

通过大菱鲆→前处理→剖割→盐渍→脱盐→调味→干燥→熏制→冷却→保存操作流程研究了大菱鲆的熏制预调味技术，结果表明：在食盐 3 g、白糖 5 g、料酒 2 g、酱油 3 g 的预调味优化配方下感官评价最好、味道最佳，经熏制后鱼肉完整结实、色泽金黄明显、具有熏制特有香味。烟熏是一种特殊的传统食品加工技术，本质上是利用熏材缓慢燃烧或不完全燃烧产生防腐性和杀菌性烟气，在食品干燥而减少其中水分含量的同时吸收烟熏特有的芳香气味和风味烟气，使制品发色并形成特有的光泽，赋予制品特殊的熏香味，并有防腐杀菌、抗氧化作用。通过探讨大菱鲆的熏制技术，可以扩大海水鱼的加工利用渠道，提高鱼肉加工利润，延缓目前海水鱼价格的进一步下滑。

3.1.5　研究大菱鲆鱼排加工技术

通过大菱鲆→处理→漂洗→鱼排→去腥→软化→烘干→油炸→调味等工序制成鱼排，研究了食盐、白糖和味精等主要影响因素的添加量对鱼排品质的影响，结果表明，调味液的组成对鱼排品质影响较大，使用 4%味精、9%食盐和 4%白糖作为主要调味料调制的鱼排品质最佳；油炸鱼排在 110～150 ℃时颜色、风味和组织等较理想，质量较为稳定。通过科学利用鱼类加工下脚料，达到了提高附加值，降低主导产品的成本的目的。由于鱼类资源日益匮乏，对其加工下脚料的高值化利用越来越受到重视，科学利用鱼类下脚料，充分挖掘其经济价值和食用价值，可以变废为宝，生产出新型行业产品，推动鱼类加工业向高效益、低污染的方向发展。

3.1.6　鲆鲽鱼类鲞产品的加工

借鉴黄鱼鲞和鳗鱼鲞的制作方法并在腌制方式、干燥方式等方面进行了改进，克服了传统干腌（腌制不均匀）和湿腌（造成营养流失）产生的鱼品易氧化、腌制缓慢的弊端，使得制成的鱼品安全、快速、保质时间长、味道良好，而且能有效控制脂肪外渗，减少表面脂肪累计过多导致表面油烧发褐现象，形成了一种独特的鲆鲽鱼类鲞产品及其工艺技术。

本研究工作要解决的技术问题在于提供一种鲆鲽鱼类鲞产品的制作方法及其产品，通过本方法把鲆鲽鱼类鱼肉制作成鲞产品，提高产品的风味和品种，进行增值加工。

3.2 鲆鲽类高值化利用

主要是利用加工鱼肉剩下的鱼皮、鱼鳍、鱼骨等加工下脚料提取硫酸软骨素、胶原蛋白等，科学利用鱼类加工下脚料，达到提高附加值，降低主导产品的成本的目的，生产出新型行业产品，推动鱼类加工业向高效益、低污染的方向发展。

硫酸软骨素提取时用盐、碱、酶、超声波、乙酸等方法，分离时用溶剂、超滤膜、季铵盐沉淀、离子交换色谱、电泳等方法。鱼皮胶原蛋白具有低变性温度、低抗原性、低过敏性、酶解较容易等特性，明显优于猪、牛皮胶原蛋白，鱼皮胶原蛋白的提取主要通过选用胃蛋白酶、胰蛋白酶等方法经降解后纯化、水解从而提高其生物活性，可以作为各种功能添加剂和活性肽来源。除了作为美容保健食品原料外，还被越来越多的食品企业关注并应用在其产品如乳制品、饮料等。

目前，已利用鱼皮加工制成胶原蛋白肽等高值化加工产品，提高附加值

地点：山东省日照市；规模：2吨鱼皮/天。

与山东美佳集团有限公司合作制定了日处理2吨鱼皮的胶原蛋白肽生产工艺及设备流程标准，制作了相对分子质量在1 000～2 000的胶原蛋白肽产品。

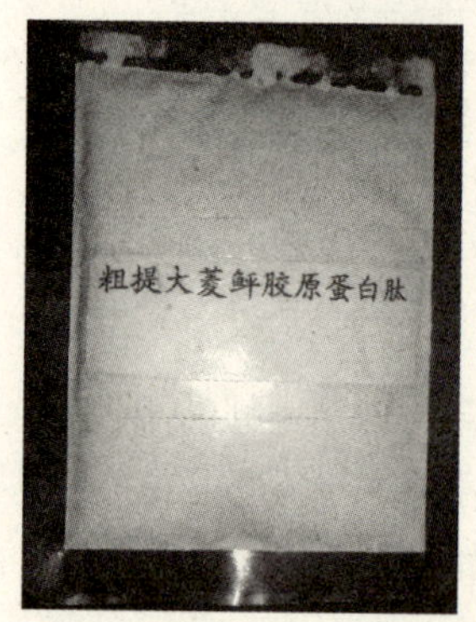

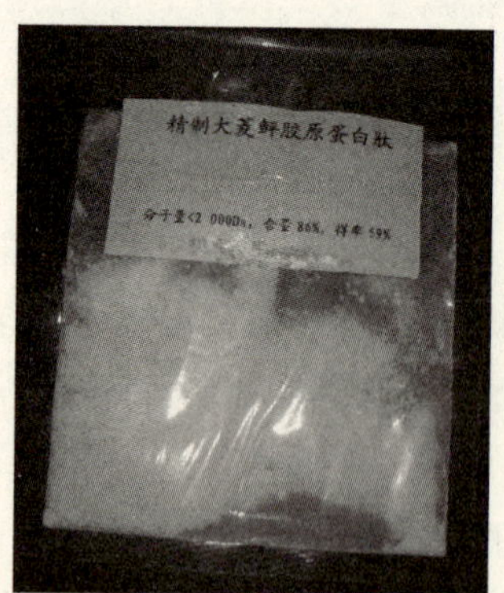

图6 鱼皮胶原蛋白多肽粉产品

4 鲆鲽鱼类副溶血弧菌噬菌体qdvp001及其内溶素的初探

鲆鲽鱼类的养殖是以高密度、集约型工厂化养殖为主的产业模式。其养殖环境相对狭小、环境胁迫性高，容易诱发疾病。鲆鲽鱼的细菌性病原较多，已发现的病原菌包括弧菌类(鳗弧菌、副溶血弧菌、哈维氏弧菌、创伤弧菌、灿烂弧菌、溶藻胶弧菌等)、迟钝爱德华氏菌、假单胞菌、肠球菌等。副溶血弧菌是一种可导致人畜共患病的革兰氏阴性菌，广泛存在于海

岸及各种水产品中。为了防控副溶血弧菌，使用了大量的抗生素，但随着耐药性副溶血弧菌的出现，急需找到一种新的能有效防控副溶血弧菌的抑菌剂。

2015年，本岗位开展了来源于副溶血弧菌噬菌体的内溶素及其应用实验，以实验室分离得到的一株烈性副溶血弧菌噬菌体 qdvp001 为研究对象，通过对副溶血弧菌噬菌体 qdvp001 的基因组分析，从生物信息学角度对噬菌体 qdvp001 的裂解机制做了诠释，并推定出编码内溶素的基因，利用基因工程技术对推断的内溶素进行克隆和表达，并对重组内溶素的抑菌活性做了初步的探究。这丰富了噬菌体基因库的数据，为认识副溶血弧菌噬菌体基因组的裂解机制的多样性提供了数据，也为利用内溶素防控副溶血弧菌乃至革兰氏阴性细菌提供了理论基础。实验结果如下：

（1）利用 Illumina 的 MiSeq 测序系统，完成对副溶血弧菌噬菌体 qdvp001 的全序列测序工作，结果显示副溶血弧菌噬菌体 qdvp001 为双链 DNA，线状，基因组全长为 134 472 bp，GC 含量为 35. 35%，无 tRNA。噬菌体 qdvp001 基因组共含有 227 个 ORF，总长 120 459 bp，占全长的 89. 58%。

（2）通过 BLAST 比对，初步推定 ORF 60 为编码内溶素的基因，并具有罕见的模块化结构。软件预测结果显示 ORF 60 编码的蛋白质相对分子质量为 25.9×10^3，等电点为 5. 97，不含有信号肽、疏水域以及跨膜区。

（3）选取 pET 克隆表达系统的 pET30a 作为表达载体，大肠杆菌 Rosetta（DE3)作为宿主菌分别对 ORF 60 进行克隆表达。最终得到蛋白浓度为 34. 85 mg/mL 的重组蛋白 Lys qdvp001。

（4）利用浊度法对 Lys qdvp001 的裂解活性进行研究发现其对副溶血弧菌的裂解活性进行测定，发现其对副溶血弧菌 ATCC 17802 有较强的裂解活性。对其酶学性质进行探究，发现 Lys qdvp001 具有良好的 pH 适应性，75 ℃处理 30 min 仍能维持 70%的活性，低浓度的 Zn^{2+}、Fe^{2+} 以及各浓度的 Ca^{2+} 可以明显提高重组内溶素 Lys qdvp001 的活性。

这些研究结果表明 ORF 60 确实为副溶血弧菌噬菌体 qdvp001 编码内溶素的基因，Lys qdvp001 作为副溶血弧菌抑菌具有良好的应用潜力。并且副溶血弧菌噬菌体 qdvp001 的内溶素为模块化内溶素，这也是目前发现的第一例来源于副溶血弧菌噬菌体具有的模块化结构内溶素的副溶血弧菌噬菌体。

（岗位专家　林洪）

鲆鲽类高效养殖模式技术研发进展

高效养殖模式岗位

2015年度,高效养殖模式岗位开展了大菱鲆在循环水高密度养殖条件下的生长潜力和生理指标影响的研究;构建了节能型工厂化循环水养殖车间面积10 000平方米以上;并实现装备系统的标准化和系列化;进行了高效运行示范,通过了验收和鉴定;组织鲆鲽类高效养殖模式的技术宣传和培训2次,培训技术推广人员、相关从业人员和科技示范户200余人次,编写并发放实用技术宣传手册/资料200份;开展了山东省、江苏省的地下水资源现状、开发利用调研,完成报告1篇;发表论文7篇,获得国家专利7项,培养研究生8名,博士后2名,相关研究进展如下:

1 重点任务

1.1 标准化育苗与全封闭式和半封闭式循环水养殖系统构建

2015年在江苏连云港众利水产养殖有限公司和山东招远发海海珍品养殖有限公司分别新建5 000平方米和6 000平方米的节能型工厂化循环水养殖基地各1个,半滑舌鳎和大菱鲆养殖密度达25~35 kg/m^2,系统运行状况良好。新设计的工厂化循环水系统为国家专利"分层取水清水循环养殖系统"技术的转化,该技术省略了微滤机等固液分离设备,达到节能和节省投资成本的效果。经现场验收,专家意见认为该循环水养殖系统,单位产量能耗降低15%~20%,节省设备投资10万元。

该项目的调温系统利用了养殖场附近的工业余热循环利用技术与工艺,大大降低了工厂化循环水的养殖成本,为周边地区循环水养殖能源利用开辟了新途径;系统还配套有物联网水质监测控制系统,使养殖管理更精准,更加节能减排,提高了养殖效能,有良好的示范作用。

1.2 工厂化循环水系统中养殖密度对水质、大菱鲆生长、摄食和福利状况的影响

本研究以大菱鲆为研究对象,分别从生长、福利、生理等方面探索密度对大菱鲆的综合影响,预测大菱鲆不同养殖阶段最佳密度和最大忍受密度,并从生理方面研究高密度对大菱鲆的影响机制。

1.2.1 养殖试验设计

本研究在山东东方海洋股份有限公司莱州分公司完成，为期 320 天，分三阶段完成。

（1）密度设置。

单一阶段，养殖 120 天，设三个密度，每个密度三个重复：低密度 2 200 尾鱼、中密度 4 400 尾鱼、高密度 6 300 尾鱼。

第二阶段，养殖 80 天，设三个密度，每个密度三个重复，低密度 2 000 尾鱼、中密度 3 300 尾鱼、高密度 4 600 尾鱼。

第三阶段，养殖 120 天，设三个密度，每个密度三个重复，低密度 1 500 尾鱼、中密度 2 200 尾鱼、高密度 3 100 尾鱼。

（2）日常管理。

循环水每天循环 18～24 次。第一阶段每天投喂四次，第二阶段每天投喂 3 次，第三阶段每天投喂 2 次。投喂量根据鱼的状态进行调整。

1.2.2 密度对水质的影响

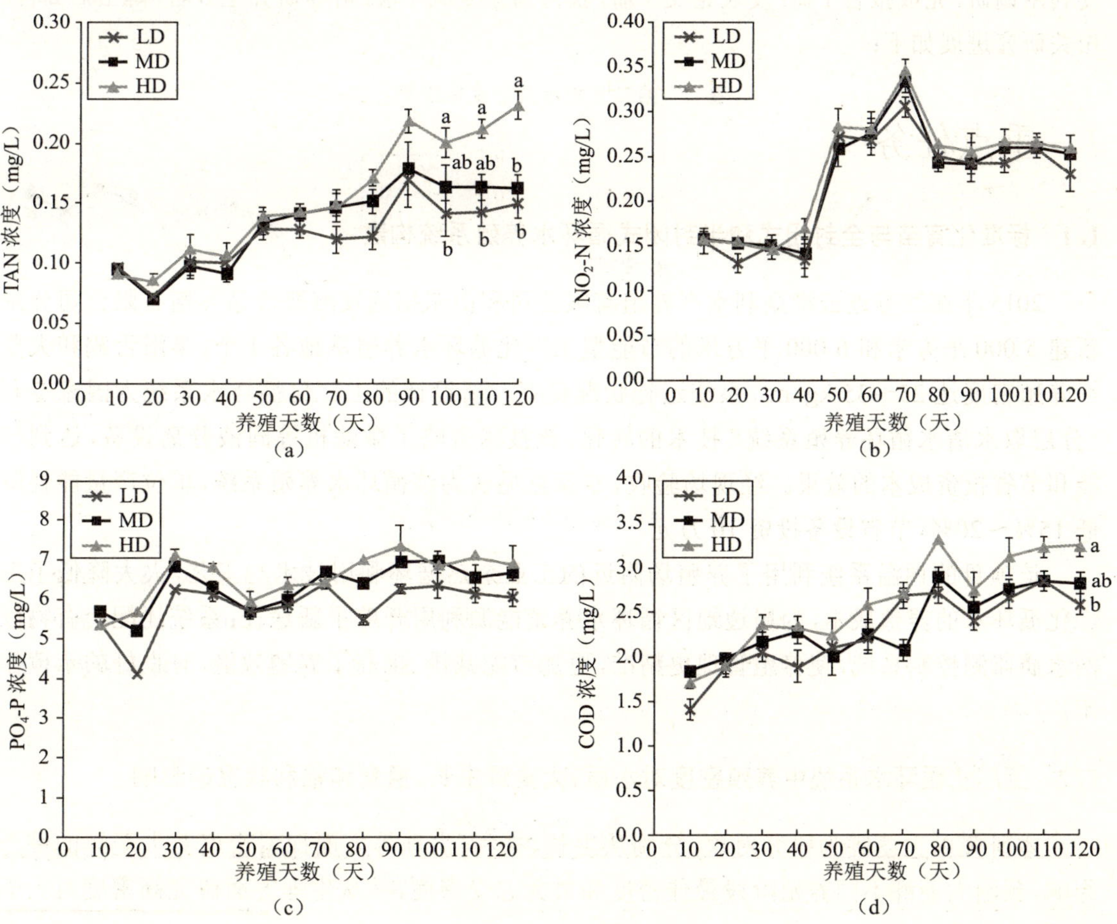

图 1 第一阶段水质的变化情况

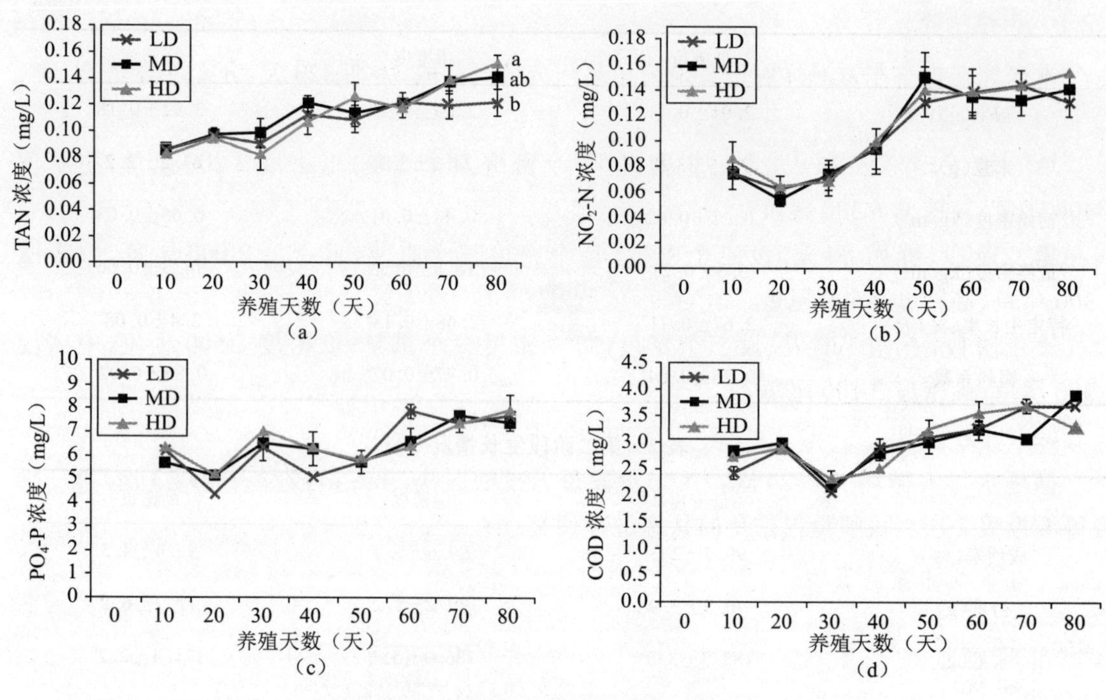

图 2　第二阶段水质的变化情况

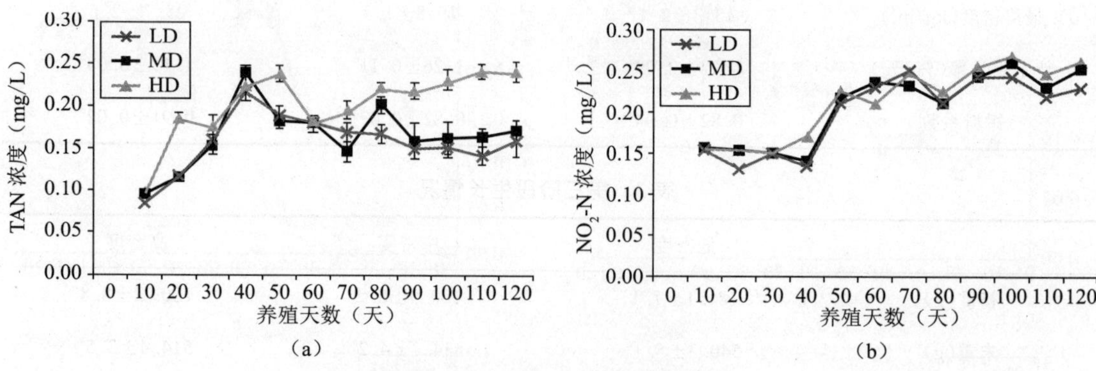

图 3　第三阶段水质的变化情况

本实验中，主要水质指标为：温度，DO，pH，盐度分别为 18±1.5 ℃，8±1 mg/L，7.9±0.3，27.3±3 g/L，TAN，NO_2-N，PO_4-P，COD 最高没有超过 0.3 mg/L，0.35 mg/L，7.5 μm，0.4 mg/L。尽管 TAN 在高密度组中出现显著升高，但其浓度并不会对大菱鲆生长产生影响。

1.2.3　密度对大菱鲆生长的影响

表 1　第一阶段生长情况

	低密度	中密度	高密度
成活率(%)	99.1±4.3	99.5±6.7	99.3±4.3

（续表）

	低密度	中密度	高密度
初重(g)	2. 91±0. 11	2. 89±0. 21	2. 92±0. 18
末重(g)	75. 5±3. 9^a	74. 2±5. 1^a	63. 2±2. 2^b
初始密度(kg/m^2)	0. 22±0. 02	0. 44±0. 01	0. 66±0. 03
最终密度(kg/m^2)	5. 3±0. 21	10. 8±0. 53	14. 3±0. 66
特定生长率(%/天)	2. 67±0. 11^a	2. 68±0. 15^a	2. 4±0. 08^b
饵料系数	0. 76±0. 04^a	0. 77±0. 07^a	0. 85±0. 02^b

表 2　第二阶段生长情况

	低密度	中密度	高密度
成活率(%)	99. 5±2. 3	99. 6±5. 7	99. 4±4. 3
初重(g)	70. 5±7. 9	70. 2±5. 2	71. 2±6. 2
末重(g)	188. 3±3. 9^a	186. 9±5. 1^a	171. 4±2. 2^b
初始密度(kg/m^2)	5. 1±0. 42	7. 7±0. 81	10. 8±0. 93
最终密度(kg/m^2)	13. 3±2. 1	19. 8±1. 3	25. 7±2. 6
特定生长率(%/天)	1. 27±0. 09^a	1. 26±0. 11^a	1. 15±0. 08^b
饵料系数	0. 82±0. 04^a	0. 82±0. 07^a	0. 91±0. 02^b

表 3　第三阶段生长情况

	低密度	中密度	高密度
初重(g)	181. 1±7. 1	180. 9±8. 2	180. 2±8. 8
末重(g)	540. 3±5. 1^a	534. 7±4. 2^a	514. 4±3. 5^b
初始密度(kg/m^2)	9. 05±0. 2	13. 2±0. 8	18. 3±1. 3
最终密度(kg/m^2)	28. 5±1. 2	40. 6±2. 5	52. 3±3. 6
特定生长率(%/天)	1. 0±0. 11^a	0. 98±0. 05^a	0. 92±0. 08^b
饵料系数	0. 98±0. 04^a	1. 07±0. 05^a	1. 14±0. 02b

结果显示：第一阶段养殖 120 天，成活率 99. 5% 以上；平均特定生长率：2. 63%/天；平均饵料系数：0. 79。同时结果显示，大菱鲆（70 g 左右）养殖密度在 14. 3 kg/m^2 以上时，生长受到抑制，应及时调整养殖密度进行第二阶段养殖。

第二阶段养殖 80 天，成活率 99. 4% 以上；平均特定生长率：1. 23%/天；平均饵料系数：0. 85。同时结果显示，大菱鲆（18 g 左右）养殖密度在 26. 7 kg/m^2 以上时，生长受到抑制，应及时调整养殖密度进行第三阶段养殖。

第三阶段养殖120天，平均成活率99.3%以上；特定生长率为0.95；饵料系数为0.84；同时结果显示：大菱鲆(520 g左右)养殖密度在52.3 kg/m^{2}以上时，生长受到抑制。

1.2.4 养殖密度对大菱鲆摄食，饲料转化的影响

研究结果表明，不同密度组间的饲料系数出现显著性差异($P < 0.05$)，高密度组的饲料系数最高，而低密度组的饲料系数最低。摄食量随着密度的增大表现出递增的趋势，不同养殖密度对日均摄食率影响显著，中密度组和高密度组显著高于低密度组($P < 0.05$)，但此两组之间没有显著性差异($P > 0.05$)。

1.2.5 养殖密度对大菱鲆生理和生化指标的影响

表4，图4，图5显示：大菱鲆养殖80天后，高密度引起血液中皮质醇、葡萄糖、胆固醇、GPT和GOT等指标的不利变化，高密度组血浆抗氧化指标SOD、CAT、GP*x*、GSH和T-AOC出现显著的下降，表明过高的密度引起氧化损伤，大菱鲆处于应激状态。

1.2.6 养殖密度对大菱鲆应激相关基因表达的影响

第三阶段养殖120天后，高密度组GST基因出现显著下降，其降低表明高密度引起氧化应激。与此相反，HSP70，CYP1A和MT基因显著的上调，表明高密度引起大菱鲆显著的应激。研究表明长期处于应激状态会降低机体的免疫功能。

1.2.7 养殖密度对大菱鲆免疫相关基因表达的影响

结果显示，养殖120天后，高密度组LYS和HAMP基因显著下降，而TNF-α和IL-1β基因并未发生改变。高密度会引起大菱鲆免疫功能下降，但并没有引起炎症反应。

表4 第二阶段密度对大菱鲆血液生理指标的影响

血液指标	试验组	养殖天数(天)			
		20	40	60	80
Glucose (mmol/L)	LD	1.58(0.48)	0.96(0.17)	1.84(0.19)	1.91(0.17) a
	MD	1.39(0.30)	1.01(0.27)	1.99(0.49)	1.87(0.18) a
	HD	1.66(0.46)	0.94(0.28)	1.78(0.13)	2.43(0.26) b
Cholesterol (mmol/L)	LD	3.23(0.42)	3.30(0.54)	3.71(0.21)	3.77(0.26) a
	MD	3.39(0.55)	3.15(0.59)	3.61(0.17)	2.95(0.29) a
	HD	3.61(0.22)	3.20(0.44)	3.34(0.11)	5.21(0.66) b
Triglyceride (mmol/L)	LD	5.26(1.41)	4.93(1.67)	6.55(1.90)	6.49(1.49) a
	MD	6.10(0.53)	6.08(1.18)	5.81(1.28)	9.66(0.48) b
	HD	6.64(0.36)	6.16(1.76)	6.50(0.80)	11.23(1.42) b

（续表）

血液指标	试验组	养殖天数（天）			
		20	40	60	80
Hemoglobin（g/L）	LD	53. 44（8. 11）	37. 38（7. 57）	51. 36（9. 33）	42. 53（6. 62）
	MD	55. 52（6. 74）	45. 59（3. 31）	52. 83（4. 49）	37. 84（4. 99）
	HD	58. 59（8. 29）	45. 84（4. 36）	51. 11（6. 63）	44. 98（2. 22）
Na^+（mmol/L）	LD	197. 09（5. 90）	185. 28（3. 75）	180. 31（3. 61）	183. 94（2. 58）
	MD	189. 18（4. 96）	182. 00（2. 26）	187. 65（7. 84）	188. 09（14. 20）
	HD	187. 92（2. 34）	178. 67（3. 63）	184. 94（1. 25）	178. 41（5. 63）
K^+（mmol/L）	LD	7. 61（0. 94）	10. 72（1. 03）	10. 1（0. 51）	12. 56（1. 15）
	MD	7. 56（0. 30）	9. 47（1. 46）	8. 85（1. 38）	10. 78（1. 42）
	HD	8. 81（1. 11）	8. 93（0. 69）	9. 45（2. 05）	10. 61（1. 31）
Cl^-（mmol/L）	LD	132. 67（17. 64）	125. 56（5. 20）	124. 70（6. 03）	121. 48（13. 63）
	MD	124. 75（7. 58）	126. 55（8. 22）	129. 63（6. 64）	119. 96（14. 64）
	HD	135. 51（5. 17）	127. 55（6. 76）	121. 01（2. 63）	135. 85（5. 54）
GPT（U/L）	LD	13. 10（0. 40）	8. 31（0. 40）	10. 98（1. 71）	14. 25（2. 24） a
	MD	11. 73（1. 17）	9. 22（1. 63）	10. 84（1. 23）	15. 59（0. 88） a
	HD	12. 82（1. 92）	8. 75（1. 89）	14. 81（1. 93）	21. 82（4. 24） b
GOT（U/L）	LD	11. 66（2. 02）	14. 65（5. 43）	15. 74（2. 21）	14. 50（0. 72） a
	MD	15. 22（5. 53）	11. 18（1. 63）	17. 23（2. 98）	15. 10（2. 74） a
	HD	14. 03（3. 25）	12. 77（0. 89）	15. 49（1. 84）	23. 25（2. 69） b
Protein（g/L）	LD	13. 64（4. 49）	12. 92（1. 16）	8. 15（1. 46）	10. 97（1. 24）
	MD	13. 77（2. 08）	10. 45（1. 66）	7. 63（2. 93）	11. 75（0. 88）
	HD	12. 37（3. 75）	11. 27（1. 45）	9. 25（1. 62）	10. 45（3. 18）

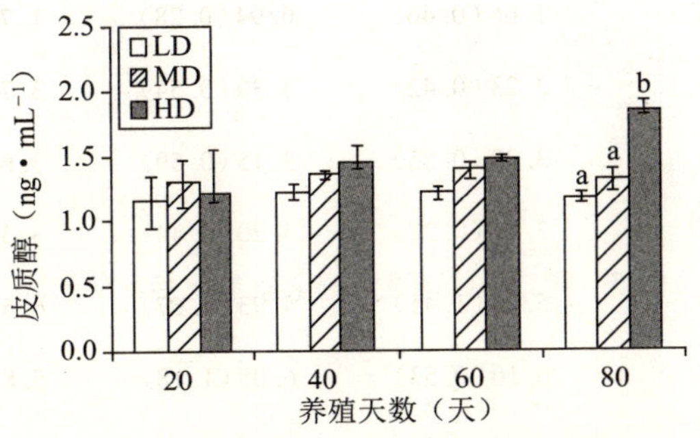

图 4　第二阶段密度对大菱鲆皮质醇的影响

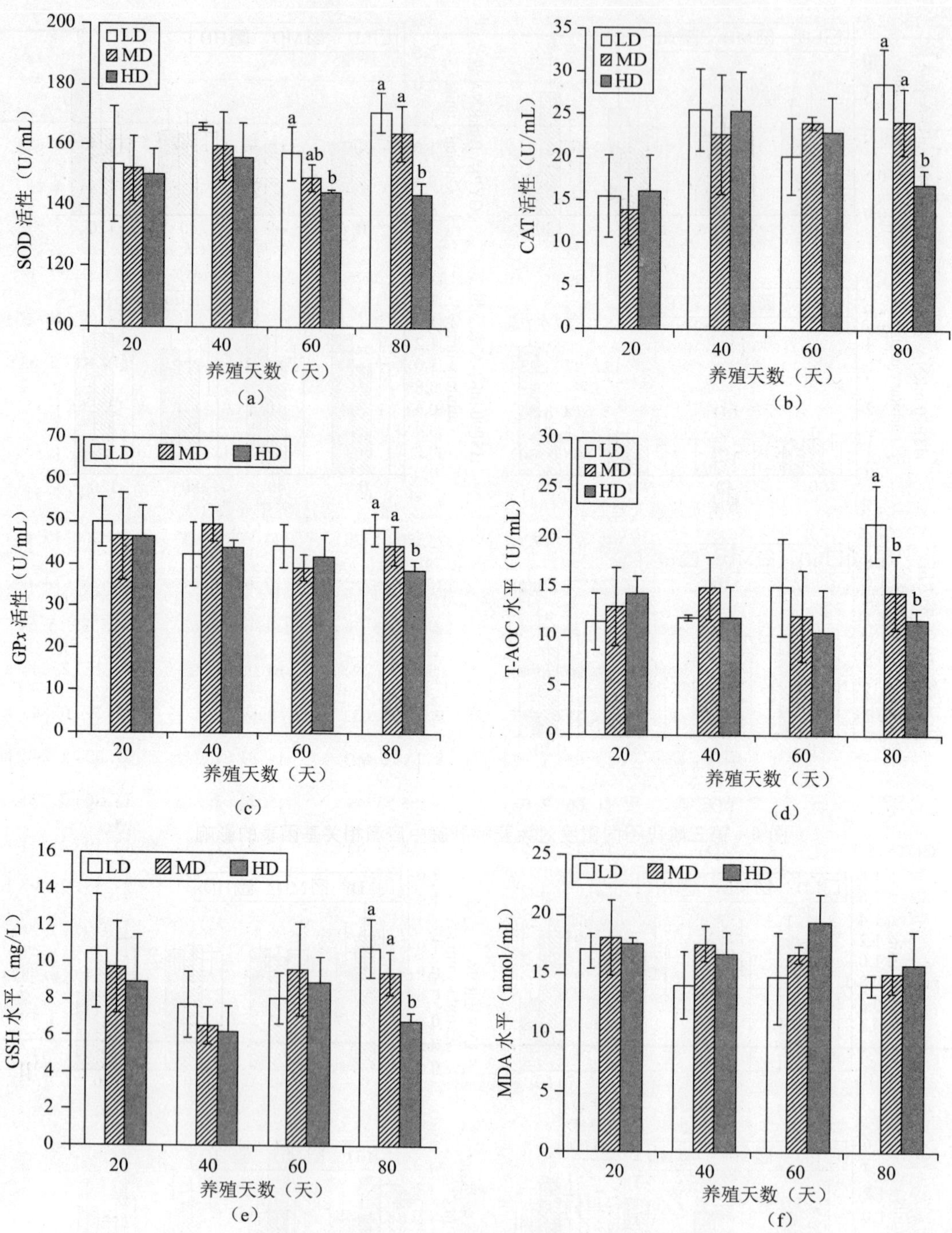

图 5　第二阶段密度对血浆抗氧化指标的影响

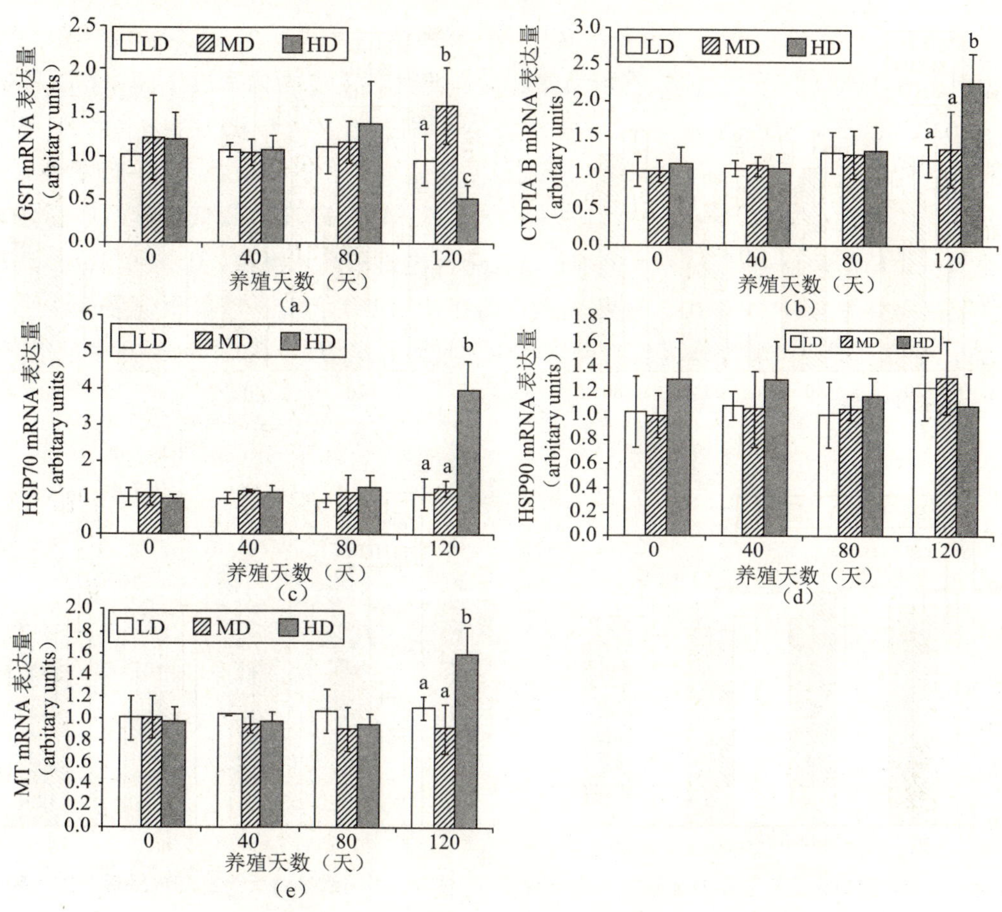

图 6　第三阶段不同密度对大菱鲆肝脏中应激相关基因表的影响

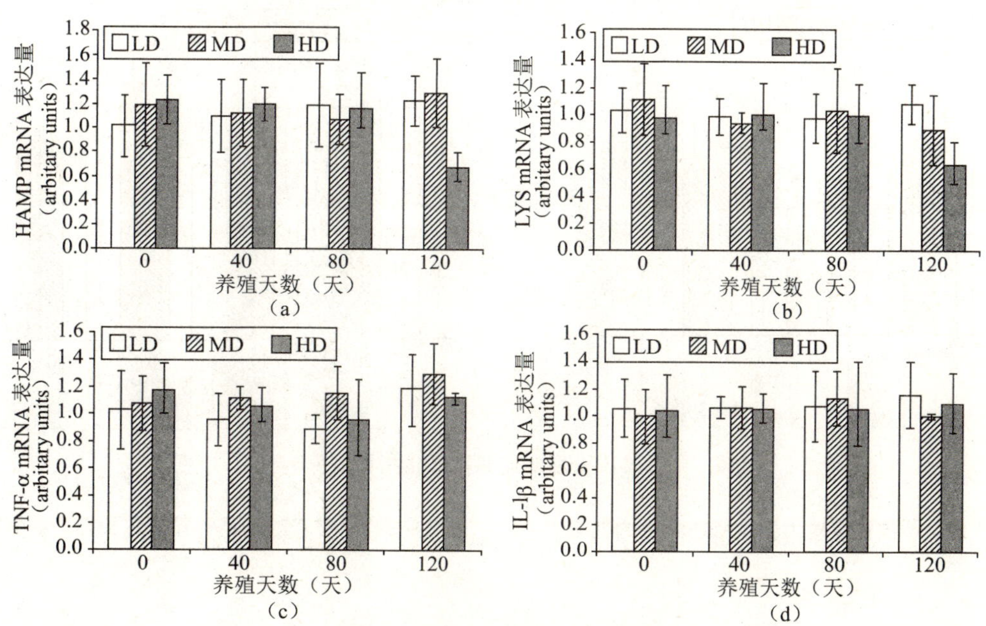

图 7　不同密度对大菱鲆肝脏免疫相关基因表达的影响

1.2.8 循环水系统中不同养殖密度对大菱鲆主要代谢酶的影响

由图 8,9,11 可知,总蛋白酶,胃蛋白酶和淀粉酶活力表现为低密度组和中密度组均显著($P<0.05$)低于高密度组,但两组之间并无显著性差异($P>0.05$);中密度组的谷草转氨酶和谷丙转氨酶均显著($P<0.05$)高于或低于低密度组和高密度组,但低密度和高密度组之间并无显著性差异($P>0.05$),如图 14,18 所示;在图 17,18 中,低密度组中的亮氨酸氨肽酶和碱性磷酸酶活力显著($P<0.05$)高于中密度组和高密度组,但中密度组和高密度组之间无显著性差异($P>0.05$);胰凝乳蛋白酶在低密度组和高密度组出现显著性差异($P<0.05$),而谷氨酸脱氢酶表现为低密度组和中密度组显著($P<0.05$)高于高密度组,但两组之间无显著性差异($P>0.05$)。

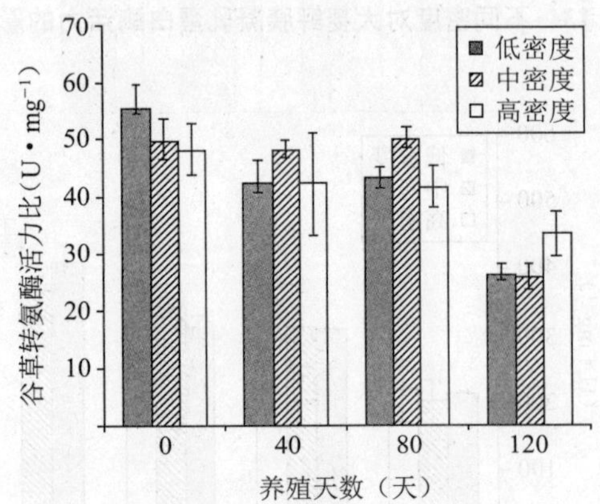

图 8 不同密度对大菱鲆总蛋白酶活力的影响

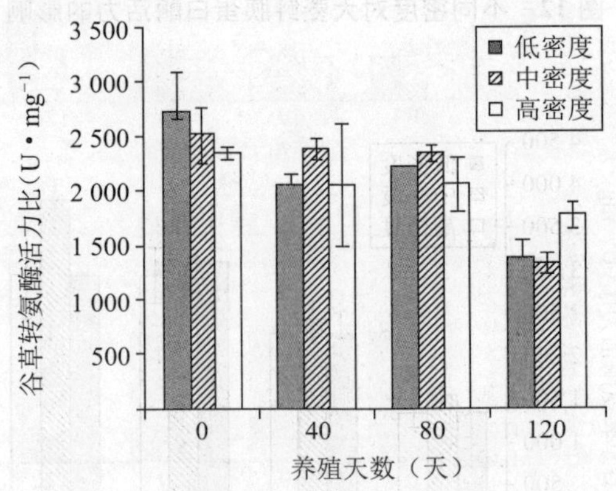

图 9 不同密度对大菱鲆淀粉酶活力的影响

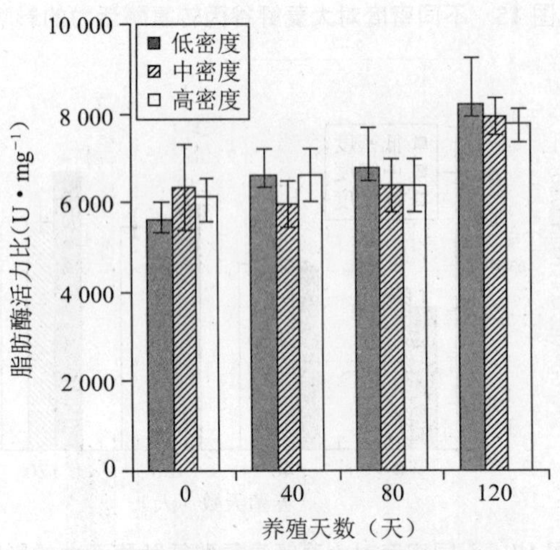

图 10 不同密度对大菱鲆脂肪酶活力的影响

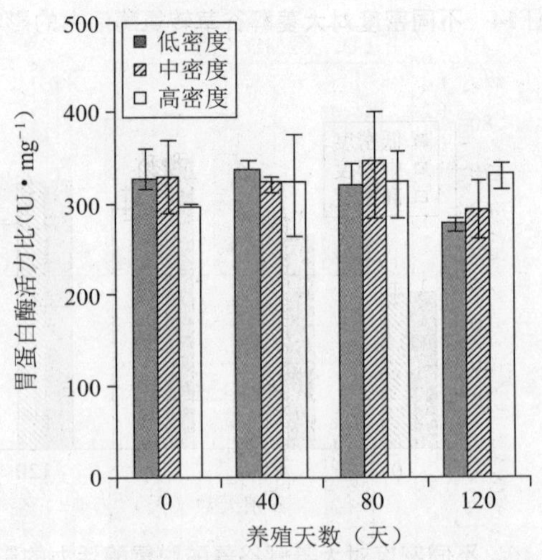

图 11 不同密度对大菱鲆胃蛋白酶活力的影响

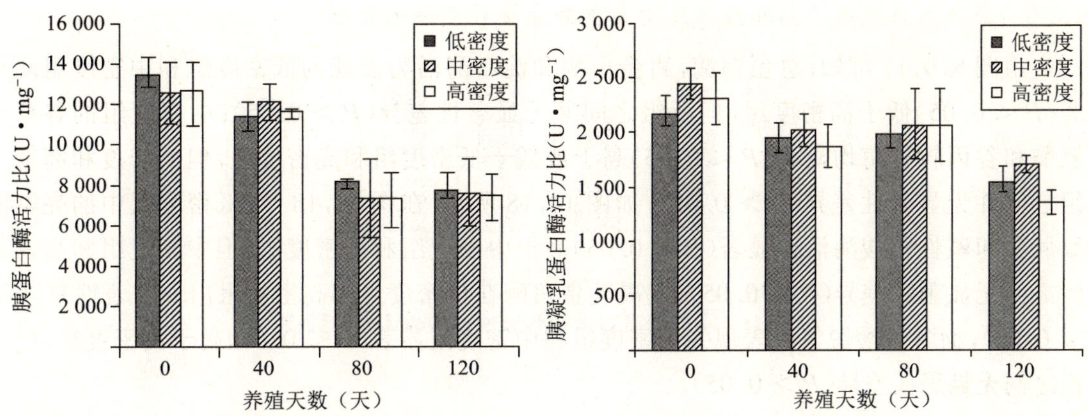

图 12　不同密度对大菱鲆胰蛋白酶活力的影响　图 13　不同密度对大菱鲆胰凝乳蛋白酶活力的影响

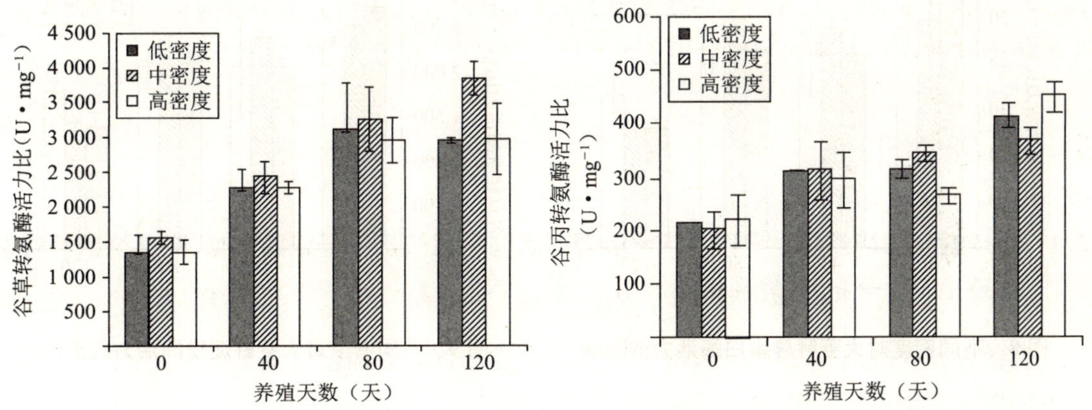

图 14　不同密度对大菱鲆谷草转氨酶活力的影响　图 15　不同密度对大菱鲆谷丙转氨酶活力的影响

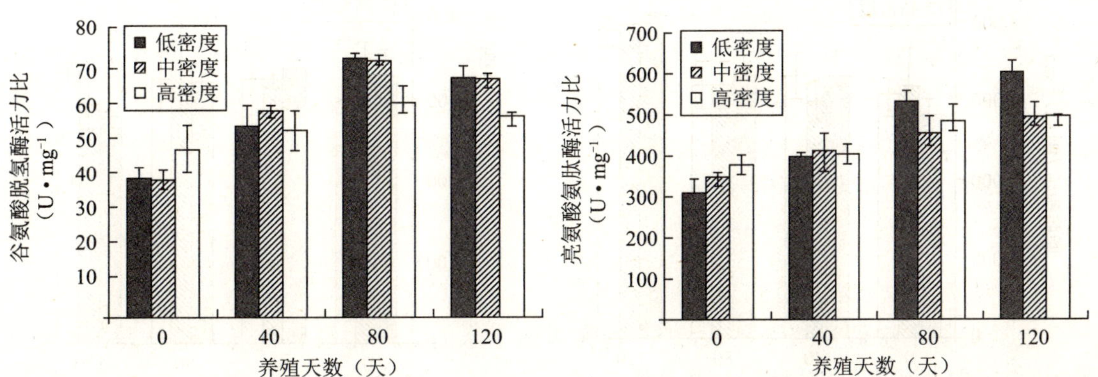

图 16　不同密度对大菱鲆谷氨酸脱氢酶活力的影响　图 17　不同密度对大菱鲆亮氨酸氨肽酶活力的影响

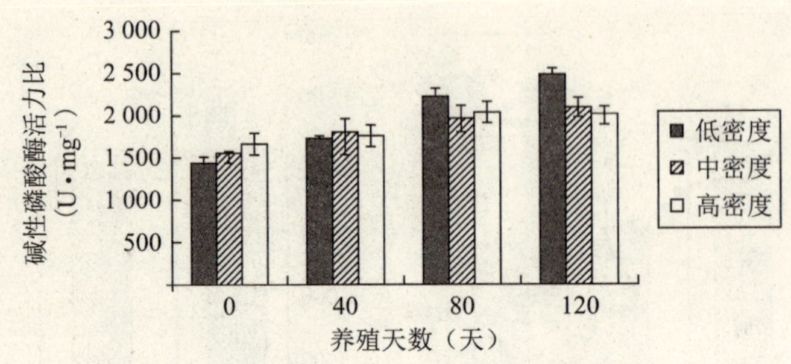

图 18　不同密度对大菱鲆碱性磷酸酶活力的影响

1.2.9　总结

① 养殖密度与大菱鲆规格密切相关,大菱鲆规格越大,其对密度的适应能力越强。② 特定生长率、饵料系数与大菱鲆规格呈负相关,随着大菱鲆体质量的增加,其饵料系数和特定生长率呈下降趋势。③ 当养殖密度达到一定程度时,会引起大菱鲆应激,免疫力下降,生长速度减弱。④ 循环水系统可用于大菱鲆高密度养殖,可显著提高养殖效益。

2　基础性工作

2.1　连续对全国鲆鲽类主产区地下水资源开发与利用情况进行跟踪调查,完善全国鲆鲽类养殖地下水分布、开发利用图

高效养殖模式岗位 2015 年度完成了对山东省和江苏省地区地下水资源现状、开发利用情况的现场走访调研工作,并对调查资料进行了整理,编写了调研报告。

2.1.1　调查方法

(1) 前期资料收集准备,制定调查数据表格等;

(2) 走访当地养殖户,现场记录、拍照和摄像,记录养殖园区坐标范围,弄清养殖种类、养殖模式、养殖用水情况,该地地下水资源状况及已开发利用情况等;

(3) 编写调查报告;

(4) 绘制地下水资源特征底图。

2.1.2　调查结果

(1) 江苏省地下水调查结果。

根据我们本次调查结果显示,江苏省需用地下水的工厂化大棚养殖主要分为三个地域集团,由南向北分别是南通海门、盐城东台与启东、连云港赣榆。

(2) 江苏省重点养殖户地下水开发利用存在的主要问题

① 存在重金属含量超标现象;

② 地下水水位下降较为严重;

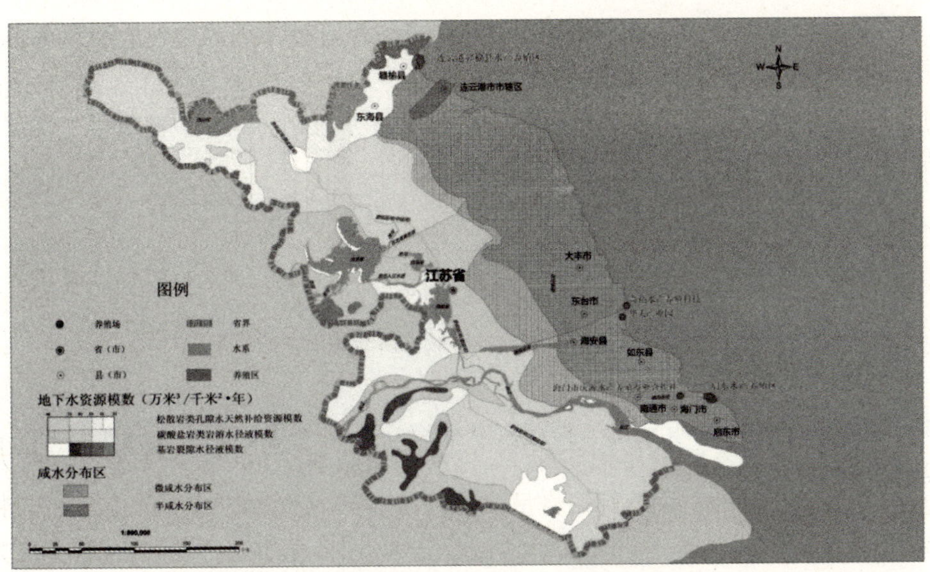

图 19　江苏省地下水资源分布图及养殖区分布

③ 水质优良养殖厂区常存在水量不足现象。

（3）山东省地下水调查结果。

主要养殖区地下水资源情况评估。

根据山东省沿岸地形特征、地下水资源分布规律以及工厂化养殖集中程度，我们把山东沿海分为两个区域加以评述（图 20）。

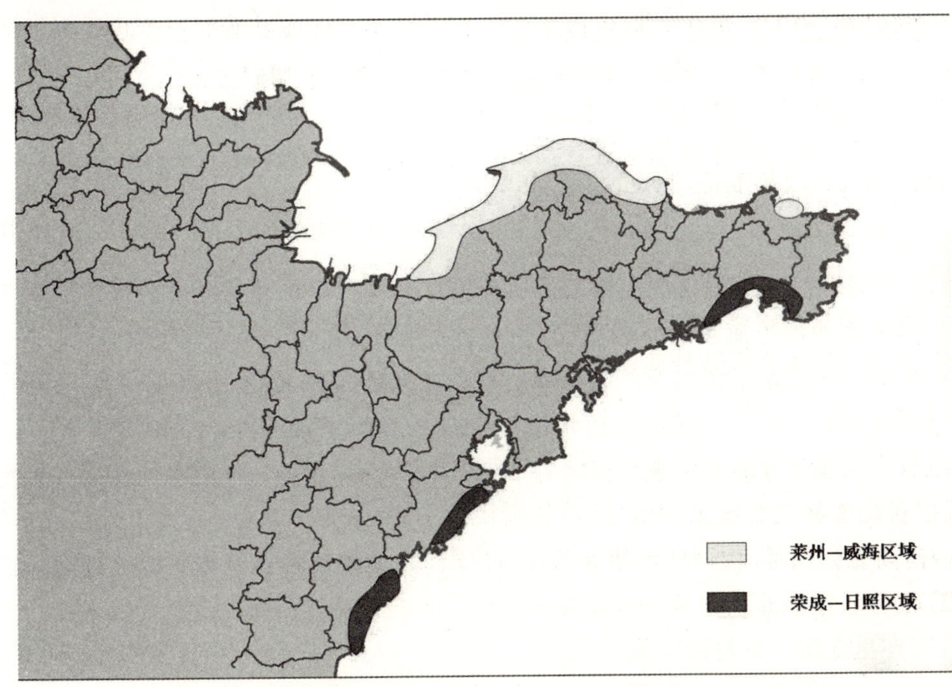

图 20　山东沿海工厂化养殖集中地区

莱州—威海养殖区单井出水量一般小于 100 m^3/d,而粉子山群大理岩和蓬莱单井出水量 500～1000 m^3/d,局部可达 1 000～5 000 m^3/d。

荣成—日照养殖区单井出水量小于 100 m^3/d。五龙河、付疃河、潮河等中下游河谷地区单井出水量 1 000～3 000 m^3/d。

2.1.3 现状与问题

(1) 地下水资源紧缺。

(2) 地面沉陷严重。

(3) 养殖用地拓展空间有限。

2.2 鲆鲽类主产区地下海水应用与处理现状研究——关于锰砂罐在处理工厂化养殖中效果的研究

2.2.1 材料与方法

利用 DR890 光度计分析测定鲆鲽类养殖中地下海水或自然海水中铁、锰和氨氮以及经砂滤罐等设备处理后铁、锰和氨氮的含量及其对鲆鲽类养殖的影响。

2.2.2 结果

(1) 砂滤罐对地下海水中铁、锰和氨氮含量的去除效果。

实验结果表明,未经过砂滤罐过滤处理的地下井水中 Fe 含量达到 0. 55 mg/L,超出养殖标准(0. 3 mg/L);经过砂滤罐过滤处理的地下井水中 Fe 含量仅为 0. 12 mg/L,符合水产养殖标准。未经过砂滤罐过滤处理的地下井水中 Mn 含量达到 0. 796 mg/L,超出养殖标准(0. 1 mg/L),经过砂滤罐过滤处理的地下井水中 Fe 含量仅为 0. 11 mg/L,符合水产养殖标准。

未经过砂滤罐过滤处理的地下井水中氨氮含量达到 0. 388 mg/L,超出养殖标准;经过砂滤罐过滤处理的地下井水中氨氮含量仅为 0. 107 mg/L,符合水产养殖标准。

(2) 铁、锰和氨氮含量对工厂化养殖的影响作用。

本实验在高铁锰地区进行:

① 对相同批次、相同规格的七带石斑鱼仔稚鱼分别用经砂滤罐处理的地下海水及未经砂滤罐过滤处理的地下海水进行养殖(其他条件如温度、盐度、pH 值等均相同)。60 天后,使用铁锰含量不同的地下海水养殖的七带石斑鱼仔稚鱼体长、体重均有增加,但使用经过砂滤罐过滤处理的地下海水养殖的石斑鱼增重 150%、体长增加 100%;而使用未经砂滤罐过滤处理的地下海水养殖的石斑鱼增重仅为 80%、体长增加 20%。使用不同铁锰含量水质养殖 60 天后石斑鱼对比如图 21 所示。

② 对相同批大菱鲆成鱼体重增加明显,首次使用该地区经砂滤罐过滤处理海水在山东省成功培育毛蚶 750 kg。

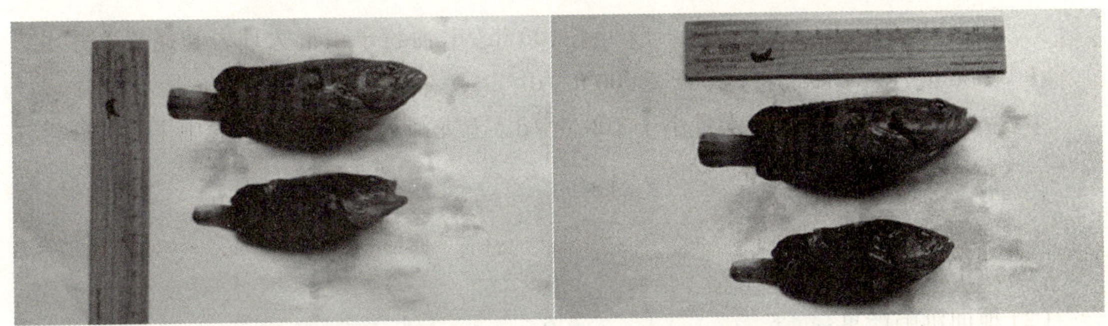

图 21　过滤水与未过滤水养殖七带石斑鱼对比图

2.2.3　砂滤罐对降低铁锰含量的效果

经过砂滤罐中锰砂氧化吸附作用后地下海水中铁锰含量可降低约 80%以上，然后经过滤海水进入曝气池使其充分曝气溶解氧气，降低地下海水中氨氮含量后进入养殖池。

图 22　锰砂滤罐装置图

3　前瞻性研究

3.1　大菱鲆卵质基础生物研究

本研究以大菱鲆为研究对象，系统分析了大菱鲆卵子和卵巢液生化组成及其同卵质相关性，结果表明初产雌性大菱鲆亲鱼在整个繁殖产卵周期过程中，卵子受精率和孵化率在排卵中期卵子中达到最高($P < 0.05$)，早期与晚期则无显著差异($P > 0.05$)。卵子上浮率、卵子脂肪酸、氨基酸和 RNA 含量，卵黄原蛋白表达水平、RNA/Protein 比值，组织蛋白酶 L 含量、碱性磷酸酶活性、卵巢液 pH 也均在排卵中期卵子中达到最高，天冬氨酸转移酶活性在排卵中期的卵子中最低，显著低于早期和晚期卵子，呈与受精率和孵化率相反的变化趋势。且上述指标同卵子受精率和孵化率显著相关($P < 0.05$)，以上研究查明了卵子和卵巢液中核酸、糖、蛋白、脂类及代谢相关酶类的动态变化规律，明确了相关组分在胚胎和仔鱼发育进程中的作用。

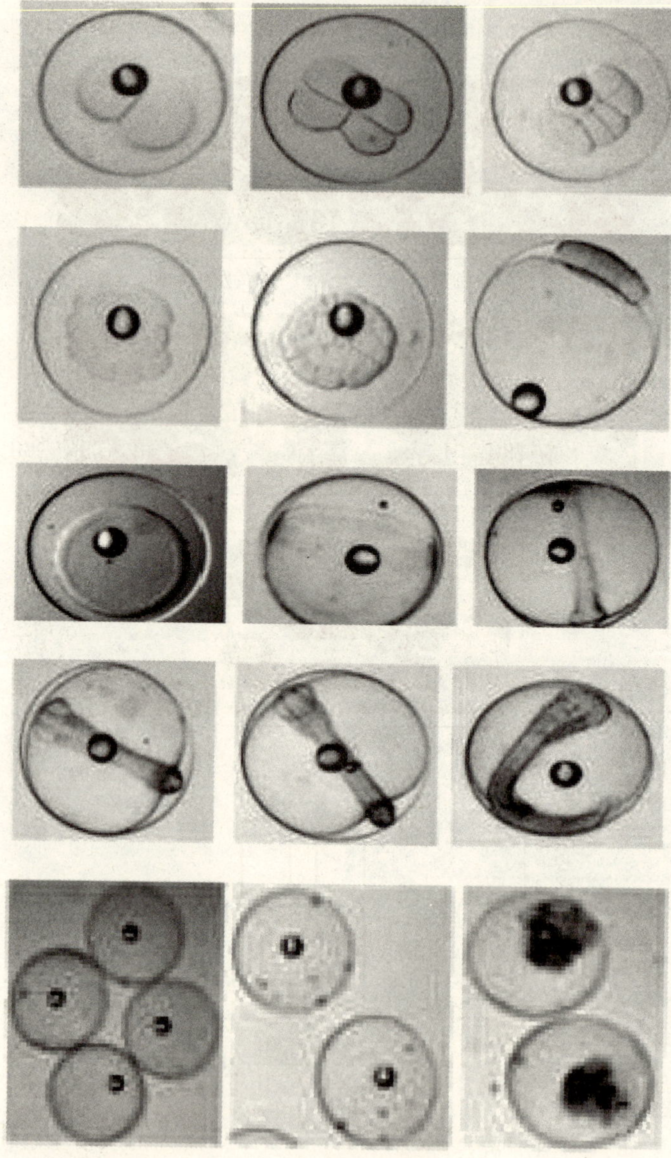

图 23　大菱鲆胚胎发育

3.2　大菱鲆卵子发育调控研究

本研究克隆获取了与大菱鲆卵母细胞发育密切相关的促性腺激素受体基因-黄体生成素受体(LHR)和卵泡刺激素受体(FSHR),分析其相应生物信息学特征。结果表明促性腺激素受体 FSHR 和 LHR 基因属于典型的 G 蛋白偶联受体,通过参与调控卵黄生成,促进了卵母细胞发育、成熟、排卵和闭锁,同卵巢发育密切相关。上述研究为阐明促性腺激素受体基因在大菱鲆性腺发育过程中的生物学功能奠定了基础,同时为大菱鲆等养殖海水鱼类标准化苗种生产提供基础数据和理论依据。

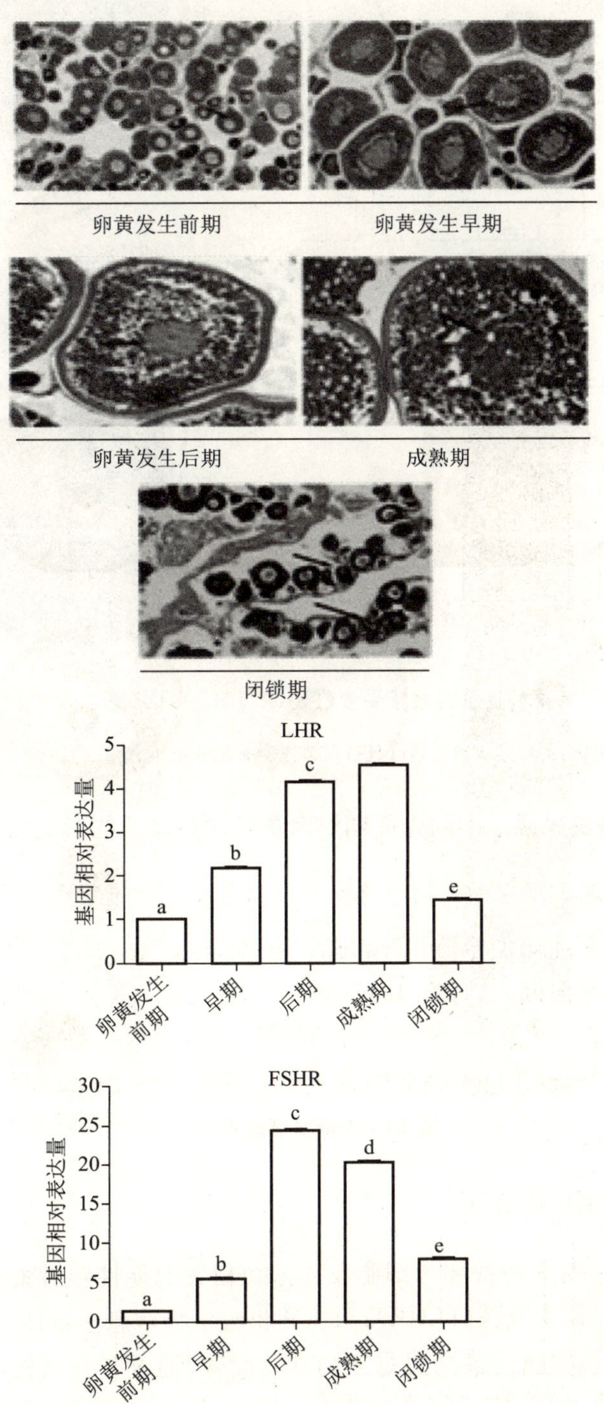

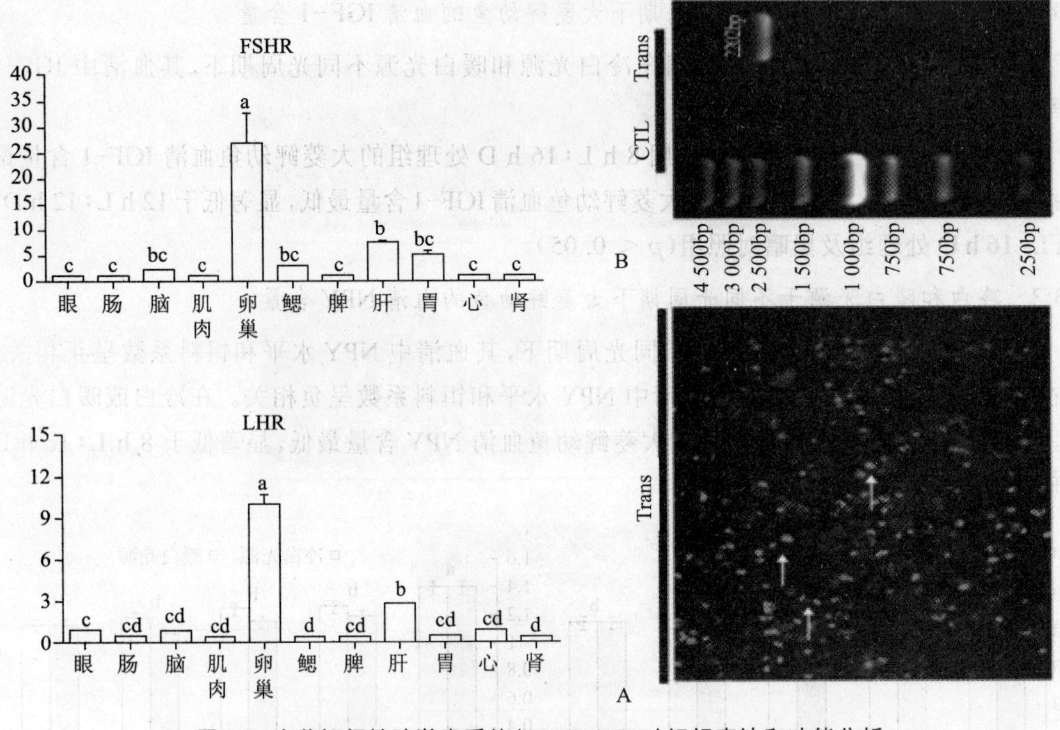

图 24　大菱鲆促性腺激素受体(FSHR/LHR)组织表达和功能分析

FSHR:促卵泡激素受体;LHR:促黄体生成激素受体;箭头:转染细胞

3.3　开展了冷白和暖白光源于不同光周期对大菱鲆幼鱼激素的影响研究

3.3.1　冷白和暖白光源于不同光周期下大菱鲆幼鱼的血清生长激素水平

研究结果表明大菱鲆幼鱼养殖在冷白光源和暖白光源不同光周期下,其血清中生长激素水平和特定生长率呈正相关。在冷白或暖白光源下,光照周期 8 h L:16 h D 处理组的大菱鲆幼鱼血清生长激素含量最高。光照周期 24 h L:0 D 处理组的大菱鲆幼鱼血清生长激素水平最低,显著低于 12 h L:12 h D、8 h L:16 h D 处理组及黑暗对照组($P < 0.05$)。

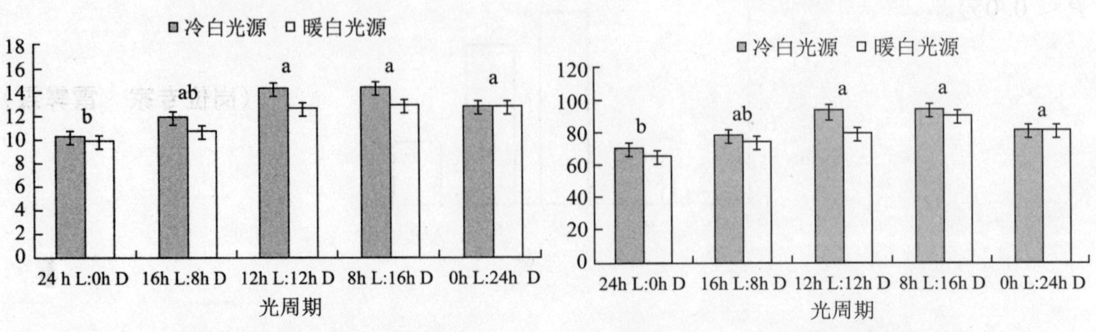

图 25　不同光周期对大菱鲆幼鱼血清中生长激素的影响

图 26　不同光周期对大菱鲆幼鱼血清中 IGF-1 的影响

3.3.2　冷白和暖白光源于不同光周期下大菱鲆幼鱼的血清 IGF-1 含量

养殖 65 d 后，大菱鲆幼鱼养殖在冷白光源和暖白光源不同光周期下，其血清中 IGF-1 水平和特定生长率呈正相关。

在冷白或暖白光源下，光照周期 8 h L∶16 h D 处理组的大菱鲆幼鱼血清 IGF-1 含量最高；光照周期 24 h L∶0 D 处理组的大菱鲆幼鱼血清 IGF-1 含量最低，显著低于 12 h L∶12 h D、8 h L∶16 h D 处理组及黑暗对照组（$p < 0.05$）。

3.3.3　冷白和暖白光源于不同光周期下大菱鲆幼鱼的血清 NPY 含量

大菱鲆幼鱼养殖在冷白光源不同光周期下，其血清中 NPY 水平和饵料系数呈正相关，而在暖白光源不同光周期下，其血清中 NPY 水平和饵料系数呈负相关。在冷白或暖白光源下，光照周期 24 h L∶0 D 处理组的大菱鲆幼鱼血清 NPY 含量最低，显著低于 8 h L∶16 h D 处理组及黑暗对照组（$P < 0.05$）。

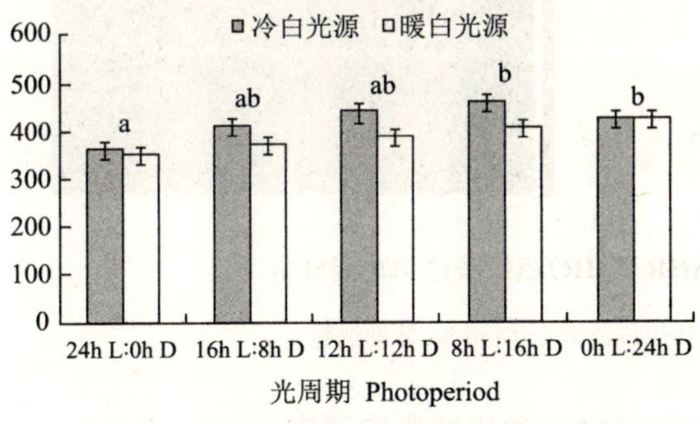

图 27　不同光周期对大菱鲆幼鱼血清中 NPY 的影响

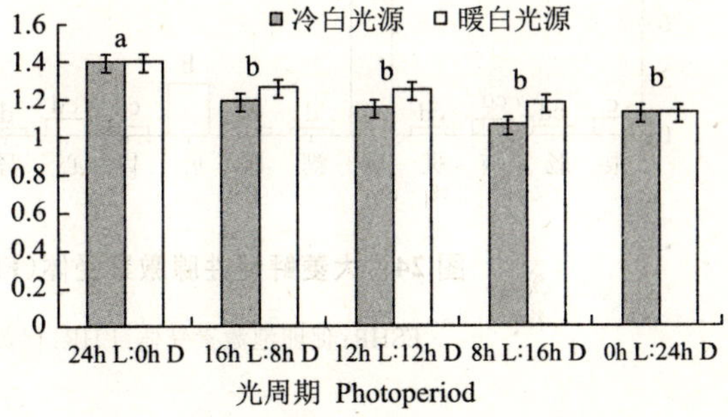

图 28　不同光周期对大菱鲆幼鱼血清中 POMC 的影响

3.3.4　白光源于不同光周期下大菱鲆幼鱼血清 POMC 水平

大菱鲆幼鱼养殖在冷白光源不同光周期下，其血清中 POMC 水平和饵料系数呈负相关，而在暖白光源不同光周期下，其血清中 POMC 水平和饵料系数呈正相关。在冷白或暖白光源下，光照周期 24 h L∶0 D 处理组的大菱鲆幼鱼血清 POMC 含量最高，显著高于其他处理组（$P < 0.05$）。

（岗位专家　雷霁霖）

第二篇

蔬菜主产区调研报告

第二篇

鲆鲽类主产区调研报告

天津综合试验站产区调研报告

1　示范县(市、区)鲆鲽类养殖现状

本综合试验站下设五个示范县(市、区),分别为:天津市塘沽区、天津市大港区、天津市汉沽区、浙江省舟山市普陀区、温州市苍南县。其育苗、养殖品种、产量及规模见附表1:

1.1　育苗面积及苗种产量

1.1.1　育苗面积

五个示范县育苗总面积为36 700 m^2,其中塘沽区2 000 m^2、大港区1 700 m^2、汉沽区33 000 m^2、普陀区0 m^2、苍南县0 m^2。按品种分:大菱鲆育苗面积15 200 m^2、半滑舌鳎13 500 m^2、牙鲆8 000 m^2。

1.1.2　苗种年产量

五个示范县共计14户育苗厂家,总计育苗3 300万尾,其中:大菱鲆1 500万尾、半滑舌鳎1 000万尾、牙鲆800万尾。各县育苗情况如下:

塘沽区:天津市海发珍品实业发展有限公司一家,生产半滑舌鳎苗种200万尾,用于本区养殖。

大港区:天津立达海水资源开发有限公司一家,生产半滑舌鳎苗种100万尾,用于本区养殖。

汉沽区:12户育苗厂家,生产牙鲆苗种约800万尾,生产大菱鲆苗种1 500万尾,生产半滑舌鳎苗种700万尾,用于天津地区养殖及供应山东、河北、辽宁。

1.2　养殖面积及年产量、销售量、年末库存量

1.2.1　工厂化养殖

养殖方式有工厂化循环水养殖、工厂化非循环水养殖,养殖企业共有20家,工厂化养殖面积93 600 m^2,年总生产量为1 310. 94吨,销售量为980. 06吨,年末库存量为330. 88吨。其中:

塘沽区:1户,养殖面积12 000 m^2,养殖半滑舌鳎12 000 m^2,年产量253. 78吨,销售

128.9吨,年末库存124.88吨。

大港区:3户,养殖面积8 000 m²,半滑舌鳎8 000 m²,年产量135.86吨,销售133.36吨,年末库存2.5吨。

汉沽区:15户,养殖面积69 600 m²,大菱鲆39 000 m²,年产量387.43吨,销售259.93吨,年末库存127.5吨;牙鲆14 100 m²,年产量185.19吨,销售155.19吨,年末库存30吨;半滑舌鳎16 500 m²,年产量248.68吨,销售202.68吨,年末库存46吨。

苍南县:仅1户,半滑舌鳎4 000 m²,年产量100吨,销售100吨,年末库存0吨。

1.2.2 池塘养殖(亩)

只有浙江省舟山市普陀区采用池塘养殖的方式,种类为褐牙鲆,采用池塘单养或者褐牙鲆与三疣梭子蟹池塘混养,养殖户1户,养殖面积18亩,年总生产量为4.8吨,销售量为4.8吨,年末库存量为0吨。

1.3 品种构成

品种养殖面积及产量占示范县养殖总面积和总产量的比例:见附表2

统计五个示范县鲆鲽类养殖面积调查结果,各品种构成如下:

工厂化育苗总面积为36 700 m²,其中牙鲆为8 000 m²,占总育苗面积的21.80%;半滑舌鳎为13 500 m²,占总面积的36.78%;大菱鲆为15 200 m²,占总面积的41.42%。

工厂化育苗总出苗量为3 300万尾,其中牙鲆为800万尾,占总出苗量的24.24%;半滑舌鳎为1 000万尾,占总出苗量的45.45%;大菱鲆为1 500万尾,占总出苗量的45.45%。

工厂化养殖总面积为93 600 m²,其中牙鲆为14 100 m²,占总养殖面积的15.06%;半滑舌鳎为40 500 m²,占总养殖面积的43.27%;大菱鲆为39 000 m²,占总养殖面积的41.67%。

工厂化养殖总产量为1 310.94吨,其中牙鲆为185.19吨,占总养殖产量的14.13%;半滑舌鳎为738.32吨,占总养殖产量的56.32%;大菱鲆为387.43吨,占总养殖产量的29.55%。

池塘养殖总面积为18亩,全部为浙江舟山本地褐牙鲆。

池塘养殖总产量为4.85吨,全部为浙江舟山本地褐牙鲆。

从以上统计可以看出,在五个示范县内,半滑舌鳎、牙鲆、大菱鲆三个品种养殖面积和产量都占绝对优势。

2 示范县(市、区)科研开展情况

2.1 科研课题情况

试验站依托单位天津渤海水产研究所积极申请鲆鲽类产业相关项目,做好产业技术集成与示范,“工厂化养殖海水鱼类良种引进与繁育”,来源为农业科技成果转化资金,引进耐高温、生长快、抗逆性强的大菱鲆和牙鲆良种,在养殖企业进行示范生产,通过培育健康、优质的“鲆优一号”和“丹法鲆”亲鱼体系,掌握引种后的人工授精及繁育技术,建立工厂化海水鱼类新品种健康养殖示范基地,示范健康养殖技术,扩大养殖规模,并对该优良种在天津市范围内进行推广,扩大养殖规模,提出适宜的工厂化养殖技术模式。采用多种形式进行技术培训,提高广大农民、企业生产者的技术业务水平,同时提高企业生产部门人员的管理水平,保障企业和养殖户充分享受先进技术和科研成果所带来的效益,切实推进高效现代农业的发展,提高农业现代化水平。“鲆鲽类高效生态养殖技术的集成与示范项目”,来源为国家农业科经成果转化资金,以天津市鲆鲽类产业技术体系技术集成与示范为科技成果,在天津市滨海新区鲆鲽类养殖示范基地进行转化及产业化推进,通过研究、集成、组装、配套等技术措施,重点完成海水工厂化养殖优质高产、模式升级、设施优化、产品质量安全保障等技术体系建设任务。通过循环水养殖系统与装备的研究与示范,优化集成循环水处理系统自动运行、故障报警、数据远程传输和水质在线监控技术。

2.2　发表论文情况

天津海水鱼工厂化养殖现状与发展建议,水产前沿,贾磊,2015,8,92-94;

野生与养殖牙鲆肌肉营养成分的比较[J]. 广东海洋大学学报(自然科学版),韩现芹,贾磊等. 2015,12,35(6)。

3　鲆鲽类产业发展中存在的问题

3.1　育种与繁育问题

天津市鲆鲽类主要养殖品种为大菱鲆、牙鲆、半滑舌鳎,其中大菱鲆、牙鲆目前遇到的问题是种质退化,半滑舌鳎存在雌雄个体生长差异大、雌性比雄性生长快2～4倍,在养殖期内雄鱼生长过慢达不到上市规格等问题,因而严重影响了半滑舌鳎苗种的推广和养殖产业的发展。

3.2　养殖模式及养殖技术

养殖用水是制约天津地区鲆鲽类养殖的关键问题。天津市海水水质条件较差,淡水资源也不丰富,处于华北地下漏斗区,而目前养殖用水基本上都是采用的卤水兑淡水,淡水井水都是无偿使用,一旦淡水井和地热水收取资源费,盐场卤水也要收费,将使养殖企业难以经营,可能会摧毁目前已有规模的工厂化养殖基础。而减少淡水使用就必须放弃现在的养殖模式,这是许多企业难以承受的。另外,外源水的水质维持也是困扰养殖企业的重要难题。

3.3 养殖设施与装备技术

封闭式循环水养殖设施的资金投入问题。封闭式循环水养殖可以节水,节省能源,并提高养殖产量,可是,前期需要投入大量资金用于完善设施设备,并且对企业员工的知识水平和操作能力也要求很高,完全由企业出资进行设备设施改造有一定困难,需要政府出台支持政策和配套融资措施。

3.4 鲆鲽类营养与饲料

养殖企业普遍认为进口饲料比国产饲料营养价值高,鲆鲽鱼类生长良好,并且出口药检没问题,但是进口饲料价格昂贵,成本难以承受。国产人工配合饲料各厂家质量差异大,同一厂家质量也不稳定,投喂后生长效果不好,担心饲料或饲料原料被污染导致药检出问题。另外很多企业投喂冰鲜小杂鱼,虽然养殖鱼生长效果表现良好,但是饲料系数高,饲料成本随着有限的渔业资源的过度开发越来越高,而且对养殖水质的污染严重。

4 当地政府对产业发展的扶持政策

本试验站与十七家海水工厂养殖企业签订科技合作协议,为养殖企业提供科技服务,协助养殖企业完成全国现代渔业种业示范场申报,完成天津2015年滨海新区海水工厂化循环水养殖车间建设项目验收。积极帮助鲆鲽类养殖企业多渠道争取财政支持,发展鲆鲽类产业。在示范基地进行新技术、新品种推广时,对养殖企业实施推广补助的政策,在示范基地引进鲆鲽类新品种、水质净化设备或者是推广体系成果转化国产饲料时,根据示范基地的具体情况给予一定经济补助,降低示范基地前期应用风险和成本,以便于新技术、新品种及时得到应用。

5 产业发展建议

5.1 加强宣传与培训

针对水产养殖业千家万户分散生产,且养殖者安全用药意识淡薄、缺乏安全用药知识的现状,各地各级应采取集中授课、分发学习材料、媒体宣传等多种形式,开展广泛深入的宣传和科普教育。一方面搞好执法人员的培训、技术人员的培训,使各项法规条例得以切实有效落实,使水产品生产朝健康、绿色、无公害的方向发展。另一方面应对广大水产养殖者进行教育培训,提高其科学知识水平和质量安全意识。

5.2　增加投入，加快疫病防控体系建设

国家应设置专项资金用于水产品质量监管体系的建设、检测仪器设备的购置和配备、水产品质量检测和抽查、执法队伍建设，组织科研部门研究健康养殖相关技术。制定优惠政策，全力支持研制开发高效、速效、长效水产疫苗，以此保障产业素质和发展质量。加快完善水产养殖动物防疫体系，开发一批防治药物、免疫制剂以及快速检测技术与产品。重点建设一批国家级、省部级和县级水产养殖动物防疫基础设施及疫病参考实验室。

5.3　健全追溯机制，推行产业链监管，建立协调有效的认证认可体系

从养殖者、养殖环境、养殖品种、流通过程等方面入手，实现从“产地到餐桌”的全程质量监控，开展对无公害水产品的认证管理，确保水产品质量安全。实现了水产品“生产有记录、流向可追踪、质量可追溯、责任可界定、违者可追究”。一旦出现问题，可以准确无误地追究相关企业责任，也为有效实施不安全水产品召回制度打下了良好基础。

附表 1　2015 年度天津综合试验站示范县鲆鲽类育苗及成鱼养殖情况统计

		天津市塘沽区	大港区		汉沽区			普陀区	苍南县
		半滑舌鳎	大菱鲆	半滑舌鳎	大菱鲆	牙鲆	半滑舌鳎	牙鲆	半滑舌鳎
育苗工厂养殖	面积(m²)	2 000		1 000	15 200	8 000	9 800		
	产量(万尾)	200		100	1 500	800	700		
	面积(m²)	12 000		8 000	39 000	14 100	16 500		4 000
	年产量(吨)	253.78		135.86	387.43	185.19	248.68		100
	年销售量(吨)	128.9		133.36	259.93	155.19	202.68		100
	年末库存量(吨)	124.88		2.5	127.5	30	46		0
池塘养殖户数	面积(亩)							18	
	年产量(吨)							4.8	
	年销售量(吨)							4.8	
	年末库存量(吨)							0	
	育苗户数	1		1	5	4	3		
	养殖户数	1		3	6	4	5	1	1

附表 2　天津站 5 个示范县养殖面积、养殖产量及品种构成

项目　　　　品种	年产总量	大菱鲆	牙鲆	半滑舌鳎
工厂化育苗面积(m²)	36 700	15 200	8 000	13 500
工厂化出苗量(万尾)	3 300	1 500	800	1 000
工厂化养殖面积(m²)	93 600	39 000	14 100	40 500

(续表)

项目 \ 品种	年产总量	大菱鲆	牙鲆	半滑舌鳎
工厂化养殖产量(吨)	1 310.94	387.43	185.19	738.32
池塘养殖面积(亩)	18		18	
池塘年总产量(吨)	4.8		4.8	
网箱养殖面积(m^2)				
网箱年总产量(吨)				
各品种工厂化育苗面积占总面积的比例%	100	41.42	21.80	36.78
各品种工厂化出苗量占总出苗量的比例%	100	45.45	24.24	30.30
各品种工厂化养殖面积占总面积的比例%	100	29.55	14.13	56.32
各品种工厂化养殖产量占总产量的比例%	100			
各品种池塘养殖面积占总面积的比例%	100		100.00	
各品种池塘养殖产量占总产量的比例%	100		100	

(天津综合试验站站长　宋文平)

河北综合试验站产区调研报告

1 示范县(市、区)鲆鲽类养殖现状

河北综合试验站下设5个示范县(市、区),分别为:昌黎县、乐亭县、滦南县、丰南区、黄骅市。2015年育苗、养殖品种、产量及规模见附表1。

1.1 育苗面积及苗种产量

(1) 育苗面积:5个示范县育苗总面积为14 000 m^2,其中丰南区1 200 m^2,昌黎县2 000 m^2、黄骅市10 800 m^2。按品种分:大菱鲆育苗面积5 000 m^2、半滑舌鳎1 200 m^2、牙鲆7 800 m^2。

(2) 苗种年产量:5个示范县共计9户育苗场家,年育苗量890万尾,其中:大菱鲆230万尾、半滑舌鳎210万尾、牙鲆450万尾。各示范县育苗情况如下:

丰南区:共有牙鲆育苗场家1个,半滑舌鳎育苗场家1个,育苗水体共计1 200 m^2,其中牙鲆育苗水体1 000 m^2,年生产牙鲆苗种50万尾;半滑舌鳎育苗水体200 m^2,年生产半滑舌鳎苗种10万尾。

昌黎县:共有牙鲆育苗场家2个,半滑舌鳎育苗场家3个,育苗水体共计2 000 m^2,其中牙鲆育苗水体1 000 m^2,年生产牙鲆苗种120万尾;半滑舌鳎育苗水体1 000 m^2,年生产半滑舌鳎苗种200万尾。

黄骅市:共有牙鲆育苗场家1个,大菱鲆育苗场家1个,育苗水体共计10 800 m^2,其中牙鲆育苗水体5 800 m^2,年生产牙鲆苗种280万尾。大菱鲆育苗水体5 000 m^2,年生产大菱鲆苗种230万尾。

滦南县和乐亭县:没有鲆鲽类育苗场家。

1.2 养殖面积及年产量、销售量、年末库存量

(1) 工厂化养殖:5个示范县共有工厂化养殖户99家,养殖面积818 200 m^2,年总生产量4 787.25吨,年销售量3 912.39吨,年末库存量7 912.21吨。其中:

昌黎县:65户,养殖面积60.0万m^2。大菱鲆养殖47户,养殖面积39.0万m^2,年产量1 353.40吨,年销售1 427.20吨,年末库存3 406.10吨;牙鲆养殖15户,养殖面积14.0万

m^2,年产量812.60吨,年销售594.00吨,年末库存2 747.90吨;半滑舌鳎养殖3户,养殖面积7.0万m^2,年产量315.50吨,年销售285.10吨,年末库存1 029.60吨。

丰南区:2户,养殖面积5 000 m^2。牙鲆养殖1户,养殖面积4 000 m^2,年产量16.60吨,年销售37.55吨,年末库存7.50吨;半滑舌鳎养殖1户,养殖面积1 000 m^2,年产量2.90吨,年销售2.50吨,年末库存0.90吨。

滦南县:1户,牙鲆养殖面积3 200 m^2,年产量46.15吨,年销售26.20吨,年末库存19.95吨。

乐亭县:31户,养殖面积21万m^2。大菱鲆养殖28户,养殖面积20.5万m^2,年产量2 010.26吨,年销售1 360.40吨,年末库存649.86吨;牙鲆养殖1户,养殖面积2 000 m^2,年产量56.69吨,年销售55.19吨,年末库存1.50吨;半滑舌鳎养殖2户,养殖面积3 000 m^2,年产量173.15吨,年销售124.25吨,年末库存48.90吨。

黄骅市:本年度未进行工厂化成鱼养殖。

(2)池塘养殖(亩):本站示范区内2015年无池塘养殖。

(3)网箱养殖:本站示范区内2015年未进行网箱养殖。

1.3 品种构成

每个品种养殖面积及产量占示范县养殖总面积和总产量的比例见附表2。

统计5个示范县鲆鲽类育苗、养殖情况,各品种构成如下:

工厂化育苗总面积为14 000 m^2,其中大菱鲆5 000 m^2,占总面积的35.71%;牙鲆7 800 m^2,占育苗总面积的55.71%;半滑舌鳎1 200 m^2,占总面积的8.57%。

年总出苗量为890万尾,其中大菱鲆230万尾,占总出苗量的25.84%;牙鲆为450万尾,占总出苗量的50.56%;半滑舌鳎为210万尾,占总出苗量的23.60%。

工厂化养殖总面积为818 200 m^2,其中大菱鲆为595 000 m^2,占总养殖面积的72.72%;牙鲆为149 200 m^2,占总养殖面积的18.24%;半滑舌鳎为74 000 m^2,占总养殖面积的9.04%。

工厂化养殖总产量为4 787.25吨,其中大菱鲆为3 363.66吨,占总量的70.26%;牙鲆932.04吨,占总量的19.47%;半滑舌鳎为491.55吨,占总量的10.27%。

从以上统计数据可以看出,5个示范县内,大菱鲆工厂化养殖面积和产量都占绝对优势,其次是牙鲆,半滑舌鳎养殖较少。

2 示范县(市、区)科研开展情况

2.1 科研开展情况

2015年河北省鲆鲽类项目有2个,一是河北省海洋与水产科学研究院申报省科技厅项目“全封闭循环海水工厂化养殖技术示范与推广”项目，项目资金30万元，项目实施地点设在昌黎示范县的秦皇岛鼎盛海洋生态水产养殖有限公司。项目采用机械过滤、生物过滤器、紫外消毒机、增氧机等手段，使养殖废水循环利用，单产达到20 kg/m²，当年推广面积3万m²。二是河北省现代农业产业体系海产品创新团队海水鱼健康增养殖及配套技术研究岗位，2015年度资金31.5万元，开展了全雌牙鲆“北鲆1号”和野生牙鲆大规模苗种培育对比实验，建立全雌牙鲆养殖示范区1个，繁育全雌牙鲆苗种30万尾，养殖单产20 kg/m²，比普通牙鲆平均体重增长16.5%以上。

2015年河北综合试验站通过与基层农技推广体系对接，在昌黎示范县进行全封闭循环海水工厂化养殖模式示范与推广，目前已有7个养殖大户采用了全封闭循环海水工厂化养殖模式，水体达到11万m²。其中秦皇岛江鹏水产科技开发公司4.5万m²、秦皇岛鼎盛海洋生态水产养殖有限公司2万m²、秦皇岛粮丰海洋生态科技开发股份有限公司4.5万m²。2015年，我站与河北省现代农业产业技术体系特色海产品创新团队海水鱼健康增养殖及配套技术研究岗位密切合作，通过实验研究和工厂化循环海水养殖技术推广，提高了鲆鲽类单位面积产量，减少了养殖废水排放，产生了较好的示范效果。

2.2　发表论文情况

2015年5个示范县发表鲆鲽类研究论文共计9篇，分别是：

（1）“丹法鲆”与普通大菱鲆大规模养殖对比研究

宫春光、符冬林、于骞、何忠伟、殷蕊、孙桂清；河北农业大学海洋学院、河北省海洋与水产科学研究院；科学养鱼，2015年01期

（2）大菱鲆表皮突起症的防控技术

宫春光、殷蕊、孙桂清；河北农业大学海洋学院、河北省海洋与水产科学研究院；科学养鱼（核心期刊），2015.2

（3）2013年秦皇岛海域牙鲆增殖放流本底调查与分析

郭金龙、孙桂清、赵振良；河北省海洋与水产科学研究院；河北渔业，2015年6期

（4）2013年秦皇岛海域牙鲆增殖放流跟踪调查与效益分析

郭金龙、孙桂清、赵振良、穆珂馨；河北省海洋与水产科学研究院；河北渔业，2015年11期。

（5）大菱鲆工厂化养殖常见疾病防治技术

孙玉华、丁军；河北省沧州市水产技术推广站；中国水产，2015年12期

（6）HACCP体系在半滑舌鳎养殖管理中的应用

徐森；河北农业大学海洋学院；科学养鱼，2015年07期

（7）工厂化循环水养殖半滑舌鳎的几点体会

王卫平；河北唐山市唐港经济开发区；科学养鱼，2015年11期

（8）利用鲆鲽类养殖设施工厂化养殖南美白对虾技术

殷蕊、宫春光、孙桂清、何忠伟、于骞、符冬林;河北省海洋与水产科学研究院、河北农业大学海洋学院;河北渔业,2015 年 06 期

(9) 牙鲆卵的质量和亲鱼用饵料

殷蕊、田建中、殷禄阁、宫春光;河北省海洋与水产科学研究院、河北农业大学海洋学院;河北渔业,2015 年 07 期

3 鲆鲽类产业发展趋势及存在问题

3.1 产业发展趋势

3.1.1 苗种生产情况

2015 年苗种生产场 9 个,育苗水面 14 000 m^2,比 2014 年减少了 58.27%;育苗量 890 万尾,比 2014 年减少了 54.82%,见表 1。

表 1 育苗规模对比表

年份	育苗场家	育苗水面(m^2)	育苗量(万尾)
2015 年	9	14 000	890
2014 年	14	33 550	1 970

3.1.2 鲆鲽类养殖情况

2015 年鲆鲽类养殖场 99 家,较 2014 年增加了 47.76%,养殖面积和产量分别为 818 200 m^2 和 4 787.25 吨,分别比 2014 年增加 7% 和 17.22%,商品鱼年末存量 7 912.21 吨,比 2014 年增加 14.01%,说明 2015 年鲆鲽类养殖面积和养殖产量均呈扩大趋势。养殖面积、产量及产品鱼库存增加的原因主要是:2015 年年初大菱鲆成品鱼价格较好,稳定在 23.5 元/斤,因此大菱鲆养殖户从 2014 年的 42 家增加到 75 家。但 2015 年 6 月大菱鲆药残事件发生后,大菱鲆成鱼价格严重下滑,之后一直处于低迷状态,造成产品存量增加。见表 2。

表 2 养殖规模对比表

年份	养殖场数量	养殖面积(m^2)	年产量(吨)	存量(吨)
2015	99	818 200	4 787.25	7 912.21
2014	67	764 700	4 083.86	6 939.96

3.2 产业存在问题

河北省的鲆鲽类养殖,多为大排大放的初级工厂化养殖模式,一方面,对外界水环境依赖性大,另一方面,养殖废水排放也加剧了外界环境的恶化,同时导致水资源和能源大量消耗。近年来港口建设、石油开发、工业排污、生活污水排放等给河北沿海水域造成严重污染,

致使水产养殖水质恶化，病害频发，在这种背景下，开展封闭式循环水养殖，不仅可以节约水资源，提高产量，还可以减少养殖业本身对海洋的污染，群众有开展封闭式循环海水养殖的需求，但由于前期投入太高，完全由企业出资进行设备设施改造困难很大，需要政府出台政策支持和配套融资措施。

我省的鲆鲽类养殖业所需苗种，主要来源于野生种鱼的人工繁育苗种，经过累代繁殖，种质退化严重，表现为生长速度慢、发病率高、抗逆性差，导致养殖周期加长，养殖成本提高，养殖效益下降。群众迫切需要生长快、高抗病的优质鲆鲽类苗种。

各示范县鲆鲽类养殖存在的具体问题如下：

（1）半滑舌鳎成品鱼价格相对较高，保持在90～120元/斤，渔民养殖的积极性较高，但因半滑舌鳎雄性苗种率较高，急需雌性比率较高的优质苗种及半滑舌鳎苗种培育技术。

（2）在昌黎示范县，近年5～7月份海区常发生大面积赤潮，池塘养殖单位如不慎在赤潮期间换水，会造成养殖鱼类畸形和死亡。

（3）因自然海水水质较差且夏季温度偏高，多采用地下卤水养殖，地下卤水铁锰含量较高，养殖业者多用沉淀、砂滤方式去除铁、锰，既耗时，去除效果也不理想；在去除铁锰的同时，地下水温度升高，利用价值降低。

4　当地政府对产业发展的扶持政策

虽然河北沿海鲆鲽类养殖产业发展较快，成为渔民致富的重要途径，是沿海各县的支柱产业之一，特别是昌黎县、乐亭县尤为突出。但是在鲆鲽类养殖和苗种生产方面，至2015年我省未出台任何优惠政策，这与近几年党的惠农政策力度的加强极不协调，河北综合试验站也在积极努力，呼吁省政府及各县市，加大对水产养殖业的优惠政策，促进河北水产养殖业的健康发展。

5　鲆鲽类产业技术需求

（1）全封闭循环海水养殖水质净化技术：造价低廉的海水处理设备、全封闭循环水系统维护技术；

（2）病害预防与控制技术：预防鲆鲽类疾病的安全、有效药物，急需预防鲆鲽类疾病发生的疫苗；

（3）优质鲆鲽类全价饲料：代替目前使用的冰鲜杂鱼，节约资源，降低污染，提高产量及产品品质；

（4）优质高抗鲆鲽类新品种需求迫切。

附表1　2015年河北综合试验站示范县鲆鲽类育苗及成鱼养殖情况统计表

面积	品种	河北省昌黎县			丰南区			滦南县		乐亭县			黄骅市		
		大菱鲆	牙鲆	半滑舌鳎	大菱鲆	牙鲆	半滑舌鳎	牙鲆	半滑舌鳎	大菱鲆	牙鲆	半滑舌鳎	大菱鲆	牙鲆	半滑舌鳎
育苗	面积(m^2)		1 000	1 000		1 000	200						5 000	5 800	
	产量(万尾)		120	200		50	10						230	280	
工厂化养殖	面积(m^2)	390 000	140 000	70 000		4 000	1 000	3 200		205 000	2 000	3 000			
	年产量(吨)	1 353.40	812.60	315.50		16.60	2.90	46.15		2 010.26	56.69	173.15			
	年销售量(吨)	1 427.20	594.00	285.10		37.55	2.50	26.20		1 360.40	55.19	124.25			
	年末库存量(吨)	3 406.10	2 747.90	1 029.60		7.50	0.90	19.95		649.86	1.50	48.90			
池塘养殖	面积(亩)														
	年产量(吨)														
	年销售量(吨)														
	年末库存量(吨)														
户数	育苗户数		2	3		1	1						1	1	
	养殖户数	47	15	3		1	1	1		28	1	2			

注:未填项数据为零。

附表 2　河北综合试验站五个示范县养殖面积、养殖产量及品种构成

项目＼品种	年产总量	大菱鲆	牙鲆	半滑舌鳎
工厂化育苗面积(m^2)	14 000	5 000	7 800	1200
工厂化出苗量(万尾)	890	230	450	210
工厂化养殖面积(m^2)	818 200	595 000	149 200	74 000
工厂化养殖产量(吨)	4 787.25	3 363.66	932.04	491.55
池塘养殖面积(亩)				
池塘年总产量(吨)				
各品种工厂化育苗面积占总面积的比例%	100	35.71	55.71	8.57
各品种工厂化出苗量占总出苗量的比例%	100	25.84	50.56	23.60
各品种工厂化养殖面积占总面积的比例%	100	72.72	18.24	9.04
各品种工厂化养殖产量占总产量的比例%	100	70.26	19.47	10.27

注：未填项数据为零。

（河北综合试验站站长　赵振良）

北戴河综合试验站产区调研报告

1 示范县(市、区)鲆鲽类养殖现状

北戴河综合试验站下设五个示范县(市、区)分别为:河北省唐山市唐海县、秦皇岛市山海关区、江苏省南通市如东县、福建省漳州市东山县、辽宁省丹东东港市。五个示范县鲆鲽类养殖模式、品种等各有不同,如唐海示范县以工厂化养殖牙鲆、半滑舌鳎为主,山海关示范县以工厂化养殖大菱鲆为主,如东示范县以工厂化养殖半滑舌鳎、漠斑牙鲆,池塘养殖漠斑牙鲆为主,东山示范县以池塘网箱养殖牙鲆、大菱鲆为主,东港示范县以池塘养殖牙鲆为主。具体养殖情况如下:

1.1 育苗面积及苗种产量

1.1.1 育苗面积

五个示范县育苗总面积为53 570 m^2,其中山海关区2 000 m^2、东港市43 000 m^2、东山县8 570 m^2。育苗品种均为牙鲆。

1.1.2 苗种年产量

五个示范县共计14户育苗厂家,总计培育牙鲆苗种1 960万尾。各县育苗情况如下:

唐海县:无育苗厂家。

山海关区:仅秦皇岛海鑫水产养殖科技开发有限公司1家,生产牙鲆苗种230万尾(5~8 cm),全部用于增殖放流和海洋牧场建设。

东港市:5户育苗厂家,生产牙鲆苗种1 200万尾(3 cm左右),用于本市池塘养殖及增殖放流。

如东县:无育苗厂家。

东山县:8户育苗厂家,生产牙鲆苗种520万尾(5 cm左右),全部用于本县工厂和池塘网箱养殖。

1.2 养殖面积及年产量、销售量、年末库存量

五个示范县成鱼养殖厂家共303家,包括工厂化和池塘养殖。河北省的唐海县和山海

关区只有工厂化养殖，没有池塘养殖。

1.2.1　工厂化养殖

五个示范县均为开放式养殖，养殖面积 99 070 m^2，年总生产量为 183. 03 吨，销售量为 203. 06 吨，年末库存量为 127. 77 吨。其中：

唐海县：牙鲆和半滑舌鳎养殖 15 家，养殖面积 12 500 m^2，全年生产量 122. 65 吨，全年销售量 130. 93 吨，年末库存 26. 32 吨，其中牙鲆养殖面积 9 500 m^2，全年生产量 86. 22 吨，全年销售量 70. 63 吨，年末库存 24. 69；半滑舌鳎养殖面积 3 000 m^2，全年生产量 36. 43 吨，全年销售量 60. 30 吨，年末库存 1. 63 吨。

山海关区：养殖厂家 4 家，其中企业 2 家，个体 2 家。养殖面积 32 000 m^2，均养殖大菱鲆，全年生产量 29 吨，全年未出售，年末库存 82. 50 吨。

东港市：养殖面积约 43 000 m^2，仅作为待售牙鲆暂养、当年苗种越冬或苗种培育之用，年末库存 10. 00 吨。

如东县：成鱼养殖厂共 6 家，其中企业 2 家，个体 4 家。养殖面积 3 000 m^2，全年生产量 31. 38 吨，全年销售量 72. 13 吨，年末库存 8. 95 吨。其中漠斑牙鲆养殖面积 1 000 m^2，全年生产量 19. 90 吨，年销售量 42. 46 吨，年末库存 6. 30 吨；半滑舌鳎养殖面积 2 000 m^2，全年生产量 11. 48 吨，年销售量 29. 67 吨，年末库存 2. 65 吨。

东山县：工厂化养殖品种只有牙鲆一种，养殖面积 8 570 m^2，主要用作牙鲆苗种培育及暂养。

1.2.2　池塘养殖

五个示范县池塘养殖面积为 30 100 亩和 101 680 m^2 的网箱（网箱放池塘中），年产量 2 048. 57 吨，年销售量 2 765. 80 吨，年末库存 897. 75 吨。其中大菱鲆池塘养殖面积为 42 640 m^2 网箱，全年生产量 721. 00 吨，年销售量 540. 00 吨，年末库存 525. 00 吨；牙鲆池塘养殖面积 30 000 亩和 59 040 m^2 的网箱，全年生产量 1 323. 25 吨，年销售量 2 225. 80 吨，年末库存 372. 75 吨；漠斑牙鲆池塘养殖面积 100 亩，全年生产量 4. 32 吨，池塘养殖回捕后转入工厂化养殖，因此没有销售量及库存量数据。

东港市：养殖户 200 家，养殖面积 30 000 亩，全部养殖牙鲆，其中成鱼养殖面积 5 000 亩。全年生产量 597. 00 吨，全年销售量 1 065. 80 吨，年末库存量 10 吨，转入室内越冬。

如东县：池塘养殖面积 100 亩，养殖品种为漠斑牙鲆，养殖年产量 4. 32 吨，池塘养殖回捕后转入工厂化养殖，因此没有销售量及库存量数据。

东山县：使用在池塘中加网箱的养殖方式，网箱规格为 3 m × 4 m × 2. 5 m。养殖大菱鲆和牙鲆，养殖厂家共 78 户，其中企业 1 家，个体 77 家。养殖网箱面积 101 680 m^2，养殖年产量 1 483. 25 吨，年销售量 1 700 吨，年末库存量 887. 75 吨。其中大菱鲆养殖网箱面积 42 640 m^2，全年生产量 721. 00 吨，年销售量 540. 00 吨，年末库存 525. 00 吨。

牙鲆养殖网箱面积 59 040 m^2，全年生产量 762. 25 吨，年销售量 1 160 吨，年末库存 362. 75 吨。

附表 1　2015 年度北戴河综合试验站示范县鲆鲽类育苗及成鱼养殖情况统计表

		河北省唐海县		秦皇岛山海关区		辽宁东港市	江苏省如东县		福建东山县	
		牙鲆	半滑舌鳎	大菱鲆	牙鲆	牙鲆	半滑舌鳎	漠斑牙鲆	大菱鲆	牙鲆
育苗	面积(m^2)	0	0	0	2 000	43 000	0	0	0	8 570
	产量(万尾)	0	0	0	240	1 200	0	0	0	520
工厂养殖	面积(m^2)	9 500	3 000	32 000	0	43 000	2 000	1 000	0	8 570
	年产量(吨)	86.22	36.43	29.00	0	0	11.48	19.90	0	0
	年销售量(吨)	70.63	60.30	0	0	0	29.67	42.46	0	0
	年末库存量(吨)	24.69	1.63	82.50	0	10	2.65	6.3	0	0
池塘养殖	面积(亩)	0	0	0	0	30 000	0	100	0	0
	年产量(吨)	0	0	0	0	597.00	0	4.32	0	0
	年销售量(吨)	0	0	0	0	1 065.80	0	0	0	0
	年末库存量(吨)	0	0	0	0	10	0	0	0	0
网箱养殖	面积(m^2)	0	0	0	0	0	0	0	42 640	59 040
	年产量(吨)	0	0	0	0	0	0	0	721.00	762.25
	年销售量(吨)	0	0	0	0	0	0	0	540.00	1 160
	年末库存量(吨)	0	0	0	0	0	0	0	525.00	362.75
户数	育苗户数	0	0	0	1	5	0	0	0	8
	养殖户数	8	7	3	0	200	4	2	40	38

1.3　品种构成

每品种养殖面积及产量占示范县养殖总面积和总产量的比例，见附表2。

附表2　北戴河站五个示范县养殖面积、养殖产量及品种构成

项目＼品种	年产总量	大菱鲆	牙鲆	半滑舌鳎	漠斑牙鲆
工厂化育苗面积(m^2)	53 570	0	53 570	0	0
工厂化出苗量(万尾)	1 960	0	1 960	0	0
工厂化养殖面积(m^2)	99 070	32 000	61 070	5 000	1 000
工厂化养殖产量(吨)	183.03	29	86.22	47.91	19.9
池塘养殖面积(亩)	30 100	0	30 000	0	100
池塘年总产量(吨)	601.32	0	597	0	4.32
网箱养殖面积(m^2)	101 680	42 640	59 040	0	0
网箱年总产量(吨)	1 483.25	721	762.25	0	0
各品种工厂化育苗面积占总面积的比例%	—	0	100	0	0
各品种工厂化出苗量占总出苗量的比例%	—	0	100	0	0
各品种工厂化养殖面积占总面积的比例%	—	32	62	5	1
各品种工厂化养殖产量占总产量的比例%	—	16	47	26	11
各品种池塘养殖面积占总面积的比例%	—	0	99.67	0	0.33
各品种池塘养殖产量占总产量的比例%		0	99.28	0	0.72
各品种网箱养殖占总面积的比例%	—	42	58	0	0
各品种网箱养殖产量占总产量的比例%	—	49	51	0	0

统计5个示范县鲆鲽类养殖面积调查结果，各品种构成如下：

工厂化育苗总面积为53 570 m^2，均为牙鲆育苗面积。

工厂化育苗总出苗量为1 960万尾，均为牙鲆苗种。

工厂化养殖总面积为99 070 m^2，其中大菱鲆为32 000 m^2，占总养殖面积的32%；牙鲆为61 070 m^2，占总养殖面积的62%；半滑舌鳎为5 000 m^2，占总养殖面积的5%；漠斑牙鲆为1 000 m^2，占总养殖面积的1%。

工厂化养殖总产量为183.03吨，其中大菱鲆为29吨，占总量的16%；牙鲆86.22吨，占总量的47%；半滑舌鳎为47.91吨，占总量的26%；漠斑牙鲆为19.9吨，占总量的11%。

池塘养殖总面积为30 100亩，其中牙鲆为30 000亩，占总养殖面积的99.67%；漠斑牙鲆为100亩，占总养殖面积的0.33%。

池塘养殖总产量为601.32吨，其中牙鲆597吨，占总量的99.28%；漠斑牙鲆为4.32吨，占总量的0.72%。

网箱养殖总面积为101 680 m^2，其中大菱鲆为42 640 m^2，占总养殖面积的42%；牙鲆为

59 040 m^2，占总养殖面积的 25%。

网箱养殖总产量为 1 483. 25 吨，其中大菱鲆为 721 吨，占总量的 49%；牙鲆 762. 25 吨，占总量的 51%。

从以上统计数据可以看出，五个示范县内，育苗品种只有牙鲆一种。工厂化与池塘的养殖面积和养殖产量排名，牙鲆均占第一位，工厂化养殖面积和产量分别占了 62%和 47%，池塘养殖面积和产量分别占了 99. 67%和 99. 28%。

半滑舌鳎养殖面积占总养殖面积的 5%，养殖产量占总量的 26%。是五个示范县产出比最高的养殖品种。

从成品鱼价格来看，半滑舌鳎最高，在 65～75 元/斤；大菱鲆价格在 14～24 元/斤；牙鲆价格在 12～24 元/斤。规格不同价格差别较大，如第一季度山海关示范县 1～1. 5 斤/尾的大菱鲆，单价 20 元/斤，1. 5～2. 0 斤/尾的单价 19 元/斤，2. 0 斤/尾以上的单价 17 元/尾。又如唐海示范县 1. 5～2. 0 斤/尾的半滑舌鳎单价 70 元/斤，2. 0 斤/尾以上的单价 85 元/尾。随季节和地区不同价格变化也较大，福建东山示范县第一二季度牙鲆价格最低，为 12 元/斤，辽宁东港示范县第四季度牙鲆价格最高，为 24 元/斤。综上所述，大菱鲆规格越大价格越低，半滑舌鳎规格越大价格越高。五个示范县东港牙鲆鱼价格最高，福建东山牙鲆鱼价格最低。

2 示范县(市、区)科研开展情况

五个示范县 2015 年新上鲆鲽类省以上科技项目 2 个，唐海示范县和山海关示范县各 1 项。河北唐海示范县：实施省以上项目 1 项；项目名称：半滑舌鳎规模化高效养殖标准化示范区项目；资金来源：河北省农业厅，项目金额 22 万元。

河北山海关示范县：实施省以上项目 1 项：为渔业增殖放流项目，来自农业部转移支付项目 40 万元，放流 5 cm 以上的牙鲆 40 万尾。

3 鲆鲽类产业发展中存在的问题

3.1 水质污染及富营养化严重

东港示范县由于海水污染及富营养化严重，浒苔大面积爆发，并进入养殖用取水道，腐败后恶化水质，导致池塘养殖用海水紧张。海月水母爆发，每百亩池塘可捕获 10 万斤海月水母，给渔民带来不同程度损失。

3.2 疾病种类多，难防控

通过调查发现，本站五个示范县鲆鲽类养殖出现腹水、红嘴、红底板、红边、纤毛虫、肠炎、烂尾溃疡等多种疾病，为各养殖企业造成不同程度的经济损失。以东港示范县为例，部分养殖户秋季回捕的1龄牙鲆在水泥池暂养时出现红底板、红边等疾病，死亡惨重。而且此病在该地区有上升趋势。

4 当地政府对产业发展的扶持政策

五个示范县基本沿用以前的优惠政策，2015年没有出台新的扶持政策。

5 鲆鲽类产业技术需求

五个示范县鲆鲽类养殖在“水质”、“病害”和“饲料”等核心问题上均有不同程度的需求。

5.1 水质调控技术

由于临海工程建设、工厂污水排放等原因，海水养殖用水水质污染及富营养化严重。急需切实可行的水质调控技术解决养殖用水水质差的问题。

5.2 病害防控技术

鲆鲽类养殖疾病多，致死率高，需要安全有效的疾病防控技术解决该问题。在确保养殖成活率的同时，解决由于乱用药带来的食品安全等问题。

5.3 饲料问题

鲆鲽类饵料质量良莠不齐，质量好的饲料价格较高，增大了养殖成本，需要高效、价格适中的人工配合饲料。

（北戴河综合试验站站长　杨立更）

辽宁综合试验站产区调研报告

1 示范县(市、区)鲆鲽类养殖现状

辽宁综合试验站下设五个示范县(市、区),分别为大连市的旅顺口区、甘井子区、瓦房店市、庄河市和盘锦市的大洼县。示范基地7处,分别为大连天正实业有限公司、大连鹤圣丰养殖场、大连万洋渔业有限公司、大连德洋水产有限公司、大连庄河富谷水产有限公司、大连瓦房店灏霖水产、盘锦光合蟹业有限公司。在示范县和示范基地主要进行鲆鲽类养殖技术的示范和推广工作,各个示范县区的人工育苗、养殖品种、产量及规模见附表1。

1.1 育苗面积及苗种产量

(1) 育苗面积:5个示范县育苗总面积为5 200 m^2,其中旅顺口区2 000 m^2、甘井子区3 200 m^2。按品种分:舌鳎育苗面积200 m^2、牙鲆5 000 m^2。

(2) 苗种年产量:5个示范县共计3户育苗厂家,总计育苗601万尾,其中:舌鳎1万尾、牙鲆600万尾。各县育苗情况如下:

旅顺口区:1户育苗厂家,总计育牙鲆苗300万尾。

甘井子区:2户育苗厂家,总计育苗301万尾,其中:舌鳎苗1万尾,生产牙鲆苗300万尾。

1.2 养殖面积及年产量、销售量、年末库存量

(1) 工厂化养殖:5个示范县共计17家养殖户,工厂化养殖面积61 600 m^2,年总生产量为243.1吨。2015年销售量319吨,年末库存量为94吨。其中:

旅顺口区:养殖单位3户,养殖面积12 600 m^2。其中养殖大菱鲆12 000 m^2,全年生产量54.5吨。销售90.5吨,年末库存9吨;养殖条斑星鲽300 m^2,圆斑星蝶300 m^2。产量较少。

瓦房店市:养殖单位2户,养殖种类为大菱鲆,面积3 000 m^2,年产量20吨。销售15吨,年末库存16吨。

甘井子区:养殖单位5户,养殖面38 000 m^2。其中,大菱鲆养殖面积32 000 m^2,年产量101吨,年销售量155吨,年末库存25吨;牙鲆养殖面积4 000 m^2,年产量25吨,年销售量55吨,年末库存8吨;舌鳎2 000 m^2,年产量20吨,年销售量0吨,年末库存20吨。

附表 1　2015 年度辽宁综合试验站示范县鲆鲽类育苗及成鱼养殖情况统计表

		旅顺口区			大洼县		甘井子区			瓦房店	庄河市
		大菱鲆	星鲽	牙鲆	大菱鲆	牙鲆	大菱鲆	舌鳎	牙鲆	大菱鲆	牙鲆
育苗	面积(m^2)			3 000			1 000		2 000		
	产量(万尾)			300			24		177		
工厂养殖	面积(m^2)	31 000	400		1 000	1 500	34 000	1 000	6 000	3 000	1 000
	年产量(吨)	154			6	4	247. 5	10	50	18	4. 5
	年销售量(吨)	285			10	0	255	0	18	10	0
	年末库存量(吨)	45			0. 4	4	75	10	38	11	4. 5
池塘养殖	面积(亩)					1000					1 000
	年产量(吨)					45					45
	年销售量(吨)					50					50
	年末库存量(吨)					0					0
网箱养殖	面积(m^2)	20 000									
	年产量(吨)	200									
	年销售量(吨)	200									
	年末库存量(吨)	0									
户数	育苗户数			1			1		1		
	养殖户数	3	2		1	2	3	1	2	2	2

庄河市:养殖单位2户,养殖种类为牙鲆,面积3 000 m^2,年产量8吨,销售0吨,年末库存8吨。

盘锦大洼:养殖单位2户,养殖面积3 000 m^2。其中,大菱鲆养殖面积500 m^2,年产量7.1吨,年销售量7.5吨,年末库存0吨;牙鲆养殖面积2 500 m^2,年产量8吨,销售0吨,年末库存8吨。

(2) 池塘养殖:本示范区只有大洼县和庄河市进行池塘养殖牙鲆,均采用混养方式,池塘养殖总面积为2 000亩,产量81.5吨,销售量90吨,年末库存量为0吨。

大洼县:1户养殖企业进行池塘养殖,全部养殖牙鲆。养殖面积1 000亩,年产量41吨,销售量45吨,年末库存量为0吨。

庄河市:1户养殖企业进行池塘养殖,全部养殖牙鲆。养殖面积1 000亩,年产量40.5吨,销售量45吨,年末库存量0吨。

(3) 网箱养殖:本示范区只有旅顺口区有1户养殖企业进行网箱养殖,大菱鲆养殖网箱400个(5 m × 5 m),200个(10 m × 5 m),养殖面积20 000 m^2,年总生产量为200吨。

1.3 品种构成

经过对本试验站内五个示范县区的鲆鲽类养殖情况的调查统计,每个品种的养殖面积及产量占示范县养殖总面积和总产量的比例(附表2)情况如下:

工厂化育苗总面积为5 200 m^2,其中牙鲆为5 000 m^2,占总育苗面积的96.15%;舌鳎为200 m^2,占总面积的4.85%。

工厂化育苗的总出苗量为601万尾,其中牙鲆600万尾,占总出苗量的99.83%;舌鳎为1万尾,占总出苗量的0.17%。

工厂化养殖的总面积为61 600 m^2,其中牙鲆为9 500 m^2,占总养殖面积的15.42%;大菱鲆为47 500 m^2,占总养殖面积的77.11%;星鲽为600 m^2,占总养殖面积的0.97% ;舌鳎为2 000 m^2,占总养殖面积的3.25%。

工厂化养殖的总产量为243.1吨,其中牙鲆41吨,占总量的16.87%,大菱鲆为182.1吨,占总量的74.91%;舌鳎为20吨,占总量的8.2%;条斑星鲽、圆斑星鲽极少,忽略不计。

池塘养殖总面积为2000亩,养殖品种为牙鲆,养殖总产量为81.5吨。

示范区内鲆鲽类浅海及池塘网箱养殖面积20 000 m^2,养殖大菱鲆总产量200吨。

从以上统计可以看出,在5个示范县内,育苗以牙鲆、舌鳎少量;工厂化养殖以大菱鲆和牙鲆为主,少量舌鳎,条斑星鲽、圆斑星鲽产量极少;池塘养殖品种为牙鲆;网箱养殖以大菱鲆为主。

附表2　辽宁站五个示范县养殖面积、养殖产量及主要品种构成

项目 \ 品种	年产总量	牙鲆	大菱鲆	星鲽	舌鳎
工厂化育苗面积(m^2)	6 000	5 000	1 000		
工厂化出苗量(万尾)	501	477	24		
工厂化养殖面积(m^2)	78 900	8 500	69 000	400	1 000
工厂化养殖产量(吨)	494	58.5	425.5	产量少,忽略不计	10
池塘养殖面积(亩)	2 000	2 000			
池塘年总产量(吨)	90	90			
网箱养殖面积(m^2)	20 000		20 000		
网箱年总产量(吨)	200		200		
各品种工厂化育苗面积占总面积的比例%	100	83.33	16.67		
各品种工厂化出苗量占总出苗量的比例%	100	95.21	4.79		
各品种工厂化养殖面积占总面积的比例%	100	10.77	87.45	0.51	1.27
各品种工厂化养殖产量占总产量的比例%	100	11.84	86.13	产量少,忽略不计	2.02
各品种池塘养殖面积占总面积的比例%	100	100			
各品种池塘养殖产量占总产量的比例%	100	100			
各品种网箱养殖面积占总面积的比例%	100		100		
各品种网箱养殖产量占总产量的比例%	100		100		

2　示范县(市、区)科研、示范开展情况

2.1　科研课题情况

辽宁省海洋水产科学研究院承担辽宁省重大科技技术项目——刺参、大菱鲆工厂化健康养殖模式技术研究与示范。

大连市天正实业有限公司承担科研项目3项,大连市标准化示范区——名贵海水鱼渔业;辽宁省渔业科技创新项目——名优海产动物节能、高效循环水养殖关键技术研究;辽宁省地方标准——星鲽工厂化人工育苗及养殖技术规程。

2.2 发表论文、专利情况

2015年,辽宁综合试验站内各示范区专利1项,具体如下:

实用新型专利:一种去除养殖循环水中悬浮物的装置,专利号:ZL201520239552.8发明人:苏浩,赫崇波等。

3 鲆鲽类产业发展中存在的问题

3.1 新技术、新品种推广受市场下滑影响

由于受全国养殖产业下滑的挤压以及市场价格的大幅下降,造成养殖效益空间减少,养殖积极性受挫。因此新技术、新品种推广应用,受到一定影响。

3.2 示范费用不够

示范养殖基地养殖鲆鲽类的示范成本较大,比较难用行政干预的方式。同时反映给予的示范费用太少,推广新技术和设备进行示范难度较大,严重影响养殖积极性。

3.3 产品安全质量控制力度不够

鲆鲽工厂化养殖病害较多,药物防治效果较好,但厂家缺少使用药品知识,附带影响产品质量安全,急待解决。

4 当地政府对产业发展的扶持政策

辽宁省和大连市政府对鲆鲽类产业发展采取一定的扶持政策。如建立多个鲆鲽类原、良种场,大力发展高效、节能工厂化全封闭循环水养殖,大力支持无公害水产品养殖,建立标准化渔业养殖示范及养殖地方标准,支持企业自主创新等。大力开展技术培训、科技下乡、专家帮扶等活动。

5 鲆鲽类产业技术需求

5.1 池塘高效生态养殖技术

具有高效、造价低廉的池塘养殖海水处理设备、高效生态养殖技术。

5.2 产品质量控制技术

预防与控制鲆鲽类疾病的安全、有效技术,急需预防鲆鲽类疾病发生的各种疫苗使用技

术，各种药物合理使用方法。

5.3　鲆鲽类工厂化高效养殖技术

优良品种，循环水养殖设备，疫苗免疫防病，高效饲料综合应用技术。

（辽宁综合试验站站长　赫崇波）

葫芦岛综合试验站产区调研报告

1 示范县(市、区)鲆鲽类养殖现状

本综合试验站下设五个示范县(市、区),分别为:兴城现代渔业园区、兴城市沙后所、绥中县、葫芦岛市龙港区、福建省宁德市霞浦县。其育苗、养殖品种、产量及规模见附表1:

附表1 2015年度葫芦岛综合试验站示范县鲆鲽类育苗及成鱼养殖情况统计表

		兴城现代渔业园区	兴城沙后所	绥中县	龙港区	福建省宁德市霞浦县
		大菱鲆	大菱鲆	大菱鲆	大菱鲆	网箱养殖大菱鲆
育苗	面积(m^2)	3 000				
	产量(万尾)	300				
工厂养殖	面积(m^2)	150万	40万	40万	12万	
	年产量(吨)	16 380	2 350	2 390	395	
	年销售量(吨)	17 750	3 100	2 300	925	
	年末库存量(吨)	16 060	3 640	2 590	390	
池塘养殖	面积(亩)					
	年产量(吨)					
	年销售量(吨)					
	年末库存量(吨)					
网箱养殖	面积(m^2)					40 000
	年产量(吨)					320
	年销售量(吨)					320
	年末库存量(吨)					0
户数	育苗户数	1				
	养殖户数	444	30	120	33	28

1.1　育苗面积及苗种产量

（1）育苗面积：五个示范县大菱鲆育苗总面积为 3 000 m^2，在兴城现代渔业园区。

（2）苗种年产量：五个示范县共计 1 户育苗场家，总计育苗 300 万尾，全部为大菱鲆苗种，用于本市养殖。

1.2　养殖面积及年产量、销售量、年末库存量

（1）工厂化大菱鲆养殖：四个示范县均为工厂化养殖，共计 627 家养殖户，养殖面积 242 万 m^2，年总生产量为 21 515 t，销售量为 24 075 t，年末存池量为 22 680 t。其中：

兴城现代渔业园区：养殖户 444 户，养殖面积 150 万 m^2，年产量 16 380 t，销售 17 750 t，年末存池量 16 060 t。

兴城沙后所：养殖户 30 户，养殖面积 40 万 m^2，年产量 2 350 t，销售量 3 100 吨，年末存池量 3 640 吨。

绥中县：养殖户 120 户，养殖面积 30 万 m^2，年产量 2 390 t，销售 2 300 t，年末存池量 2 590 t。

葫芦岛市龙港区：养殖户 33 户，养殖面积 12 万 m^2，年产量 395 t，年销售量 925 t，年末存池量 390 t。

（2）福建省宁德市霞浦县网箱养殖。在霞浦县进行南北接力式网箱养殖大菱鲆。网箱养殖大菱鲆户 28 户，网箱数量 4 000 个（3. 3 m×3. 3 m×2 m），养殖产量 320 t，无存量。

2　示范县（市、区）科研开展情况

（1）2015 年 10 月 20 日，试验站技术依托单位兴城龙运井盐水产养殖有限责任公司等五家大菱鲆养殖企业，承担的水产健康养殖示范场项目通过了辽宁省海洋与渔业厅组织的验收，被确认为农业部水产健康养殖示范场。

（2）2015 年兴城多宝鱼建立质量追溯体系，“二维码”兴城多宝鱼核心是防伪标签和二维码溯源系统，外界只要通过扫描二维码即可获得这条多宝鱼的详细信息。该二维码标签使用的科技材料可蒸、可煮，无毒无害，对鱼没有影响，一次性使用，杜绝以假充真，真正实现了“来源可追溯、去向可查证、责任可追究”。在多宝鱼身上安装“二维码身份证”是全国首例活鱼挂标。

（3）2015 年 11 月 5 日，为节约利用地下井盐水资源，发展多宝鱼养殖业，由葫芦岛金龙湾养殖出口专业合作社设计的循环水系统获得葫芦岛市科技进步二等奖，该循环水系统可节水 30%。

（4）在多宝鱼养殖的集中区域兴城现代渔业园区，葫芦岛市水产技术推广站应用物联网技术，通过在线对养殖过程水质、溶解氧进行实时监测。

3　鲆鲽类产业发展中存在的问题

3.1　鲆鲽鱼养殖产业发展现状

(1) 葫芦岛地区鲆鲽鱼工厂化养殖现状。

葫芦岛地区自2001年开展工厂化鲆鲽鱼——大菱鲆养殖以来,经过十五年的发展,在国家鲆鲽类产业体系及相关部门的大力支持,截止到2015年年底,葫芦岛市有627户养殖(企业)户开展大菱鲆工厂化养殖,工厂化面积242万 m^2,年产大菱鲆2.4万吨。多宝鱼养殖产业已成为葫芦岛市大农业中一项举足轻重的产业。

(2) 鲆鲽鱼养殖业发展变化。

2001年葫芦岛市开展工厂化鲆鲽鱼——大菱鲆养殖以来,经历了2006年的"上海多宝鱼事件"、2007年的冰冻雪灾,产业从开始的政府引导,发展到快速增长,平稳发展,再到为节约利用地下水资源,政府控制建设渔棚。在产业发展过程中,政府部门、渔业部门、金融部门及其他相关部门都付出了艰苦的工作,目前鲆鲽养殖产业发展已成规模,养殖者获得了收益,相关产业也得到了带动。但是在产业发展的同时,如何为产品把关,如何能够提供社会认可的产品是一个敏感的话题。2015年7月份在济南发生的"药残"大菱鲆被媒体"言过其实"报道以来,消费者由于担心大菱鲆的食用安全,很少选用或食用大菱鲆。这个事件对我们养殖户来说是致命打击,大菱鲆市场滞销,价格一降再降,2015年市场价格最低时仅10元/斤,已远远低于养殖成本20元/斤左右(含鱼苗、饵料、电费、劳力、药品、维修、银行利息等费用),养殖户亏本运营。辛辛苦苦养殖了将近两年的大菱鲆,一斤要赔上8～10元。多数养殖户所建大棚不但没收回投资,现在又巨额亏损,无法偿还银行利息,更甚者渔场面临倒闭。有些是靠亲朋好友筹资建棚养鱼的,更是苦不堪言。使原本为贵族的多宝鱼成了平民族,多宝鱼已经从高价时代进入了平价时代,进入了百姓家庭。

葫芦岛市大菱鲆养殖不仅占有产量优势,生产的产品质量安全、品质优良。为充分发挥"兴城多宝鱼"质量优势,葫芦岛市政府、兴城市政府及渔业部门积极引导多宝鱼养殖行业协会,适应市场经济需求,加强行业自律,加强多宝鱼质量监管,形成了完善的质量追溯体系,实现了产业平稳,质量安全。

在发展工厂化养殖的同时,葫芦岛综合试验站为节省养殖成本,积极探讨,又开展了"南北接力"的养殖模式,推广了网箱养殖大菱鲆。

3.2　鲆鲽鱼养殖销售情况

(1) 发挥龙头企业作用,拓宽销售渠道。

2015年多宝鱼养殖、销售进入了深度调整期,销售低迷。面对严峻复杂的市场形势,葫芦岛金龙湾水产养殖出口专业合作社、兴城市汇鑫多宝鱼养殖专业合作社、兴城市佳莹伟业商贸公司加强自身建设、开展品牌创建、调整品种结构、开拓出口新渠道。

兴城市佳盈伟业商贸有限公司作为多宝鱼养殖龙头企业，积极探索，勇于创新，独创产品质量安全溯源体系，提高企业内涵。其自行研发的活体挂标技术，采用食品级不锈钢材料，有中国检科院的权威检测报告，安全无毒，可以同产品一同烹饪，且不可重复使用，一码、一鱼、一标签。消费者只需通过手机扫描二维码，立即可以获得产品的生产者、物流运输司机、经销档口以及销售产品的超市酒店信息，从养殖场到餐桌，一扫即现，全程了然，真正实现“来源可追溯，去向可查证，责任可追究”的产品质量安全追溯，引领了行业发展新趋势，对现代养鱼做出重大变革，创建了活鱼生产销售新模式。该活体挂标技术具有完全自主知识产权，拥有包括外观设计专利、实用新型专利、版权专利三项国家专利证明。其产品销售火爆，已经同全球最大零售企业美国沃尔玛旗下高端会员制旗舰店山姆会员店确立合作关系，以“兴城多宝鱼”品牌冻品鱼为货源主体供应山姆会员店。除此之外，公司还与国内大型商超企业永辉超市合作，以“兴城多宝鱼”品牌活鱼为货源主体供应，平均每月销售“兴城多宝鱼”产品约 8 千斤，终端反映非常好。葫芦岛金龙湾水产养殖出口专业合作社产品，经过国家出口检验检疫局对养殖多宝鱼 40 余项指标检测，全部合格，产品即将出口到欧盟。

(2) 改变经营理念，确保产业发展。

2015年，由于受山东“毒多宝鱼事件”报道影响，使葫芦岛地区优质的多宝鱼躺着中枪，受到了极大的影响，多宝鱼人认识到质量是企业生存的保证，以质量求生存、以质量求发展。为此，试验站、渔业协会及合作社加强行业自律，积极寻求打开市场的方法，建立了完善的质量追溯体系，分别有兴城市佳盈伟业商贸合作社研制出活体挂标质量追溯标签和兴城市汇鑫多宝鱼养殖专业合作社研制的二维码，这些质量追溯体系的建立，扩大了“兴城多宝鱼”的知名度、影响度，受到了消费者的认可。同时协会和养殖合作社还积极走出去，与北京、广州、深圳、长沙等市场建立产销对接，协会还采取了各种措施，打击不合格多宝鱼，坚决制止不合格多宝鱼的出售，做到每出一车鱼必须携带检验合格报告，制定出一系列切实可行的措施。同时严格禁止病死鱼的出售，必须做无害化处理。

(3) 净化养殖环境，促进产业升级。

葫芦岛市工厂化大菱鲆养殖已经有 15 个年头了，建设伊始，为了充分利用区域资源优势和荒滩荒地，政府制定了各项优惠措施，让养殖企业搞工厂化养殖，当时由于缺少规划，致使养殖用抽水井打到了海滩上，井口暴露，既影响了景观，也对产业自身环境造成影响。为了确保产业的发展，安全、有效利用水资源，兴城市政府及渔业部门对养殖企业积极引导，将滩面以上 327 口水井井口全部下埋到地下，美化和净化了养殖环境，确保产业升级。

(4) 加强品牌宣传作用，提高“兴城多宝鱼”知名度。

在葫芦岛试验站、渔业协会及合作社的努力下，葫芦岛市成功举办了“大美葫芦岛，兴城多宝鱼”高峰论坛及兴城多宝鱼争霸赛和“大美葫芦岛，放心多宝鱼”发展县域经济会员大会，这些都有力地宣传了“兴城多宝鱼”的质量安全，同时会议也得到了当地政府、渔业主管部门及有关专家、新闻媒体的大力支持和报道，质量追溯体系的建立也使“兴城多宝鱼”

品牌得到消费者的认可,目前多宝鱼价格平稳上涨,销售量逐步增加,通过协会及合作社采取的一系列内部管理举措和外部销售策略,目前"兴城多宝鱼"品牌正在逐步打开销售市场,前景光明。

(5) 继续发挥技术支撑作用,提升产品质量。

葫芦岛地区工厂化养殖大菱鲆15年来,先后与中国水产科学研究院黄海水产研究所、大连海洋大学、辽宁省海洋水产研究院和中科院海洋所等科研院所、大专院校广泛建立起战略联盟。对大菱鲆产业的发展起到了推动作用,但是面对600多户的多宝鱼养殖群体,养殖技术支持和质量也存在一定的问题,这就要充分发挥科研院所及技术推广部门的作用,在苗种繁育和采购、养殖、药品使用等环节,加大技术扶持力度。减少养殖环节中病害的发生,降低养殖密度,提升产品质量。

3.3 大菱鲆养殖存在的问题

葫芦岛地区工厂化养殖面积242万 m^2,但由于自然条件或技术等原因,几年来绝大部分大菱鲆苗种都要从外购进,每年的苗种需求量都在4 000万~5 000万尾以上,外来苗种质量难以保证,同时也存在着苗种退化的问题。

3.4 价格问题

近年来,由于受外界环境及内部管理等多种因素的影响,多宝鱼价格持续偏低。

4 解决建议

从目前市场及养殖产量情况看,大菱鲆价格长期走低的压力仍然存在,业界及其利益相关者需认真对待,千万不能因一时价格变动而变得盲目,否则大菱鲆产业仍难走出经济学"蛛网模型"中所说的困局,产业波动仍难平抑,最终吃亏的还是养殖生产者,最终浪费的还是社会的劳动力、资金及水资源等宝贵资源。建议采取以下措施:

4.1 搞好市场营销

搞好市场营销,必须解决影响市场需求的关键因素,目前影响大菱鲆消费市场拓展的因素仍然还是对产品的认知。近年来,大菱鲆市场价格的走低曾经为该产品进入家庭消费提供了动力,但业界注意到,因价格下跌而逐步推动家庭消费是市场自然发展的结果,进展比较缓慢。因此养殖协会要发挥职能作用,组织形成合力,通过举办"兴城多宝鱼文化节"、"兴城多宝鱼美食节"等系列活动,加强品牌宣传、产品宣传。

4.2 加快推进产品追溯体系的建立与应用

兴城现代渔业园区佳莹伟业商贸公司已经建立了产品追溯体系,"带身份证的兴城多宝鱼”均带有一次使用的二维码专利标签，将养殖、流通、消费等环节全部纳入二维码溯源体系，从渔场到餐桌，一扫即现，全程了然，实现“来源可追溯、去向可查证、责任可追究”的放心鱼，带标的“兴城多宝鱼”得到了社会和消费者的认可。但是只有一个企业或部分建立产品追溯体系是不够的，要对整个多宝鱼产品建立质量溯源体系，建立产业组织形式，协调生产数量，可采取“公司 + 农户”的形式，建立与应用产品追溯体系，进一步推进放心水产品的生产与销售。

4.3　政府引导、制定标准

通过政府引导，协会加强行业自律，加强产品质量监管和查处力度，改进产地检疫检测管理。出台制定标准：政府制定大菱鲆养殖销售地方标准、养殖行业协会制定大菱鲆养殖销售行业标准、养殖企业制定大菱鲆养殖销售企业标准。

4.4　设立产品营销基金，合力拓宽市场

由于目前我国大菱鲆产品同质性比较强，市场消费者很难将同种产品区分开，从而对不同生产者提供的产品根据品质给予不同的交易价格，因此大菱鲆产品营销与市场拓宽在一定程度上具有公共产品的特性，它与养殖生产者，乃至政府、养殖专业合作社、养殖协会等产业组织及渔业技术部门都有较强的利益关系，因此需要共同来承担相关责任。建议建立一个公益研发机构出谋划策、政府引导、养殖生产者出资、养殖协会或合作社组织具体负责大菱鲆产品市场拓展机制。

4.5　建立准入准出制度，加快产销对接机制

政府引导协会、合作社，抓紧与北京、广州、深圳等大中市场建立产销对接机制，推进主产区与市场对接，加快各方面的信息沟通和协作。

4.6　加快技术应用，选择适宜方法

加快循环水养殖、苗种、鱼病防治及专业饲料的技术应用效果，选择适宜的养殖方式。

在发展海洋经济需要压缩部分养殖空间、水资源稀缺逐渐凸显、水产质量安全要求越来越高等大背景下，发展循环水、研发和推广生态防病技术符合国家低碳经济、实现产业发展方式转型的总体要求，针对目前地下水资源紧张的状况，加快推进循环水养殖设备的引进，加快优质苗种的研发，科学防病，推广使用优质配合饲料，降低养殖密度。

4.7　制定产业保护政策，确保产业平稳发展

几年来，由于受个别地区、个别事件的影响，使多宝鱼产业遭受多次创伤，造成产业损失，经营者更是有苦难言。为保护一个好的产业，对个别区域发生的问题不要扩大化，保护该产业，保护优质产品。

5 当地政府对产业发展的扶持政策

根据大菱鲆产业状况,葫芦岛市政府及各县区领导高度重视,研究制定各项措施,促进产业发展。分析目前市场低迷有两个原因,一个是受"毒多宝鱼事件"的外部影响,另一方面也有产业自身质量原因。

政府态度非常明确:一是确保大菱鲆质量安全,严厉打击非法使用违禁药品行为,加大查处力度,对养殖区范围内的大菱鲆进行全面检测,发现问题坚决处理。

坚决清理不合格的产品,由海洋渔业、食药监局、公安、法院等部门组成联合执法检查,对查出问题坚决处罚,对不合格的养殖户坚决进行查处和打击,净化养殖环境。同时加强对优质大菱鲆的宣传报道,加快产品追溯体系的建设,支持建立产销对接机制,支持质量合格的企业。政府帮助推销合格的优质大菱鲆产品,要求不合格的大菱鲆退出市场。

另一方面,为了推动产业发展,节约地下水资源。政府将制定切实可行的措施,推动循环水养殖系统建设。最终实现的目标:实现产品卖出、确保产业发展。

6 鲆鲽类产业技术需求

6.1 建立健全质量检测体系

针对目前大菱鲆质量安全问题,应建立健全质量安全防控体系,加强质量检测。

6.2 循环水养殖设备和技术的应用

针对地下水资源日益减少的趋势,应因地制宜,建立适合各养殖特点的循环水养殖设备和技术。

6.3 加快推进大菱鲆疫苗的生产使用

为避免大菱鲆病害的发生,同时确保质量安全,推进大菱鲆疫苗的使用。

6.4 改良优化苗种,提高生长速度,降低病害发生

针对大菱鲆苗种退化的情况,加快苗种的改良,优化性状。

6.5 制定用药标准,提高产品质量

大菱鲆引进葫芦岛地区已经有十五年了,从大菱鲆的养殖情况看,质量普遍提高,但也存在着质量隐患,因此应制定用药标准、行业规范,确保产品质量。

附表 2　葫芦岛站五个示范县养殖面积、养殖产量及品种构成

项目＼品种	年产总量	牙鲆	漠斑牙鲆	半滑舌鳎	大菱鲆
工厂化育苗面积（m^2）	3 000				3 000
工厂化出苗量（万尾）	300				300
工厂化养殖面积（m^2）	2 420 000				2 420 000
工厂化养殖产量（吨）	21 515				21 515
池塘养殖面积（亩）					
池塘年总产量（吨）					
网箱养殖面积（m^2）	40 000				40 000
网箱年总产量（吨）	320				320
各品种工厂化育苗面积占总面积的比例％	100				100
各品种工厂化出苗量占总出苗量的比例％	100				100
各品种工厂化养殖面积占总面积的比例％	100				100
各品种工厂化养殖产量占总产量的比例％	100				100
各品种池塘养殖面积占总面积的比例％					
各品种池塘养殖产量占总产量的比例％					

（葫芦岛综合试验站站长　王宝义）

烟台综合试验站产区调研报告

1 示范县(市、区)鲆鲽类养殖现状

本综合试验站下设五个示范县(市、区),分别为:烟台市福山区、海阳市、蓬莱市、长岛县,福建连江县。福山区、海阳市、蓬莱市主要以工厂化养殖鲆鲽类为主,长岛县及连江县以网箱养殖鲆鲽类为主。

1.1 育苗面积及苗种产量

(1) 育苗面积:五个示范县育苗总面积为53 500 m^2,其中海阳市25 000 m^2、福山区16 000 m^2、蓬莱市14 500 m^2。按品种分:大菱鲆育苗面积38 000 m^2、牙鲆9 000 m^2、半滑舌鳎5 000 m^2、其他1 500 m^2。

(2) 苗种年产量:五个示范县共计31户育苗厂家,总计育苗3 190万尾,其中:大菱鲆1 810万尾(5~6 cm)、牙鲆780万尾、半滑舌鳎500万尾(5~6 cm)、其他100万尾。长岛县及连江县主要是网箱养殖鲆鲽鱼类,因此无育苗业户,所需苗种均为外地购买。各县育苗情况如下:

海阳市:20户育苗厂家,较大规模的育苗厂家为海阳黄海水产有限公司。大菱鲆育苗面积18 000 m^2,生产苗种760万尾;牙鲆育苗面积2 000 m^2,生产苗种180万尾;半滑舌鳎育苗面积5 000 m^2,生产苗种500万尾。

福山区:共5户育苗厂家,主要育苗企业有烟台开发区天源水产有限公司、山东东方海洋科技股份有限公司、仁和水产有限公司。大菱鲆育苗面积12 000 m^2,生产苗种650万尾;牙鲆育苗面积4 000 m^2,生产苗种300万尾。

蓬莱市:7户育苗厂家,较大规模的为蓬莱宗哲养殖有限公司、蓬莱安源水产有限公司。大菱鲆育苗面积10 000 m^2,生产苗种400万尾;牙鲆育苗面积3 000 m^2,生产苗种300万尾;黄盖鲽育苗面积1 500 m^2,生产苗种100万尾。

1.2 养殖面积及年产量、销售量、年末库存量

(1) 工厂化养殖:五个示范县中,海阳市、福山区、蓬莱市均为工厂化养殖,共计320家

养殖户，养殖面积 522 000 m^2，年总生产量为 4 230 吨，销售量为 2 959 吨，年末库存量为 1 271 吨。其中：

海阳市：现有 250 家养殖业户，养殖面积 386 000 m^2。大菱鲆养殖面积 256 000 m^2，年产量 2 740 吨，销售 1 850 吨，年末库存 890 吨；牙鲆 30 000 m^2，年产量 60 吨，销售 50 吨，库存 10 吨；半滑舌鳎 100 000 m^2，年产量 300 吨，销售 220 吨，库存 80 吨。

福山区：现共有 14 家养殖业户，养殖面积 50 000 m^2。养殖大菱鲆 45 000 m^2，年产量 380 吨，销售 280 吨，年末库存 100 吨；牙鲆 5 000 m^2，年产量 40 吨，销售 32 吨，年末库存 8 吨。

蓬莱市：共有 15 个鲆鲽类养殖业户，养殖面积 86 000 m^2。养殖大菱鲆 56 000 m^2，年产量 590 吨，销售 420 吨，年末存量 170 吨；牙鲆 10 000 m^2，年产量 60 吨，销售 60 吨；半滑舌鳎 10 000 m^2，年产量 40 吨，销售 32 吨，年末库存 8 吨；养殖黄盖鲽 10 000 m^2，年产量 20 吨，销售 15 吨，年末库存 5 吨。

（2）网箱养殖：在长岛县以深海网箱和浅海筏式网箱的养殖方式进行鲆鲽类养殖，连江县则是浅海筏式网箱养殖，主要养殖品种为牙鲆。

长岛县：鲆鲽类养殖业户有 20 户，网箱养殖面积 12 000 m^2，养殖产量 190 吨，销售 190 吨。

连江县：鲆鲽类养殖业户 20 户，网箱养殖面积 13 000 m^2，养殖产量 200 吨，销售 200 吨。

1.3　品种构成

统计五个示范县鲆鲽类养殖面积调查结果，各品种构成如下：

工厂化育苗总面积为 53 500 m^2，其中大菱鲆为 38 000 m^2，占育苗总面积的 71.03%；牙鲆为 9 000 m^2，占育苗总面积的 16.82%；半滑舌鳎为 5 000 m^2，占育苗总面积的 9.34%；其他品种为 1 500 m^2，占育苗总面积的 4.25%。

工厂化育苗总产量为 3 190 万尾，其中大菱鲆 1 810 万尾，占总产苗量的 56.74%；牙鲆为 780 万尾，占总产苗量的 24.45%；半滑舌鳎为 500 万尾，占总产苗量的 15.67%；其他品种为 100 万尾，占总产苗量的 3.13%。

工厂化养殖总面积为 522 000 m^2，其中大菱鲆为 357 000 m^2，占总养殖面积的 68.39%；牙鲆为 45 000 m^2，占总养殖面积的 8.62%；半滑舌鳎为 110 000 m^2，占总养殖面积的 21.07%；黄盖鲽养殖面积为 10 000 m^2，占总养殖面积的 1.92%。

工厂化养殖总产量为 4 230 吨，其中大菱鲆为 3 710 吨，占总量的 87.71%，牙鲆为 160 吨，占总量的 3.78%；半滑舌鳎为 340 吨，占总量的 8.04%；其他品种为 20 吨，占总量的 0.47%。

网箱养殖总面积 25 000 m^2，养殖总产量 390 吨，养殖品种均为牙鲆。

从以上统计可以看出，在进行工厂化养殖的三个示范县中，大菱鲆为主要养殖品种，面积和产量都占绝对优势。在进行网箱养殖的两个示范县中，受养殖环境影响，主要养殖品种为牙鲆。

2 示范县(市、区)科研开展情况

2015年烟台开发区天源水产有限公司与海阳黄海水产有限公司共同参与的“十二五”科技支撑计划课题进展顺利，已完成年度规定的各项研究和经济指标，进行验收。山东省泰山学者蓝色产业领军人才团队支撑计划项目“分子育种技术在鲆鲽鱼类育种中的研发与产业化”，项目实施期限4年，总投资5 145万元，其中：专项资金2 300万元，项目进展顺利；省级海洋创新示范项目“工业化封闭式循环水鲆鲽鱼类健康养殖产业化示范”，总投资6 826万元，专项资金600万元，2015年已申请结题验收；烟台开发区天源水产有限公司承担的山东省农业重大应用技术创新课题“大菱鲆生长快品系选育技术研究与示范”通过验收，课题总投资80万元，其中专项资金30万元。烟台开发区天源水产有限公司承担的2015年渔业标准化养殖项目通过验收，项目总投资180万元，获得财政补助50万元。

3 鲆鲽类产业发展中存在的问题及产业技术需求

(1) 受大环境消费及济南多宝鱼事件影响，山东省鲆鲽鱼类苗种及成鱼价格降幅过大，短时期难以提升，影响养殖户收益。

(2) 随着沿海旅游业的发展，鲆鲽类养殖面积有所缩水，需要在有限的养殖面积内提高养殖产量，并保证养殖质量。

(3) 鲆鲽类品牌及网络推广、质量追溯等配套的销售网络需要尽快建设，促进海水鱼类养殖业的持续发展。

4 当地政府对产业发展的扶持政策

烟台市政府对海洋产业经济发展非常重视，制定了一系列的政策进行产业扶持，评选海水养殖新品种优质项目，支持循环水养殖模式的改进。

附表1 2015年度烟台综合试验站示范县鲆鲽类育苗及成鱼养殖情况统计表

		海阳市			福山区		蓬莱市				长岛县	连江县
		大菱鲆	牙鲆	半滑舌鳎	大菱鲆	牙鲆	大菱鲆	牙鲆	半滑舌鳎	黄盖鲽	牙鲆	牙鲆
育苗	面积(m²)	18 000	2 000	5 000	12 000	4 000	10 000	3 000		1500		
	产量(万尾)	760	180	500	650	300	400	300		100		

（续表）

		海阳市			福山区		蓬莱市				长岛县	连江县
		大菱鲆	牙鲆	半滑舌鳎	大菱鲆	牙鲆	大菱鲆	牙鲆	半滑舌鳎	黄盖鲽	牙鲆	牙鲆
工厂化养殖	面积（m^2）	256 000	30 000	100 000	45 000	5 000	56 000	10 000	10 000	10 000		
	年产量（吨）	2740	60	300	380	40	590	60	40	20		
	年销售量（吨）	1850	50	220	280	32	420	60	32	15		
	年末库存量（吨）	890	10	80	100	8	170	0	8	5		
网箱养殖	面积（m^2）										12 000	13 000
	年产量（吨）										190	200
	年销售量（吨）										190	200
	年末库存量（吨）										0	0
户数	育苗户数	12	2	6	3	2	5	2		1		
	养殖户数	190	10	50	12	2	12	2	1	1	20	20

附表 2　烟台综合试验站五个示范县养殖面积、养殖产量及品种构成

项目＼品种	年产总量	大菱鲆	牙鲆	半滑舌鳎	其他
工厂化育苗面积（m^2）	53 500	38 000	9 000	5 000	1 500
工厂化出苗量（万尾）	3 190	1 810	780	500	100
工厂化养殖面积（m^2）	522 000	357 000	45 000	110 000	10 000
工厂化养殖产量（吨）	4 230	3 710	160	340	20
网箱养殖面积（m^2）	25 000		25 000		
网箱年总产量（吨）	390		390		
各品种工厂化育苗面积占总面积的比例％	100	71. 03	16. 82	9. 34	4. 25
各品种工厂化出苗量占总出苗量的比例％	100	56. 74	24. 45	15. 67	3. 13

(续表)

项目 \ 品种	年产总量	大菱鲆	牙鲆	半滑舌鳎	其他
各品种工厂化养殖面积占总面积的比例%	100	68.39	8.62	21.07	1.92
各品种工厂化养殖产量占总产量的比例%	100	87.71	3.78	8.04	0.47

(烟台综合试验站站长　杨志)

青岛综合试验站产区调研报告

1　示范县(市、区)鲆鲽类养殖现状

本综合试验站下设五个示范县(市、区),分别为:青岛市黄岛区、烟台市莱阳市、日照市岚山区、威海市环翠区和江苏省赣榆县。其育苗、养殖品种、产量及规模见附表1:

1.1　育苗面积及苗种产量

(1) 育苗面积:五个示范县区育苗总面积为49 000 m^2,其中青岛市黄岛区5 000 m^2、威海市环翠区40 000 m^2、日照岚山区3 000 m^2,赣榆县和莱阳市没有苗种生产。

(2) 苗种年产量:五个示范县区总计育苗7 240万尾,2014年总产量为5 653万尾,同比增加28.1%。苗种产量中:大菱鲆共计7 040万尾,占总产量的97.2%,仍为鲆鲽类中苗种产量最大的品种。

1.2　养殖面积及年产量、销售量、年末库存量

(1) 工厂化养殖:青岛市黄岛区大菱鲆工厂化养殖面积114 000 m^2,与2014年相比基本一致,大菱鲆的养殖产量为790吨,比2014年显著提高。半滑舌鳎产量由2014年的152吨减少至100吨。

莱阳市大菱鲆工厂化养殖面积150 000 m^2,与2014年相比大幅增加。该地区2015年只有大菱鲆的工厂化养殖,无其他品种鲆鲽类养殖,也无池塘养殖和网箱养殖。

日照岚山区工厂化养殖面积19 000 m^2,较2014年显著减少,养殖品种呈现多样化,其中大菱鲆209吨、牙鲆136吨、半滑舌鳎144吨,总产量489吨,较2014年又有所减少。

威海市环翠区大菱鲆工厂化养殖面积90 000 m^2;较2014年显著增加,基本达到2013年的规模,均为大菱鲆养殖,产量2 500吨。

赣榆县鲆鲽类工厂化养殖总面积330 100 m^2,与2014年规模相当,而产量达到1 210吨,比2014年的2075吨显著减少。

(2) 池塘养殖(亩):本示范区仅青岛市黄岛区有池塘养殖,养殖品种为牙鲆,池塘的形式均为岩礁池,2015年总面积为280亩,比2014年的520亩显著减少;2015年产量为1 290吨。

(3)网箱养殖:本示范区 2015 年度无鲆鲽类网箱养殖。

1.3 品种构成

每品种养殖面积及产量占示范县养殖总面积和总产量的比例:见附表 2。

统计五个示范县鲆鲽类养殖面积调查结果,各品种构成如下:

工厂化育苗总面积为 49 000 m^2,其中大菱鲆为 44 000 m^2,占总育苗面积的 89.80%;牙鲆为 3 000 m^2,占总面积的 6.12%;半滑舌鳎为 2 000 m^2,占总面积的 4.08%。

工厂化育苗总出苗量为 7 240 万尾,其中大菱鲆 7 040 万尾,占总出苗量的 97.23%;牙鲆为 150 万尾,占总出苗量的 2.07%;半滑舌鳎为 50 万尾,占总出苗量的 0.70%。

工厂化养殖总面积为 749 100 m^2,其中大菱鲆为 703 100 m^2,占总养殖面积的 93.86%;牙鲆为 12 000 m^2,占总养殖面积的 1.60% ;半滑舌鳎为 34 000 m^2,占总养殖面积的 4.54%;

工厂化养殖总产量为 6 074 吨,其中大菱鲆 5 609 吨,占总量的 92.34%,牙鲆为 136 吨,占总量的 2.24%;半滑舌鳎为 329 吨,占总量的 5.42%。

池塘养殖总面积为 280 亩,全部为牙鲆,总产量为 280 吨。无网箱养殖。

从以上统计可以看出,在五个示范县内,大菱鲆育苗、养殖的产量和面积都是最高的,占绝对优势。而池塘养殖和网箱养殖的规模均很小。说明在五个示范县区内,工厂化养殖大菱鲆是鲆鲽类养殖的主要品种和养殖模式。

2 示范县(市、区)科研开展情况

2.1 科研课题情况

青岛综合试验站各示范县区本年度开展的鲆鲽类养殖科研项目仍较少,可能的原因是:鲆鲽类养殖已有十余年的发展历史,不是当前的产业热点品种,当前整体上处在平稳发展阶段。

黄岛区青岛通用水产养殖有限公司是青岛综合试验站的建设依托单位,在持续与岗位科学家协作进行大菱鲆全雌苗种研究,并进行循环水养殖的试验与示范。

黄岛区青岛卓越海洋科技公司 2015 年开始与科研人员合作进行半滑舌鳎育种、繁育和循环水养殖的科研合作。

威海环翠区圣航公司在 2015 年继续与科研院所合作开展了牙鲆三倍体、大菱鲆选育等研发工作,该公司是鲆鲽类重要的受精卵供应商,亲鱼储备多,有很好的资源进行技术研发。

2.2 发表论文情况

无。

3 鲆鲽类产业发展中存在的问题

3.1 质量安全问题

近年来，随着相关法规的宣传、技术培训、抽检监管等措施的加强，大菱鲆养殖生产中违禁药物的使用已大幅减少，但仍有部分养殖业户使用违禁药物，主要是硝基呋喃类药物。该问题已成为大菱鲆产业健康持续发展的阻碍。

出现该问题的原因是多方面的，我们认为最主要的原因是监管力度不够，销售流通环节缺乏可追溯机制，导致违规用药难被追责。这是当前鲆鲽类产业亟须解决的问题之一。

3.2 鲆鲽类文化宣传欠缺

鲆鲽类养殖以工厂化养殖为主，环境可控，不受环境污染、气候变化的影响。鲆鲽类是营养丰富的健康海水鱼。这些涉及鲆鲽类产品、生产方式的特点缺乏基本的宣传，消费者对于鲆鲽类产品不了解，限制了市场的推广。且，在出现个别质量安全问题时，容易造成质量安全恐慌。故，我们认为，鲆鲽类的宣传与产业文化建设是当前亟须的工作之一。

3.3 鲆鲽类生产单位组织化程度低

鲆鲽类养殖的大多数生产者是小型养殖场，以个体经营为主，缺乏龙头企业，缺乏专业合作社组织（已注册的合作社组织多数无实质运营）。这导致盲目生产、产业无序发展、质量安全监管的困境、价格大起大落等等。故，我们认为，促进鲆鲽类产业组织化程度是当前紧迫的工作之一。

3.4 鲆鲽类产品应开拓新的流通方式

鲆鲽类产品主要以活鲜的形式进入市场，流通环节分别为：养殖业户、鱼贩、海鲜批发市场、餐饮酒店，主要以餐饮酒店或宴会消费为主。

2015 年 7 月以来，由于整体消费环境变化、食品安全谣传等因素的影响，大菱鲆消费显著下降，造成养殖产品积压。在这种情况下，应积极开拓产品形式（比如冰鲜、冷冻）和新的流通渠道（比如超市、电商等）。

3.5 鲆鲽类养殖需向质量效益型转变

传统的鲆鲽类养殖属于粗放型、资源消耗型养殖；在鲆鲽类养殖的发展阶段，产业主要的关注点在如何扩大产量；但是，当前社会经济的转型已深刻影响到鲆鲽类产业，产业面临从追求产量向质量效益型的转变压力。对大菱鲆养殖而言，传统的深井海水 + 温室大棚的养殖模式需要消耗大量的地下海水资源，地下海水资源的短缺成为养殖发展的瓶颈，水量不足又可能导致病害发生，养殖效益下降，且容易出现滥用药物的情况。所以，鲆鲽类养殖迫切需要采用更先进的养殖模式,降低对大量深井海水的依赖,进行工业化养殖,降低养殖成本,提高养殖产品质量,从而实现向质量效益型的转变。

3.6 鲆鲽类养殖技术体系仍亟待深入发展和提升

经过多年的发展,鲆鲽类养殖技术体系已得到长足发展,已成为海水鱼工厂化养殖的典范。但是,由于过去养殖业户更主要地追求产量,采取不科学的方法降低成本,对于规范化重视不足,仍存在很多技术需提高或推广。向质量效益型的工业化养殖模式发展需要系统的技术体系支撑。这要从育种、苗种培育、养殖、加工、饲料等各个方面建立标准和规范。

4 当地政府对产业发展的扶持政策

海水鱼养殖仍是示范县区重要的产业之一,各县区渔业部门对于促进鲆鲽类养殖业发展采取各种扶持政策。比如,青岛市黄岛区通过建设网站帮助鲆鲽类产品销售、鼓励合作社的建立、鼓励水产品品牌建设等措施推动产业的发展。定期举办技术培训也是各示范县区每年均进行的扶持措施。

5 鲆鲽类产业技术需求

根据2015年示范县区调研及我站对示范县区产业状况的分析,总结技术需求如下:

(1)大菱鲆育苗阶段腹水病防治技术;

(2)循环水养殖技术;

(3)鲆鲽类产品冰鲜加工技术;

(4)可追溯系统的设计与建设;

(5)半滑舌鳎全雌苗种培育技术;

(6)大菱鲆全雌苗种繁育技术;

附表1 2015年度青岛综合试验站示范县鲆鲽类育苗及成鱼养殖情况统计表

		青岛市黄岛区			日照市岚山区			江苏省赣榆县		莱阳市	威海市环翠区	
		大菱鲆	牙鲆	半滑舌鳎	大菱鲆	牙鲆	半滑舌鳎	大菱鲆	半滑舌鳎	大菱鲆	大菱鲆	牙鲆
育苗	面积(m^2)	3 000		2 000	1 000	2 000					40 000	1 000
	产量(万尾)	500		50	40	100					6 500	50
工厂养殖	面积(m^2)	114 000		15 000	19 000	12 000	18 000	330 100	1 000	150 000	90 000	
	年产量(吨)	790		100	209	136	144	1 210	85	900	2500	
	年销售量(吨)	700		70	209	136	144	1 240	83	800	2700	
	年末库存量(吨)	430		120	81	61	43	330	2	800	662	

（续表）

		青岛市黄岛区			日照市岚山区			江苏省赣榆县		莱阳市	威海市环翠区	
		大菱鲆	牙鲆	半滑舌鳎	大菱鲆	牙鲆	半滑舌鳎	大菱鲆	半滑舌鳎	大菱鲆	大菱鲆	牙鲆
池塘养殖	面积（亩）		280									
	年产量（吨）		1 290									
	年销售量（吨）		1 300									
	年末库存量（吨）		740									
网箱养殖	面积（m^2）											
	年产量（吨）											
	年销售量（吨）											
	年末库存量（吨）											
户数	育苗户数	2	2	1	6	7	6				20	1
	养殖户数	35	26	5	20	18	12	60	1	15	30	

附表 2　青岛站五个示范县养殖面积、养殖产量及品种构成

项目 \ 品种	年产总量	大菱鲆	牙鲆	半滑舌鳎
工厂化育苗面积（m^2）	49 000	44 000	3 000	2 000
工厂化出苗量（万尾）	7 240	7 040	150	50
工厂化养殖面积（m^2）	749 100	703 100	12 000	34 000
工厂化养殖产量（吨）	6 074	5 609	136	329
池塘养殖面积（亩）	280		280	
池塘年总产量（吨）	1 290		1 290	
网箱养殖面积（m^2）				
网箱年总产量（吨）				
各品种工厂化育苗面积占总面积的比例％	100	89. 80	6. 12	4. 08
各品种工厂化出苗量占总出苗量的比例％	100	97. 23	2. 07	0. 70
各品种工厂化养殖面积占总面积的比例％	100	93. 86	1. 60	4. 54
各品种工厂化养殖产量占总产量的比例％	100	92. 34	2. 24	5. 42
各品种池塘养殖面积占总面积的比例％	100		100	
各品种池塘养殖产量占总产量的比例％	100		100	

（青岛综合试验站站长　张和森）

莱州综合试验站产区调研报告

1 示范县(市、区)鲆鲽类养殖现状

莱州综合试验站下设莱州市、昌邑市、龙口市、招远市、乳山市五个示范县产业技术体系的示范推广和调研工作站，并把莱州、昌邑作为优良半滑舌鳎苗种主推县市。2015年，在体系首席专家、岗位专家、功能室及示范县各技术骨干、养殖示范企业、养殖户的支持协作下，体系工作进展顺利，在鲆鲽类价格下降的不利因素影响下，示范区养殖面积和产量稳定，产业发展合理，并取得了多项验收技术成果。其育苗、养殖品种、产量及规模见附表1:

1.1 育苗面积及苗种产量

(1) 育苗面积：五个示范县育苗总面积为104 000 m^2，其中莱州市9 000 m^2、招远市4 000 m^2、乳山县10 000 m^2。按品种分：大菱鲆育苗面积73 600 m^2、半滑舌鳎30 000 m^2、牙鲆400 m^2。

(2) 苗种年产量：五个示范县共计46户育苗厂家，总计育苗1 708万尾，其中：大菱鲆1 111万尾(5 cm)、半滑舌鳎588万尾(5 cm)、牙鲆9.3万尾。各县育苗情况如下：

莱州市：26家育苗企业，其中大菱鲆育苗企业12家、半滑舌鳎育苗企业14家。生产大菱鲆797万尾、半滑舌鳎588万尾。年末存量大菱鲆290万尾、半滑舌鳎151万尾。苗种除自用外，其余主要销往辽宁、河北、山东、江苏、天津等省市。

招远市：仅招远市发海海珍品养殖有限公司1家，生产大菱鲆100万尾，除自用外，其余销往山东沿海县市。

乳山县：44家育苗企业，其中大菱鲆育苗企业33家、牙鲆育苗企业11家。生产大菱鲆214万尾、牙鲆苗种9万尾。年末存量大菱鲆62万尾、牙鲆2.5万尾。苗种除本县自用外，其余销往山东沿海县市。

1.2 养殖面积及年产量、销售量、年末库存量

工厂化养殖：试验站所辖五个示范县养殖模式为工厂化养殖，养殖面积总计为1 750 000 m^2，养殖企业共计1 063家，年产鲆鲽类共计6 329.7吨，销售量为6 947.2吨，年末库存量为5 630.0吨。

莱州市：共有养殖企业563户，工厂化养殖面积887 000 m^2，养殖大菱鲆和半滑舌鳎。其中大菱鲆养殖面积722 000 m^2，全年产量3 075吨、销售量3 121吨、年末存量1 718吨；半滑舌鳎养殖面积165 000 m^2，全年产量195吨、销售量241吨、年末存量736吨。

龙口市：共有养殖企业53户，工厂化养殖面积88 000 m^2，养殖大菱鲆和半滑舌鳎。其中大菱鲆养殖面积74 000 m^2，全年产量388吨、销售量340吨、年末存量357吨；半滑舌鳎养殖面积14 000 m^2，全年产量18.9吨、销售量46.1吨、年末存量56.9吨。

招远市：共有养殖企业38户，工厂化养殖面积80 000 m^2，养殖大菱鲆和半滑舌鳎。其中大菱鲆养殖面积70 000 m^2，全年产量114吨、销售量268吨、年末存量322吨；半滑舌鳎养殖面积10 000 m^2，全年产量25.1吨、销售量64.1吨、年末存量18.2吨。

昌邑市：共有养殖企业349户，工厂化养殖面积620 000 m^2，养殖大菱鲆和半滑舌鳎。其中大菱鲆养殖面积540 000 m^2，全年产量1 758吨、销售量1 762吨、年末存量1 244吨；半滑舌鳎养殖面积80 000 m^2，全年产量409吨、销售量588吨、年末存量798吨。

乳山市：共有养殖企业127户，工厂化养殖面积75 000 m^2，养殖大菱鲆和半滑舌鳎。其中大菱鲆养殖面积64 000 m^2，全年产量313.5吨、销售量442吨、年末存量325吨；牙鲆养殖面积11 000 m^2，全年产量33.2吨、销售量75吨、年末存量54.9吨。

1.3　品种构成

每品种养殖面积及产量占示范县养殖总面积和总产量的比例：见附表2。

统计五个示范县鲆鲽类养殖面积调查结果，各品种构成如下：

工厂化育苗总面积为104 000 m^2，其中大菱鲆为73 600 m^2，占总育苗面积的70.77%；半滑舌鳎为30 000 m^2，占总面积的28.85%；牙鲆为400 m^2，占总面积的0.38%。

工厂化育苗总出苗量为1 708万尾，其中大菱鲆1111万尾，占总出苗量的65.05%；半滑舌鳎为588万尾，占总出苗量的34.43%；牙鲆为9万尾，占总出苗量的0.52%。

工厂化养殖总面积为1 750 000 m^2，其中大菱鲆为1 470 000 m^2，占总养殖面积的84%；半滑舌鳎为269 000 m^2，占总养殖面积的15.37%；牙鲆为11 000 m^2，占总养殖面积的0.63%。

工厂化养殖总产量为6 329.7吨，其中大菱鲆5 648.5吨，占总量的89.249%；半滑舌鳎为648吨，占总量的10.24%；牙鲆为33.2吨，占总量的0.52%。

从以上统计可以看出，在五个示范县内，大菱鲆养殖面积和产量最大，其次为半滑舌鳎，牙鲆养殖面积和产量最小。

2　示范县（市、区）科研开展情况

2.1　科研课题情况

莱州市2015年承担省级科研项目1项，名称为：工厂化循环水养殖智能自动化装备集成与示范,承担单位为莱州明波水产有限公司,率先在渔业领域应用转化物联网信息化技术成果,2015 年获得山东省技术发明二等奖。

莱州市 2015 年承担科研项目 1 项,名称为:海水工厂化循环水养殖技术推广,承担单位为莱州明波水产有限公司,该公司被批复为山东省循环水养殖示范工程技术研究中心。

2.2 发表论文情况

2015 年,莱州示范县参与发表疾病防控相关论文 1 篇,《鱼类神经坏死病毒纳米探针的制备与特征分析》;海水鱼繁育相关论文 2 篇,《云纹石斑鱼(*E. moara*)(♀)×七带石斑鱼(*E. septemfasciatus*)(♂)杂交 F_1 生长特征与其亲本子代的比较》、《棕点石斑鱼(♀)×鞍带石斑鱼(♂)杂交 F_1+ 仔、稚、幼鱼的摄食与生长特性分析》;循环水相关论文 2 篇,《基于高通量测序的石斑鱼循环水养殖生物滤池微生物群落分析》、*Metagenomic analysis shows diverse, distinct bacterial communities in biofilters among different marine recirculating aquaculture systems*。

3 鲆鲽类产业发展中存在的问题

鲆鲽类是我国海水鱼主要养殖品种,也是推动我国第四次海水养殖浪潮的代表鱼类,其养殖苗种基本来源于人工繁育苗种,随着国家鲆鲽类产业技术体系的实施,鲆鲽类从苗种繁育、生态高效养殖、加工销售、流通终端、餐饮文化等上、中、下游全产业链发展迅速,鲆鲽类良种开发和创新,使得鲆鲽类良种覆盖率相比于其他鱼类要略高。但同时,鲆鲽类繁育部分育苗企业依靠多代选育的亲本,种质退化现象凸显,并且养殖集约化、用药无序化造成病害发生率高,用药量大,质量安全问题不容小觑,加上养殖空间压缩、养殖环境恶化等影响,一定层面上成为阻碍鲆鲽类发展的瓶颈。

3.1 半滑舌鳎

一是半滑舌鳎野生资源的减少,商品鱼价格的提高,导致养殖量的持续增加,半滑舌鳎市场的无序化,使得该鱼养殖结构不合理,围绕半滑舌鳎本身价值波动较大,价格高时 300 元/千克,价格低时到了 120 元/千克,养殖市场和终端市场没有合理的规划;

二是苗种的质量有待提高,长期的自繁自产,半滑舌鳎种质退化明显,养殖雌性化比例、苗种抗病抗逆性等亟须提高,加上集约化程度等因素,使得半滑舌鳎出成率降低,也成为产业发展瓶颈;

三是同质化严重,整个产业"等质、等价、等售"的现状存在,当某一经营不规范企业存在产品质量问题时,容易导致整个产业的下滑,因而需要提升产品的品牌化,实现差异化经营。

3.2　大菱鲆

2015年由于媒体对大菱鲆的恶意炒作，个别养殖企业的不良生产，整个产业波动较大，价格最低至18元/千克，不过随着体系的正面宣传，国家信息安全部门的正面推进，媒体的正面报道，目前大菱鲆价格呈上涨趋势，我们预计大菱鲆合理价格在40元/千克以上。

4　当地政府对产业发展的扶持政策

山东省是渔业大省，莱州综合试验站下设5个示范县都是山东省海水养殖重点县市，对海水养殖行业推动作用较大。山东省海上粮仓战略实施，莱州明波、招远发海、昌邑海丰、乳山科合等企业都有重点项目，各地渔业主管部门出台相应优惠政策，如用海、用地的手续简化，渔业补贴等，刺激渔业的快速发展。

此外，山东省发改委蓝色产业领军人才的实施，积极引进蓝色产业相关人才，转化技术创新成果，带动蓝色产业革命，从侧面推动海水养殖转型升级。

三是各地对水产技术人才的重视，每年由主管部门、企业举办的技术研讨会、基层渔业技术人才培训等，邀请行业专家到场培训指导，为水产行业基层提供良好的人才支撑和智力保障，提升行业技术水平。

5　鲆鲽类产业技术需求

5.1　高雌性化、抗病、抗逆半滑舌鳎苗种

基于现代育种技术，选育出适于推广的、雌性化比例较高、抗病抗逆性较强的半滑舌鳎苗种，推动产业发展。

5.2　生态高效养殖模式

工厂化循环水、离岸大型浮绳式围网等生态高效养殖模式。

5.3　物联网信息化管控技术和精准化养殖装备

水产物联网信息化技术成果，自动投饵机、吸鱼泵及数鱼机、鱼类分级筛等精准化装备。

附表1　2015年度莱州综合试验站示范县鲆鲽类育苗及成鱼养殖情况统计表

		莱州市		昌邑市		招远市		龙口市		乳山市	
		大菱鲆	半滑舌鳎	大菱鲆	半滑舌鳎	大菱鲆	半滑舌鳎	大菱鲆	半滑舌鳎	大菱鲆	牙鲆
育苗	面积（m^2）	60 000	30 000			4 000				9 600	400
	产量（万尾）	797	588			100				214	9.3

(续表)

		莱州市		昌邑市		招远市		龙口市		乳山市	
		大菱鲆	半滑舌鳎	大菱鲆	半滑舌鳎	大菱鲆	半滑舌鳎	大菱鲆	半滑舌鳎	大菱鲆	牙鲆
工厂养殖	面积(m²)	722 000	165 000	540 000	80 000	70 000	10 000	74 000	14 000	64 000	11 000
	年产量(吨)	3 075	195	1 758	409	114	25.1	388	18.9	313.5	33.2
	年销售量(吨)	3 121	241	1 762	588	268	64.1	340	46.1	442	75
	年末库存量(吨)	1 718	736	1 244	798	322	18.2	357	56.9	325	54.9
池塘养殖	面积(亩)										
	年产量(吨)										
	年销售量(吨)										
	年末库存量(吨)										
网箱养殖	面积(m²)										
	年产量(吨)										
	年销售量(吨)										
	年末库存量(吨)										
户数	育苗户数	12	14			1	1			33	11
	养殖户数	279	217	212	137	35	3	49	4	101	26

附表2 莱州综合试验站五个示范县养殖面积、养殖产量及品种构成

项目 \ 品种	年产总量	大菱鲆	半滑舌鳎	牙鲆
工厂化育苗面积(m²)	104 000	73 600	30 000	400
工厂化出苗量(万尾)	1 708	1 111	588	9
工厂化养殖面积(m²)	1 750 000	1 470 000	269 000	11 000
工厂化养殖产量(吨)	6 329.7	5 648.5	648.0	33.2
池塘养殖面积(亩)				
池塘年总产量(吨)				
网箱养殖面积(m²)				
网箱年总产量(吨)				

（续表）

项目＼品种	年产总量	大菱鲆	半滑舌鳎	牙鲆
各品种工厂化育苗面积占总面积的比例％	100	70.77	28.85	0.38
各品种工厂化出苗量占总出苗量的比例％	100	65.05	34.43	0.52
各品种工厂化养殖面积占总面积的比例％	100	84.00	15.37	0.63
各品种工厂化养殖产量占总产量的比例％	100	89.24	10.24	0.52
各品种池塘养殖面积占总面积的比例％				
各品种池塘养殖产量占总产量的比例％				

（莱州综合试验站站长　翟介明）

山东综合试验站产区调研报告

1　示范县(市、区)鲆鲽类养殖现状

本综合试验站下设五个示范县(市、区),分别为:日照市东港区、烟台市牟平区、东营市垦利县、山东省文登市、山东省荣成市。其育苗、养殖品种、产量及规模见附表1、2、3:

1.1　育苗面积及苗种产量

(1) 育苗面积:五个示范县育苗总面积为29 200 m^2,其中荣成市15 000 m^2、东港区7 200 m^2、文登市6 000 m^2,牟平区1 000 m^2,垦利县没有育苗。按品种分:大菱鲆为22 000 m^2,牙鲆为6 000 m^2,星突江鲽1 200 m^2。

(2) 苗种年产量:五个示范县总计育苗4 320万尾,其中:大菱鲆3 700万尾,牙鲆570万尾,星突江鲽50万尾。各县育苗情况如下:

牟平区:生产大菱鲆苗种200万尾,用于本区养殖。

东港区:生产牙鲆苗种570万尾,星突江鲽50万尾,用于本区养殖。

文登市:生产大菱鲆苗种1 000万尾,年末存量200万尾,除用于本市养殖外,部分外销。

荣成市:生产大菱鲆苗种2 500万尾,年末存量500万尾,主要用于外销。

垦利县:垦利市没有鲆鲽类育苗生产。

1.2　养殖面积及年产量、销售量、年末库存量

(1) 工厂化养殖:五个示范县鲆鲽类工厂化养殖面积57.9万m^2,产量1 515.1吨。其中文登市20万m^2,产量2 100吨;荣成市0.6万m^2,产量150吨;东港区32.6万m^2,产量2 104.6吨;牟平区2.7万m^2,产量121吨;垦利县2万m^2,产量39.5万吨。其中:

牟平区:工厂化养殖大菱鲆1.8万m^2,产量121吨;牙鲆0.19万m^2,产量1.5吨。

东港区:工厂化养殖大菱鲆30.6万m^2,产量2 104.6吨,年末存量1 704.3吨;牙鲆0.2万m^2,产量93.9吨,年末存量33.9吨;半滑舌鳎1.8万m^2,产量438.4吨,年末存量203.4吨。

文登市:工厂化养殖大菱鲆20万m^2,产量2 100吨,年末存量540吨。

荣成市：工厂化养殖大菱鲆 0.6 万 m^2，年产量 150 吨。

垦利县：工厂化养殖星斑川鲽 2 万 m^2，年产量 39.5 吨，年末存量 12 吨。

（2）池塘养殖（亩）：本示范区内只有如东港区和垦利县进行池塘养殖。

东港区：池塘养殖牙鲆 3 000 亩，产量 18.9 吨。

垦利县：池塘养殖星斑川鲽 400 亩，产量 8 吨。

（3）网箱养殖：只有荣成市进行网箱养殖。网箱养殖大菱鲆 2 万 m^2，产量 280 吨，牙鲆 22 万 m^2，产量 3 220 吨。

1.3　品种构成

每品种养殖面积及产量占示范县养殖总面积和总产量的比例：见附表 4。

统计五个示范县鲆鲽类养殖面积调查结果，各品种构成如下：

工厂化育苗总面积为 29 200 m^2，其中牙鲆为 6 000 m^2，占总育苗面积的 20.5%；星斑川鲽为 1 200 m^2，占总面积的 7.1%；大菱鲆为 22 000 m^2，占总面积的 75.4%。

工厂化育苗总出苗量为 4 320 万尾，其中牙鲆 570 万尾，占总出苗量的 13.2%；星斑川鲽为 70 万尾，占总出苗量的 1.1%；大菱鲆为 3 700 万尾，占总出苗量的 85.7%。

工厂化养殖总面积为 579 004 m^2，其中牙鲆为 3 872 m^2，占总养殖面积的 0.7%；星斑川鲽为 20 000 m^2，占总养殖面积的 3.5%；星突江鲽为 20 000 m^2，占总养殖面积的 3.5%；半滑舌鳎为 18 000 m^2，占总养殖面积的 3.1%；大菱鲆为 510 232 m^2，占总养殖面积的 89.2%。

工厂化养殖总产量为 5 208.3 吨，其中牙鲆为 95.4 吨，占总养殖面积的 1.8%；星斑川鲽为 39.5 吨，占总养殖面积的 0.8%；星突江鲽为 160 吨，占总养殖面积的 3.1%；半滑舌鳎为 438.4 吨，占总养殖面积的 8.4%；大菱鲆为 4 475 吨，占总养殖面积的 85.9%。

池塘养殖总面积为 3 400 亩，其中星斑川鲽 400 亩，占 11.8%；半滑舌鳎 3 000 亩，占 88.2%。

池塘养殖总产量为 26.9 吨，星斑川鲽 8 吨，占 30%；半滑舌鳎 18.9 吨，占 70%。

从以上统计可以看出，在五个示范县内，无论工厂化和池塘养殖，大菱鲆养殖面积和产量都占绝对优势。

2　示范县（市、区）技术推广工作

垦利县依托新型农民学校，联合省海洋资源与环境研究院，于 2015 年 5 月 16 号，7 月 4 日和 9 月 19 日，分三期，每期 2 天，共组织养殖户 36 户参加鱼类养殖技术规范要点讲座。在讲座上，省海洋资源与环境研究院鱼类养殖专家就无公害水产品的养殖用水水质，渔用药物使用，渔用配合饲料等相关内容进行了详细阐述，促进养殖业主对无公害养殖模式及可持续发展的绿色健康养殖模式的深入了解。在每次技术讲座之后，针对养殖业主实际需求在垦利县现代渔业示范区基地，分 3 期，每期一周，共组织 27 名养殖户在渔业示范区基地鱼类车间进行实地操作学习，将讲座要点及业主的疑惑难点及时在生产一线进行解答，收到良好效果。

2015年牟平区不断强化技术培训，进一步提高养殖技术水平。先后组织渔民参加省试验站举办的鲆鲽产业体系技术培训两期，参加人数60多人。主要培训内容：鲆鲽类养殖科学用药技术、牙鲆与夏鲆杂交繁育技术及国内外鲆鲽类市场经济分析等等，既提高了养殖户的技术水平，又促进了养殖户之间的信息交流。牟平区先后举办健康养殖技术和水产品质量安全技术培训班5期，培训渔民380余人。主要培训内容为水产品质量安全控制技术、微生态制剂应用技术、养殖病害防治技术及健康养殖模式等，通过培训既提高了养殖业户的技术水平，又增强了养殖产品质量安全控制能力。

2015年东港区境内举办健康培训班1期，220人参加了培训。并举办以水产品质量安全为主的培训班6期、700余人次，发放各类技术资料2 000余份。

文登区根据不同的生产季节、生产环节、天气情况，结合本地实际，共举办各种类型的培训班8期，并采取了集中培训、分散培训、轮回培训等灵活多样的培训方法。6月份，结合基层渔业技术推广体系项目建设，集中举办了“大菱鲆工厂化健康养殖技术”、“病害防治技术”等培训班，共培训人员达80多人次，发放技术资料和“明白纸”300多份；7月29日，结合山东济南警方破获一起涉嫌非法使用呋喃西林养殖大菱鲆的案件，给大菱鲆养殖与销售带来重大影响，文登区海洋与渔业局组织召开了2015年大菱鲆质量安全专项培训班，主要任务是介绍此次“大菱鲆事件”的基本情况、文登区大菱鲆质量安全基本状况及部署下阶段的工作等。参加此次培训的人员为文登区所有大菱鲆育苗、养殖企业的负责人60人；11月份，结合渔民培训项目集中举办了《大菱鲆育苗和病害防治技术》培训班，通过分散培训和轮回培训，共培训养殖户100多人次；免费发放渔业科技入户生产简报80多份；解决生产中存在的技术难题20多人次；入户指导现场解疑答难20多人次，为养殖户提供了可靠的技术保障。

3 鲆鲽类产业发展中存在的问题及下一步工作计划

通过对鲆鲽类产业的关注，在平时的工作中发现本产业至少存在以下亟待解决的问题，在这里提出来供体系内的所有成员共同探讨。

（1）鲆鲽类产业体系养殖、育苗技术成熟，但可追溯体系发展较慢。

（2）循环水养殖建设规模比较大，但正常使用规模与建设面积相差较大。

（3）2015年7月济南市公安局查到日照个别养殖户涉嫌非法使用呋喃西林养殖大菱鲆案件后，给大菱鲆养殖与销售带来了重大负面影响，价格持续下跌。由于鱼价偏低，养殖户售鱼的速度明显减慢，导致养殖户成鱼存量增高，投苗总量也随着下降，给大菱鲆养殖产业发展造成了难以挽回的局面。

针对这些问题，我们提出以下建议：

（1）建议引导企业在鲆鲽养殖、育苗方面要因地制宜，建立品牌制度与可追溯体系。

（2）建议进一步扩大循环水养殖推广范围，完善相关养殖技术。

（3）食品安全问题已经成为制约大菱鲆养殖产业的重要因素，建议加强药残监测力度，增强养殖企业、个体用药意识、规范水产养殖用药环节，逐步建立起完善的市场准入制度。

4　鲆鲽类产业技术需求

（1）建议加强宏观调控，规范鲆鲽类养殖技术，建立统一的网站，加强信息沟通，对于重大风灾、水灾、冰灾、病灾等可以实行基层通报制度；

（2）建议加强对大菱鲆病害防治技术研究和技术培训工作。尽快研究出比较有效的防病、治病的技术，有效地杜绝各种病害的发生与流行。为有效提高技术指导员及养殖业主的技术素质，可以建立育苗、养成专家队伍，利用 qq 群远程监测疾病、提供指导与治疗方法；

（3）建议加强规范渔用药物区场管理，吸取 2015 年日照养殖户涉嫌非法使用呋喃西林养殖大菱鲆案件，给大菱鲆养殖与销售带来重大影响，维护养殖业主的合法权益。

附表 1　2015 年度山东综合试验站示范区县鲆鲽类苗种生产情况

种类	牟平			东港			文登			荣成			垦利		
	面积（m^2）	全年生产（万尾）	年末存量（万尾）	面积（m^2）	全年生产（万尾）	年末存量（万尾）	面积（m^2）	全年生产（万尾）	年末存量（万尾）	面积（m^2）	全年生产（万尾）	年末存量（万尾）	面积（m^2）	全年生产（万尾）	年末存量（万尾）
大菱鲆	1 000	200	0				6 000	1 000	200	15 000	2 500	500			
牙鲆				6 000	570	0									
半滑舌鳎															
星斑川鲽				1 200	50	0									

附表 2　2015 年度山东综合试验站示范区县鲆鲽类成鱼养殖面积

种类	牟平			东港			文登			荣成			垦利		
	工厂化（m^2）	网箱（m^2）	池塘（亩）	工厂化（m^2）	网箱（m^2）	池塘（亩）	工厂化（m^2）	网箱（m^2）	池塘（亩）	工厂化（m^2）	网箱（m^2）	池塘（亩）	工厂化（m^2）	网箱（m^2）	池塘（亩）
大菱鲆	18 232			286 000			200 000			6 000	20 000				
牙鲆	1 872			2 000							220 000				
半滑舌鳎				18 000		3 000									
星突江鲽				20 000											
星斑川鲽													20 000		400

附表 3　2015 年度山东综合试验站示范区县鲆鲽类成鱼养殖产量统计

种类			大菱鲆	牙鲆	半滑舌鳎	星突江鲽	星斑川鲽
牟平	工厂化(吨)	全年生产量	121	1. 5			
		全年销售量	87	1			
		年末存量	34	0. 5			
	网箱(吨)	全年生产量					
		全年销售量					
		年末存量					
	池塘(吨)	全年生产量					
		全年销售量					
		年末存量					
东港	工厂化(吨)	全年生产量	2 104. 6	93. 9	438. 4	160	
		全年销售量	400. 3	60. 9	235	160	
		年末存量	1 704. 3	33. 9	203. 4	0	
	网箱(吨)	全年生产量					
		全年销售量					
		年末存量					

（续表）

种类			大菱鲆	牙鲆	半滑舌鳎	星突江鲽	星斑川鲽
东港	池塘(吨)	全年生产量		18.9			
		全年销售量					
		年末存量					
	工厂化(吨)	全年生产量	2 100				
		全年销售量	1 560				
		年末存量	540				
文登	网箱(吨)	全年生产量					
		全年销售量					
		年末存量					
	池塘(吨)	全年生产量					
		全年销售量					
		年末存量					
	工厂化(吨)	全年生产量	150				
		全年销售量	150				
		年末存量					
荣成	网箱(吨)	全年生产量	280	3 220			
		全年销售量					
		年末存量					
	池塘(吨)	全年生产量					
		全年销售量					
		年末存量					
	工厂化(吨)	全年生产量					39.5
		全年销售量					27.5
		年末存量					21
垦利	网箱(吨)	全年生产量					
		全年销售量					
		年末存量					
	池塘(吨)	全年生产量					8
		全年销售量					8
		年末存量					0

附表 4　山东综合实验站五个示范县养殖面积、养殖产量及品种构成

项目 \ 品种	年总产量	牙鲆	星斑川鲽	星突江鲽	半滑舌鳎	大菱鲆
工厂化育苗面积(m^2)	29 200	6 000	1 200			22 000
工厂化出苗量(万尾)	4 320	570	50			3 700
工厂化养殖面积(m^2)	579 004	3 872	20 000	20 000	18 000	510 232
工厂化养殖产量(吨)	5 208.3	95.4	39.5	160	438.4	4 475
池塘养殖面积(亩)	3 400		400		3 000	
池塘年总产量(吨)	26.9		8		18.9	
网箱养殖面积(m^2)	240 000	220 000				20 000
网箱年总产量(吨)	3 500	280				3 220
各品种工厂化育苗面积占总面积的比例%	100	20.5	4.1			75.4
各品种工厂化出苗量占总出苗量的比例%	100	13.2	1.1			85.7
各品种工厂化养殖面积占总面积的比例%	100	0.7	3.5	3.5	3.1	89.2
各品种工厂化养殖产量占总产量的比例%	100	1.8	0.8	3.1	8.4	85.9
各品种池塘养殖面积占总面积的比例%	100		11.8		88.2	
各品种池塘养殖产量占总产量的比例%	100		30		70	

(山东综合试验站站长　姜海滨)

日照综合试验站产区调研报告

1　示范县(市、区)鲆鲽类养殖现状

本综合试验站下设6个示范基地(市、区),分别为山东省日照市开发区、山东省潍坊市滨海开发区、山东省青岛市崂山区、浙江省台州市温岭市、上海市奉贤区、日照市涛雒镇。

1.1　育苗面积及苗种产量

1.1.1　育苗面积

6个示范基地育苗总面积为21 400 m^2,其中日照市开发区3 000 m^2、青岛崂山区2 600 m^2,日照市涛雒镇15 660 m^2。按品种分:大菱鲆育苗面积13 800 m^2,牙鲆育苗面积5 100 m^2,半滑舌鳎育苗面积2 500 m^2。浙江台州市温岭市、潍坊滨海开发区无。

1.1.2　苗种年产量

6个示范基地共计42户育苗场家,总计育苗3 600万尾,其中大菱鲆2 100万尾,牙鲆900万尾,半滑舌鳎600万尾。浙江台州市温岭市、潍坊滨海开发区无育苗户。各县育苗情况如下:

日照市开发区:大菱鲆育苗面积2 200 m^2,全年生产400万尾,共有育苗户10家;牙鲆育苗面积800 m^2,全年生产150万尾,共有育苗户8家。

青岛崂山区:大菱鲆育苗面积2 600 m^2,全年生产500万尾,共有育苗户7家。

日照市涛雒镇:大菱鲆育苗面积9 000 m^2,全年生产1 200万尾,共有育苗户17家;牙鲆育苗面积4 300 m^2,全年生产750万尾,共有育苗户10家。半滑舌鳎育苗面积2 360 m^2,全年生产600万尾,共有育苗户15家。

1.2　养殖面积及年产量、销售量、年末库存量

日照综合试验站所辖区域主要是工厂化养殖,深水海水养殖。6个示范基地共计508家养殖户,养殖面积643 000 m^2,年总产量为5 980吨,销售量为5 780吨。其中:

日照市开发区:118户,养殖面积169 500 m^2,养殖大菱鲆90 500 m^2,产量910吨,销售量900吨,年末库存量10吨;牙鲆47 000 m^2,产量260吨,销售量220吨,年末库存量40吨;

半滑舌鳎 27 000 m^2,产量 132 吨,销售量 126 吨,年末库存量 6 吨;星突江鲽 5 000 m^2,产量 10 吨,销售量 10 吨,年末库存量 0 吨。

日照市涛雒镇:299 户,养殖面积 296 200 m^2,养殖大菱鲆 142 700 m^2,产量 2 188 吨,销售量 2 150 吨,年末库存量 38 吨;牙鲆 84 000 m^2,产量 940 吨,销售量 920 吨,年末库存量 20 吨;半滑舌鳎 52 500 m^2,产量 348 吨,销售量 320 吨,年末库存量 28 吨;星突江鲽 17 000 m^2,产量 50 吨,销售量 50 吨,年末库存量 0 吨。

青岛市崂山区:30 户,大菱鲆养殖面积 64 500 m^2,产量 432 吨,销售量 420 吨,年末库存量 12 吨。

潍坊滨海开发区:40 户,大菱鲆养殖面积 82 000 m^2,产量 450 吨,销售量 420 吨,年末库存量 30 吨。

浙江省台州市温岭市:21 户,养殖面积 30 800 m^2,养殖大菱鲆 30 800 m^2,产量 220 吨,销售量 205 吨,年末库存量 15 吨。半滑舌鳎产量为 40 吨,销售量 40 吨,年末库存量 0 吨。

1.3 品种构成

每品种养殖面积及产量占示范县养殖总面积和总产量的比例:

统计 6 个示范基地鲆鲽类养殖面积调查结果,各品种构成如下:

工厂化育苗总面积为 21 400 m^2,其中大菱鲆为 13 800 m^2,占总育苗面积的 64.48%;牙鲆为 5 100 m^2,占总育苗面积的 23.83%,半滑舌鳎为 2 500 m^2,占总育苗面积的 11.68%。

工厂化育苗总出苗量为 3600 万尾,其中大菱鲆 2 100 万尾,占总出苗量的 58.33%;牙鲆 900 万尾,占总出苗量的 25%;半滑舌鳎 600 万尾,占总出苗量的 16.67%。

工厂化养殖总产量为 5 980 吨,其中大菱鲆 4 200 吨,占总量的 70.23%;牙鲆 1 200 吨,占总量的 20.06%;半滑舌鳎 520 吨,占总量的 8.69%;星突江鲽 60 吨,占总量的 1.02%。

工厂化养殖总面积为 643 000 m^2,其中大菱鲆 410 500 m^2,占总量的 63.84%;牙鲆 131 000 m^2,占总量的 20.37%;半滑舌鳎 79 500 m^2,占总量的 12.36%;星突江鲽 22 000 m^2,占总量的 3.43%。

从以上统计可以看出,在 6 个示范基地内,大菱鲆的养殖和产量占绝对优势,其次是牙鲆鱼,半滑舌鳎和星突江鲽所占的比例很少。

2 示范县(市、区)科研开展情况

2.1 专利申请与获得情况

2015 年 04 月 27 日,申请一项中国发明专利《一种大菱鲆鱼皮胶原蛋白的制备方法》,专利申请号:201510200404.X;

2015 年 11 月 03 日,申请一项中国发明专利《一种从大菱鲆鱼皮中提取类肝素的方法》,

专利申请号：201510735023.1。

收到一项中国发明专利证书，《一种从带鳞黑鲽鱼皮中提取食品胶原蛋白的制备方法》，专利号：ZL 2012 1 0449583.7，授权公告日：2015年4月29日。

2.2　产业技术宣传与培训情况

2015年日照综合试验站以山东美佳集团有限公司为依托举办4次技术培训会议，共培训技术人员120余人，培养研究生2人。培训内容围绕鲆鲽鱼产品的加工工艺、加工过程质量控制以及对鲆鲽鱼类文化的推广，对示范县管理人员、技术骨干、车间主要技术人员进行培训。

2.3　鲆鲽类产品研发情况

（1）进行鲆鲽类新产品开发，完善产品加工工艺。

2015年10月我站开发出了整尾盐烧大菱鲆礼品箱系列产品，此产品在加工过程中约去除10%的水分，40～50℃烘干机中烘干4 h；鱼洗净后整条处理，划纹、表层抹盐烧烤；做出的鱼肉质表层有淡淡的咸味，既粉嫩又保留了鱼的自然鲜香味。礼品盒中放置两种不同口味的调味料，食用时只需将调好的料子与鱼一起烹调即可，操作简单，方便快捷。

2015年11月我站开发出味噌口味大菱鲆。

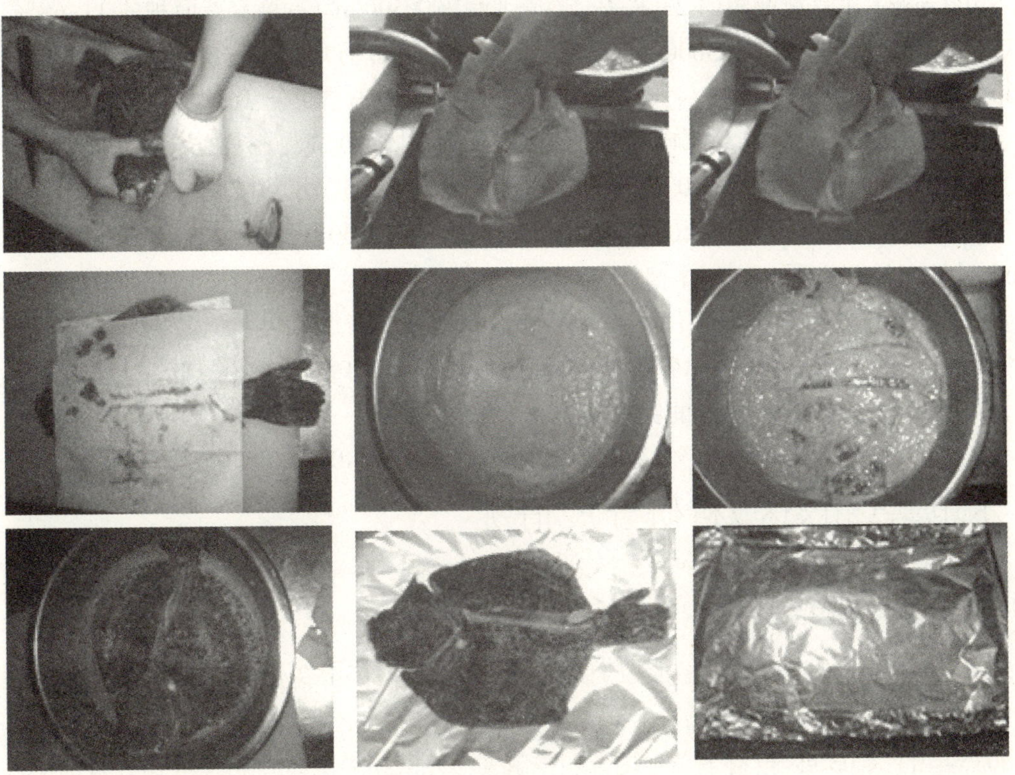

图1　味噌口味大菱鲆产品的制作步骤

产品制作步骤如下：

将鱼宰杀放血→去除内脏→将鱼肉用刀剥离鱼骨→将鱼清洗干净、沾干水分→将腌制酱料调制好备用→将鱼放在酱料中腌制12小时→将腌鱼的酱料用水冲掉，将鱼洗干净→将鱼用锡纸包好→将包好的鱼放到电烤箱内焗烤20分钟至熟。

(2) 利用大菱鲆鱼皮加工制成胶原蛋白肽等高值化加工产品，提高鲆鲽鱼类附加值，并制定企业标准。

与体系加工与质量控制岗位、中国水产科学研究院黄海水产研究所合作制定了日处理500 kg鱼皮的胶原蛋白肽生产工艺及设备流程标准，制作了胶原蛋白肽和胶原蛋白产品。

大菱鲆鱼皮胶原蛋白制作工艺如下：

① 清洗鱼皮：用自来水冲洗鱼皮，去除碎肉、鱼刺等杂质，沥干水后称重。

② 碱处理：用鱼皮重量8～10倍的0.1 mol/L NaOH浸泡鱼皮10～12小时。

③ 去离子水清洗：用去离子水反复清洗碱处理过的鱼皮，清洗至pH为7～8。

④ 粉碎：用绞肉机粉碎鱼皮，加入鱼皮重量8～9倍的纯化水，搅匀后用泵打入抽提罐中。

⑤ 抽提：80 ℃下保温4～5小时。

⑥ 抽滤：抽提液经抽滤装置进行抽滤，弃废渣，收集滤液，滤液称重。

⑦ 沉淀：向滤液中加入95度的酒精，使得酒精度为60～70度，静置过夜。

⑧ 离心：去上层废酒精，下层沉淀进行离心，3 000转/分钟，离心5分钟。

⑨ 真空干燥：80 ℃真空干燥5～8小时。

⑩ 粉碎包装。

(3) 大菱鲆鱼皮中提取类肝素的制备方法研究，制备方法如下：

① 清洗鱼皮：用水冲洗鱼皮，去除碎肉、鱼刺等杂质，沥干水后称重。

② 碱处理：用鱼皮重量1～5倍的NaOH溶液浸泡鱼皮3～10小时，浸泡过程中维持溶液的pH 9～11。

③ 盐处理：去除鱼皮，向溶液中加入氯化钠，使得加入的氯化钠浓度为1.5%～5%，用0.1 mol/L盐酸调pH为8.0～10.0，40～60 ℃保温2～5小时，后升温至80 ℃，保温10分钟。

④ 离心：用离心机离心收集上清液。

⑤ 沉淀：向滤液中加入95%的酒精，使得酒精浓度为40%～60%，静置过夜。

⑥ 离心：去上层废酒精，下层沉淀进行离心。

⑦ 干燥。

2.4 调研本年度示范县产业状况

加工总量：五个示范县加工鲽鱼类产品2 600吨，牙鲆鱼产品加工600吨，半滑舌鳎300吨。其中：开发区：鲽鱼类1 600吨，牙鲆鱼600吨，半滑舌鳎300吨；青岛崂山区：鲽鱼类450吨；潍坊滨海开发区：鲽鱼类：350吨；浙江温岭市：200吨。受中日关系的持续影响，原料资源的短缺以及价格的不断上涨，日本对我国水产品的需求量有所减少，本年度新研发的鲆鲽类新产品主要是开拓国内市场的销售。

我站对示范县产品的加工工艺进行技术创新、新产品试制过程中遇到的难题以及产品加工过程中技术及工艺创新等问题进行了解、整理，并咨询岗位专家予以解答，不能解答的邀请岗位专家进行培训指导。

3 鲆鲽类产业发展中存在的问题

目前的养殖鱼类中，牙鲆和大菱鲆产品出口的市场前景很广阔，但药物残留问题成为国际市场制约我国贸易出口的主要理由。

为实现养殖场产品的出口备案工作，我站从养殖场的育苗到养成商品鱼，从饲料的选择到药物的使用，帮助养殖场建立了各种管理、使用制度，制定了《质量管理手册》。我们已做好鲆鲽类产品出口的准备，但在帮助养殖场规范养殖、安全用药和用料方面投入了很多的时间和精力，因此，在养殖过程中如何安全用药、使用合格饲料、饵料，确保产品无药物残留；如何建立完善的养殖—加工的无缝化质量安全控制，是现在亟待解决的问题。

对鲆鲽副产物的综合利用研究比较少，专业知识和专业人才比较匮乏。

开发的鲆鲽类产品要符合国内外市场的需求，原料成本要找到一个利益的均衡点，避免因为原料价格的波动，使产品价格发生较大变动。现在需要寻找一个加工企业和养殖企业加工此类产品既无暴利又能赚取微利的一个原料成本价格的均衡点。

4 当地政府对产业发展的扶持政策

（1）山东半岛蓝色经济区已上升为国家战略，政府将海洋产业作为发展蓝色经济的战略性新兴产业，先后出台了一系列关于水产业发展的文件，从组织力量、政策、资金等方面给予扶持。近几年来，日照市各级政府部门在全市集中开展“农业标准化生产建设年”活动，建设了渔业标准化示范基地，引进地下水养殖循环利用技术，开展了各种技术培训及科技下乡活动。

（2）市渔技站牵头完成的“鲁东南沿海雌性化牙鲆育苗及池塘高产养殖技术研究”课题，获2015年日照市科学技术进步奖二等奖。“鲁东南沿海雌性化牙鲆育苗及池塘高产养殖技术研究”项目是日照市级应用技术研发计划项目。项目实施期间，课题组完成了雌性化牙鲆自交所需的伪雄鱼制备、雌性化牙鲆苗种繁育，确定了胚胎发育时序，进行了池塘养殖技术研究和示范，系统建立雌性化牙鲆育苗、保苗、池塘高产养殖技术工艺流程。研制了专用复合益生菌，有效调控了养殖环境，优化了池塘高产养殖技术，并进行了相应的技术示范和规模化推广工作。该课题取得的成果在雌性化牙鲆综合养殖技术方面达到了国内领先水平。

（3）为增强养殖户、养殖企业安全生产、规范生产意识，加强对水产品质量安全的监管，推动全市水产品质量安全工作再上新台阶,8 月 31 日,市海洋与渔业局组织召开了全市水产品质量安全培训会议,市海洋与渔业局局长崔久成、市公安局食药环支队政委安亮、市海洋与渔业局副局长、海洋与渔业研究所所长孙玉忠、市海洋与渔业局副局长王伟福出席会议,各区县渔业主管局相关人员、各渔业村渔业主任,部分养殖企业(户)代表共 200 余人参加会议。

会议由市公安局食药环支队政委安亮通报了近期水产品违法用药案件情况并介绍有关法律责任,来自国际海洋城常顺渔业合作社的郭常东、日照宝祥水产有限公司的曹善华、市海洋与渔业研究所蔡家滩养殖基地的刘祥军作了交流发言。最后市海洋与渔业局局长崔久成同志作了重要讲话,并结合当前日照市养殖实际和近期的案件,要求广大养殖户(养殖企业)认清形势,提高认识,算清“四笔账”——经济账、亲情账、自由账、荣誉账,做依法养殖的好公民,同时各级主管部门要强化监管,切实保障水产品质量安全。

水产品质量安全工作任务艰巨、责任重大,关系到人民群众的生命和健康安全,关系到水产业的健康发展,通过举行此类培训,广泛发动各养殖户(养殖企业)积极行动、明确责任、共同做好水产品质量安全工作,保障日照市养殖产业持续健康发展。

(4)市海洋与渔业局局长相关领导前往日照经济技术开发区对水产品质量安全工作进行专题调研,走访人员每到一处养殖场都与养殖户进行面对面交流,详细询问养殖用药、饲料、销售等情况,听取养殖户对加强水产品质量安全监管的意见建议。告知养殖户要增强自我保护意识,购苗、购料、购药都要索取票据;要增强法律意识,依法养殖,依法用药,积极参加有关部门组织的各类培训,增强安全生产技能。在三天的调研时间里,走访人员共随机走访养殖户 8 家,收集意见建议 10 余条。

(5)日照市海洋与渔业局于 12 月 9 号~10 号开展了“水产品质量安全放心户”现场评审的工作,我们体系多个示范基地均在候选人名单之上。

5 鲆鲽类产业技术需求

针对养殖、加工、销售的相关环节,研究制定系列化、标准化、适合企业实际实施的操作规范,构建完整的质量安全控制体系和溯源体系。

加强与相关专家的沟通联系,探讨新的加工模式,提高副产物的综合利用率。建议体系探讨鲆鲽鱼类新产品加工及市场推广;建立鲆鲽类加工品出口质量安全体系并探讨实施鲆鲽鱼类产品“互联网+”的销售模式。

(日照综合试验站站长　郭晓华)

第三篇

2015 年度研究论文选编

Comparison of the morphometric dynamics of fast-growing and slow-growing strains of turbot (*Scophthalmus maximus*)

WANG Xin'an（王新安）, MA Aijun（马爱军）

Yellow Sea Fisheries Research Institute, Chinese Academy of Fishery Sciences; Key Laboratory of Sustainable Development of Marine Fisheries, Ministry of Agriculture; Qingdao Key Laboratory for Marine Fish Breeding and Biotechnology, Qingdao, China

Abstract The dynamics of changes in body shape of fast-growing and slow-growing strains of turbot (*Scophthalmus maximus*), and of the differences in body shape between the two strains, were evaluated from 3 to 27 months of age. The ratios of total length/body length, body width/body length and total length/body width were used as morphometric indices. The two strains exhibited different temporal trends in total length/body length but similar trends in body width/body length and total length/body width. Generally, body width/body length of the two strains increased with time and total length/body width decreased. Thus, the bodies of both fast-growing and slow-growing strains of turbot changed from a narrow to a more rounded shape. However, the ratio total length/body length was generally lower, body width/body length was mostly higher and total length/body width was consistently lower in the fast-growing strain than in the slow-growing strain. Correlation analysis of the three shape ratios with body weight showed that total length/body length and total length/body width were unsuitable, and that width/body length was suitable, for use as a phenotypic marker for selective breeding of turbot for growth in weight.

Keywords *Scophthalmus maximus*; Slow-growing strain; Fast-growing strain; Morphometric comparison

INTRODUCTION

The turbot *Scophthalmus maximus* (Linnaeus) is a species of demersal marine flatfish that

---

Supported by Earmarked Fund for Modern Agro-industry Technology Research System (No. CARS-50-G01) and the National High Technology Research and Development Program of China (863 Program) (No. 2012AA10A408-5)

Comparison of the morphometric dynamics of fast-growing and slow-growing strains of turbot (*Scophthalmus maximus*) ①

WANG Xin'an (王新安), MA Aijun (马爱军)②

(Yellow Sea Fisheries Research Institute, Chinese Academy of Fishery Sciences; Key Laboratory of Sustainable Development of Marine Fisheries, Ministry of Agriculture; Qingdao Key Laboratory for Marine Fish Breeding and Biotechnology, Qingdao, China)

Abstract The dynamics of changes in body shape of fast-growing and slow-growing strains of turbot (*Scophthalmus maximus*), and of the differences in body shape between the two strains, were evaluated from 3 to 27 months of age. The ratios of total length/body length, body width/body length and total length/body width were used as morphometric indices. The two strains exhibited different temporal trends in total length/body length but similar trends in body width/body length and total length/body width. Generally, body width/body length of the two strains increased with time and total length/body width decreased. Thus, the bodies of both fast-growing and slow-growing strains of turbot changed from a narrow to a more rounded shape. However, the ratio total length/body length was generally lower, body width/body length was mostly higher and total length/body width was consistently lower in the fast-growing strain than in the slow-growing strain. Correlation analysis of the three shape ratios with body weight showed that total length/body length and total length/body width were unsuitable, and that width/body length was suitable, for use as a phenotypic marker for selective breeding of turbot for growth in weight.

Keywords *Scophthalmus maximus*; Slow-growing strain; Fast-growing strain; Morphometric comparison

1 INTRODUCTION

The turbot *Scophthalmus maximus* (Linnaeus) is a species of demersal marine flatfish that

① Supported by Earmarked Fund For Modern Agro-Industry Technology Research System (No .CARS-50-G01) and the National High Technology Research and Development and Program of China (863 Program) (No 2012AA10A408-8)

② Corresponding author: maaj@ysfri. ac. cn

naturally inhabits the Baltic, Black, and Mediterranean Seas (Blanquer et al., 1992). It was first introduced into China in 1992 (Wang et al., 2010; Ruan et al., 2011). The production of cultured turbot in China increased significantly as a result of a technological breakthrough in the large-scale artificial breeding of this fish in 1999 (Ma et al., 2006). Consequently, turbot is now an important commercial fish species in China. However, in recent years, inbreeding has led to a serious deterioration in the quality of the germplasm, resulting in high mortality and a decline in the production of turbot. Better breeding management, including genetic improvement, is necessary to sustain the healthy development of this industry.

The government of China has supported genetic improvement of turbot and, since 2006, a number of academic institutions have carried out continuous large-scale breeding programs. The Yellow Sea Fisheries Research Institute has already made significant progress in this area, particularly in achieving faster growth rates. A fast-growing strain was obtained by selective breeding over two generations. To date, however, there has been no rigorous analysis of the morphological characters of the new strain.

To precisely characterize the morphology of the fast-growing phenotype and to identify morphological markers of this quantitative character, a slow-growing strain was obtained. In this paper, the morphological characters of the fast-growing and slow-growing strains of turbot at different growth stages are compared statistically. This study provides valuable information in relation to the development of new varieties of turbot by sustained selection for faster growth.

2 MATERIALS AND METHODS

2.1 Selection of the fast-growing and slow-growing strains of turbot

The fast-growing and slow-growing strains of turbot were selected from a breeding program initiated in 2007 by the Yellow Sea Fisheries Research Institute, Chinese Academy of Fishery Science. In April 2007, 56 F_1 full-sib families were obtained using a nested mating design with one male and two females (full-sibs have both parents in common and half-sibs have one parent in common) by China Tianyuan Aquaculture Ltd. An F_2 breeding program was developed based on the individual breeding values and inbreeding coefficients of the F_1 animals and 54 full-sib families were produced in April 2010. The body weights of all F_2 families were measured at intervals of 3 months between ages 3 and 27 months and the two families having the highest and lowest growth rates were selected through comprehensive analysis of these data. The criterion for selection of the fast-growing strain was that the mean body weight was consistently higher than that of the slow-growing strain throughout the period of observation.

2. 2 Rearing conditions

To obtain similar rearing conditions for all F_1 and F_2 families during the early breeding stage, measures were taken to standardize both the stocking density of fish and the environment. At 15, 30, and 45 days post-spawning, the number of larvae or juveniles in each full-sib family was standardized by random sampling to 10 000, 5 000, and 2 000, respectively. At 2 months of age, random samples of 1 000 young fish from both of the selected full-sib families were transferred to separate 12 m^3 concrete tanks. When the fish grew to 5～6 cm in length (around 3 months of age), samples of 250～300 fish were randomly selected from each tank for tagging using Visible Implant Elastomer (Northwest Marine Technology, inc., USA) and then stocked communally. Dead fish were removed in a timely fashion. The environmental conditions were standardized during the larval and juvenile culture period at: water temperature 13～18 ℃, salinity 30～40, illumination intensity 500～2 000 lx, pH 7.8～8.2, and dissolved oxygen > 6 mg/L. During the period 3 to 27 months, the above five indices were 15～18 ℃, 25～30, 500～1 500 lx, pH 7.6～8.2 and > 6 mg/L, respectively.

2. 3 Statistical analysis

At 3-monthly intervals, from ages 3 to 27 months, the body length (BL), total length (TL) and body width (BW) of each communally stocked fish was measured with a precision of 0.01 cm. The ratios TL/BL, BW/BL and TL/BW were used as indices to compare the morphometric dynamics of the two strains. Differences in the three indices between the fast-growing and slow-growing strains in the same month were analyzed using *t*-tests, and differences of either the fast-growing or slow-growing strain among different months were analyzed by one-way analysis of variance (ANOVA) and multiple comparison. Outliers were checked using box plots and the normality of each variable was checked using the Shapiro-Wilk test. Statistical analyses were performed using SPSS 13. 0 software.

3 RESULTS

All data sets were normally distributed (Shapiro-Wilk test). In the fast-growing strain, during the period 3 to 27 months, the ranges of the measured indices were: TL/BL = 1.215 9 – 1.326 3, BW/BL = 0.592 5 – 0.865 7 and TL/BW = 1.503 9 – 2.065 9. For the slow-growing strain, the corresponding values were 1.265 1 – 1.337 0, 0.603 8 – 0.825 6 and 1.577 6 – 2.122 1, respectively (Table 1). For TL/BL, the fast-growing and slow-growing strains exhibited different trends throughout the measurement period; e.g., in the fast-growing strain there were maximum

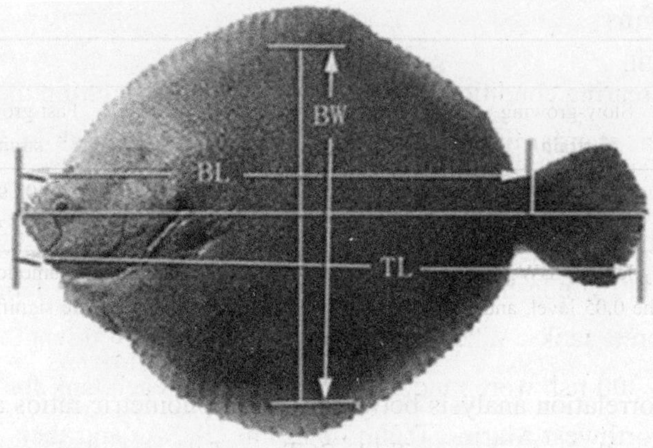

Fig. 1 Morphometric characteristics measured in turbot. BL: body length; TL: total length; BW: body width (excluding dorsal and pelvic fins).

and minimum values at 9 and 15 months of age, respectively; by contrast, in the slow-growing strain the trend was reversed with a minimum at 9 months and a maximum at 15 months (Fig. 2). For BW/BL, the trends were similar in the fast-growing and slow-growing strains; the mean values progressively increased, with some fluctuation (Fig. 3). In contrast, TL/BW exhibited decreasing trends in both strains over the same period (Fig. 4), and also fluctuated; e.g., TL/BW at age 15 months was slightly higher than that at 12 months in both strains, before continuing to decline.

Table 1 Comparison of morphometric ratios in the fast-growing and slow-growing strains at different sampling ages (mean ± SD)

Months of age	TL/BL		BW/BL		TL/BW	
	Fast-growing strain	Slow-growing strain	Fast-growing strain	Slow-growing strain	Fast-growing strain	Slow-growing strain
3	1.215 9 ± 0.025 16 ^{C}	1.265 1 ± 0.058 56 ^{C}	0.592 5 ± 0.048 91	0.603 8 ± 0.072 96	2.065 9 ± 0.176	2.122 1 ± 0.246 86
6	1.296 6 ± 0.025 35 ^{c}	1.306 6 ± 0.023 59 ^{c}	0.776 1 ± 0.044 66 ^{B}	0.723 7 ± 0.020 32 ^{B}	1.674 6 ± 0.076 81 ^{A}	1.806 9 ± 0.057 17 ^{A}
9	1.317 4 ± 0.028 40 ^{c}	1.307 1 ± 0.021 89 ^{c}	0.804 9 ± 0.023 09 ^{B}	0.751 2 ± 0.039 06 ^{B}	1.637 5 ± 0.040 98 ^{A}	1.743 6 ± 0.075 93 ^{A}
12	1.308 3 ± 0.047 15	1.318 3 ± 0.016 25	0.838 5 ± 0.043 84 ^{B}	0.795 1 ± 0.026 72 ^{B}	1.563 2 ± 0.075 02 ^{A}	1.659 7 ± 0.054 34 ^{A}
15	1.310 5 ± 0.016 86 ^{C}	1.337 0 ± 0.023 25 ^{C}	0.812 6 ± 0.021 79 ^{B}	0.770 6 ± 0.033 20 ^{B}	1.613 7 ± 0.042 14 ^{A}	1.737 7 ± 0.070 61 ^{A}
18	1.326 3 ± 0.033 49	1.325 4 ± 0.025 19	0.839 0 ± 0.032 42 ^{B}	0.783 7 ± 0.026 50 ^{B}	1.582 2 ± 0.046 15 ^{A}	1.692 8 ± 0.055 58 ^{A}
24	1.291 ± 0.051 06	1.296 4 ± 0.053 22	0.834 6 ± 0.032 27 ^{B}	0.798 7 ± 0.042 16 ^{B}	1.549 ± 0.082 87 ^{A}	1.626 1 ± 0.086 49 ^{A}

（续表）

Months of age	TL/BL		BW/BL		TL/BW	
	Fast-growing strain	Slow-growing strain	Fast-growing strain	Slow-growing strain	Fast-growing strain	Slow-growing strain
27	1.297 2 ± 0.035 70	1.299 0 ± 0.059 97	0.865 7 ± 0.056 73 ^{B}	0.825 6 ± 0.050 71 ^{B}	1.503 9 ± 0.093 34 ^{A}	1.577 6 ± 0.096 02 ^{A}

TL: total length; BL: body length; BW: body width. Values in the same row with the same lower case superscript letters are significantly different at the 0.05 level, and with the same capital superscript letters are significantly different at the 0.01 level.

The results of a correlation analysis between the morphometric ratios and the body weights of turbot in different months are given in Table 2. Two of the correlation coefficients of TL/BL with body weight were significantly different from zero at the 5 % level (−0.232 ± 0.011 and 0.180 ± 0.050) and three were highly significant at the 1% level (−0.436 ± 0.000, −0.316 ± 0.000 and −0.572 ± 0.000). Six were highly significant negative correlations (−0.436 ± 0.000, −0.232 ± 0.011, −0.316 ± 0.000, −0.572 ± 0.000, −0.042 ± 0.674 and −0.058 ± 0.531) and two were low positive values (0.180 ± 0.050 and 0.030 ± 0.767). Correlations of TL/BW with body weight were all negative. Therefore, the correlations of TL/BL and TL/BW with body weights in different months were rather weak. In contrast, the correlations of BW/BL with body weight were greater and all were highly significantly positive ($P < 0.01$), except for a non-significant negative correlation at 3 months (−0.061 ± 0.511). The correlation coefficient between BW/BL and body weight was highest at 18 months (0.652 ± 0.000) and lowest at 24 and 27 months (0.317 ± 0.000).

Table 2　Correlation coefficients of morphometric ratios with body weight of turbot at different sampling ages

Months of age	TL/BL	BW/BL	TL/BW
3	−0.436 ± 0.000**	−0.061 ± 0.511	−0.144 ± 0.117
6	−0.232 ± 0.011*	0.555 ± 0.000**	−0.672 ± 0.000**
9	0.180 ± 0.050*	0.645 ± 0.000**	−0.670±0.000
12	−0.316 ± 0.000**	0.387 ± 0.000**	−0.546±0.000**
15	−0.572 ± 0.000**	0.592 ± 0.000**	−0.731±0.000**
18	0.030 ± 0.767	0.652 ± 0.000**	−0.692±0.000**
24	−0.042 ± 0.674	0.317 ± 0.000**	−0.308 ± 0.000**
27	−0.058 ± 0.531	0.317 ± 0.000**	−0.355 ± 0.000**

* indicates a significant correlation ($P < 0.05$) and ** a highly significant correlation ($P < 0.01$).

Comparison of the three morphometric ratios between the fast-growing and slow-growing strains showed that: TL/BL was lower in the fast-growing strain, except at 9 and 18 months of age (Table 1 and Fig. 2); BW/BL was higher in the fast-growing strain, except at 3 months (Table 1 and Fig. 3), and TL/BW of the fast-growing strain was consistently lower at each measurement time (Table 1 and Fig. 4).

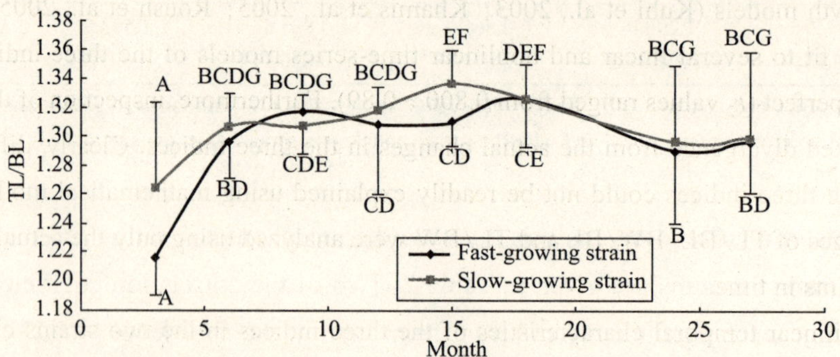

Fig. 2 The time course of TL/BL in the fast-growing and slow-growing strains. For each strain, values labeled with different capital letters are significantly different at the 0.05 level.

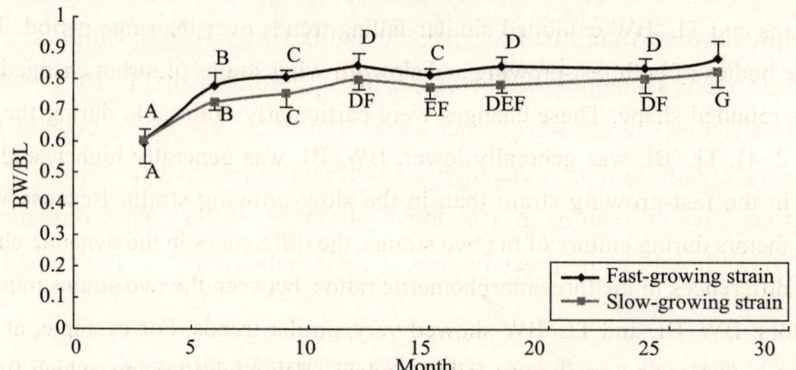

Fig. 3 The time course of BW/BL in the fast-growing and slow-growing strains. For each strain, values labeled with different capital letters are significantly different at the 0.05 level.

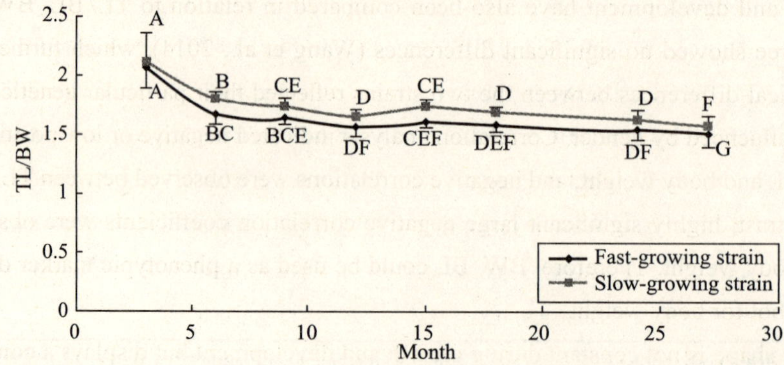

Fig. 4 The time course of TL/BW in the fast-growing and slow-growing strains. For each strain, values labeled with different capital letters are significantly different at the 0.05 level.

4 DISCUSSION

Studies of dynamic changes in growth traits with development have generally used linear or nonlinear growth models (Kuhi et al., 2003; Khamis et al., 2005; Roush et al., 2005). However, in this paper, the fit to several linear and nonlinear time-series models of the three indices in the two strains was imperfect (r_2 values ranged from 0.800～0.89). Furthermore, inspection of the fitted curves indicated marked divergence from the actual changes in the three indices. Clearly, differences in the behavior of the three indices could not be readily explained using mathematical models. Hence the dynamic changes of TL/BL, BW/BL and TL/BW were analyzed using only the actual data collected at different points in time.

The curvilinear temporal characteristics of the three indices in the two strains clearly revealed dynamic changes and differences in the growth performance of the two turbot groups. Although the curves for TL/BL of both strains showed four extreme values during the period 3 to 27 months, the shapes of the curves of the two strains differed. In contrast, BW/BL exhibited a similar rising trend in the two strains and TL/BW exhibited similar falling trends over the same period. These patterns showed that the bodies of both fast-growing and slow-growing strains of turbot changed progressively toward a more rounded shape. These changes were particularly noticeable during the period 3 to 6 months (Figs. 2-4). TL/BL was generally lower, BW/BL was generally higher, and TL/BW was always lower in the fast-growing strain than in the slow-growing strain. Because we eliminated environmental factors during culture of the two strains, the differences in the dynamic changes in body shape, and the differences in the three morphometric ratios, between the two strains must be attributed to genetic factors. BW/BL and TL/BW showed very similar trends. For example, at 15 months of age, BW/BL of both strains was slightly falling and TL/BW slightly rising, which further suggests that the body shape changes of the two strains and the differences of body shape between the two strains depended mainly on genetic factors. Changes in the body shapes of female and male turbot during growth and development have also been compared in relation to TL/BL, BW/BL and TL/BW and all three showed no significant differences (Wang et al., 2014), which further suggests that the morphological differences between the two strains reflected their particular genetic characteristics and were not influenced by gender. Correlation analysis indicated negative or low positive correlations between TL/BL and body weight, and negative correlations were observed between TL/BW and body weight. In contrast, highly significant large negative correlation coefficients were observed between BW/BL and body weight. Therefore, BW/BL could be used as a phenotypic marker during selective breeding of turbot for body weight.

Fish body shape is not constant during growth and development but displays a complex dynamic change. Phenotypic plasticity and temporal and spatial patterns of gene expression provide a theoretical basis for the complexity of fish body shape. The understanding of phenotypic plasticity, which refers to the ability of an organism to express different phenotypes depending on the biotic or abiotic environment (West-Eberhard 1989; Anurag 2001; Michaela et al., 2011), has progressed significantly over the past few decades, for fishes (Pigliucci 2005; Michaela et al., 2011), other animals (Atchley et al., 1994, 1997; Cowley et al., 1992; Wang et al., 2006), and plants (Zhu, 1995; Shi et al., 2001, 2002). Environmental factors can have subtle effects on the morphometrics of fishes (Meyer 1987; Day et al., 1994; Ellis et al., 1997). Temporal and spatial patterns of gene expression indicate that genes are expressed selectively during different growth periods; different genes are activated and deactivated at specific developmental stages (Shi et al., 2001). The present study has shown that although fish body shape changes in a complex and dynamic way during growth and development, the process exhibits a degree of uniformity in relation to specific morphometric indices.

References

[1] Atchley W R. 1994. Developmental quantitative genetics models of evolutionary change. Development genetics, **15**: 92-103.

[2] Atchley W R, Zhu J. 1997. Developmental quantitative genetics, conditional epigenetic variability and growth in mice. Genetics, **147**: 765-776.

[3] Anurag A. Agrawal. 2001. Phenotypic plasticity in the interactions and evolution of species. Science, **294**: 321-326.

[4] Blanquer A, Alayse J P, Berrada-Pkhami O et al. 1992. Allozyme variation in turbot (*Psetta maxima*) and brill (*Psetta maxima*) (*Osteichthyes*, *Pleuronectiformes*, *Scophthalmidae*) throughout their range in Europe. Journal of Fish Biology, **41**(5): 725-736.

[5] Cowley D E, Atchley W R. 1992. Quantitative genetic models for development, epigenetic selection and phenotypic evolution. Evolution, **46**: 495-518.

[6] Day T, Pritchard J, Schluter D. 1994. A comparison of two stickle backs. Evolution, 48, 1723-1734.

[7] Ellis T, Howell B R, Hayes J. 1997. Morphological differences between wild and hatchery-reared turbot. Journal of Fish Biology, **50**: 1124-1128.

[8] Khamis A, Ismail Z, Horan K et al. 2005. Nonlinear growth models for modeling oil palm yield growth. Journal of Mathematics and Statistics, **1**(3): 225-233.

[9] Kuhi H D, Kebreab E, Lopez S et al. 2003. An evaluation of different growth functions for describing the profile of live weight with time (age) in meat and egg strains of chicken. Poultry Science, **82**(10): 1536-1543.

[10] Ma A J, Chen C, Lei J L et al. 2006. Turbot *Scophthalmus maximus*: stocking density on growth pigmentation and feed conversion. Chinese Journal of Oceanology and Limnology, **24**(3): 307-312.

[11] Meyer A. 1987. Phenotypic plasticity and heterochrony in Cichlasoma managuense (*Pisces*, *Cichlidae*) and their implications for speciation in cichlid fishes. Evolution, **41**, 1357-1369.

[12] Michaela K, Lisbeth P, Martin K et al. 2011. Morphological distinctness despite large-scale phenotypic plasticity—analysis of wild and pond-bred juveniles of allopatric populations of *Tropheus moorii*. Naturwissenschaften, **98**: 125-134.

[13] Pigliucci M. 2005. Evolution of phenotypic plasticity: where are we going now? Trends in Ecology and Evolution, **20**: 481-486.

[14] Roush W B, Branton S L. 2005. A comparison of fitting growth models with a genetic algorithm and nonlinear regression. Poult Science, **84**(3): 494-502.

[15] Ruan X H, Wang W J, Kong J et al. 2011. Isolation and analysis of microsatellites in the genome of turbot (*Scophthalmus maximus* L.). African Journal of Biotechnology, **10**(4): 507-508.

[16] Shi C H, WU J G, Fan L J et al. 2001. Developmental genetic analysis of brown rice weight under different environmental conditions in indica rice. Acta Botanica Sinica, **43**(6): 603-609.

[17] Shi C H, Wu J G, Lou X B et al. 2002. Genetic analysis of transparency and chalkiness area at different filling stages of rice (*Oryza sativa* L.). Field Crops Research, **76**(1): 1-9.

[18] Wang C H, Li S F, Liu Z G et al. 2006. Developmental quantitative genetic analysis of body weight and morphological traits in red common carp, *Cyprinus carpio* L. Aquaculture, **251**: 219-230.

[19] Wang X A, Ma A J, Huang Z H et al. 2010. Heritability and genetic correlation of survival in turbot (*Scophthalmus maximus*). Chinese Journal of Oceanology and Limnology, **28**(6): 1200-1205.

[20] Wang X A, Ma A J, Huang Z H et al. 2014. Developmental differences between female and male groups in turbot (*Scophthalmus maximus*) breeding families. Journal of Fisheries of China, **38**(4): 464-459. (in Chinese with English abstract)

[21] West-Eberhard M J. 1989. Phenotypic plasticity and the origins of diversity. Annual Review Ecology and System, **20**:249-278.

[22] Zhu J. 1995. Analysis of conditional genetic effects and variance components in developmental genetics. Genetics, **141**: 1633-1639.

Developmental quantitative genetic analysis of body weights and morphological traits in the turbot, *Scophthalmus maximus*①

WANG Xin'an MA Aijun②

(Yellow Sea Fisheries Research Institute, Chinese Academy of Fisheries Sciences; Key Laboratory of Sustainable Development of Marine Fisheries, Ministry of Agriculture; Qingdao Key Laboratory for Marine Fish Breeding and Biotechnology, Qingdao, China)

Abstract In order to elucidate the genetic mechanism of growth traits in turbot during ontogeny, developmental genetic analysis of the body weights, total lengths, standard lengths and body heights of turbots was conducted by mixed genetic models with additive-dominance effects, based on complete diallel crosses with four different strains of *Scophthalmus maximus* from Denmark, Norway, Britain, and France. Unconditional genetic analysis revealed that the unconditional additive effects for the four traits were more significant than unconditional dominance effects, meanwhile, the alternative expressions were also observed between the additive and dominant effects for body weights, total lengths and standard lengths. Conditional analysis showed that the developmental periods with active gene expression for body weights, total lengths, standard lengths and body heights were 15-18, 15 and 21-24, 15 and 24, and 21 and 27 months of age, respectively. The proportions of unconditional/conditional variances indicated that the narrow-sense heritabilities of body weights, total lengths and standard lengths were all increased systematically. The accumulative effects of genes controlling the four quantitative traits were mainly additive effects, suggesting that the selection is more efficient for the genetic ②improvement of turbots. The conditional genetic procedure is a useful tool to understand the expression of genes controlling developmental quantitative traits at a specific developmental period ($t-1 \rightarrow t$) during ontogeny. It is also important to determine the appropriate developmental period ($t-1 \rightarrow t$) for trait measurement in developmental quantitative genetic analysis in fish.

Key words Turbot (*Scophthalmus maximus* L.); Growth; Developmental genetics; Genetic effect

---

① Foundation item: The Earmarked Fund for Modern Agro-Industry Technology Research System under contract No. CARS-50-G01.

② Corresponding author, E-mail: maaj@ysfri.ac.cn

1 Introduction

According to the theory of developmental genetics, genes are expressed selectively at different growth stages in time-specific and/or space-specific manners. The temporal and spatial gene expression, which is affected by environmental factors, controls the growth and morphogenesis in animals and plants at different development stages (Atchley and Zhu, 1997). Obviously, the whole process of genetic control during development can not be revealed by the data collected from one single time point, and the dynamics of gene expression need to be monitored at various developmental periods during ontogeny. Recently, genetic studies for quantitative developmental traits have made significant progress with a series of related models being proposed to analyze the genetic effects on complex growth and morphological traits at different development periods during ontogeny in animals (Atchley, 1984; Atchley, 1987; Atchley and Hall, 1991; Atchley and Logsdon, et al., 1991; Atchley, 1994; Atchley and Zhu, 1997; Cowley and Atchley., 1992) and plants (Zhu, 1995; Shi and Wu, et al., 2001; Shi and Wu, et al., 2002). However, these studies have mainly focused on terrestrial animals and plants, and aquatic organisms have attracted very limited attention (Wang and Li , et al., 2006).

The turbot, *Scophthalmus maximus* (Linnaeus), is a species of demersal marine flatfish that naturally inhabits the Baltic, Black, and Mediterranean Seas. It was first introduced into China in 1992 (Wang and Ma, et al., 2010; Ruan and Wang, et al., 2011). The production of cultured turbots in China has been increased significantly due to a technological breakthrough in large-scale artificial breeding in 1999 (Ma and Chen, et al., 2006), which made turbots an important commercial fish species in China. In recent years, however, serious germplasm degeneration from inbreeding has resulted in high mortality and declined production of turbot. Better breeding management, including genetic improvement, is necessary to sustain the healthy development of this industry.

Quantitative genetics of growth and morphological traits at specific developmental stages has been previously conducted in order to genetically improve turbots to resist germplasm degeneration (Gjerde and Røer, et al., 1997; Zhang and Kong, et al., 2008; Ma and Wang, et al., 2008; Ma and Wang, et al., 2009; Liu and Zhang, et al., 2011). However, the distinctions in gene actions between different developmental stages that may significantly affect the development of quantitative traits have been largely ignored. We report here in this study the developmental dynamics of genetic effects for body weight and morphological traits measured at different growth periods by using the developmental genetic models and corresponding statistical methods (Zhu, 1995). The objective of this study is to evaluate the developmental dynamics of genetic effects for the four traits at different growth periods and explore preliminary investigations on developmental quantitative genetics in fish.

2 Materials and methods

2.1 Cross mating

During May 11-15, 2008, a complete 4×4 diallel cross was conducted on four strains of turbot originated from Britain, France, Denmark and Norway. Four base strains of turbot were established from a total of 68 wild sires and 102 wild dams originating from the four countries in Europe, and each was based on fish imported from one of the four countries. Details of cultivated broodstock are shown in Table 1. The cross mating experiments were conducted in sixteen concrete tanks with five females and five males in each tank in China Tianyuan Aquaculture Ltd. The quantity of fish and the environment were standardized to obtain similar rearing conditions for all cross combinations at the early breeding stage. At 15, 30, and 45 days post-spawning, the numbers of larvae or juveniles in each mating was standardized by random selection of 10 000, 5 000, and 2 000, respectively. At 2 months of age, randomly selected 1 000 young fish from each mating were transferred to separate 12 m^3 concrete tanks. When the fish grew to 5～6 cm in length (around 3 months of age), Random samples of 250～300 fish were randomly selected from each tank for tagging using Visible Implant Elastomer (VIE). Commune stocking was adopted with two parents and their reciprocal hybrids in the same tank (200 m^2 each), for example, the parents Britain and France and their reciprocal hybrids Britain (♀) × France (♂) and France (♀) × Britain (♂) with 200 fish each were combined in a single tank with a total of 800 fish. Obviously, 6 kinds of commune stocking were obtained based on 4×4 complete diallel cross. Eighteen such tanks were used in this study with three replications for each commune stocking. Thus, a total of 14 400 fish were initially tagged using VIE.

Table 1 Number of cultivated turbot broodstock from young fish of different geographical areas

country	males	Females	date of import	size at import/cm
Britain	16	22	August 11, 2002	5
France	18	24	September 22, 2003	5
Denmark	15	29	April 4, 2003	5
Norway	19	27	June 10, 2002	5
Total	68	102	—	

From 3 to 27 months, the body weight (BW), total length (TL), standard length (SL), and body height (BH) of all fish in each tank were measured every three months. Each data collection was synchronous with moving ponds. Body weights were measured using an electronic balance with a precision of 0.01 g and total lengths, standard lengths, and body heights by vernier caliper to the nearest 0.01 cm. More than 90 % survival rates were obtained for each tank due to well maintained culture conditions. The descriptive statistics for traits measured at different growth periods are shown in Table 2.

Table 2 The descriptive statistics for traits measured at different growth periods in imported turbot (mean values with standard deviations)

months	traits measured			
	body weight/g	total length/cm	standard length/cm	Body height/cm
3	3.143 8±0.508 2	5.762 5±0.343 1	4.420 8±0.312 1	2.972 9±0.084 4
6	30.187 5±4.180 4	10.875 0±0.470 2	8.258 3±0.439 0	6.587 5±0.422 1
9	175.283 3±19.010 1	19.845 8±0.908 1	15.260 4±0.523 0	11.927 1±0.459 8
12	3 52.810 4±49.458 6	25.183 3±0.919 1	19.339 6±0.765 1	16.010 4±0.500 7
15	6 16.735 4±96.330 3	29.997 9±1.697 1	22.943 8±1.057 7	18.650 0±0.728 5
18	10 95.083 0±98.000 4	35.843 8±1.297 1	27.479 2±1.031 2	22.391 7±0.782 2
21	1 415.479±82.551 3	38.475 0±1.582 6	29.937 5±1.603 3	24.487 5±0.886 0
24	1 822.958 0±166.664 7	41.072 9±1.604 5	32.104 2±1.105 9	25.972 9±1.337 0
27	2 160.958±272.908 3	43.504 2±1.406 8	34.037 5±1.574 21	27.939 6±1.752 4

2.2 Analysis methods

The genetic model with additive and dominance effects was used to estimate the genetic components of additive variance (V_A) and those of dominance variance (V_D) of development quantitative traits of turbot. The unconditional phenotypic value measured at time t for the unconditional genetic analysis was partitioned as (Zhu, 1995; Atchley and Zhu, 1997):

$$Y_{ij(t)} = u_{(t)} + A_{i(t)} + A_{j(t)} + D_{ij(t)} + e_{ij(t)}$$

where, $Y_{ij(t)}$ is the unconditional phenotypic value of the individual from maternal line i × paternal line j at time t; $u_{(t)}$ is the unconditional population mean at time t; $A_{i(t)}$ (or $A_{j(t)}$) is the unconditional additive effect from maternal line i (or paternal line j) at time t, $A_{i(t)} \sim \left(0, \sigma^2_{A_{i(t)}}\right)$, $A_{j(t)} \sim \left(0, \sigma^2_{A_{j(t)}}\right)$; $D_{ij(t)}$ is the unconditional dominance effect from the cross of line $i \times j$ at time t, $D_{ij(t)} \sim \left(0, \sigma^2_{D_{(t)}}\right)$; and $e_{ij(t)}$ is the unconditional residual error at time t, $e_{ij(t)} \sim \left(0, \sigma^2_{e_{(t)}}\right)$.

For developmental traits, genetic effect at time t can be divided into accumulated genetic effects at time $(t-1)$ and extra genetic effects within the period $(t-1)$ to t (Zhu, 1995; Atchley and Zhu, 1997). The phenotypic values measured at time t were conditioned on phenotypic values measured at time $t-1$. Therefore, the genetic model of conditional phenotypic value was expressed as (Zhu, 1995; Atchley and Zhu, 1997):

$$Y_{ij(t|t-1)} = u_{(t|t-1)} + A_{i(t|t-1)} + A_{j(t|t-1)} + D_{ij(t|t-1)} + e_{ij(t|t-1)}$$

where, $Y_{ij(t|t-1)}$ is the conditional phenotypic value of the individual from maternal line $i \times$ paternal line j at time t; $u_{(t|t-1)}$ is the conditional population mean at time t; $A_{i(t|t-1)}$ (or $A_{j(t|t-1)}$) is the conditional additive effect from maternal line i (or paternal line j) at time t, $A_{i(t|t-1)} \sim \left(0, \sigma^2_{A_i(t|t-1)}\right)$, $A_{j(t|t-1)} \sim \left(0, \sigma^2_{A_j(t|t-1)}\right)$; $D_{ij(t|t-1)}$ is the conditional dominance effect from the cross of line $i \times j$ at time t, $D_{ij(t|t-1)} \sim \left(0, \sigma^2_{D(t|t-1)}\right)$; and $e_{ij(t|t-1)}$ is the conditional residual error at time t, $e_{ij(t|t-1)} \sim \left(0, \sigma^2_{e(t|t-1)}\right)$.

According to the estimated unconditional/conditional variance components, phenotypic unconditional/conditional variance can be obtained by $V_{P(t)} = V_{a(t)} + V_{d(t)} + V_{e(t)}/V_{P(t|t-1)} = V_{a(t|t-1)} + V_{d(t|t-1)} + V_{e(t|t-1)}$. The unconditional variance components (unconditional additive $V_{A(t)}$ and unconditional dominance $V_{D(t)}$) and the conditional variance components (conditional additive $V_{A(t|t-1)}$ and conditional dominance $V_{D(t|t-1)}$) were estimated by using the minimum norm quadratic unbiased estimation (MINQUE) method (Rao, 1970; Rao, 1971) with 1 being set as all prior values (Zhu, 1993; Zhu and Weir, 1996). The Jackknifing method (Miller, 1974; Zhu and Weir, 1996) was used to estimate the standard errors of the estimated variance components. The student t-test was performed to test the significance level of each estimate. All data were analyzed by programs developed by Zhu running on a PC computer (Zhu, 1997).

3 Results

3.1 The components of unconditional and conditional variances for body weights

The components of unconditional and conditional variances for body weights from 3 to 27 months are listed in Table 3. The unconditional additive variances were greater than the unconditional dominance variances except at 3 month. With only a few minor exceptions, the unconditional additive variances were increased systematically. Compared with unconditional additive variances, the unconditional dominance variances for body weights displayed different genetic performance, which fluctuated during the whole ontogeny. Specifically, it was increased systematically from 3 to 9 months before being decreased to zero at 12 month; a greater value was observed at 15 months (2 109.8), which was reduced to zero at 18 month; it was increased again to 333.68 at 21 month before being decreased systematically to zero from 21 to 27 months. This indicates that intermittent gene expression occurred for body weights during growth and development and that the accumulative genetic effects controlling body weight were the result of new expression of additive genes. The new additive effects were only detected at the intervals of 9 to 12, 15 to 18 and 24 to 27 months; the new dominance effects were only detected at the intervals of 3 to 6 and 12 to 15 months; and both additive and dominance effects were only detected at the intervals of 6 to 9, 18 to 21 and 21 to 24 months. The expression of dominance effect genes was obviously more active than that of additive effect genes, indicating that the expression of additive and dominance effect genes was complementary or exclusive.

Table 3　Estimates of unconditional and conditional parameters for body weights at different developmental stages in imported turbot

Unconditional parameters					conditional parameters				
months	V_A	V_D	V_e	V_p	month interval	$V_{A(t\|t-1)}$	$V_{D(t\|t-1)}$	$V_{e(t\|t-1)}$	$V_{p(t\|t-1)}$
3	0. 006 5**	0. 022 9**	0. 216**	0. 245 5**	3|0	0. 006 5**	0. 022 9**	0. 216**	0. 245 5**
6	9. 763 1**	2. 153 7**	8. 126**	20. 042 5**	6|3	0	1. 244 74**	8. 095 4**	9. 340 12**
9	260. 28**	40. 787**	151. 4**	452. 46**	9|6	0. 072 23**	30. 468 8**	129. 96**	160. 505**
12	1 246. 4**	0	1 617**	2 864. 16**	12|9	22.515**	0	1 610. 75**	163 3. 27**
15	2 892. 2**	2 109. 8**	5 796**	10 798. 1**	15|12	0	2 076. 2**	5 762. 8**	7 839*
18	9 473. 3**	0	2 397**	11 871. 2**	18|15	1 318. 78**	0	1 733. 3**	3 052. 08**
21	5 933. 9**	33 3. 68**	1 346**	7 613. 94**	21|18	148. 09**	506. 53**	366. 74**	1 021. 37**
24	27 469**	106. 87**	5 074**	32 650. 8**	24|21	186. 11**	475. 14**	544. 47**	1 205. 72**
27	74 782**	0	15 951**	90 733. 8**	27|24	61. 729**	0	1 959. 39**	2 021. 11**

Note: V_A, unconditional additive variance; V_D, unconditional dominance variance; V_e, unconditional residual variance; V_p, unconditional phenotypic variance; $V_A(t|t-1)$, conditional additive variance; $V_D(t|t-1)$, conditional dominance variance; $V_e(t|t-1)$, conditional residual variance; $V_p(t|t-1)$, conditional phenotypic variance; +, * and ** are significant at 0.10, 0.05 and 0.01 levels, respectively. The means of abbreviations and symbols in Table 4, 5 and 6 are the same as those in Table 3.

The unconditional/conditional variances as proportions of the unconditional/conditional phenotypic variances for body weights at different developmental stages are shown in Fig. 1-2. The proportions of unconditional additive variances (unconditional narrow-sense heritabilities) were higher than those of the unconditional dominance variances except for 3 month, indicating that the unconditional broad-sense heritabilities of body weights were mainly determined by unconditional additive variances (Fig. 1). The proportions of conditional additive variances (conditional narrow-sense heritabilities) were larger than those of the conditional dominance variances at the intervals of 9 to 12, 15 to 18 and 24 to 27 months, indicating that the conditional broad-sense heritabilities were mainly determined by conditional additive variances; the proportions of conditional additive variances were lower than those of the conditional dominance variances in other periods, indicating that the conditional broad-sense heritabilities were mainly determined by conditional dominance variance components (Fig. 2).

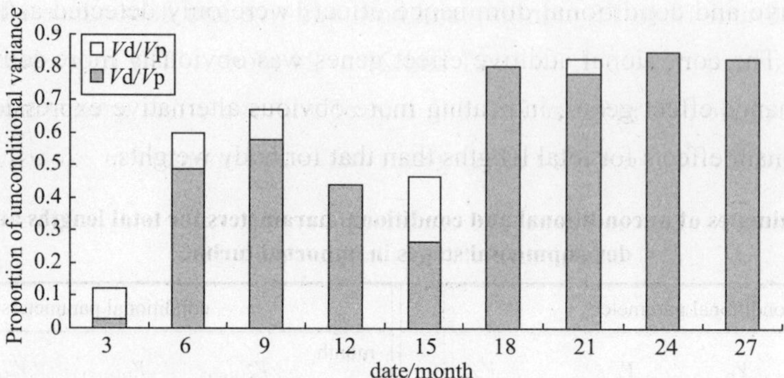

Fig. 1 Proportions of unconditional variance components for body weights of imported turbot

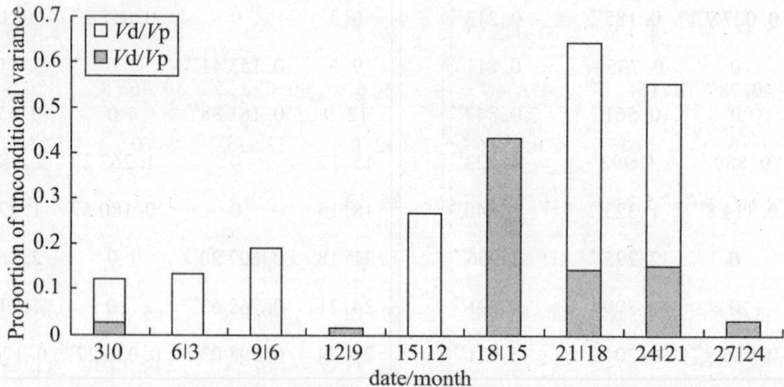

Fig. 2 Proportions of conditional variance components for body weights of imported turbot

3.2 Unconditional and conditional variance components for total lengths

The components of unconditional and conditional variances for total lengths from 3 to 27 months are listed in Table 4. The unconditional genetic variance component analysis revealed that the values of unconditional additive variance components were greater than those of the unconditional dominance variance components except for 3 and 6 months. The overall changes in the components of unconditional additive and unconditional dominance variances for total lengths were similar to those of body weights. The unconditional dominance variance was detected at 3, 6, 15, 18 and 27 months, but it became undetectable at 9, 12, 21 and 24 months, which indicates that the intermittent expression of unconditional additive effect genes was more obvious than that for body weights and that the accumulative genetic effects controlling total lengths were also mainly from additive effects. The conditional genetic variance component analysis for total lengths revealed same intermittent expression of both conditional additive and conditional dominance effect genes as body weights. The new conditional dominance effects were only detected at the intervals of 0 to 3, 3 to 6, 12 to 15 and 15 to 18 months; the new conditional additive effects were only detected at the intervals of 6 to 9, 9 to 12, 18 to 21 and 21 to 24 months; and both conditional additive and conditional dominance effects were only detected at the intervals of 24 to 27 months. The conditional additive effect genes was obviously more active than that of conditional dominance effect genes, indicating more obvious alternative expression between the additive and dominant effects for total lengths than that for body weights.

Table 4　Estimates of unconditional and conditional parameters for total lengths at different developmental stages in imported turbot

unconditional parameters					conditional parameters				
months	V_A	V_D	V_e	V_p	month interval	$V_{A(t\|t-1)}$	$V_{D(t\|t-1)}$	$V_{e(t\|t-1)}$	$V_{p(t\|t-1)}$
3	0	0. 015 6**	0. 104**	0. 120**	3|0	0	0. 015 6**	0. 104**	0. 120**
6	0	0. 027 9**	0. 185**	0. 213**	6|3	0	0. 042 2**	0. 149**	0. 192 22**
9	0. 106**	0	0. 705+	0. 811**	9|6	0. 153 41**	0	0. 7 027+	0. 856 119*
12	0. 286**	0	0. 561**	0. 847**	12|9	0. 161 88**	0	0. 559 5**	0. 721 43**
15	1. 340**	0. 889**	1. 992*	4. 223**	15|12	0	1. 267 2**	1. 885 76*	3. 152 99+
18	0. 402**	0. 114 8**	1. 323**	1. 840**	18|15	0	0. 180 5**	1. 279 7**	1. 460 3**
21	0. 611**	0	2. 295**	2.906**	21|18	0. 607 20**	0	2. 265 3**	2. 872 5**
24	1. 691**	0	1. 300**	2.991**	24|21	0. 762 63**	0	1. 210 4**	1. 973 0**
27	2. 235**	0. 085 8**	0. 201**	2.521**	27|24	0. 398 03**	0. 036 27**	0. 176 96**	0. 611 2**

The unconditional/conditional variances as proportions of the unconditional/conditional phenotypic variances for total lengths are shown in Figs. 3, 4. The proportions of unconditional additive variances were higher than those of the unconditional dominance variances during all periods of time except 3 and 6 months with a systematically increasing manner. Obviously, the unconditional broad-sense heritabilities of total lengths were mainly determined by unconditional additive variances. Further observation revealed that the unconditional dominance variances at 9, 12, 21 and 24 months were all zero, and the unconditional broad-sense heritabilities of the four phases were completely determined by unconditional additive variance components, i.e. the unconditional broad-sense heritabilities were the unconditional narrow-sense heritabilities (Fig. 3). The proportions of conditional additive variances were larger than those of the conditional dominance variances at the intervals of 6 to 9, 9 to 12, 18 to 21, 21 to 24 and 24 to 27 months, indicating that the conditional broad-sense heritabilities were mainly determined by conditional additive variance components. Further observation revealed that the conditional additive variances at intervals of 0 to 3, 3 to 6, 12 to 15 and 15 to 18 months were zero, indicating that all their conditional broad-sense heritabilities were completely determined by conditional dominance variance components (Fig. 4).

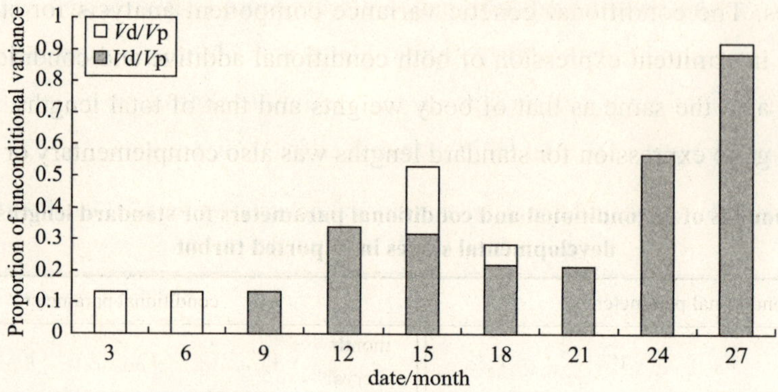

Fig. 3　Proportions of unconditional variance components for total lengths of imported turbot

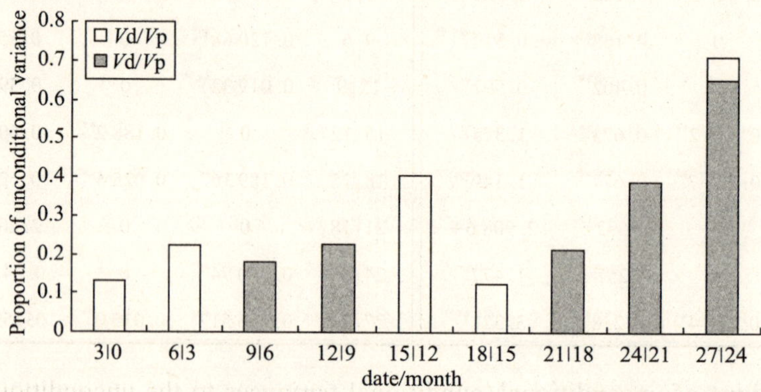

Fig. 4　Proportion of conditional variance component for total length of imported turbot

3.3　Unconditional and conditional variance components for standard lengths

The unconditional and conditional variance components for standard lengths from 3 to 27 months are listed in Table 5. Analysis of the genetic components of unconditional variances revealed that both additive and dominance variance components were undetectable at 3 month; the unconditional additive variances were lower than those of the unconditional dominance variances at 6 month; and the unconditional additive variances were higher than those of the unconditional dominance variances from 9 to 27 months. Overall, the changes in unconditional additive variance components for standard lengths were completely identical with those of total lengths with systematically increasing trends except for 15 to 18 months. The changes in unconditional dominance variances for standard lengths were also different from those of unconditional additive variances; and the unconditional dominance variances were detectable only at 6, 15, 18 and 27 months. The changes in intermittent expression of unconditional additive effect genes for standard lengths were basically similar to those of total lengths, demonstrating that the accumulative genetic effects controlling standard lengths are mainly from the actions of additive genes. The conditional genetic variance component analysis for standard lengths revealed that the intermittent expression of both conditional additive and conditional dominance effect genes was also the same as that of body weights and that of total lengths. Obviously, this indicates that the gene expression for standard lengths was also complementary or exclusive.

Table 5　Estimates of unconditional and conditional parameters for standard lengths at different developmental stages in imported turbot

unconditional parameters					conditional parameters				
months	V_A	V_D	V_e	V_P	month interval	$V_{A(t\|t-1)}$	$V_{D(t\|t-1)}$	$V_{e(t\|t-1)}$	$V_{p(t\|t-1)}$
3	0	0	0. 094**	0. 094**	3|0	0	0	0. 094**	0. 094**
6	0	0. 041 5**	0. 162**	0. 161**	6|3	0	0. 042 7**	0. 146**	0. 188**
9	0. 155**	0	0. 162**	0. 317**	9|6	0. 120 68**	0	0. 159**	0. 280 025**
12	0. 189**	0	0. 402**	0. 591**	12|9	0. 019 32**	0	0. 392**	0. 411 772**
15	0. 582**	0. 119 2**	0. 673**	1. 375**	15|12	0	0. 188 2**	0. 603**	0. 792 081**
18	0. 419**	0. 042 7**	0. 677**	1. 140**	18|15	0. 189 16**	0. 025 4**	0. 627**	0. 841 936*
21	0. 216**	0	2. 692 5*	2. 908 6+	21|18	0	0	2. 208**	2. 207 8**
24	1. 220**	0	0. 257 1*	1. 477**	24|21	0. 300 74**	0	0. 248 8*	0. 549 564*
27	2. 969**	0. 113 4**	0. 238**	3. 321**	27|24	0. 266 51**	0. 015 0**	0. 1531**	0. 434 744**

The proportions of unconditional/conditional variances to the unconditional/conditional phenotypic variances for standard lengths are shown in Figs. 5～6. The proportions of both unconditional additive and dominance variances were zero at 3 month, i.e., both the unconditional narrow-sense heritability and the unconditional broad-sense heritability were zero. The proportion of unconditional additive variance was also zero at 6 month, i.e., the unconditional narrow-sense heritability was zero, which suggests that the unconditional broad-sense heritability was completely determined by the unconditional dominance variance components. The proportions of unconditional additive variances were higher than those of the unconditional dominance variances except at 3 and 6 months, indicating that the unconditional broad-sense heritabilities of standard length were mainly determined by the unconditional additive variance components. Further observation revealed that the unconditional broad-sense heritabilities of standard lengths at 9, 12, 21 and 24 months were all identical to that of total lengths (Fig. 5). Compared with the proportions of conditional dominance variances, the changes in the proportions of conditional additive variances for standard lengths were similar to those of total lengths. For example, the conditional additive variances at the intervals of 6 to 9, 9 to 12, 15 to 18 and 21 to 24 months were all zero, indicating that their conditional broad-sense heritabilities were completely determined by the conditional dominance variance components. Furthermore, the proportions of both conditional additive and dominance variances at the intervals of 0 to 3 and 18 to 21 months were both zero, i.e., their conditional narrow-sense heritabilities and conditional broad-sense heritabilities were zero. The proportions of conditional additive variances of standard lengths at the intervals of 3 to 6 and 12 to 15 months were also zero, indicating that their conditional broad-sense heritabilities were completely determined by the conditional dominance variances (Fig. 6).

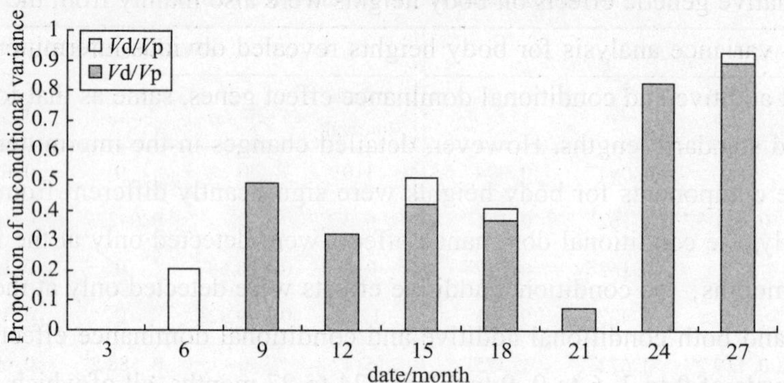

Fig. 5 Proportions of unconditional variance components for standard lengths of imported turbot

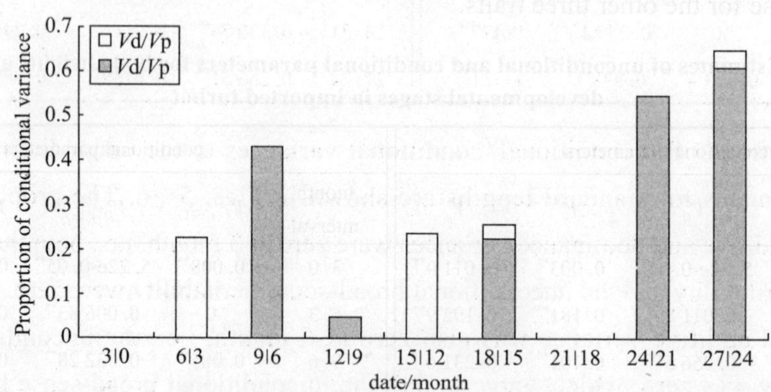

Fig. 6 Proportions of conditional variance components for standard lengths of imported turbot

3.4 Unconditional and conditional variance components of body heights

The components of unconditional and conditional variances for body heights from 3 to 27 months are listed in Table 6. The unconditional variance analysis revealed that the unconditional variance components for body heights, including VA and VD, from 3 to 27 months were clearly detected except the unconditional additive variance at 6 month and the unconditional dominance variance at 18, 21 and 24 months. The unconditional additive variances were higher than the unconditional dominance variances except at 6 month. The changes in unconditional additive variances for body heights were similar to those for body weighs, total lengths and standard lengths with apparent systematically increasing trends. The unconditional dominance variances for body heights displayed different genetic performance from the unconditional additive variances. The unconditional dominance effects were detected only at 3, 6, 9, 12, 15 and 27 months, when the changes in unconditional additive effect genes were also the same as those for total lengths and standard lengths. The intermittent expression occurred only once, indicating that the accumulative genetic effects on body heights were also mainly from the additive effects. The conditional variance analysis for body heights revealed obvious intermittent expression of both conditional additive and conditional dominance effect genes, same as that for body weights, total lengths and standard lengths. However, detailed changes in the intermittent expression of genetic variance components for body heights were significantly different from the other three traits. Particularly, the conditional dominance effects were detected only at the intervals of 3 to 6 and 12 to 15 months; the conditional additive effects were detected only at the intervals of 18 to 21 months; and both conditional additive and conditional dominance effects were detected only at the intervals of 0 to 3, 6 to 9, 9 to 12 and 24 to 27 months, all of which indicate that the alternative expression between the additive and dominant effects for body heights are relatively weaker than those for the other three traits.

Table 6 Estimates of unconditional and conditional parameters for body heights at different developmental stages in imported turbot

unconditional parameters					conditional parameters				
months	V_A	V_D	V_e	V_p	month interval	$V_{A(t\|t-1)}$	$V_{D(t\|t-1)}$	$V_{e(t\|t-1)}$	$V_{p(t\|t-1)}$
3	0.008**	5.22e-0.05**	0.003**	0.011 0**	3|0	0.008**	5.22e-0.05**	0.003**	0.011 0**
6	0	0.011 8**	0.181**	0.192 9**	6|3	0	0.006 83**	0.180**	0.187 0**
9	0.073**	0.056 5**	0.101**	0.231 6**	9|6	0.085**	0.032 28**	0.099**	0.217 3**
12	0.281**	0.016 7**	0.022**	0.320 2**	12|9	0.048**	0.004 46**	0.021 4**	0.073 9**
15	0.620**	0.038 3**	0.030**	0.689 7**	15|12	0	0.011 60**	0.010 1**	0.021 6**
18	0.033 4**	0	0.577**	0.610 6**	18|15	0	0	0.576 7**	0.576 7**
21	0.720 5**	0	0.719**	1.440 2**	21|18	0.971**	0	0.706 3**	1.678 2**
24	0.000 29**	0	1.706**	1.7 065**	24|21	0	0	1.690 0**	1.690 0**
27	1.041 73**	0.371 89**	1.820**	3.2 340**	27|24	0.969 7**	0.350 40**	1.608 5**	2.928 7**

The proportions of unconditional/conditional variances to the unconditional/conditional phenotypic variances for body heights are shown in Figs. 7, 8. The proportion of unconditional additive variance was zero at 6 month, indicating that the unconditional broad-sense heritability was completely determined by the unconditional dominance variances. The proportions of unconditional additive variances were higher than those of the unconditional dominance variances except at 6 month, indicating that the unconditional broad-sense heritabilites of body heights were mainly determined by the unconditional additive variances. Furthermore, the unconditional dominance variances at 18, 21 and 24 months were all zero, indicating that their unconditional broad-sense heritabilities were completely determined by the unconditional additive variances (Fig. 7). The proportions of both conditional additive and conditional dominance variances at the intervals of 15 to 18 and 21 to 24 months were both zero, i.e., their conditional narrow-sense heritabilities and conditional broad-sense heritabilities were both zero. The conditional additive variances at the intervals of 3 to 6 and 12 to 15 months were also zero, indicating their conditional broad-sense heritabilities were completely determined by the conditional dominance variances. The proportions of conditional additive variances at the intervals of 0 to 3, 6 to 9, 9 to 12 and 24 to 27 months were higher than those of the conditional dominance variances, i.e., their conditional broad-sense heritabilities were all mainly determined by the conditional additive variances (Fig. 8).

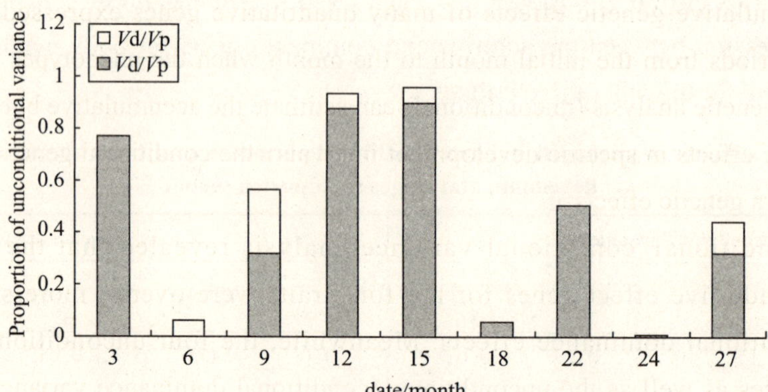

Fig. 7 Proportions of unconditional variance components for body heights of imported turbot

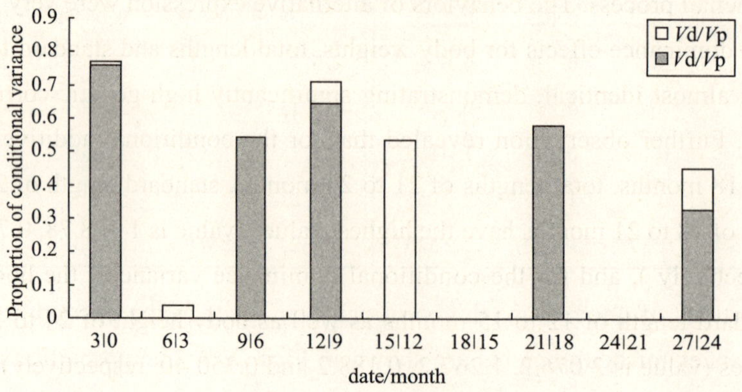

Fig. 8 Proportions of conditional variance components for body heights of imported turbot

4 Discussion

Phenotypic variability of body weights and morphological traits in fish are controlled by genetic effect, environmental effect, and genotype-environment interaction effect (Wang and Li, et al., 2006). It is widely accepted that genes are expressed selectively at different growth stages with some genes being actively expressed but others being silent (Atchley and Zhu, 1997). Therefore, it is necessary to understand the genetic effects from the selective or differential expression of genes at different development stages during ontogeny for the quantitative traits of fish. The analysis of conditional genetic variances that was developed by Zhu (1995) provides a useful tool to understand the dynamics of genes action controlling the variability of complex traits during ontogeny (Zhu, 1995; Atchley and Zhu, 1997). For quantitative traits, the genetic effects at time t were the sum of the genetic effects at time $(t-1)$ and the extra genetic effects in the periods $(t-1)$ to t (Zhu, 1995). In this study, the genetic effects of turbot at different months were the accumulative genetic effects of many quantitative genes expressed at the specific development periods from the initial month to the month when the phenotypes were measured. The traditional genetic analysis (unconditional) can estimate the accumulative but cannot estimate the extra genetic effects in specific development intervals; the conditional genetic analysis could estimate the extra genetic effects.

The unconditional/conditional variance analysis revealed that the expression of unconditional additive effect genes for the four traits were overall more significant than that of unconditional dominance effects. Meanwhile, the four unconditional/conditional additive variances as well as the unconditional/conditional dominance variance showed some fluctuations, i.e., the gene expression of the four traits was not constant and stable during the whole developmental process. The behaviors of alternative expression were very similar between the additive and dominance effects for body weights, total lengths and standard lengths, with the latter two being almost identical, demonstrating significantly high genetic correlation between these two traits. Further observation revealed that for the conditional additive variance, body weight of 15 to 18 months, total lengths of 21 to 24 months, standard length of 21 to 24 months and body height of 18 to 21 months have the highest values (value is 1 318.78, 0.762 63, 0.300 74 and 0.971 respectively), and for the conditional dominance variances, the body weight, total length and standard length of 12 to 15 months as well as body height of 24 to 27 months have the highest values (value is 2 076.2, 1.267 2, 0.188 2 and 0.350 40, respectively). These findings are consistent with previous results on the fast-growth period (from 15 to 27 months) of turbots with highly active gene expression (Wang and Ma, et al., 2011). Nonlinear growth analysis showed that the inflection point of body weights of turbots was 18 months; during this time, the conditional additive variance reached the highest value. The reductions in the conditional genetic variances (additive or dominance variance) after peak value may be explained by reduced flows of materials and energy towards the four quantitative traits tested in this study and/or turned-off expression of additive or dominance effect genes in this period.

The selection period and method for different quantitative traits are determined based on heritability to improve breeding methods and efficiency. At present, phenotypic traits at maturation are often used to estimate the heritability of quantitative traits in fish. However, little information has been available for the estimation of net heritability at specific developmental stages ($t-1 \rightarrow t$) (Wang and Li, et al., 2006). In this study, the dynamic changes in heritability were further clarified by analyzing the accumulative heritabilities of the four traits at different development stages and the net heritabilities at specific developmental periods ($t-1 \rightarrow t$). The proportions of unconditional/conditional variance components indicated that the overall narrow-sense heritabilities of body weights, total lengths and standard lengths were all systematically increased with some fluctuations. Obviously, the accumulative effects of genes controlling the four quantitative traits were mainly from additive effects, suggesting that the selection is more efficient for the genetic improvement of turbots. In addition, the individual selection should be performed no sooner than at 9 month based on the comprehensive analysis of the narrow-sense heritabilities of the four traits.

The values of phenotypes at maturation have been widely recognized in many developmental quantitative genetic studies of fish. However, detailed analyses on spatial and temporal variations in gene expression and molecular ecology have been lacking. In this study, we explored the dynamic expression of quantitative genes and the dynamic changes in genetic effects, along with the net genetic effects expressed at specific developmental stages, by using developmental genetic models and corresponding statistical methods. It could provide some basis for quantitative trait loci (QTLs) analysis and marker assisted selection (MAS) of turbot quantitative traits improvement at different developmental stages.

References

[1] Atchley W R. 1984. Ontogeny, timing of development and genetic variance - co - variance structure. Am Nat, 123(4): 519-540.

[2] Atchley W R. 1987. Developmental quantitative genetics and the evolution of ontogenies. Evolution, 41(2): 316-330.

[3] Atchley W R. 1994. Developmental quantitative genetics models of evolutionary change. Dev Genet, 15(1): 92-103.

[4] Atchley W R, Hall B K. 1991. A model for development and evolution of complex morphological structure.

Biol Rev, 66(2): 101-157.

[5] Atchley W R, Logsdon T E, Cowley D E, et al. 1991. Uterine effects, epigenetics and postnatal skeletal development in the mouse. Evolution, 45(4): 891-909.

[6] Atchley W R, Zhu J. 1997. Developmental quantitative genetics, conditional epigenetic variability and growth in mice. Genetics, 147(2): 765-776.

[7] Cowley D E, Atchley W R. 1992. Quantitative genetic models for development, epigenetic selection and phenotypic evolution. Evolution, 46(2): 495-518.

[8] Gjerde B, Røer J E, Lein I, et al. 1997. Heritability for body weight in farmed turbot. Aquacult Int, 5: 175-178.

[9] Liu Baosuo, Zhang Tianshi, Kong Jie, et al. 2011. Estimation of genetic parameters for growth and upper thermal tolerance traits in turbot *Scophthalmus maximus*. J Fish Chin (in Chinese), 35(11): 1601-1605.

[10] Ma Aijun, Chen Chao, Lei Jilin, et al. 2006. Turbot Scophthalmus maximus: stocking density on growth pigmentation and feed conversion. Chin J Oceanol Limn, 24(3): 307-312.

[11] Ma Aijun, Wang Xinan, Lei Jilin. 2009. Genetic parameterization for turbot *Scophthalmus maximus*: implication to breeding strategy. Oceanologia et Limnologia Sinica (in Chinese), 40(2): 187-194.

[12] Ma Aijun, Wang Xinan, Yang Zhi, et al. 2008. The growth traits and their heritability of young turbot (*Scophthalmus maximus*). Oceanologia et Limnologia Sinica (in Chinese), 39(5): 499-504.

[13] Miller R G. 1974. The jackknife: a review. Biometrika, 61(1): 1-15.

[14] Rao C R. 1970. Estimation of heteroscedastic variances in linear model. J Am Stat Assoc, 65(329): 161-172.

[15] Rao C R. 1971. Estimation of variance and covariance components——MINQUE theory. J Multivar Anal, 1(3): 257- 275.

[16] Ruan Xiaohong, Wang Weiji, Kong Jie,et al. 2011. Isolation and analysis of microsatellites in the genome of turbot (*Scophthalmus maximus* L.). Afr J Biotechnol, 10(4): 507-508.

[17] Shi Chunhai, Wu Jianguo, Fan Longjiang, et al. 2001. Developmental genetic analysis of brown rice weight under different environmental conditions in indica rice. Acta Bot Sin, 43(6): 603- 609.

[18] Shi Chunhai, Wu Jianguo, Lou Xiaobo, et al. 2002. Genetic analysis of transparency and chalkiness area at different filling stages of rice (*Oryza sativa* L.). Field Crop Res, 76(1): 1-9.

[19] Wang Chenghui, Li Sifa, Liu Zhiguo, et al. 2006. Developmental quantitative genetic analysis of body weight and morphological traits in red common carp, *Cyprinus carpio* L.. Aquaculture, 251(2-4): 219-230.

[20] Wang Xinan, Ma Aijun, Huang Zhihui, et al. 2011. Growth patterns of selectively breed turbot *Scophthalmus maximus*. Oceanologia et Limnologia Sinica (in Chinese), 42(2): 266-273.

[21] Wang Xinan, Ma Aijun, Huang Zhihui, et al. 2010. Heritability and genetic correlation of survival in turbot (*Scophthalmus maximus*). Chin J Oceanol Limn, 28(6): 1200-1205.

[22] Zhang Qingwen, Kong Jie, Luan Sheng, et al. 2008. Estimation of genetic parameters for three economic traits in 25d turbot fry. Mar Fish Res (in Chinese), 29(3): 53-56.

[23] Zhu Jun. 1993. Methods of predicting genotype value and heterosis for offspring of hybrids. J Biomath,

8(1): 32- 44.

[24] Zhu Jun. 1995. Analysis of conditional genetic effects and variance components in developmental genetics. Genetics, 141(4): 1633-1639.

[25] Zhu Jun, Weir B S. 1996. Mixed model approaches for diallel analysis based on a bio-model. Genet Res (Camb.), 68: 233-240.

[26] Zhu Jun. 1997. Analysis Method for Genetic Models (in Chinese). Beijing: China Agricutural Press, 56-87.

Induction of mitotic gynogenesis in turbot *Scophthalmus maximus*

Zhen Meng[1, 2], Xinfu Liu[2], Bin Liu[2], Peng Hu[1], Yudong Jia[2], Zhi Yang[3], Hesen Zhang[4], Xuezhou Liu[2], Jilin Lei[2]

(1. College of Fisheries, Ocean University of China, Qingdao 266003, Shandong, China
2. Marine Fish Breeding and Biotechnology Laboratory/Yellow Sea Fisheries Research Institute, Chinese Academy of Fishery Sciences, Qingdao 266071, Shandong, China
3. Tianyuan Aquaculture Co., Ltd of Yantai Economic Development Zone, Yantai 264006, Shandong, China
4. Qingdao General Aquaculture Co., Ltd, Qingdao 266404, Shandong, China)

Abstract　All-female production will maximize the profit potential for the aquaculture of the turbot *Scophthalmus maximus*, which exhibits significant sexually dimorphic growth. However, the basis for the technology of all-female production, i.e. the genetic mechanism of sex determination in turbot has been obscure so far, and might be ascertained by analysis of the sex ratio of its diploid mitotic gynogens. In this study, artificial mitotic gynogenesis in turbot was induced by hydrostatic pressure shock of its eggs activated by ultraviolet (UV)-irradiated sperm of red sea bream *Pagrus major*. Before the activation of turbot eggs, cryopreserved sperm of red sea bream were thawed, diluted 1:20 with Hank's solution, and UV-irradiated at a dosage of 6 480～7 200 erg/mm^2. Under water temperature of 14.5 ± 0.5 ℃, treatments were tested by shocking the activated eggs at designed protocols: timings of 70～95 maf (min after fertilization) with an intensity of 70 MPa for 6 min; intensities of 60～85 MPa with a timing of 90 maf for 6 min; durations of 2～10 min with an intensity of 75 MPa initiated at 90 maf. The optimal protocol of the induction was determined to be pressure-shocking activated eggs initiated at 85～90 maf with 75 MPa for 6 min. A mitotic gynogen of 124 juveniles survived by 150 days after hatching. The ploidy of these juveniles was confirmed to be diploid by flow cytometry and their sex ratio was 1:1 female to male. The sex ratio of these juveniles supported the assumption of a genetic mechanism of sex determination of female heterogametes (ZW/ZZ) in turbot. This protocol can be used to create homozygous clones of double haploids that are very useful for researches on both the sex determination mechanism and selective breeding of this important farmed fish species.

Key words　*Scophthalmus maximus*; Mitotic gynogenesis; Sex determination mechanism; Cryopreserved sperm; *Pagrus major*

1 Introduction

Artificial gynogenesis, a technique of manipulation of the chromosome set, is widely used to ascertain the genetic mechanisms of sex determination in teleost fish. It also can be used to establish homogametic XX male or WW female broodstock (with a sex chromosome system of female "XX/XY" or male homogametic "ZZ/ZW", respectively) to be used subsequently for the production of all-female juveniles at large-scale for commercial farming (Pandian and Koteeswaran, 1998, Hulata, 2001, Devlin and Nagahama, 2002 and Komen and Thorgaard, 2007). Depending on the timing of diploidization of the haploidic embryonic chromosome in eggs fertilized by genetically inactivated sperm, meiotic or mitotic gynogenesis can be induced by blocking respectively the extrusion of the secondary polar body or the first embryonic cleavage with thermal or pressure shocks (Felip et al., 2001). Theoretically, the genetic mechanism of sex determination in teleosts can be ascertained by examining the sex ratio of diploid gynogens, with a female ratio of 100% indicating female homogamety (XX/XY) and 50% indicating male homogamety (ZW/ZZ), respectively. However, in practice, the female ratio of meiotic gynogens in many species of teleost is skewed from the theoretical percentage of 100% (XX/XY) or 50% (ZW/ZZ) because of either environmental effects or the crossover and recombination of sex-related genes between homologous chromosomes during the first meiotic cycle of eggs, or both of these factors (Baroiller et al., 2009, Martínez et al., 2009, Shelton and Mims, 2012 and You et al., 2008). Therefore, for the investigation of the genetic mechanism of sex determination, mitotic is preferred to meiotic gynogenesis because it can produce completely homozygous diploids. Thus, it prevents the skewness of sex ratios in diploid gynogens caused by the crossover and recombination of sex-related genes (Devlin and Nagahama, 2002).

The turbot *Scophthalmus maximus* is an important marine fish cultured widely in Europe, Chile and China. Its annual production in China has been maintained at 50～60 thousand metric tons during the last decade, which is about 80% of the world's total output and makes a principal contribution to the production of land-based tank cultured marine finfish in China (Lei et al., 2012). Like other flatfish, such as the Japanese flounder *Paralichthys olivaceus* (Yamamoto, 1999), southern flounder *Paralichthys lethostigma* (Luckenbach et al., 2004) and half-smooth tongue sole *Cynoglossus semilaevis* (Chen et al., 2009), female turbot grow much faster than males as early as 8 months after hatching (Imsland et al., 1997). Therefore, all-female turbot populations are preferred for aquaculture because they can greatly shorten the aquaculture cycle and improve production efficiency. However, the technology for the production of all-female turbot juveniles has not been established so far, owing to the uncertainty regarding its sex determination system (Bouza et al., 1994, Cuñado et al., 2001, Cal et al., 2006a, Haffray et al., 2009, Martínez et al., 2009 and Viñas et al., 2012). Until now, meiotic gynogenesis has been employed to reveal the genetic mechansim of sex determination of turbot, and both female (XX/XY) and male (ZZ/ZW) homogamety has been rendered (Baynes et al., 2006, Cal et al., 2006a and Piferrer et al., 2004). Mitotic gynogenesis, which could be a better way to solve the puzzle of the sex determination system in turbot because it has been reported that rearing temperature only has a minor effect on the sex differentiation of juveniles (Haffray et al., 2009), has not been reported so far.

The primary objective of this study was to establish a protocol for inducing mitotic gynogenesis in turbot, thereby producing sufficient juveniles of a diploid mitotic gynogen for the analysis of their sex ratio to reveal the genetic mechanism of sex determination and the establishment of either homogametic male (XX) or female (WW) broodstock to produce an all-female population for commercial farming. The ploidy of the mitotic gynogens was also evaluated using NORs (nucleolus organizer regions)-banding and flow cytometric analysis.

2　Materials and methods

2.1　Broodstock maturation and gamete collection

A turbot broodstock of 25 females and 27 males (body weight 1.5～4.0 kg, 5 years old), which originated from artificially reproduced juveniles, was held in two 36 000 L concrete tanks at Tianyuan Aquaculture Co., Ltd (Yantai City, Shandong province, China). To induce their maturation, the broodstock had been maintained under controlled conditions of a photoperiod of 16 h light: 8 h dark and a water temperature of 12～14 ℃ for more than two months prior to the experiment.

When females showed signs of ovulation, with obvious swelling and "softening" of the abdomen, they were checked for ovulation daily by exerting gentle abdominal pressure. Ovulated eggs from each female were collected into a 500 mL glass beaker and their total volumes were recorded individually. Only batches of eggs with a volume more than 100 mL and a quality estimated to be high (McEvoy, 1984 and Kjørsvik et al., 2003) were retained at a room temperature of about 14 ℃ for fertilization later. At the same time, milt from 2～3 running males was collected into a 2.5 mL polypropylene syringe without a needle and kept refrigerated at 4 ℃ for later use. Sperm motility was checked under light microscopy following activation with sea water.

2.2　UV irradiation of sperm of red sea bream

Cryopreserved sperm of the red sea bream Pagrus major were used for the induction of mitotic gynogenesis in turbot in this experiment. Sperm of the red sea bream were cryopreserved in 2 mL cryovials as described by Liu et al. (2006). Before ultraviolet (UV) irradiation, the cryovials were put into a 37 ℃ water bath for 90～110 s until most of the frozen sperm had thawed. Subsequently, the cryovials were placed at room temperature for about another 60 s to defrost the sperm inside completely. The thawed sperm were diluted 1 : 20 by volume with Hank's balanced salt solution precooled to 4 ℃ . Diluted sperm in volumes of 4.5 mL were spread thinly over a glass Petri dish (12 cm diameter) to form a thin layer 0.4 mm in depth and UV irradiated at a dosage of 6 480～7 200 erg/mm^2 with an ultraviolet crosslinker (SCIENT Z03-II, Ningbo Scientz Biotechnology Co., Ltd.) as described by Meng et al. (2013). The irradiated sperm were refrigerated at 4 ℃ , and prior to use, their motility was confirmed by checking the sea water-activated sperm using light microscopy.

2. 3 Artificial fertilization and egg hatching

Turbot eggs were split into different groups in selected volumes, held in individual 1000 mL dry glass beakers and fertilized with irradiated/non-irradiated diluted sperm of red sea bream or untreated sperm of turbot. The ratio of sperm to eggs by volume was 10 : 1 for red sea bream sperm and 50 : 1 for turbot sperm. After being mixed thoroughly with a feather, the gametes were activated by adding seawater at 14.5 ℃ and twice the volume of the gametes. The moment of activation of the gametes was taken as time zero for the development of the eggs. Sixty seconds later, sea water was added further to a total volume of 900 mL and the fertilized eggs were left undisturbed at 14.5 ℃ until pressure shock treatment or hatching. Before the treatment, floating eggs were collected and rinsed, and put into individual plastic vials with perforated mesh for the shock treatment. Floating eggs in the control groups (unshocked samples) were also collected, rinsed, and moved to a hatching tank.

After the treatment, fertilized eggs were incubated in net cages which were suspended inside 2500 L FRP (fiberglass reinforced plastics) tanks with flow-through sea water at 14.5±0.5 ℃ . Dependent on the number of fertilized eggs, small (15l) net cages or large (100l) net cages were used.

Survival of developing eggs and viable larvae was recorded at different developmental stages: the fertilization rate at 4 h after fertilization (haf) and the hatching rate at 125 haf were recorded. The abnormality rate (ar) was also recorded at 125 haf as the percentage of abnormal larvae in the total number of hatched larvae.

2. 4 Pressure and cold shock treatment

An Electrical Hydrostatic Pressure Chamber (Key-B001, Qingdao Starfish Instrument Co.,

Ltd, China) was used to inhibit the first division of turbot embryonic cells. The vials holding the eggs for treatment were placed in a 1 500 mL stainless steel cylinder filled completely with sea water at 14.5 ℃ , and the cylinder was sealed with a screw cap. The pressure inside the cylinder was elevated to the required level in less than 5 s and kept stable at that level with an electric air pump. Decompression was instantaneous at the end of the treatments and the treated eggs were moved to the hatchery tank to hatch.

Cold shocks were used to induce meiotic gynogenesis by soaking the vials in a polystyrene box containing ice and water at −2 ℃ . The temperature was monitored constantly throughout the treatment.

2. 5 Optimal parameters of pressure treatment

Three experiments were designed to determine the optima of three key parameters (timing, intensity and duration) of the hydrostatic pressure treatment for the induction of mitotic gynogenesis in turbot. In each experiment, among the three key parameters, one was tested at the selected alternative levels while the other two were maintained individually at a fixed level: alternative timing of 70, 75, 80, 85, 90 and 95 maf (min after fertilization) with a fixed intensity of 70 MPa for 6 min; alternative intensity of 60, 65, 70, 75, 80, and 85 MPa with a fixed timing of 90 maf for 6 min; alternative duration of 2, 4, 6, 8, and 10 min with a fixed intensity of 75 MPa initiated at 90 maf. For each experiment, 70 mL eggs from one female were divided into equal samples and put individually into a 1 000 mL beaker; one sample was fertilized with normal turbot sperm to create a counterpart control group, and the other samples were fertilized with UV-irradiated sperm of red sea bream, shocked with hydrostatic pressure, and moved to a small net for hatching as described above. All experiments were repeated up to three times using egg batches derived from different females. Data on the fertilization rate and hatching rate of the eggs, and the abnormality rate of larvae in each experiment were collected and analyzed to determine the three optima.

2. 6 Comparison between mitotic and meiotic gynogenesis

Three repeated experiments were designed to compare mitotic with meiotic gynogenesis. In each experiment, 100 mL of eggs from one female were divided into four equal groups, and each group was held individually in a 1 000 mL glass beaker. One group was fertilized with normal turbot sperm to create the group of normal control diploid (NCD). Two groups were fertilized with irradiated or non-irradiated sperm of red sea bream and then shocked with pressure under the optimal conditions determined above (see Section 2.5) to create mitotic gynogenetic diploids (MID) and putative hybrid tetraploids (PHT), respectively. The fourth group was fertilized with irradiated sperm of red sea bream and then temperature shocked in −2 ℃ sea water for 45 min at 6.5 maf to create meiotic gynogenetic diploids (MED) as described by Meng et al. (2013).

After treatment, the eggs were moved to large nets for hatching. Data on the fertilization rate and hatching rate of eggs, and the abnormality rate of larvae in each experiment were collected with the method described above (see Section 2.3). The ploidy of the newly hatched swimming larvae was determined by counting the number of NORs (nucleolus organizer regions) in the nuclei of 50 cells from each larvae (20 larvae per group) following the method established by Pifferer et al. (2000).

2. 7 Production of mitogynogenetic diploid juveniles

Approximately 1 100 mL eggs pooled from four females were divided into two groups: one group contained 50 mL eggs that were fertilized with normal turbot sperm to create a control group, and the other group contained 1 050 mL eggs that were fertilized with irradiated sperm of red sea bream and shocked with pressure under the optimal condition determined in the above experiment (see Section 2.5) to create the mitotic gynogenesis group. After the fertilization and treatment, eggs of both groups were hatched in large nets using the method described above (see Section 2.3). The hatched larvae were reared using the protocol for turbot developed by Person-Le Ruyet et al. (1991). Juveniles were cultured in indoor tanks with flow-through sea water at a temperature of 18～21 ℃ and fed on commercial dry feed.

Data on the survival rates of larvae and juveniles in both groups were collected at 1, 40, 60 and 150 days after hatching (dah). The body weights and total lengths of 30 juveniles were measured at 150 dah. After random selection, juveniles were killed with a lethal dose of tricaine methane sulphonate (MS-222, Sigma) at 180 dah. The gonads of 30 gynogens and 80 juveniles from the control group were dissected and sexed by histological examination as described by Cal et al. (2006b). The ploidy of the mitotic gynogens was analyzed individually with a PARTEC cell counter analyzer (CCA-II; PARTEC, Germany) while the control group was used as a diploid standard.

2. 8 Statistical analysis of data

Data on the hatching rate of eggs and the abnormality rate of larvae in the experiments in 2.5 and 2.6 were arcsin transformed before analysis with Tukey's honest significant differences test (ANOVA). All differences analyzed were assessed at a significance level of 0.05. SPSS 17.0 software was used for data analysis.

3 Results

3. 1 Optimal parameters of pressure treatment

The average fertilization rates in the nine control diploid groups were 84.6% ±2.7%, 83.6% ±4.2%, 78.3% ±4.1%, 77.1% ±5.0%, 78.1% ±2.9%, 77.1% ±5.0%, 82.8% ±2.6%, 84.4% ±3.8% and 86.3% ±1.6% (N = 3 per control group). Although each batch of eggs was from a different female, there were no significant differences by ANOVA analysis ($p > 0.05$) in the fertilization rates among these nine control diploid groups, owing to the adoption of measures for the quality control of eggs and sperm.

With the exception of 70 maf, the other five timings (75, 80, 85,90, and 95 maf) were within the period for the inhibition of the first division of turbot embryonic cells pressure shocked with an intensity of 70 MPa for 6 min (Fig. 1-A). However, the groups treated at 85 and 90 maf had significantly higher hatching rates and lower abnormality rates than the other three groups (75, 80 and 95 maf) ($p < 0.05$), and had no obvious differences between them ($p > 0.05$) in these two rates. Therefore, the optimal timing for the pressure shock was 85～90 maf at a water temperature of 14.5±0.5 ℃ for fertilization and hatching. The yields of gynogenetic diploid embryos, computed as the percentage of hatched normal larvae over the total number of fertilized embryos, were 1.10 % ±0.32 % and 1.19 % ±0.34 % when the treatments were initiated at 85 maf and 90 maf, respectively.

When initiated at 90 maf and lasted for 6 min, pressure shocks at all six intensities examined (60, 65, 70, 75, 80, and 85 MPa) could produce viable mitotic gynogens (Fig. 1-B), and both the maximum hatching rate and the minimum abnormality rate were recorded at an intensity of 75 MPa, with the highest yield of normal larvae of 0.90% ±0.40%. Therefore, 75 MPa was considered to be the optimal intensity for the pressure treatment.

When lasting for 2, 4, 6, 8, and 10 min, respectively, all pressure shocks initiated at 90 maf with intensity of 75 MPa could produce viable mitotic gynogens. The two groups given shocks lasting for 4 and 6 min had significantly higher hatching rates and lower abnormality rates than the three with shocks lasting for 2, 8 and 10 min, respectively (Fig. 1-C, $p < 0.05$). Between two groups with shocks of 4 and 6 min, the difference in hatching rate was significant, but the abnormality rate was not significantly different. Therefore, 6 min was found to be the optimal shock duration, given the higher yield of gynogens, 1.46% ±0.23% when compared with 1.22% ±0.45% at 4 min.

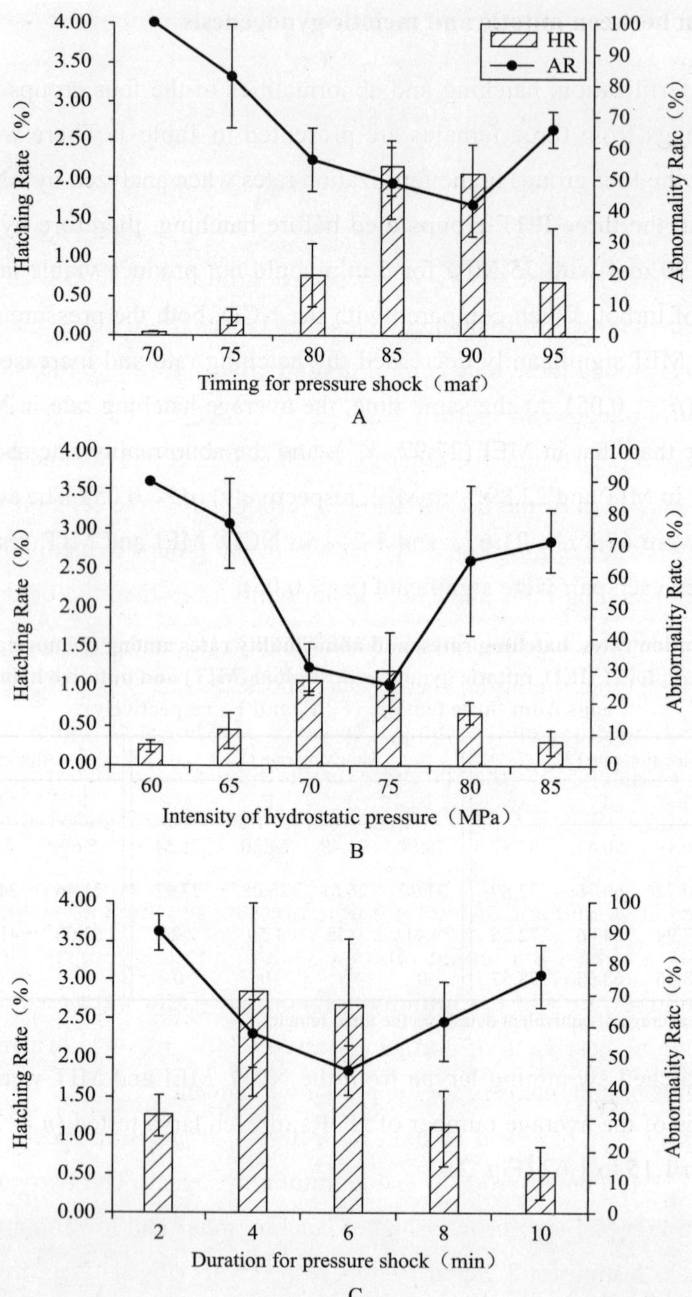

Fig. 1 Effects of timing, intensity and duration of the pressure shock on the hatching rate of eggs and the abnormality rate of larvae of the mitotic gynogens of turbot. Eggs activated with UV-irradiated red sea bream sperm were pressure shocked at: different timings of 70, 75, 80, 85, 90, and 95 maf (min after fertilization) with a fixed intensity of 70 MPa for 6 min (Fig. 1-A); different intensities of 60, 65, 70, 75, 80, and 85 MPa with a fixed timing of 90 maf for 6 min (Fig. 1-B); different durations of 2, 4, 6, 8, and 10 min with a fixed intensity of 75 MPa initiated at 90 maf (Fig. 1-C). Data are presented as means and standard errors of the raw data from three replicated experiments.

3.2 Comparison between mitotic and meiotic gynogenesis

The rates of fertilization, hatching and abnormalities of the four groups (NCD, MEI, MIT and PHT) using eggs from three females are presented in Table 1. There were no significant differences among the four groups in the fertilization rates when analyzed by ANOVA ($p > 0.05$). All the embryos in the three PHT groups died before hatching, therefore hydrostatic pressure shock initiated at 90 maf with 75 MPa for 6 min could not produce viable larvae of a putative hybrid tetraploid of turbot. When compared with the NCD, both the pressure shock in MIT and the cold shock in MEI significantly decreased the hatching rate and increased the abnormality rate, respectively ($p < 0.05$). At the same time, the average hatching rate in MIT (2.26%) was significantly lower than that in MEI (27.97 %), and the abnormality rate showed the opposite tendency (46.64% in MIT and 22.89% in MEI, respectively) ($p < 0.05$). The average percentages of normal larvae were 67.8% , 21.6% and 1.2% in NCD, MEI and MIT, respectively, and the differences between each pair were significant ($p < 0.05$).

Table 1　Fertilization rates, hatching rates, and abnormality rates among the normal control (NCD), meiotic gynogenetic diploid (MEI), mitotic gynogenetic diploid (MIT) and putative hybrid tetraploid (PHT) eggs from three females (F_1, F_2 and F_3, respectively).

Groups	Fertilization rate (%)				Hatching rate (%)				Abnormality rate (%)			
	F_1	F_2	F_3	Ave	F_1	F_2	F_3	Ave	F_1	F_2	F_3	Ave
NCD	90.91	86.19	80.51	85.87	78.84	71.48	64.30	71.54	5.67	5.05	7.08	5.93
MEI	87.20	70.72	60.76	72.89	31.22	26.61	26.08	27.97	21.46	24.08	23.12	22.89
MIT	83.96	67.94	64.86	72.25	4.41	0.78	1.59	2.26	53.06	41.25	45.61	46.64
PHT	88.32	78.46	68.93	78.57	0	0	0	0	—	—	—	—

Note: Ave means the average of equivalent data from the three females.

The newly hatched swimming larvae from the NCD, MEI and MIT were confirmed to be diploid on the basis of the average number of NORs of each larva tested (n = 20 in each group), which ranged from 1.15 to 1.62 (Fig. 2).

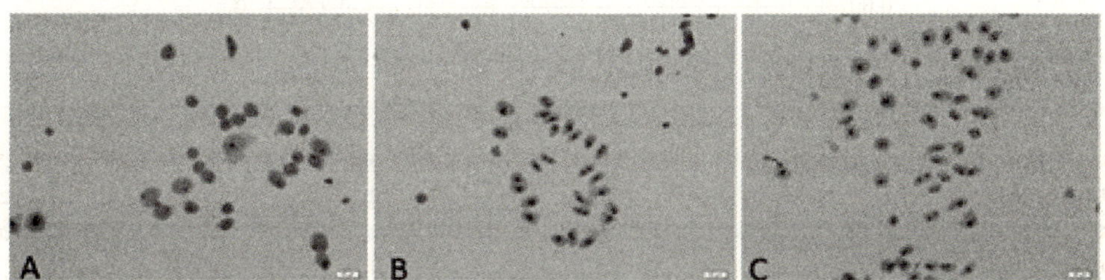

Fig. 2　Ploidy identification of the newly hatched swimming larvae from the normal control diploid (A), meiotic gynogenetic diploid (B) and mitotic gynogenetic diploid (C) by counting the number of NORs in the nuclei of 50 cells from each group of larvae (n = 20 larvae per group).

3.3 Production of mitogynogenetic diploid juveniles

3.3.1 Survival rate and growth of the diploid mitotic gynogen

The results of the induction of diploid mitogynogenesis on a large-scale with the optimal protocol of pressure shock (see Section 3.2), and its normal control group are presented in Table 2. The fertilization rate in the treatment group and the control group was 84.5% and 87.6%, respectively. The hatching rate of the treatment group was much lower than that of the control group, and the abnormality rate was the direct opposite. The survival rate of gynogens in both groups with a period of 1～40 dah (3.3%) and those with 40～60 dah (51.1%) was much lower than the counterpart in the control group (18.8% and 82.1%, respectively), but was similar to that in the control group with a period of 60～150 dah (99.0% in gynogen and 95.4% in control). Besides the lower survival rate of the gynogens before 60 dah, the growth of the gynogens was significantly lower than that of the counterparts in the control group both in total length and in body weight, at 150 dah. The average body weight of the gynogen group at 150 dah (16.2 g) was less than half of that in the control group (33.0 g).

Table 2　Induction of mitotic gynogenesis in turbot on a large scale and its normal control.

Variable	Normal control	Mitotic gynogenetic diploids
Volume of eggs used (mL)	50	1 050
Approximate total number of eggs used	6.0×10^4	12.6×10^5
Fertilization rate of eggs (%)	87.6	84.5
Hatching rate of fertilized eggs at 125 haf (%)	67.8	1.3
Abnormality rate of hatched larvae at 125 haf (%)	8.5	4.0
Survival rate of hatched normal larvae in the period from 1 to 40 dah (%)	18.8	3.3
Survival rate of juveniles in the period from 40 to 60 dah (%)	82.1	51.1
Survival rate of juveniles in the period from 60 dah to 5 months (%)	95.4	99.0
Body weight at 150 dah (g) (n = 20)	33.02±6.23	16.18±11.30
Total length at 150 dah (cm) (n = 20)	12.24±0.77	9.18±2.03
Total number of larvae remaining at 5 months	4 800	124

3.3.2 Ploidy and the sex ratio of the mitotic gynogen

At 180 dah, a total of 124 mitotic juveniles survived out of 1050 mL of eggs pooled from four females. The ploidy of all 30 randomly selected 180 dah larvae of the gynogen was identified as diploid with a value of cellular DNA content equal to that of diploid control (Fig. 3). The female ratio was 50% among the 30 juveniles sampled from the mitotic gynogen and 55% in the

80 juveniles sampled from the control group; neither of these ratios deviated from the 1 : 1 ratio with a χ^2-test.

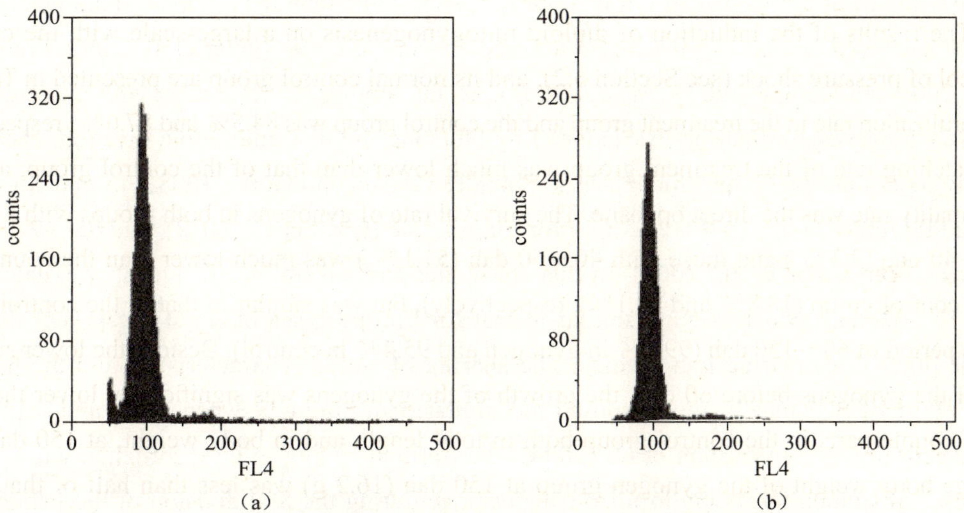

Fig. 3 Ploidy identification of larvae in normal control (a) and mitotic gynogen (b) of turbot by flow cytometry analysis.

4 Discussion

In this study, a protocol for the induction of mitotic gynogenesis in turbot utilizing heterologous sperm was developed. A mitotic gynogen of more than 7000 normal larvae was produced by the method established and, among these, a total of 124 juveniles survived at 150 dah. The sex ratio of the mitotic gynogen was 1 : 1 female to male.

Heterologous sperm has been used to induce gynogenesis in a number of teleost fish, because it is either convenient to obtain or incapable of producing viable diploid hybrids with the receiving species, or both (Morgan et al., 2006, Purdom and Lincoln, 1974 and Váradi et al., 1999). Given that turbot are poor producers of milt in terms of both quality and quantity, when compared with most other domesticated marine teleosts (Suquent et al., 1994), heterologous is preferred to homologous sperm for the activation of turbot eggs in gynogenesis. Sperm of the red sea bream was chosen in this study because it comes from a widely farmed species, methods of cryopreservation and genome inactivation for it are well established (Liu et al., 2006), and it has been used successfully to induce gynogenesis in several marine fish (Gorshkov et al., 2002, Peruzzi and Chatain, 2000, Yamakawa et al., 1987 and Yamamoto, 1999). Use of cryopreserved sperm can avoid the necessity to synchronize the breeding season of female turbot with male red sea bream and facilitate the standardization of UV irradiation procedures.

Among the three parameters (timing, intensity and duration) of the induction of mitotic gynogenesis with pressure shock treatment to prevent the first division of teleost embryos, the timing is the most critical because it is more species specific than the other two parameters and is usually narrowed down to an instant, or a range of a few minutes (Diter et al., 1993, Francescon et al., 2004 and Komen and Thorgaard, 2007). So far, among the four successful procedures for mitotic gynogenesis in marine fish induced by blocking the first embryonic division, each has a sharply fixed timing：60 maf for Japanese flounder (Tabata and Gorie, 1988), 45 maf for red sea bream (Takigawa et al., 1994), 21.5 maf for tongue sole (Chen et al., 2012), and 85～97 maf for sea bass (Francescon et al., 2004). In this study, the optimal timing for turbot was determined to be 85 - 90 maf, which is quite similar to that for European sea bass but much later than that for the other three marine fish species. The sharing of similar characteristics and the hatching temperature of eggs may be the reason for the similarity of timing between turbot and sea bass.

According to Francescon et al. (2004), the optimal timing is in accordance with a "time window" of spindle formation to furrow appearance during the first division of the fish embryo. This time window for turbot has been identified as 74～90 maf when eggs are hatched at 15.5 ℃ (Sun et al., 2005) and will be slightly later if eggs are hatched at a lower temperature of 14.5 ℃ as in our study. Therefore, the optimal timing of 85～90 maf determined in our study was in accordance with the time window of spindle formation to furrow appearance during the first division of the turbot embryo.

The other two parameters (intensity and duration) are less species specific than the timing. Excepting the confusion caused by the use of multiple units of pressure intensity in relevant studies, such as kg/cm^2 (Hussain et al., 1993) and psi (Goudie et al., 1995 and Johnstone and Stet, 1995), the optimal pressure intensity of 75 MPa determined in this study is in agreement with that of 70 MPa determined for most teleost species reviewed by Komen and Thorgaard (2007). With regard to the duration, theoretically it should be related to the speed of embryonic development of the species of fish tested, but for reasons of practicality, an arbitrary shock time of 4～10 min has been applied to most of the reported cases (see review by Komen and Thorgaard, 2007).

All the hybrid embryos between turbot eggs and red sea bream sperm, whether shocked with hydrostatic pressure (in this study) or not (in our previous study, Meng et al., 2013), was dead before hatching. This indicates that these hybrids, either in the form of a diploid or in the form of the putative tetraploid that could possibly be induced by pressure shock, cannot survive past the egg stage. That haploid embryos of turbot cannot survive past the larval stage has also been observed repeatedly in our previous experiments and other related studies (Meng et al., 2013, Piferrer et al., 2004 and Xu et al., 2008). The combination of the above observations theoretically excludes the possibility of juveniles, other than gynogenetic diploids, arising from the protocol of mitotic gynogenesis developed in this study: haploid from failure of shocking, hybrid diploid from failure of both UV irradiation and shocking, or hybrid tetraploid from failure of UV irradiation. In addition, juveniles of the mitotic gynogens in this study were affirmed to be diploid by analysis with flow cytometry. Therefore, it is safe to assume that all the surviving juveniles from the mitotic gynogenetic larvae formed in this study were diploid mitotic gynogens.

Compared with the control, both the meiotic and mitotic gynogenesis significantly reduced the hatching rate and increased the abnormality rate in turbot. The decrease in the viability of the gynogens has been attributed to their expected high level of inbreeding, which can increase the opportunity for the expression of lethal recessive alleles in their genome (Arai, 2001, Kavumpurath and Pandian, 1994, Suwa et al., 1994 and Taniguchi et al., 1990). Between the two kinds of gynogenesis employed in this study, the yield of normal larvae from mitotic gynogenesis (1.2 %) is just 6 % of that from meiotic gynogenesis (21.6 %). Theoretically, as a completely homozygous diploid, a mitotic gynogen is supposed to have two homozygous alleles in each locus in its genome, and this greatly increases the rate of mortality from lethal recessive alleles. However, for a heterozygous locus holding a recessive lethal allele in the maternal parent, meiotic gynogens could potentially still be heterozygous at this locus owing to the phenomenon of crossing over between the homologous chromosomes during the meiotic division of the ova. This will greatly increase the likelihood of juveniles surviving with lethal recessive alleles in their genome (Francescon et al., 2005 and Chen et al., 2009).

The sex ratio of mitotic gynogens in this study was 1∶1 female to male, and this was in accordance with the assumption of a genetic sex determination mechanism involving female heterogametic ZW/ZZ in turbot (Baynes et al., 2006, Haffray et al., 2009, Martínez et al., 2009, Taboada et al., 2012, Vale et al., 2014 and Viñas et al., 2012). If the rearing temperature truly had a minor effect on the sex differentiation of turbot juveniles in our study, which is very possible because not only has this been reported by Haffray et al. (2009) but also the sex ratio of the counterpart control group was nearly identical to 1∶1 in this study, then the genetic mechanism of sex determination of turbot could be ascertained to be female heterogametic. The reason for this is that it is almost impossible for a homogametic female teleost (XX/XY) whose sex differentiation is not sensitive to environmental temperature to produce a mitotic gynogen with such a high percentage of males (nearly 50%). However, it will be prudent to test this conclusion by investigating the sex ratios of more families of mitotic gynogens and the effect of temperature on the sex differentiation of juveniles with an experiment designed specifically for this objective.

The protocol for mitotic gynogenesis established in our study will be useful for generating inbred strains of turbot because of the complete homozygosity in diploid individuals. Homozygous clones can also be generated by a second generation of meiotic or mitotic gynogenesis. Maintenance of such clones by normal breeding will be beneficial to both experimental research and commercial applications in turbot aquaculture as demonstrated for other teleosts (Kobayashi et al., 1994, Komen and Thorgaard, 2007,Komen et al., 1991 and Bertotto et al., 2005).

In conclusion, a protocol for the induction of mitotic gynogenesis in turbot has been created in this study by applying a hydrostatic pressure shock to eggs activated with UV-irradiated heterologous sperm. More than 100 diploid gynogens with a sex ratio of 1 : 1 female to male were produced with this protocol. The assumption of a genetic mechanism of sex determination of female heterogametic ZW/ZZ in turbot is supported by the sex ratio of mitotic gynogens in our study and it should be verified by further research on more families of gynogens produced by our protocol. This protocol also establishes the basis for the creation of homozygous clones of double haploids, which will facilitate further genetic research and breeding of this important farmed fish species.

4.1 Statement of relevance

Turbot is an important fish species widely cultured in European, Chile and China. The protocol described in this m0061nuscript can be used both for the development of all female production technique and the creation of homozygous clones of turbot, which will improve the growth rate greatly and facilitate its selective breeding.

4.2 Acknowledgments

We thank Dr Jun Li, Dr Zhizhong Xiao, and Dr. Qinghua Liu, Institute of Oceanology, Chinese Academy of Sciences, for their kind supply of cryopreserved sperm of red sea bream. This research was supported by the fund of the China Agriculture Research System (CARS-50), the National Natural Science Foundation of China (31402284), and the Special Scientific Research Funds for Central Non-profit Institutes, Yellow Sea Fisheries Research Institutes (20603022013024).

References

[1] Arai, K. Genetic improvement of aquaculture finfish species by chromosome manipulation techniques in Japan. Aquaculture, 2001, 197: 205-228.

[2] Baroiller, J., D'Cotta, H., Saillant, E. Environmental effects on fish sex determination and differentiation. Sex Dev, 2009, 3: 118-135.

[3] Baynes, S.M., Verner-Jeffreys, D., Howell, B.R. Research on finfish cultivation. Sci Ser Tech Rep 132, Cefas Lowestoft, 2006, p. 64.

[4] Bertotto, D., Cepollaro, F., Libertini, A., et al. Production of clonal founders in the European sea bass, *Dicentrarchus labrax* L., by mitotic gynogenesis. Aquaculture, 2005, 246: 115-124.

[5] Bouza, C., Sanchez, L., Martínez, P. Karotypic characterization of turbot (*Scophthalmus maximus*) with conventional, fluorochrome and restriction endonuclease-banding techniques. Mar Biol, 1994, 120: 609-613.

[6] Cal, R.M., Vidal, S., Gómez, C., et al. Growth and gonadal development in diploid and triploid turbot (*Scophthalmus maximus*). Aquaculture, 2006, 251: 99-108.

[7] Cal, R.M., Vidal, S., Martínez, P., et al. Growth and gonadal development of gynogenetic diploid *Scophthalmus maximus*. J Fish Biol, 2006, 68: 401-403.

[8] Chen, S., Ji, X., Shao, C., et al. Induction of mitogynogenetic diploids and identification of WW super-female using sex-specific SSR markers in half-smooth tongue sole (*Cynoglossus semilaevis*). Mar Biotechnol, 2012, 14: 120-128.

[9] Chen, S., Tian, Y., Yang, J., et al. Artificial gynogenesis and sex determination in half-smooth tongue sole (*Cynoglossus semilaevis*). Mar Biotechnol, 2009, 11: 243-251.

[10] Cuñado, N., Terrones, J., Sánchez, L., et al. Synaptonemal complex analysis in spermatocytes and oocytes of turbot, *Scophthalmus maximus* (Pisces, Scophthalmidae). Genome, 2001, 44: 1143-1147.

[11] Devlin, R.H., Nagahama, Y. Sex determination and sex differentiation in fish: an overview of genetic, physiological and environmental influences. Aquaculture, 2002, 208: 191-364.

[12] Diter, A., Quillet, E., Chourrout, D. Suppression of first egg mitosis induced by heat shocks in the rainbow trout. J Fish Biol, 1993, 42: 777-786.

[13] Felip, A., Zanuy, S., Carrillo, et al. Induction of triploidy and gynogenesis in teleost fish with emphasis on marine species. Genetica, 2001, 111: 175-195.

[14] Francescon, A., Libertini, A., Bertotto, D., et al. Shock timing in mitogynogenesis and tetraploidization of the European sea bass *Dicentrarchus labrax*. Aquaculture, 2004, 236: 201-209.

[15] Francescon, A., Barbaro, A., Bertotto, D., et al. Assessment of homozygosity and fertility in meiotic gynogens of the European sea bass (*Dicentrarchus labrax* L.). Aquaculture, 2005, 243: 93-102.

[16] Gorshkov, S., Gorshkova, G., Hadani, A., et al. Chromosome set manipulations and hybridization experiments in gilthead seabream (*Sparus aurata*). II. Assessment of diploid and triploid hybrids between gilthead seabream and red seabream (*Pagrus major*). J Appl Ichthyol, 2002, 18: 106-112.

[17] Goudie, C.A., Simco, B.A., Davis, K.B., et al. Production of gynogenetic and polyploid catfish by pressure-induced chromosome set manipulation. Aquaculture, 1995, 133: 185-198.

[18] Haffray, P., Lebègue, E., Jeu, S., et al. Genetic determination and temperature effects on turbot *Scophthalmus maximus* sex differentiation: an investigation using steroid sex-inverted males and females. Aquaculture, 2009, 294: 30-36.

[19] Hulata, G. Genetic manipulations in aquaculture: a review of stock improvement by classical and modern technologies. Genetica, 2001, 111: 155-173.

[20] Hussain, M.G., Penman, D.J., McAndrew, B.J., et al. Suppression of first cleavage in the Nile tilapia,

Oreochromis niloticus L. — a comparison of the relative effectiveness of pressure and heat shocks. Aquaculture, 1993, 111: 263-270.

[21] Imsland, A.K., Folkvord, A., Grung, G.L., et al. Sexual dimorphism in growth and maturation of turbot, *Scophthalmus maximus* (Rafinesque, 1810). Aquacult Res, 1997, 28: 101-114.

[22] Johnstone, R., Stet, R.J.M. The production of gynogenetic Atlantic salmon, Salmo salar L. Theor Appl Genet, 1995, 90: 819-826.

[23] Kavumpurath, S., Pandian, T.J. Induction of heterozygous and homozygous diploid gynogenesis in Betta splendens (Regan) using hydrostatic pressure. Aquacult Res, 1994, 25: 133-142.

[24] Kjørsvik, E., Hoehne-Reitana, K., Reitan, K.I. Egg and larval quality criteria as predictive measures for juvenile production in turbot (*Scophthalmus maximus* L.). Aquaculture, 2003, 227: 9-20.

[25] Kobayashi, T., Ide, A., Hiasa, T. et al. Production of cloned amago salmon Oncorhynchus rhodurus. Fish Sci, 1994, 60: 275-281.

[26] Komen, H., Thorgaard, G.H. Androgenesis, gynogenesis and the production of clones in fishes: a review. Aquaculture, 2007, 269: 150-173.

[27] Komen, J., Bongers, A.B.J., Richter, C.J.J., et al. Gynogenesis in common carp (*Cyprinus carpio* L.): II. The production of homozygous gynogenetic clones and F_1 hybrids. Aquaculture, 1991, 92: 127-142.

[28] Lei, J., Liu, X., Guan, C. Turbot culture in China for two decades: achievements and prospect. Prog Fish Sci, 2012, 33: 123 - 130 (in Chinese; with English abstract).

[29] Liu, Q., Li, J., Zhang, S., et al. An efficient methodology for cryopreservation of spermatozoa of red seabream, Pagrus major, with 2-mL cryovials. J World Aquacult Soc, 2006, 37: 289-297.

[30] Luckenbach, J.A., Godwin, J., Daniels, H.V. et al. Induction of diploid gynogenesis in southern flounder (*Paralichthys lethostigma*) with homologous and heterologous sperm. Aquaculture, 2004, 237: 499-516.

[31] Martínez, P., Bouza, C., Hermida, M., et al. Identification of the major sex-determining region of turbot (*Scophthalmus maximus*). Genetics, 2009, 183: 1443-1452.

[32] McEvoy, L.A. Ovulatory rhythms and over-ripening of eggs in cultivated turbot, *Scophthalmus maximus* L. J Fish Biol, 1984, 24: 437-448.

[33] Meng, Z., Liu, X., Lei, J., et al. Induction and growth of meiogynogenetic diploids of turbot (*Scophthalmus maximus*) with cryopreserved sperm of red sea bream (*Pagrus major*). J Wuhan Univ (Nat Sci Ed), 2013, 59: 343-350 (in Chinese; with English abstract).

[34] Morgan, A.J., Murashige, R., Woolridge, C.A., et al. Effective UV dose and pressure shock for induction of meiotic gynogenesis in southern flounder (*Paralichthys lethostigma*) using black sea bass (*Centropristis striata*) sperm. Aquaculture, 2006, 259: 290-299.

[35] Pandian, T.J., Koteeswaran, R. Ploidy induction and sex control in fish. Hydrobiologia, 1998, 384: 167 - 243.

[36] Person-Le Ruyet, J., Baudin-Laurencin, F., Devauchelle, N., et al. Culture of turbot (*Scophthalmus maximus*). CRC Handb Maricult, 1991, 2: 21-41.

[37] Peruzzi, S., Chatain, B. Pressure and cold shock induction of meiotic gynogenesis and triploidy in the

European sea bass, *Dicentrarchus labrax* L.: relative efficiency of methods and parental variability. Aquaculture, 2000, 189: 23-27.

[38] Piferrer, F., Cal, R.M., Blázquez, B.A., et al. Induction of triploidy in the turbot (*Scophthalmus maximus*) Ⅰ. Ploidy determination and the effects of cold shocks. Aquaculture, 2000, 188: 79-90.

[39] Piferrer, F., Cal, R.M., Gómez, C., et al. Induction of gynogenesis in the turbot (*Scophthalmus maximus*): effects of UV irradiation on sperm motility, the Hertwig effect and viability during the first 6 months of age. Aquaculture, 2004, 238: 403-419.

[40] Purdom, C.E., Lincoln, R.F. Gynogenesis in hybrids within the Pleuronectidae. In: Blaxter, J.H.S.,M. A., D.S. (Eds.), The Early Life History of Fish. Springer, Berlin Heidelberg, 1974, pp. 537-544.

[41] Shelton, W.L., Mims, S.D. Evidence for female heterogametic sex determination in paddle fish Polyodon spathula based on gynogenesis. Aquaculture, 2012, 356 – 357: 116-118.

[42] Sun, W., You, F., Zhang, P., et al. Studies on fertilization biology of turbot (*Psetta maxima*). Mar Sci, 2005, 29: 75-80 (in Chinese; with English abstract).

[43] Suquent, M., Billard, R., Cosson, J., et al. Sperm features in turbot (*Scophthalmus maximus*): a comparison with other freshwater and marine fish species. Aquat Living Resour, 1994, 7, 283-294.

[44] Suwa, M., Arai, K., Suzuki, R. Suppression of the first cleavage and cytogenetic studies on the gynogenetic loach. Fish Sci, 1994, 60: 673-681.

[45] Tabata, K., Gorie, S. Induction of gynogenetic diploids in *Paralichthys olivaceus* by suppression of the 1st cleavage with special reference to their survival and growth. Nippon Suisan Gakkaishi, 1998, 54: 1867-1872 (in Japanese; with English abstract).

[46] Taboada, X., Robledo, D., Palacio, et al. Comparative expression analysis in mature gonads, liver and brain of turbot (*Scophthalmus maximus*) by cDNA-AFLPS. Gene, 2012, 492, 250-261.

[47] Takigawa, Y., Mori, H., Seki, S. Studies on the conditions for induction of mitotic-gynogenetic diploids in red sea bream, *Pagrus major* by hydrostatic pressure. Suisanzoshoku, 1994, 42, 477-483 (in Japanese; with English abstract.).

[48] Taniguchi, N., Hatanaka, H., Seki, S. Genetic variation in quantitative characters of meiotic- and mitotic-gynogenetic diploid ayu, Plecoglossus altivelis. Aquaculture, 1990, 85: 223-233.

[49] Vale, L., Dieguez, R., Sánchez, L., et al. A sex-associated sequence identified by RAPD screening in gynogenetic individuals of turbot (*Scophthalmus maximus*). Mol Biol Rep, 2014, 41, 1501-1509.

[50] Váradi, L., Benkó, I., Varga, J. Induction of diploid gynogenesis using interspecific sperm and production of tetraploids in African catfish, Clarias gariepinus ‘Burchell (1822). Aquaculture, 1999, 173: 401-411.

[51] Viñas, A., Taboada, X., Vale, L., et al. Mapping of DNA sex-specific markers and genes related to sex differentiation in turbot (*Scophthalmus maximus*). Mar. Biotechnol, 2012, 14: 655-663.

[52] Xu, J., You, F., Sun, W., et al. Induction of diploidy gynogenesis in turbot *Scophthalmus maximus* with left-eyed flounder *Paralichthys olivacues* sperm. Aquacult Int, 2008, 16: 623-634.

[53] Yamakawa, T., Matsuda, H., Tsujigado, A., et al. Optimum dose of UV irradiation for induction of gynogenesis in flounder *Paralichthys olivaceus* using red sea bream sperm. Bull. Fish. Res. Ins., 1987, 51-

53 (in Japanese; with English abstract).

[54] Yamamoto, E. Studies on sex-manipulation and production of cloned populations in hirame, *Paralichthys olicaceus* (Temminck et Schlegel). Aquaculture, 1999, 173: 235-246.

[55] You, C., Yu, X., Tan, D., et al. Gynogenesis and sex determination in large-scale loach Paramisgurnus dabryanus (Sauvage). Aquacult Int, 2008, 16: 203-214.

牙鲆 GH 基因的 SNPs 与生长性状关系的初步研究

王桂兴[1]，刘永新[2]，王玉芬[1]，姜秀凤[1]，刘海金[1,2]

（1. 中国水产科学研究院北戴河中心实验站，河北秦皇岛 066100；
2. 中国水产科学研究院，北京 10014）

摘　要　本研究以雌核发育牙鲆（*Paralichthys olivaceus*）为对象，根据 Gen bank 收录的牙鲆生长激素基因序列（Gen bank 登录号：D29737）设计 9 对引物，采用直接测序的方法对 50 尾雌核发育牙鲆生长激素基因编码区和启动子进行了单核苷酸多态位点（SNPs）筛选，共获得有效序列 1 838 bp，启动子区 117 bp，内含子区 1 050 bp，外显子区 671 bp，覆盖牙鲆生长激素基因 78.3％的序列。共检测到 7 个 SNPs，平均发生频率为 0.38/100 个碱基，其中颠换型 3 个，插入型 2 个，缺失型 2 个；内含子区 4 个（Intron Ⅰ：C477T、1091-1092/insert T、1129-1130/insert A；Intron Ⅳ：1906A/-del），外显子区 3 个（Exon Ⅴ：2067T/-del、A2006C、A1974G）；SNPs 与生长性状相关分析结果显示：C477T 和 2067T/-del 两个位点对牙鲆的体重、体长、体高等生长性状均有显著影响（$P < 0.05$），其他 5 个 SNPs 对牙鲆生长性状均无显著影响（$P > 0.05$）。研究结果为生长性状的 SNPs 标记辅助选育提供了基础数据。

关键词　牙鲆；GH 基因；SNPs；生长性状

鱼类生长激素（fGH）是一种单链多肽激素，具有广泛的生理作用，能促进肌肉中的蛋白质合成，加速鱼类骨骼的纵向生长[1]，同时生长激素还具有提高饵料转化效率，促进鱼类性成熟，增强鱼体对高盐环境的适应能力等重要作用[2,3]。1985 年，Sekine 等[4] 克隆了第一个鱼生长激素（GH）基因的 cDNA 并将其重组到大肠杆菌，成功获得表达后，GH 基因的克隆和序列测定以及功能研究成为鱼类分子生物学和生理学研究的热点。虹鳟（*Salmo gairdneri*）[5]，金枪鱼（*Thnnus thynnus*）[6]，罗非鱼（*Oreochromis niloticus*）[7]，鲤鱼（*Cyprinus carpio*）[8]，大黄鱼（*Pseudosciaena crocea*）[9]，牙鲆（*Paralichthys olivaceus*）[10] 等 40 余种鱼类生长激素基因先后被克隆。

目前国内外有关鱼类 GH 基因的研究主要集中在序列、结构分析、表达和分子系统的研究[11-15]。有关鱼类 GH 基因多态性的研究也有报道，如 Almuly 等[16] 发现金头鲷（*Sparus aurata*）GH 基因存在许多小卫星和微卫星重复序列，导致了金头鲷 GH 基因的多态性。刘峰等[17] 比较研究了鳜（*Siniperca chuatsi*）、大眼鳜（*S. kneri*）、斑鳜（*S. chezerisc*）3 种鳜鱼的 GH 基因内含子多态性，并构建了系统发育树，但未与其生长性状建立关联。倪静等[18,19] 利用PCR-SSCP检测到牙鲆GH基因部分外显子存在多态性，且与体重和头长存在一定连锁关系，另外还发现其第一外显子的微卫星座位不同基因型的幼鱼个体间表型性状存在极显著差异。但是有关牙鲆GH基因的单核苷酸多态性(SNPs)研究相对较少。

本研究中，通过直接测序的方法检测了牙鲆GH基因的SNPs，探讨突变位点对牙鲆生长性状的影响，为进一步分析牙鲆GH基因SNPs与生长性状的关联奠定基础，为其生长性状标记的辅助选择和育种提供理论依据。

1 材料和方法

1.1 样品获得

本实验所用样品(实验鱼)采自中国水产科学研究院北戴河中心实验站。在5个牙鲆减数雌核发育家系同池混养的群体中随机选取50尾8月龄的仔鱼，进行体重、体长和体高测量，并采集胸鳍鳍条，分装后放在 −80 ℃冰箱保存备用。

1.2 基因组DNA提取

将鳍条剪碎后约0. 1 g加0. 4 mL裂解液(50 mmol/L NaCl, 30 mmol/L Tris-Cl(pH 8. 0), 100 mmol/L EDTA (pH 8. 0), 1% SDS, 200 μg/mL Proteinase K), 55 ℃消化至澄清，酚仿抽提法提取DNA。使用紫外分光光度计测定DNA浓度，并取部分稀释至50 ng/μL，分装后作为工作液4 ℃保存待用，DNA原液于20 ℃保存。

1.3 引物设计

引物设计：根据Genbank收录的牙鲆GH基因序列(Genbank登录号：D29737)使用Primer3 (http://fokker.wi.mit.edu/primer3/input.htm)设计了9对引物(表1)。

表1 牙鲆生长激素基因的SNPs引物详细信息

引 物	序列(5′-3′)	退火温度(℃)	产物大小(bp)	扩增区域
Pogh1	F: TAAGGCCAATCAGGATGGAG R: AGGTGGAATGCAGAACCAAC	60	330	80-450 promoter region and Exon1
Pogh2	F: AACCAGAACCAGCCATGAAC R: GGGAGACAAAAAGGGGAGAG	60	186	305-521 Intron1
Pogh3	F: AGTAACAGCCGCAGTTCGAT R: AGAGTTTCCATACGGCGTGA	60	280	400-720 Intron1
Pogh4	F: CAGTCATCCTCCTGCTGTCA R: GCAACCAGGTGAAGATACTGAA	59	114	720-834 Intron1
Pogh5	F: CAGAACCAGCCATGAACAGA R: GGGAGACAAAAAGGGGAGAG	60	220	1060-1260 Intron1, Exon2

（续表）

引　物	序列（5′-3′）	退火温度（℃）	产物大小（bp）	扩增区域
Pogh6	F:GTCATCCTCCTGCTGTCA R:CTGCGGCTGTTACTTATT	60	414	1202-1656 Exon2 & 3,Intron 2 & 3
Pogh7	F:AGTAAACAGCCGCAGTTCGAT R:AGAGTTTCCATACFFCGTGA	60	297	1644-1980 Exon4,Intron4
Pogh8	F:CAGTCATCCTCCTGCTGTCA R:GCAACCAGGTGAAGATACTGAA	58	250	1860-2150 Exon5, Intron5
Pogh9	F:CAAACACACACACACCCACA R:GTTCATGGCTGGTTCTGGTT	58	171	2105-2316 Exon6

1.4　PCR 扩增及产物测序

PCR 反应体系为 25 μL，包括 10× buffer 2. 5 μL、Mg^{2+}（25 mmol/L）1 μL、dNTPs（各 2 mmol/L）1 μL、上下游引物（10 mmol/L）各 1 μL、模板 1 μL（30～50 ng）、Taq DNA 聚合酶 1U，加适量 ddH_2O。PCR 反应程序包括：94 ℃ 4 min，94 ℃ 30 s，退火 30 s，72 ℃ 30 s，30 循环，最后 72 ℃延伸 10 min。反应条件因不同引物、扩增片段长度、退火温度及延伸时间等有差别。每对引物均要摸索最佳反应条件，以获得较好的扩增效果。PCR 结果用 1. 0% 琼脂糖凝胶电泳，在紫外可见光成像系统中观察并记录结果。

序列分析：PCR 产物进行胶回收试剂盒纯化，送上海生工双向测序。

1.5　数据分析

测序后进行 BLAST 比对，进行 SNPs 位点筛查，与 Gen bank 中牙鲆 GH 基因序列进行比对，确定 SNPs 的类型和位置。

由于实验鱼同池混养，因此剔除环境误差的影响，利用 SAS 软件（V. 8. 1）检验雌核发育牙鲆基因型与表型生长性状的相关性，并用 *t*-TEST 进行显著性检验。

2　结果

2.1　测序结果与 SNPs 分析

通过双向测序，对 9 对引物的 PCR 产物进行序列分析，共获得有效序列 1 838 bp，其中启动子区 117 bp，内含子（1 276 bp）区 1 050 bp，外显子（835 bp）区 671 bp，覆盖牙鲆 GH 基因 78. 3% 的序列（表 1）。

通过序列分析，共检测出 7 个 SNPs，牙鲆 GH 基因的 SNPs 发生频率为 0. 38/100 个碱基，其中颠换型 3 个，插入型 2 个，缺失型 2 个；SNPs 在外显子、内含子中均有分布，内含子区 4 个（Intron Ⅰ：C477T、1091-1092/insert T、1129-1130/insert A；Intron Ⅳ：1906A/-del），外

显子区 3 个(Exon Ⅴ:067T/-del、A2006C、A1974G);牙鲆 GH 基因 SNPs 平均发生频率为 0.38/100 个碱基,内含子区、外显子区的发生频率分别为 0.38/100 和 0.45/100 个碱基,突变比例分别为 57.1%和 42.9%(表 2)。

表 2　牙鲆生长激素基因的 SNPs.

序　号	SNP 位点	数　量	位　置	类　型	引　物	所在区域
1	C477T	4	477 bp	C 转化 T	Pogh2	Intron Ⅰ
2	1129～1130 insert A	4	1 129 bp～1 130 bp	插入“A”	Pogh5	Intron Ⅰ
3	1 091～1 092 insert T	5	1 091 bp～1 092 bp	插入“T”	Pogh5	Intron Ⅰ
4	1906A/-del	5	1 906 bp	缺失“A”	Pogh8	Intron Ⅳ
5	A1974G	4	1 974 bp	A 转化 G	Pogh8	Exon Ⅴ
6	A2006C	4	2 006 bp	A 转化 C	Pogh8	Exon Ⅴ
7	2067T/-del	4	2 067 bp	缺失“T”	Pogh8	Exon Ⅴ

2.2　牙鲆 GH 基因 SNPs 与生长性状相关分析

对牙鲆 GH 基因中的 7 个 SNPs 与雌核发育牙鲆生长性状进行相关分析,结果显示:C477T 和 2067T/-del 两个位点对牙鲆的体重、体长、体高等生长性状均有显著影响($P < 0.05$),其他 5 个 SNPs 对牙鲆生长性状均无显著影响($P > 0.05$);*t*-TEST 结果显示 C477T 位点个体的体重($P = 0.001\ 1$)、体长($P = 0.001\ 5$)差异极显著,体高($P = 0.032\ 3$)差异显著;2067T/-del 位点个体的体重($P = 0.001\ 1$)、体长($P = 0.006\ 3$)、体高($P = 0.006\ 3$)差异均极显著(表 3)。

表 3　牙鲆生长激素 SNPs 位点基因型与生长性状的均值和标准差

位　点	基因型(数量)(*n*)	均值 ± 标准差 Dev		
		体重(g)	体长(cm)	体高(cm)
C477T	C/T(4)	$242.700\ 0 \pm 20.3695^{a}$	$28.687\ 4 \pm 1.191\ 2^{a}$	$10.354\ 1 \pm 0.220\ 6^{a}$
	C/C(46)	$319.483\ 3 \pm 60.5223^{b}$*	$30.567\ 9 \pm 1.558\ 1^{b}$*	$11.292\ 6 \pm 0.762\ 8^{b}$
1091-1092 inert T	inert T(5)	$269.025\ 0 \pm 39.203\ 7^{a}$	$29.259\ 8 \pm 1.953\ 9^{a}$	$10.824\ 1 \pm 0.347\ 1^{a}$
	/(45)	$293.888\ 7 \pm 56.628\ 1^{a}$	$29.643\ 2 \pm 1.888\ 7^{a}$	$10.954\ 3 \pm 0.809\ 9^{a}$
1129-1130 insert A	/insert A(4)	$294.450\ 0 \pm 52.623\ 2^{a}$	$30.169\ 9 \pm 1.401\ 5^{a}$	$11.007\ 5 \pm 0.754\ 0^{a}$
	/(46)	$284.745\ 4 \pm 50.046\ 5^{a}$	$29.407\ 9 \pm 1.932\ 4^{a}$	$10.897\ 3 \pm 0.636\ 4^{a}$
1906A/-del	A/-del(5)	$299.580\ 0 \pm 62.096\ 3^{a}$	$30.230\ 5 \pm 1.597\ 7^{a}$	$10.953\ 5 \pm 0.667\ 5^{a}$
	A/A(45)	$292.300\ 0 \pm 75.284\ 8^{a}$	$29.565\ 9 \pm 2.096\ 6^{a}$	$10.984\ 5 \pm 0.935\ 2^{a}$
A1974G	A/G(4)	$284.650\ 0 \pm 48.554\ 1^{a}$	$29.620\ 2 \pm 1.068\ 4^{a}$	$10.841\ 8 \pm 0.498\ 7^{a}$
	A/A(26)	$299.744\ 4 \pm 77.102\ 3^{a}$	$29.911\ 0 \pm 2.198\ 9^{a}$	$11.030\ 7 \pm 0.939\ 6^{a}$

（续表）

位　点	基因型（数量）（n）	均值 ± 标准差 Dev		
		体重（g）	体长（cm）	体高（cm）
A2006C	A/C（4）	284.6500 ± 48.5541[a]	29.6202 ± 1.0684[a]	10.8418 ± 0.4987[a]
	A/A（46）	299.7444 ± 77.1023[b]	29.9110 ± 2.1989[a]	11.0307 ± 0.9396[a]
2067T/-del	T/-del（4）	232.7000 ± 28.5344[a]	27.4488 ± 1.2025[a]	10.5368 ± 0.3714[a]
	T/T（46）	323.1300 ± 59.9879[b*]	30.7364 ± 1.5985[b*]	11.3946 ± 0.7657[b*]

注：同列中平均数后上标字母不同表示差异显著（$P < 0.05$），* 表示差异极显著（$P < 0.01$）

3　讨论

生长激素基因是与动物生长直接相关的基因，其突变将显著影响动物体重、体长等生长性状，因此其成为动物分子育种研究中的首选基因。鱼类 GH 基因具有较高的多态性[20]，在鲑（*Salmo salar*）[21]、欧白鱼（*Alburnus alburnus*）[22]、东方鲀（*Takifugu rubripes*）[23]和鲫鱼（*Carassius auratus*）[24]等鱼中得到普遍证实。牙鲆 GH 基因的研究中，Kang 等[25]利用 Sau3A Ⅰ酶切 GH 基因，发现包括第 1 内含子、第 1 外显子和第 2 内含子的 1 145 bp 的 Sau3A Ⅰ酶切片段存在多态性，并且与体重有一定相关性。倪静等[18,19]利用 PCR-SSCP 技术检测到牙鲆 GH 基因第 4 外显子存在多态性，且与体重和头长相关，另外其还对牙鲆 GH 基因第 1 外显子的微卫星座位多态性进行分析，该位点各个基因型间的个体表型存在显著差异，找到一个对体重、头长和体高有利的等位基因。本研究中利用直接测序法对雌核发育牙鲆 GH 基因的 SNPs 进行筛查，测序法可直接准确地鉴定 SNPs 在基因中位置、类型等信息，不受单链构象的影响，检出率较 PCR-SSCP 高。本文分别从第 1、4 内含子和第 5 外显子中共检查出 7 个 SNPs，在获得的序列中 SNPs 的发生频率 0.38/100 个碱基，说明牙鲆 GH 基因具有较高的遗传多样性，具有较高的选择潜力。

基因组中的 SNPs 绝大多数位于内含子区域，而外显子相对较保守。Halushka 等[26]通过对人的 75 个基因进行检测后，推测人类基因组有近百万个 SNP 位点，其中大约有 50 万个在非编码区，估计有 24 万～40 万个在编码区，且与蛋白质的功能有关。Rafalsk 等[27]利用直接测序法对美国优良玉米品种进行多态性分析发现在非编码区平均每 48 bp 出现 1 个 SNPs，在编码区每 131 bp 有 1 个 SNPs。Nie 等[28]在鸡中对与生长相关的候选基因进行 SNPs 分析，结果 68% 的突变在内含子上，而外显子的突变只有 16.6%。本研究中 SNPs 在外显子和内含子中比例为 42.9% 和 57.1%（表 2），结果符合基因组 SNPs 突变规律。

鱼类中遗传标记与生长性状的相关研究还相对较少，国内鱼类中相关研究报道有鲤（*Cyprinus carpio*）[29]、鲇鱼（*Ictalurus punctatus* 和 *I. frucatus*）[30]等。在牙鲆中，王桂兴等[31]利用 30 对微卫星标记对雌核发育家系进行了检测，发现有 8 个标记分别与体重、体长、体高显著相关，将基因型与生长性状进行 Duncan 多重比较，找到 4 种与生长性状相关的基因型。

倪静等[18, 19]对牙鲆 GH 基因中微卫星标记与生长性状进行了相关分析。本研究首次对牙鲆 GH 基因中的 SNPs 与生长性状进行相关分析,获得了与牙鲆体重、体长、体高等性状显著相关的 SNPs(C477T 和 2067T/-del, $P < 0.05$),这可为进一步研究牙鲆 GH 基因多态性与生长性状的关联分析打下基础。

本研究得到的这些结论是初步的,尽管在鱼类中这类报道还甚少,但 GH 基因在畜禽类动物生长发育等性状研究中已成为重要候选基因之一。在我们现有的研究基础上,可在更多的群体中验证牙鲆 GH 基因的 SNPs 与生长性状的相关关系,可为标记辅助选育奠定良好基础。

参考文献

[1] Cavari B, Funkenstein B, Thomas T C, et al. Effect of growth hormone on the growth rate of the gilthead seabream (*Sparus aurata*), and use of different constructs for the production of transgenic fish[J]. Aquaculture, 1993, 111(1-4): 189-197.

[2] Mclean E, Donaldson E, Teskeredzic E, et al. Growth enhancement following dietary delivery of recombinant porcine somatotropin to diploid and triploid coho salmon (*Oncorhynchus kisutch*)[J]. Fish Physiol Biochem, 1993, 11(1-6): 363-369.

[3] Huai jen T, Jen chien K, Show wan L, et al. Articles: growth enhancement of juvenile striped mullet by feeding recombinant yeasts containing fish growth hormone[J]. The Progressive Fish Culturist, 1994, 56(1): 7-12.

[4] Sekine S, Mizukami T, Nishi T, et al. Cloning and expression of cDNA for salmon growth hormone in *Escherichia coli*[J]. Proc Natl Acad Sci U S A, 1985, 82(13): 4306-4310.

[5] Agellon L B, Emery C J, Jones J M, et al. Promotion of rapid growth of rainbow trout (*salmo gairdneri*) by a recombinant fish growth hormone[J]. Canadian Journal of Fisheries and Aquatic Sciences, 1988, 45(1): 146-151.

[6] Sato N, Watanabe K, Murata K, et al. Molecular cloning and nucleotide sequence of tuna growth hormone cDNA[J]. Biochimica et Biophysica Acta (BBA) - Gene Structu, 1988, 949(1): 35-42.

[7] Delrue F R, Swennen D, Philippart J C, et al. Tilapia growth hormone: molecular cloning of cDNA and expression in *escherichia COLI*[J]. DNA, 1989, 8(4): 271-278.

[8] 白俊杰,马进. 鲤鱼(*Cyprinus carpio*)生长激素基因克隆及原核表达[J]. 中国生物化学与分子生物学报,1999,15(3):409-412.

[9] 江树勋,马鸿媚,邓文汉,等. 大黄鱼生长激素基因的分离及序列测定[J]. 中国生物工程杂志,2002,22(2):88-90.

[10] Minoru T, Toma Y, Ohkubo T, et al. Sequence of the flounder (*Paralichthys olivaceus*) growth hormone-encoding gene and its promoter region[J]. Gene, 1995, 165(2): 321-322.

[11] 张竞男,宋平,胡珈瑞,等. 6种重要经济鱼类生长激素完整 cDNA 的克隆和序列分析[J]. 遗传学报,2005,32(1):19-29.

[12] 刘滨,臧晓南,刘顺梅,等. 7种鲽形目鱼类生长激素基因 cDNA 序列的克隆及系统分析[J]. 武汉大

学学报(理学版),2008(04):485-491.

[13] 刘滨. 蝶形目鱼类生长激素基因的克隆及牙鲆生长激素在酿酒酵母中的表达研究[D]. 青岛:中国海洋大学,2008.

[14] 刘滨,臧晓南,刘顺梅,等. 大菱鲆生长激素基因 cDNA 的克隆、序列分析及分子系统研究[J]. 中国海洋大学学报(自然科学版),2008,38(5):726-732.

[15] 于辉,李华,颜其贵,等. 五种鲤科鱼类生长激素 cDNA 的克隆和序列分析[J]. 广州海洋大学学报,2008,28(4):1-5.

[16] Almuly R, Cavari B, Ferstman H, et al. Genomic structure and sequence of the gilthead seabream (*Sparus aurata*) growth hormone-encoding gene: Identification of minisatellite polymorphism in intron I[J]. Genome, 2000, 43(5): 836-845.

[17] 刘峰,鲁双庆,刘臻,等.三种鳜鱼(*Siniperca*)生长激素基因内含子多态性的比较研究[J].海洋与湖沼,2009,40(4):470-478.

[18] 倪静,尤锋,张培军,等. 牙鲆 GH 基因外显子多态性与生长性状关系的初步研究[J]. 高技术通讯,2006,16(3):307-312.

[19] 倪静,尤锋,刘思思,等. 牙鲆 GH 基因第 1 外显子区微卫星标记与幼鱼生长性状的相关分析[J]. 动物学杂志,2011(5):108-113.

[20] Ryynänen H J, Primmer C R. Varying signals of the effects of natural selection during teleost growth hormone gene evolution[J]. Genome, 2006, 49(2): 42-53.

[21] Gross R, Nilsson J. Restriction fragment length polymorphism at the growth hormone 1 gene in Atlantic salmon (*Salmo salar* L.) and its association with weight among the offspring of a hatchery stock[J]. Aquaculture, 1999, 173(1-4): 73-80.

[22] Schlee P, Fuchs H, Blusch J, et al. Genetic polymorphism in the intron of the growth hormone gene of the bleak[J]. J Fish Biol, 2005, 48(6): 1275-1277.

[23] 黄军,严美姣,陈国宏,等. 东方鲀生长激素基因内含子 2 的克隆与多态性分析[J]. 遗传,2007(11):1378-1384.

[24] 莫赛军,宋平,罗大极,等. 鲫鱼生长激素 I 基因内含子 2 的多态性分析[J]. 遗传学报,2004(06):582-584+58.

[25] KANG J A, Lee S U, Park S E, et al. DNA polymorphism in the growth hormone gene and its association with weight in olive flounder *Paralichthys olivaceus*[J]. Fisheries Science, 2002, 63(3): 194-198.

[26] Halushka M K, Fan J B, Bentley K, et a l. Patterns of single-nucleotide polymorphisms in candidate genes for blood-pressure homeostasis[J]. Nat Genet, 1999, 22(3): 239-247.

[27] Rafalski J A. Novel genetic mapping tools in plants: snp and LD based approaches[J]. Plant Science, 2002, 162(36): 329-333.

[28] Nie Q H, Lei M M, Ouyang J H, et al. Identification and characterization of single nucleotide polymorphisms in 12 chicken growth-correlated genes by denaturing high performance liquid chromatography[J]. Genetics Selection Evolution, 2005, 37(3): 339-360.

[29] 张义凤,张研,鲁翠云,等. 鲤鱼微卫星标记与体重体长和体高性状的相关分析. 遗传,2008,30(5):

613-619.

[30] Liu Z, Nichols A, Li P, et al. Inheritance and usefulness of AFLP markers in channel catfish (*Ictalurus punctatus*), blue catfish (*I. frucatus*), and their F_1, F_2, and backcross hybrids. Molecular and General Genetics, 1998, 258(3): 260-268.

[31] 王桂兴,刘永新,孙效文,等. 牙鲆微卫星分子标记与生长性状的相关性分析[J]. 东北农业大学学报, 2009, 40(7): 77-84.

Biochemical composition of the ovarian fluid and its effects on the fertilization capacity of turbot *Scophthalmus maximus* during spawning season

Y D JIA[2], H X NIU[2], Z MENG[1], X F LIU[1] AND J L LEI[1]

(1. Yellow Sea Fisheries Research Institute, Chinese Academy of Fishery Sciences; Qingdao Key Laboratory for Marine Fish Breeding and Biotechnology, Qingdao 266071, China;
2. School of Animal Science and Technology, Inner Mongolia University for the Nationalities, Tongliao 028042, China)

Abstract This study investigated the biochemical composition of ovarian fluid and its effect on the fertilization capacity of turbot *Scophthalmus maximus* during the spawning season. The fertilization rate and pH of ovarian fluid varied throughout the spawning season, with the highest values recorded at the mid-season. Positive correlations were found between the fertilization rate and the ovarian fluid pH. The composition of major inorganic ions (Na^+, K^+, Ca^{2+}, and Cl^-) showed no significant changes during the spawning season. Alkaline phosphatase activity was significantly higher during mid-season than other seasons. However, the lowest levels of protein, acid phosphatase, and aspartate amino-transferase were in the ovarian fluid released at the mid-season. Moreover, significant relationships were observed between the fertilization rate and the levels of protein, acid phosphatase, alkaline phosphatase and aspartate amino-transferase. These observations suggest that the biochemical profile of ovarian fluid affects the insemination microenvironment as well as the fertilization capacity of *S. maximus* eggs. Determination of such profiles may prove to be a useful strategy to improve *S. maximus* breeding techniques.

Key words Flatfish; pH; Inorganic ions; Enzymes; Protein; Insemination

1 INTRODUCTION

In most teleost species, mature eggs are released from the follicles and discharged into the ovarian cavity. In externally fertilizing fish species, egg discharge is accompanied by the simultaneous release of ovarian fluid from the ovarian cavity, where eggs are stored. Ovarian fluid actively secreted from the epithelial cells of the ovarian cavity creates a unique environment for unfertilized eggs (Lahnsteiner, 2002; Rosengrave et al., 2008, 2009). It has pheromonal effect on spawning fish (Stacey & Goetz, 1982; Scott & Vermeirssen, 1994) and also affects sperm performance (Urbach et al., 2005; Galvano et al., 2013). Numerous studies have shown that ovarian fluid can improve fertilization rate, prolong egg fertilizability during short-term storage, and affect sperm motility characteristics (Litvak & Trippel, 1998; Turner & Montgomerie, 2002; Wojtczak et al., 2007; Dietrich et al., 2008; Butts et al., 2012). Ovarian fluid pH, protein levels and activities of aspartate amino-transferase have been found to correlate significantly with egg viability in lake trout (Lahnsteiner et al., 1999). Meanwhile, the inorganic ion contents (Ca^{2+} and Mg^{2+}) of ovarian fluid correlate significantly with sperm motility traits in Chinook salmon (Rosengrave et al., 2009). Lahnsteiner et al (1995) found that the inorganic ion contents (Na^{+}, K^{+} and Ca^{2+}) of ovarian fluid varied and that high concentration of Na^{+} correlated with low fertilization rate in four salmonid species. The composition and concentration of ionic, biochemical and genetic components of ovarian fluid have major roles in stabilizing the microenvironment around the micropyle (Oda et al., 1995; Lahnsteiner et al., 1995; Lahnsteiner, 2002; Rosengrave et al., 2008; Gasparini et al., 2011). A stable microenvironment increases the fertilizing ability of sperm (Billard, 1983; Hatef et al., 2009). Thus, the ovarian fluid released with unfertilized eggs may play an important role in the fertilization process.

Turbot *S. maximus* is a rapidly growing fish species with high economic value that is widely cultured in Europe and Asia. Recent studies have focused on the reproduction (Gosz et al., 2011; Jia et al., 2014), immune response (Pereiro et al., 2012), environmental conditions (Silva et al., 2011), and nutritional requirements (Leknes et al., 2012) of turbot in captivity. The effect of different parameters on short-term storage capacity of turbot ova during the insemination and hatching phases has been assessed (Suquet et al., 1999). However, only limited information is available on the biochemical composition of ovarian fluid and alterations in the ovarian microenvironment during the spawning season. In addition, the relationship between the biochemical composition of ovarian fluid and the fertilization capacity of eggs at various stages of the spawning season remains unclear. Information on this relationship is necessary to elucidate gamete physiology and to develop new biomarkers for rapid evaluation of egg quality during artificial reproduction. Therefore, this study aimed to investigate the biochemical profiles (pH, inorganic, protein, enzymes) of S. maximus ovarian fluid and the relationship between these parameters and egg fertilization rate during the spawning season.

2 MATERIALS AND METHODS

2.1 BROODSTOCK MANAGEMENT AND OVARIAN FLUID COLLECTION

Four-year-old mature *S. maximus* weighing 3 800 g to 4 100 g were obtained from the broodstock of a commercial fish farm (Yantai Tianyuan Aquatic Limited Corporation, China). The fish (8 females) were kept in 10 m^3 round tanks. The tanks were supplied with recirculating water at a rate of 25 L min^{-1} and exposed to a constant photoperiod (16 h light: 8 h dark). Water salinity and oxygen ranged from 25 g L^{-1} to 30 g L^{-1} and 5×10^{-3} g L^{-1} to 9×10^{-3} g L^{-1}, respectively. Temperature was maintained between 12 ℃ to 13 ℃ . The fish were fed a diet based on minced frozen sardines, squid, and shrimp (40/30/30, mass/mass/mass). Total dry weight contents of protein and lipids were 52% and 15% , respectively.

The females showed external fertilization and spawned multiple times during the spawning season (commencing in mid-October and ending in mid-December). Ovulatory rhythms were determined based on the first ovulation date by using a special catheter and daily abdominal stripping at the start of the spawning season. This procedure ensured that freshly ovulated eggs were obtained and prevented over-ripening (Mcevoy, 1984). Based on ovulatory cycles of 70 h to 90 h, females were stripped every 4 to 5 days to avoid over-ripening. Each female can spawn 8 to 12 times at intervals of 3 to 5 days throughout the spawning season (Mugnier et al., 2000). Three periods were considered (representing early, middle, and late seasons) to study the variations in biochemical composition of ovarian fluid and fertilization rate during the spawning season. In the present study, five females spawned all alone during the spawning season. Other three females did not spawn during the spawning season, perhaps due to unsuitable physiological conditions. For each period, three batches of egg and ovarian fluid samples were collected from each female. Thus, 15 batch samples in each period and a total of 45 batch samples were collected throughout the spawning seasons. The eggs were estimated to be viable if they were perfectly spherical, translucent and lacked any of perivitelline space (Fauvel et al., 1992). Viability rate was determined by dividing the number of viable eggs by the total number of eggs. The ovulatory rhythm, egg viability rate and volume per batch of turbot during the spawning season are shown in Table I. Samples from each batch sample were divided into two groups, one was used to collect ovarian fluid and measure egg viability, while the other one was used for artificial fertilization. The eggs were separated from the ovarian fluid using a 150 μm mesh. The ovarian fluid was collected and immediately stored at −80 ℃ until further analysis.

The eggs were fertilized in seawater by gentle mixing with frozen semen from four-years-old ripe male turbots. Cryopreservation of turbot semen was prepared according to the previous methods (Suquet et al., 1992; Chereguini et al., 2003; Butts et al., 2010). Firstly, fresh spermatozoa were transferred at 1∶5 v/v dilution in Ringer's solution (NaCl 70 mmol/L, KCl 1.5 mmol/L, $MgCl_2$ 6.0 mmol/L, $CaCl_2$ 2.7 mmol/L, Glucose 0.4 mmol/L, Tris HCl 20 mmol/L, pH 8.2, osmolality 200 mOsm kg^{-1}) to maintain the spermatozoa in a quiescent state. Then, sperm motility was measured by activating 1 μL of this sperm suspension with 19 μL of seawater and scoring was done immediately under a light microscope. Sperm presenting a motility phase shorter than 3 min were discarded. Then, motile spermatozoa were mixed with cryoprotectants (dimethyl sulfoxide, DMSO) at 1∶2 (v/v) ratio, keeping both the cryoprotectants and sperm on chipped ice at 0 ℃. Freezing sperm samples in straws (200 μL) were placed 5 cm above the surface of liquid nitrogen (LN) and plunged in LN. The straws were thawed in water bath at 40 ℃ for 7 s and emptied into Eppendorf tubes to carry out the artificial fertilization. Artificial fertilization was conducted as described previously by Chereguini et al (1999) and Mugnier et al (2000). Batches of 1 mL of eggs from each spawn were placed in 30 mL plastic beakers and fertilized in triplicate with 15 μL of cryopreserved sperm, which yielded turbot fertilization rate similar to that fresh semen (Chereguini et al., 1999).

2.2 FERTILIZATION RATE MEASUREMENT

Numerous studies have shown that floating turbot eggs are viable and that this property can be used to calculate their fertilization rate (Mcevoy, 1984; Suquet et al., 1995; Mugnier et al., 2000; Kjørsvik et al., 2003). In this study, fertilization rate was evaluated as follows. Three samples of one hundred eggs from the floating fraction of each batch were placed into Petri dishes and observed under a stereoscopic microscope (Zeiss, www.zeiss.com) at least 4 h after fertilization. Eggs at the 8 to 32 cell stages were classified as fertilized (Kjørsvik et al., 2003). Fertilization rate was calculated using the following formula:

Fertilization rate (100%) = 100 × no. of fertilized eggs/no. of buoyant eggs

2.3 BIOCHEMICAL ANALYSIS

Measurement of the ovarian fluid pH was conducted on freshly collected samples using a combination of glass-electrode and pH meter (Ohaus, www.ohaus.com).

The concentrations of Na^+, K^+, Ca^{2+} and Cl^- in the ovarian fluid were measured by atomic absorption spectroscopy (Hitachi, www.hitachi.com) and flame photometry. The concentrations of Na^+ and K^+ were measured at 589.0 nm and 766.5 nm, respectively, after 200-fold dilution of 20 μL samples. The sample and the combined standard (1.2 mmol/L Na and 0.04 mmol/L K) contained 1.0 g L^{-1} Cs (chloride) for ionization suppression. The concentration of Ca^{2+} and Cl^- were measured at 422.7 nm and 328.1 nm, respectively, after 50-fold dilution of 50 μL samples.

The samples and the combined standard (0.1 mmol/L Ca and 2.8 mmol/L Cl) contained 2.5 g L^{-1} La (chloride) as a releasing agent. Data were expressed as mmol/L.

Protein was quantified using the Bradford protein assay kit (www.beyotime.com). A standard curve (0.5-5 mg) was generated using bovine serum albumin with two replicates per standard concentration, and the absorbance at 485 nm was measured. Data were expressed as mg mL^{-1}

Alkaline phosphatase (AKP), acid phosphatase (ACP) and aspartate amino-transferase (AAT) activities were determined according to Bergmeyer (1985) using detection kits (www.njjcbio.com). Samples (1 mL ovarian fluid) were thawed at room temperature and centrifuged at 3 000 g for 5 min at 4 ℃. The supernatant was used for enzymatic assays by colorimetry and UV spectrophotometry based on the manufacturer's instructions. Absorbances of AKP, ACP and AAT were measured at 520 nm, 520 nm and 510 nm, respectively. Data were expressed as U mg · $protein^{-1}$.

2.4 STATISTICAL ANALYSIS

Shapiro-Wilk normality test and Bartlett test were used to evaluate normality of distribution and homogeneity of variance, respectively. All data were expressed as mean ± standard error of the mean (S.E.M). Statistical analysis was conducted by repeated-measures ANOVA and Duncan's multiple-range tests using the SAS 9.0 software (SAS Inc, www.sas.com). Difference in means was assessed using Duncan's multiple-range tests. The relationship between the egg ovarian fluid components and fertilization was studied by Pearson's correlation coefficient and simple regression models throughout the spawning season. In all statistical tests used, $P < 0.05$ was considered significantly different.

2.5 RESULTS

Table 1 Ovulatory rhythm, egg viability rate and volume per batch of turbot during the spawning season.

Dependent variable	$F_{NDF, DDF}$	Early-season	Mid-season	Late-season
Egg viability rate (%)	207.012, ***	72.26 ± 0.98^{a}	91.06 ± 0.66^{b}	71.89 ± 0.59^{a}
Batch volume (mL)	387.472, ***	108.2 ± 1.26^{a}	145.0 ± 3.9^{b}	101.2 ± 0.7^{a}
Ovulatory rhythm (days)	30.692, ***	4.53 ± 0.12^{a}	3.50 ± 0.09^{b}	4.06 ± 0.06^{c}

Results were obtained from repeated measures ANOVAs (F = Fisher's test value, NDF = numerator degrees of freedom, DDF = denominator degrees of freedom) Data are expressed as means ± S.E.M (n=15). $^{*}P < 0.05$; $^{**}P < 0.01$; $^{***}P < 0.001$. Data in a row with different superscripts are statistically different ($P < 0.05$).

The egg viability rate and volume per batch of turbot varied throughout the spawning season, with the highest values observed in the mid-season (Table 1, $P < 0.05$). No significant differences were observed in the early and late seasons (Table 1, $P > 0.05$). However, the lowest ovulatory rhythm of turbot was observed in the mid-season (Table 1, $P < 0.05$).

Table 2 Ovarian fluid parameters collect from turbot during the spawning season.

	Early season	Middle season	Late season
pH	7.74 ± 0.03^a	8.04 ± 0.03^b	7.53 ± 0.01^c
Na^+ (mmol/L)	202.33 ± 4.26	206.67 ± 3.53	213.67 ± 3.84
K^+ (mmol/L)	9.60 ± 2.20	10.67 ± 1.07	12.80 ± 2.23
Ca^+ (mmol/L)	2.61 ± 0.36	2.65 ± 0.18	3.49 ± 0.69
Cl^-(mmol/L)	153.33 ± 6.66	165.33 ± 2.67	172.66 ± 8.51
Protein (mg/mL)	3.96 ± 0.05^a	0.54 ± 0.01^b	7.63 ± 0.55^c
ACP(U/g•prot)	45.28 ± 4.51^a	27.86 ± 2.33^b	56.90 ± 1.83^c
AKP (U/g•prot)	13.73 ± 3.50^a	48.55 ± 3.25^b	14.33 ± 2.95^a
AAT (U/g•prot)	40.59 ± 1.20^a	7.45 ± 0.26^b	41.11 ± 1.06^a
Fertilization rate (%)	38.96 ± 0.88^a	92.44 ± 0.66^b	36.73 ± 0.97^a

Data are expressed as means ± S.E.M ($n=15$). Means within a row with different superscripts are significantly different ($P < 0.05$). ACP, acid phosphatase; AKP, alkaline phosphatase; AAT, aspartate amino-transferase.

The fertilization rate and pH of the ovarian fluid varied during the spawning season, with the significantly highest values observed during the mid-season (Table 2, $P < 0.05$). No significant differences in the fertilization rate were observed between the early and late seasons (Table 2, $P > 0.05$). Significant differences in pH were found between the early and late seasons (Table 2, $P < 0.05$).

No significant differences were found in the concentrations of major inorganic ions (Na^+, K^+, Ca^{2+} and Cl^-) in the ovarian fluid during the spawning seasons (Table 2, $P > 0.05$).

Table 3 Regression relationships between ovarian fluids content and fertilization rate during spawning season.

	X-Variables	*Y*-viable	Regression Equation	R^2
Early season	pH	FR	$Y = 56.484X - 399.802$	0.846**
Early season	ACP	FR	$Y = -0.519X + 60.911$	0.824**
Early season	AKP	FR	$Y = 0.858X + 25.634$	0.905**
Early season	AAT	FR	$Y = -1.208X + 86.403$	0.863**
Early season	Protein	FR	$Y = -16.404X + 102.411$	0.742**
Middle season	pH	FR	$Y = 37.275X - 197.796$	0.910**
Middle season	ACP	FR	$Y = -0.341X + 100.643$	0.842*
Middle season	AKP	FR	$Y = 0.146X + 83.638$	0.869**
Middle season	AAT	FR	$Y = -2.598X + 110.096$	0.725**
Middle season	Protein	FR	$Y = -101.459X + 145.998$	0.867**
Late season	pH	FR	$Y = 33.8763X - 219.052$	0.771**
Late season	ACP	FR	$Y = -0.476X + 62.771$	0.707**
Late season	AKP	FR	$Y = 0.791X + 24.335$	0.876**
Late season	AAT	FR	$Y = -1.503X + 97.479$	0.863**
Late season	Protein	FR	$Y = -4.451X + 69.618$	0.910**

ACP, acid phosphatase; AKP, alkaline phosphatase; AAT, aspartate amino-transferase; FR, fertilization rate. $^*P < 0.01$, $^{**}P < 0.001$.

The AKP activity in the ovarian fluid was significantly higher during the mid-season (Table 2, $P < 0.05$) than during the other seasons. However, the ovarian fluids released during the mid-season showed the lowest levels of protein, ACP activity, and AAT activity. Furthermore, significant relationships were observed between the pH, protein level, ACP, AKP, AAT and fertilization rate during the early, middle and late spawning seasons, respectively (Table III, $P < 0.05$).

2. 6 DISCUSSION

Ovarian fluid is produced by ovarian epithelium cells and released together with eggs. It is composed of organic and inorganic components that preserve eggs until spawning or stripping (Bayunova et al., 2003). The ovarian fluid represents approximately half of the total insemination medium in a female turbot (Fauvel et al., 1993). Thus, the composition of ovarian fluid may affect the insemination microenvironment and participate in regulating sperm-egg interactions. In the present study, the egg fertilization rate and pH of the ovarian fluid varied during the spawning season, with the highest values recorded during the mid-season. In addition, there was a highly significant correlation between ovarian fluid pH and the fertilization rate. These results are consistent with those obtained by Fauvel et al (1993). Similar results were observed in other fish species (Wojtczak et al., 2007; Mansour et al., 2008). Variations in ovarian fluid composition can be attributed in part to different levels of post-ovulatory maturation within the ovarian cavity, to physiological status of the female, and to egg quality (Lahnsteiner, 2000; Lahnsteiner et al., 1999). Aegerter & Jalabert (2004) showed progressive changes in the protein concentration of ovarian fluid after ovulation in rainbow trout *Oncorhynchus mykiss*. Lahnsteiner (2007) demonstrated that leaking of ovarian fluid protein from degenerated eggs increases in egg batches with a low percentage of eyed-stage embryos in brown trout *Salmo trutta*. Moreover, Arctic char *Salvelinus alpinus* ovarian fluid with high protein content displays a low fertilization rate during the spawning season (Mansour et al., 2008). Thus, ovarian fluid protein is often cited as an important criterion for assessing egg quality and reproductive performance in many fish species. In the current study, there were observed significant differences in the protein concentration of turbot ovarian fluid during the spawning season. In addition, negative correlation was also found between the fertilization rate and the ovarian fluid protein level of turbot. These results indicate that ovarian fluid pH and protein level affect the insemination microenvironment and fertilization capacity, may be useful indicators for assessing turbot egg quality during the spawning season.

The inorganic components of the ovarian fluid provide a stable environment for storage of eggs and for prolonging the fertilization period during natural spawning as well as under artificial conditions. In numerous marine fish species, cations (Na^+, K^+, Ca^{2+}) in the ovarian fluid affect sperm motility and fertilization capacity during the spawning season (Koya et al., 1993; Lahnsteiner et al., 1995; Rosengrave et al., 2008). However, the ionic composition of turbot ovarian fluid showed no significant variation during the spawning season. Furthermore, no correlations were found between egg composition and fertilization rate in turbot. These results suggest that the different effects observed in marine fish may be species-specific.

ACP and AKP enzymes are catalysts involved in phospholipids catabolism and yolk protein degradation (Sire et al., 1994). AAT is an intracellular enzyme that is generally accepted as an indicator of cell integrity/damage as it leaks from the intercellular to the extracellular compartments when the cell is damaged (Delvin, 1992). Ovarian fluid ACP and AAT exhibit significant correlation with egg viability, so these enzymes can be regarded as indicators of egg degenerative processes in rainbow trout *Oncorhynchus mykiss* (Lahnsteiner, 2000). On the contrary, ovarian fluid ACP and AKP are not correlated with egg viability in lake trout *Salmo trutta lacustris* (Lahnsteiner et al., 1999). Thus, ACP, AKP and ACP may have important functions during follicular development and egg maturation. In the current study, turbot ovarian fluid with low AAT and ACP activity as well as high AKP activity showed low fertilization rate during the spawning season. These variations could be due to changes in the physiological status of the female during the spawning season, along with changes in egg quality and maturity, which may affect the levels of ACP, AKP and AAT in the ovarian fluid. Thus, the changes in ACP, AKP and AAT activities in turbot ovarian fluid also affected the fertilization capacity of turbot eggs.

In summary, the results of this study indicated that fertilization rate was highly variable during the spawning season, with the highest values recorded during the mid-season. Ovarian fluid collected during the spawning season with high fertilization rate had low protein, ACP, and AAT levels but high pH and AKP levels. By contrast, no significant changes were found in the inorganic ion contents of the ovarian fluid (Na^+, K^+, Ca^{2+}, Cl^-). These findings suggest that the biochemical profile of ovarian fluid affects the insemination microenvironment as well as the fertilization capacity of turbot eggs. As such these indicators may be used to evaluate the egg quality of turbot. However, further investigations are necessary to understand the relationship between the biochemical profile of ovarian fluid and embryo development during different female ages and spawning seasons. These studies may provide new biomarkers that are significantly correlated with fertilization capacity and embryo development in turbot. Such biomarkers should in turn prove useful in effectively and rapidly distinguishing low- and high-quality turbot egg batches.

This study was supported by China Agriculture Research System (CRAS-50), National Natural Science Foundation of China (31302205), Natural Science Foundation of Shandong Province (ZR2012CQ024 and BS2013SW004) and the China Postdoctoral Science Foundation

(2012M511559 and 2013T60690). The authors are grateful to Peng Hu (Yellow Sea Fisheries Research Institute, Chinese Academy of Fishery Sciences) for help with the experiments.

References

[1] Aegerter, S. & Jalabert, B. (2004). Effects of post-ovulatory oocyte ageing and temperature on egg quality and on the occurrence of triploid fry in rainbow trout. *Oncorhynchus mykiss*. Aquaculture 231, 59-71.

[2] Bayunova, L. V., Barannikova, I. A., Dyubin, V. P., Gruslova, A. B., Semenkova, T. B. & Trenkler, I. V. (2003). Sex steroids concentrations in Russian sturgeon (Acipenser guel denstaedti Br.) serum and coelomic fluid at final oocyte maturation. Fish Physiology and Biochemistry 28, 325-326.

[3] Bergmeyer, H.U. (Ed.) (1985). Methods of enzymatic analysis, Vol VII, VCH Verlagsgesellschaft, Weinheim, Germany, pp 641-701.

[4] Billard, R. (1983). Effects of coelomic and seminal fluids and various saline diluents on the fertilizing ability of spermatozoa in the rainbow trout, *Salmo gairdneri*. Journal of Reproduction Fertility 68, 77-84.

[5] Butts, I. A. E., Johnson, K., Wilson, C. C. & Pitcher, T. E. (2012). Ovarian fluid enhances sperm velocity based on relatedness in lake trout, *Salvelinus namaycush*. Theriogenology 78, 2105-2109.

[6] Butts, I. A. E., Litvak, M. K. & Trippel, E. A. (2010). Seasonal variations in seminal plasma and sperm characteristics of wild-caught and cultivated Atlantic cod, *Gadus morhua*. Theriogenology 73, 873-885.

[7] Chereguini, O., García de la Banda, I., Herrera, M., Martinez, C. & De la Hera, M. (2003). Cryopreservation of turbot *Scophthalmus maximus* (L.) sperm: fertilization and hatching rates. Aquaculture Research 39, 739-747.

[8] Chereguini, O., García de la Banda, I., Rasines, I. & Fernandez, A. (1999). Artificial fertilization in turbot, *Scophthalmus maximus* (L.): different methods and determination of the optimal sperm-egg ratio. Aquaculture Research 30, 319-324.

[9] Delvin, T. M. (1992). Textbook of Biochemistry with Clinical correlations. Wiley-Liss Inc, New York, pp 954-965.

[10] Dietrich, G. J., Wojtczak, M., Słowińska. M., Dobosz. S., Kuźmiński. K. & Ciereszko. A. (2008). Effects of ovarian fluid on motility characteristics of rainbow trout (*Oncorhynchus mykiss* Walbaum) spermatozoa. Journal of Applied Ichthyology 24, 503-507.

[11] Fauvel, C., Omnes, M. H., Suquet, M. & Normant, Y. (1992). Enhancement of the production of turbot, *Scophthalmus maximus* (L.), larvae by controlling overripening in mature females. Aquaculture Research 23, 209-216.

[12] Fauvel C, Omnè M-H, Suquet, M. & Normant, Y. (1993). Reliable assessment of overripening in turbot (*Scophthalmus maximus*) by a simple pH measurement. Aquaculture 117, 107-113。

[13] Galvano, P. M., Johnson, K., Wilson, C. C., Pitcher, T. E. & Butts, I. A. E. (2013). Ovarian fluid influences sperm performance in lake trout, *Salvelinus namaycush*. Reproductive Biology 13, 172-175.

[14] Gasparini, C. & Pilastro, A. (2011). Cryptic female preference for genetically unrelated males is mediated by ovarian fluid in the guppy. Proceedings the Royal of Society B 278, 24950-249501.

［15］ Gosz, E., Horbowy, J., Ruczynska, W. & Zietara, M. S. (2011). Enzymatic activities in spermatozoa and butyltin concentrations in Baltic turbot (*Scophthalmus maximus*). Marine Environmental Research 72, 188-195.

［16］ Hatef, A., Niksirat, H. & Alavi, S. M. H. (2009). Composition of ovarian fluid in endangered Caspian brown trout, Salmo trutta caspius, and its effects on spermatozoa motility and fertilizing ability compared to freshwater and a saline medium. Fish Physiology and Biochemistry 35, 695-700.

［17］ Jia, Y. D., Meng, Z., Liu, X. F. & Lei, J. L. (2014). Biochemical composition and quality of turbot (*Scophthalmus maximus*) eggs throughout the reproductive season. Fish Physiology and Biochemistry 40, 1093-1104.

［18］ Kjørsvik, E., Hoehne-Reitan, K. & Reitan K. I. (2003). Egg and larval quality criteria as predictive measures for juvenile production in turbot (*Scophthalmus maximus* L.). Aquaculture 227, 9-20.

［19］ Koya, Y., Munehara, H., Takano, K. & Takahashi, H. (1993). Effects of extracellular environments on the motility of spermatozoa in several marine sculpins with internal gametic association. Comparative Biochemistry and Physiology Party A 106, 25-29.

［20］ Lahnsteiner, F., Weismann, T. & Patzner, R. A. (1995). Composition of the ovarian fluid in 4 salmonid species: *Oncorhynchus mykiss*, Salmo trutta flacustris, Salvelinus alpinus and Hucho hucho. Reproduction Nutrition Development 35, 465-474.

［21］ Lahnsteiner, F., Weismann, T. & Patzner, R. A. (1999). Physiological and biochemical parameters of egg quality determination in lake trout, Salmo trutta lacustris. Fish Physiology and Biochemistry 20, 375-388.

［22］ Lahnsteiner, F. (2000). Morphological, physiological and biochemical parameters characterizing the over-ripening of rainbow trout eggs. Fish Physiology Biochemistry 23, 107-118.

［23］ Lahnsteiner, F. (2002). The influence of ovarian fluid on the gamete physiology in the Salmonidae. Fish Physiology and Biochemistry 27, 49-59.

［24］ Lahnsteiner, F. (2007). First results on a relation between ovarian fluid and egg proteins of Salmo trutta and egg quality. Aquaculture Research 38, 131-139.

［25］ Leknes, E., Imsland, A. K., Gustavsson, A., Gunnarsson, S., Thorarensen, H. & Arnason, J. (2012). Optimum feed formulation for turbot, *Scophthalmus maximus* (Rafinesque, 1810) in the grow-out phase. Aquaculture 344, 114-119.

［26］ Litvak, M. K. & Trippel, E. A. (1998). Sperm motility pattern of Atlantic cod (*Gadus morhua*) in relation to salinity: effects of ovarian fluid and egg presence. Canadian Journal of Fisheries and Aquatic Sciences 55, 1871-1877.

［27］ Mansour, N., Lahnsteiner, F., McNiven, M. A. & Richardson, G. F. (2008). Morphological characterization of Arctic char, Salvelinus alpinus, eggs subjected to rapid post-ovulatory aging at 7 ℃ . Aquaculture 279, 204-208.

［28］ Mcevoy, L. A. (1984). Ovulatory rhythmes and over-ripening of eggs in cultivated turbot, *Scophthalmus maximus* L. Journal of Fish Biology 24, 437-448.

［29］ Mugnier, C., Guennoc, M., Lebegue, E., Fostier, A. & Breton, B. (2000). Induction and synchronisation of spawning in cultivated turbot (*Scophthalmus maximus* L.) broodstock by implantation of a sustained-release GnRH-a pellet. Aquaculture 181, 241-255.

[30] Oda, S., Igarashi, Y., Ohtake, H., Sakai, K., Shimizu, N. & Morisawa, M. (1995). Sperm-activating proteins from unfertilized eggs of the pacific herring Clupea pallasii. Development Growth Differentiation 37, 257-261.

[31] Pereiro, P., Martinez-Lopez, A., Falco, A., Dios, S., Figueras, A., Coll, J. M., Novoa, B. & Estepa, A. (2012). Protection and antibody response induced by intramuscular DNA vaccine encoding for viral haemorrhagic septicaemia virus (VHSV) G glycoprotein in turbot (*Scophthalmus maximus*). Fish & Shellfish Immunology 32, 1088-1094.

[32] Rosengrave, P., Gemmell, N. J., Metcalf, V., McBride, K. & Montgomerie, R. (2008). A mechanism for cryptic female choice in chinook salmon. Behavioral Ecology 19, 1179-1185.

[33] Rosengrave, P., Taylor, H., Montgomerie, R., Metcalf, V., McBride, K. & Gemmell, N. J. (2009). Chemical composition of seminal and ovarian fluids of chinook salmon (*Oncorhynchus tshawytscha*) and their effects on sperm motility traits. Comparative Biochemistry and Physiology Party A 152, 123-129.

[34] Rosengrave, P., Montgomerie, R., Metcalf, V. J., McBride, K. & Gemmell, N. J. (2009). Sperm traits in chinook salmon depend upon activation medium: implications for studies of sperm competition in fishes. Canadian Journal of Zoology 87, 920-927.

[35] Scott, A. P. & Vermeirssen, E. M. (1994). Production of conjugated steroids by teleost gonads and their role as pherormones. In: Perspectives in Comparative Endocrinology. Edited by K.G. Davey, R.E. Peter, S.S. Tobe National Research Council, Ottawa pp. 645-654.

[36] Silva, J., Laranjeira, A., Serradeiro, R., Santos, M. A. & Pacheco, M. (2011). Ozonated seawater induces genotoxicity and hematological alterations in turbot (*Scophthalmus maximus*)-Implications for management of recirculation aquaculture systems. Aquaculture 318, 180-184.

[37] Sire, M. F., Babin, P. J. & Vernier, J. M. (1994). Involvement of the lysosomal system in yolk protein deposit and degradation during vitellogenesis and embryonic development in trout. Journal of Experimental Zoology 269: 69-83.

[38] Stacey, N. E. & Goetz, F. W. (1982). Role of prostaglandins in fish reproduction. Canadian Journal of Fisheries and Aquatic Sciences 39, 92-98.

[39] Suquet, M., Omnes, M. H., Normant, Y. & Fauvel C. (1992). Assessment of sperm concentration and motility in turbot (*Scophthalmus maximus*). Aquaculture 101, 177-185.

[40] Suquet, M., Billard, R., Cosson J., Normant, Y. & Fauvel C. (1995). Artificial insemination in turbot (*Scophthalmus maximus*): determination of the optimal sperm to egg ratio and time of gamete contact. Aquaculture 133, 83-90.

[41] Suquet, M., Chereguini, O., Omnes, M. H., Rasines, I., Normant, Y., Souto, I. P. & Quemener, L. (1999). Effect of temperature, vomule of ova batches, and addition of a diluent, an abtibiotic, oxygen and a protein inhibitor on short-term storage capacities of turbot, *psetta maxima*, ova. Aquatic Living Resources 12, 239-246.

[42] Turner, E. & Montgomerie, R. (2002). Ovarian fluid enhances sperm movement in Arctic charr. Journal of Fish Biology 60, 1570-1579.

[43] Urbach, D., Folstad, I. & Rudolfsen, G. (2005). Effects of ovarian fluid on sperm velocity in Arctic charr (*Salvelinus alpinus*). Behavioral Ecology and Sociobiology 57, 438-444.

[44] Wojtczak, M., Dietrich, G. J., Słowińska, M., Dobosz, S., Kuźmiński, H. & Ciereszko, A. (2007). Ovarian fluid pH enhances motility parameters of rainbow trout (*Oncorhynchus mykiss*) spermatozoa. Aquaculture 270, 259-264.

水产养殖业正规贷款差异性研究

——以鲆鲽类养殖业中小型养殖生产者为例

杨正勇 叶志彬 王春晓 韩振芳

（上海海洋大学经济管理学院，上海 201306）

摘 要 以鲆鲽类养殖企业随机抽样数据为样本，采用方差分析研究了中国水产养殖生产者的贷款途径、难以获得贷款的原因和贷款来源机构的差异性。研究发现：养殖生产者是否通过个人或企业信用向金融机构获得贷款在地区间存在显著差异；不同文化程度的养殖生产者是否了解相关金融政策存在明显差异；而贷款是否来自于中国邮政储蓄银行所存在的显著差异是养殖规模的不同引起的。研究结果同时表明，金融产品单一、担保缺乏与抵押品价值不足、金融机构放贷手续烦琐、利率过高、养殖生产者文化程度偏低、部分金融机构对该产业存在规模歧视是制约水产养殖生产者获得正规贷款的重要因素。最后提出改善水产养殖企业正规贷款困难的政策建议。

关键词 水产养殖；正规贷款；差异性

0 引言

根据国家统计局的数据，2012年中国水产品产量达到5 907.7万t，同期肉类产量为8 387.2万t、禽蛋2 861.2万t。由此可见，作为中国农业的重要组成部分，渔业在为国人提供动物蛋白、保障中国粮食安全方面发挥着重要作用。而且该产业为中国居民提供的动物性蛋白的比重远远高于世界16.6%的平均水平[1]。值得关注的是，在中国2012年水产品总产量中，72.6%来自于水产养殖业[2]。目前，中国正在着力推进农业现代化，如果忽略了水产养殖业的现代化，则中国农业的现代化就缺失了一个重要成分，这样的农业现代化显然不是完全意义上的、具有中国特色的农业现代化。事实上，由于中国水产养殖业在世界范围内具有重要影响，中国水产养殖业的现代化不仅会影响中国现代农业的发展进程，而且会发生全球性影响。根据2012年FAO的《世界渔业与水产养殖状况》报告，水产养殖是发展最快的食品生产部门，2010年产量为5.99千万t，占世界水产品总产量的40.3%。其中，中国是最主要的增长因素。尽管对近年的产量数据进行了下调，中国的水产品产量占世界总产量的比重已从1961年的7%上升为2010年的35%，养殖产量在2010年占世界水产养殖总产量60%以上[1]。显然,推进中国水产养殖业的现代化不仅将会在保障国人粮食安全、尤其是动物蛋白的供给方面发挥重要作用,而且将有力推动世界水产养殖业的发展。

正如现代农业的发展需要农村金融的大力支持,水产养殖业的现代化也离不开农村金融的有力支撑。从2014年中央一号文件可以看出,如何以金融来服务"三农"的发展已经引起了国家的高度关注。然而,从现有的研究来看,水产养殖的融资困难问题不仅是中国、而且是全球普遍存在的问题。

在中国,对大农业中其他产业金融问题的研究起步比较早,研究得也比较深入,然而对于渔业、水产养殖业的研究还相对缺乏,尤其是深入实证研究比较少。从研究进展看,20世纪80、90年代国内的研究集中在渔业信贷的作用以及渔业信贷中存在的问题方面[3-7]。进入21世纪以后,在融资渠道[8]、渔业信贷状况[9-10]、渔业信贷融资困难[11-12]等方面均有少量研究。从国外研究看,一些研究指出,由于水产养殖业的高风险性与较低的投资回报,现有的与潜在的养殖生产者获得资金的难度较大[13]。另外,在欠发达国家中,金融业发展水平不高,正规金融服务不能满足中小养殖企业的需求[14-15]。而且,在有的地区(比如肯尼亚),即使政府鼓励农业信贷金融公司设立农业信贷机构来支持水产养殖的发展,但是养殖业信贷的利用水平很低[16]。总之,中小水产养殖企业乃至渔业企业,获取资金的难度都很大。为此,必须创新为中小企业提供资金的金融模式[12],积极推动微型金融的发展,提高小额信贷对中小水产养殖企业发展的支撑作用[17-18]。

纵观国内外现有关于渔业及水产养殖金融的研究,目前学者在渔业生产者对资金的需求比较大、正规金融服务对渔业发展的重要性与水产养殖业乃至渔业主要依赖民间融资、正规金融服务无法满足渔业发展的需求等方面已经取得共识。但是,在渔业难以获得正规贷款支持这一点共识下,对于其内在的原因尚无一致意见[6,9],作为中国渔业重要组成部分的水产养殖业也同样面临正规贷款困难,并且从现实方面来看,渔业类贷款总量存在明显的地区差异[7]。而存在地区差异的问题有哪些,这些差异背后的原因有哪些,这些都有待进一步研究。况且,目前的研究大多数是从金融机构的视角来进行,从资金需求者即养殖生产者的视角进行的研究还明显不足。因此,本文以现代化水平相对较高、在一定程度上代表着中国水产养殖业,尤其是海水养殖业现代化方向的鲆鲽类养殖业为例[19],从养殖生产者的视角,探讨了水产养殖生产者贷款困难的原因、贷款的地区差异状况及地区差异性背后的原因,以此探索突破水产养殖业正规贷款困境、促进水产养殖金融进而促进水产养殖业健康、稳定、可持续发展的路径和方法。

1 数据及方法

1.1 数据来源及说明

鲆鲽类养殖业是中国海水鱼类养殖的重要产业,2012年产量为12.4万t,比处于第一位的鲈鱼养殖业低1.5%。此类产品的养殖模式有工厂化养殖、网箱养殖及池塘养殖3种模式，而其产量的90%以上来自工厂化养殖模式。也正因如此，无论其投资门槛、养殖生产者文化素质、现代化养殖手段的应用水平等均高于常规鱼类养殖业的水平[20]。基于这一观察，本文以该产业为例，研讨养殖生产者贷款困难及其原因。在样本选择过程中，选择的是鲆鲽类养殖业中的采用工厂化养殖模式的中小型养殖生产者。之所以如此选择，是基于如下两点考虑：第一，从平均意义上而言，如果投资门槛相对较高、现代化水平相对较高的鲆鲽类养殖业贷款仍然困难，那么规模更小、现代化水平更低的其他水产养殖业将会存在更大的困难；第二，鲆鲽类养殖中有工厂化养殖面积超过10 000 m^2的大型养殖生产者，其现代化水平在整个行业中处于领先地位，较容易获得金融业的支持，在融资问题上与中小型养殖生产者存在较大差异。

依据鲆鲽类养殖生产者养殖规模的分布情况，采用随机抽样的方法，选取鲆鲽类养殖业主产区辽宁省、山东省、河北省8个县市的水产养殖企业为调研对象，围绕养殖生产者的基本情况及其正规贷款相关状况，对养殖生产者进行入户问卷调查和访谈，共获取有效问卷48份。

如前文所述，本次调研选取的养殖生产者的养殖规模均在10 000 m^2以下，而根据黄书培等（2011）[21]对养殖规模的分类，本文将养殖面积分为3组，1 000 m^2以下的为小规模组，介于1 000～3 000 m^2的为中小规模组，3 000～10 000 m^2的为中等规模组。样本的区域及规模分布情况见表1。

表1　养殖规模及区域分布情况（户）

养殖规模	辽　宁	河　北	山　东	小　计
500～1 000 m^2	5	3	13	21
1 000～3 000 m^2	9	8	2	19
3 000～10 000 m^2	2	5	1	8
小　计	16	16	16	48

资料来源：作者根据调查资料计算整理。

此外，根据已有研究，养殖企业在向正规金融机构贷款的过程中，养殖生产者的个体特征也会影响其正规贷款的可获得性。因此，结合有效的调查数据，本研究主要选取了户主年龄、户主文化程度、养殖年限以及养殖规模表示其个体特征（详细分组统计见表2）。

如表2所示，从总体来看，养殖户户主年龄主要集中在40～59岁，占总调查户的75%。

户主文化程度主要根据中国的教育阶段进行分类，总体样本中养殖生产者的教育程度集中在初、高中，接近总样本的80%。

根据鲆鲽类养殖周期及相关专家建议，将养殖年限分为1～4年、5～9年、10～14年3组，75%的养殖户养殖年限在1～9年内。

表 2　养殖生产者个体特征分组统计表(%)

个体特征	组　别	样本比例
户主年龄	30～39 岁	18.75
	40～49 岁	45.83
	50～59 岁	29.17
	60～69 岁	6.25
户主文化程度	小　学	14.58
	初　中	45.83
	高　中	33.33
	大　专	4.17
	大　学	2.08
养殖年限	1～4 年	56.25
	5～9 年	18.75
	10～14 年	25

资料来源:同表 1。下表同。

1.2　研究方法

根据本次调研数据的总体情况以及相关问题的设定,本研究首先对贷款相关问题的调研数据按地区进行分组统计分析,进而归纳出其中的差异性,再对存在差异性的问题进行方差分析,以此来揭示贷款存在差异性的原因。

2　结果及分析

2.1　养殖生产者正规贷款基本状况的差异性

养殖生产者获取正规贷款的过程中,其贷款基本情况可归纳为养殖者获得贷款的途径、难以获得贷款的原因以及贷款的来源机构三个方面。

(1)获得正规贷款途径的差异性。

根据前期的研究,问卷设计中的贷款途径包括通过抵押向金融机构贷款与通过个人或企业信用从金融机构贷款。按地区统计数据比例见表 3。

表 3　不同地区养殖者的贷款途径(%)

地　区	抵押贷款	信用贷款
辽宁	100	0
河北	100	6.25
山东	56.25	56.25
平均	85.42	20.83

由表 3 可以看出，抵押贷款在 3 个地区均被广泛采用，但辽宁与河北的养殖生产者采用此类融资手段的比例远远高于山东。与此相反，信用贷款在山东比较普遍，高达 56.25% 的养殖生产者通过此渠道获得资金，而辽宁与河北几乎没有养殖生产者以此获得贷款。由此可以看出，不同地区的养殖生产者之间贷款途径存在较大差异。总体看，抵押贷款是养殖生产者中相对较为普遍的融资途径。这一统计数字也证实了前人的研究，即抵押贷款是养殖户和金融机构首选的贷款方式[22]。

（2）难以获得贷款的原因的差异性。

从资金需求者的角度来看，养殖生产者认为在贷款过程中，由于缺乏担保、抵押品的价值不足、金融机构手续比较烦琐、放贷利率过高会使得他们获得贷款的难度加大，另外，对相关金融政策的了解程度也会影响养殖生产者获取贷款的可能性及效率。

从表 4 可以看出，从总体来看，缺乏担保和抵押品价值不足、手续烦琐、不了解相关金融政策、以及利率过高等均是养殖生产者认为难以获得贷款的原因；但不同地区之间这些影响因素的重要程度有比较大的差异。具体表现为：缺乏担保及贷款时抵押品价值不足而难以得到贷款这一问题在 3 个地区都存在，而且与总体平均水平比较而言，区域间的差异相对较小；37.5% 的养殖生产者认为贷款手续烦琐是其贷款困难的原因，而一半及以上的养殖生产者反映利率过高及不了解相关政策是影响其贷款的主要因素，并且，在这 3 个原因上，3 个地区养殖生产者的比例偏离总体平均水平较大，地区之间存在明显的差异。

表 4　难以获得贷款的原因（%）

地区	缺乏担保	抵押品不足	贷款手续烦琐	利率过高	相关金融政策了解程度
辽宁	25	25	12.5	87.5	31.25
河北	25	12.5	31.25	62.5	68.75
山东	18.75	31.25	68.75	18.75	50
平均	22.92	22.92	37.50	56.25	50.00

（3）贷款来源机构的差异性。

根据目前中国农村金融状况，在问卷设计中，正规贷款的来源机构这一方面，主要归为三类：农村信用社、中国邮政储蓄银行与其他银行，其中其他银行包含中国农业银行、农业发展银行等（表 5）。

表 5　养殖户贷款来源的金融机构（%）

地区	贷款来自农信社	来自中国邮政储蓄银行	来自其他银行
辽宁	87.5	56.25	31.25
河北	81.25	56.25	43.75
山东	75	6.25	37.50
平均	81.25	39.58	37.50

从表 5 的统计结果来看，一方面，无论在哪个地区，农村信用社是支持养殖业力度最大

的正规金融机构,辽宁、河北及山东分别有87.5%、81.25%、75%的养殖生产者向农信社寻求贷款。而在整个调研区域,81.25%的养殖生产者的资金来源于农村信用社,这一结果也支持了前人的研究观点,即农信社是农村金融机构中的支农(渔)的主力军[23]。另一方面,养殖生产者的资金来自于中国邮政储蓄银行与其他商业银行的比例远低于农村信用社,这说明中国邮政储蓄银行与其他商业银行的支农、支渔力度不足。另外,从各地区与整体平均水平的对比来看,贷款来源于其他银行方面,地区之间差异不大;存在明显差异的地方在于中国邮政储蓄银行方面,辽宁、河北均有56.25%的养殖户的贷款来自于中国邮政储蓄银行,而在山东仅仅只有6.25%的养殖户向该银行贷款。

2.2 养殖生产者正规贷款差异性的原因分析

本部分主要针对上述养殖户正规贷款相关状况的统计数据中存在差异的部分进行方差分析,以此找出上述差异的原因。

养殖生产者贷款状况的差异性除了可能是地区因素引起之外,还可能来自于养殖生产者的个体特征(比如户主年龄、户主文化程度、养殖规模和养殖年限等),使得这些问题在不同地区之间存在较为明显的差异。因此,此处采用单因素方差分析,将上述存在明显差异的问题作为被解释变量,地区、户主年龄等5个因素作为解释变量,分别考察单个因素对上述问题的影响情况。方差分析结果见表6。

表6 贷款相关问题方差分析表

	抵押贷款(1=是;0=否)		信用贷款(1=是;0=否)		贷款手续烦琐(1=是;0=否)	
	(1)	(2)	(1)	(2)	(1)	(2)
地区	(945)***	(11.67)***	(1.07)	(14.04)***	(0.98)	(6.85)***
户主年龄	(1.75)	(0.36)	(3.82)**	(0.59)	(1.37)	(0.78)
户主文化程度	(3.38)**	(0.51)	(1.91)	(0.27)	(9.82)***	(0.82)
养殖规模	(8.60)***	(1.53)	(7.69)**	(1.80)	(2.41)	(0.84)
养殖年限	(18.86)***	(3.45)**	(2.88)*	(0.85)	(0.73)	(0.23)
	金融机构放贷利率过高(1=是;0=否)		了解相关金融政策(1=是;0=否)		贷款来自中国邮政储蓄银行(1=是;0=否)	
	(1)	(2)	(1)	(2)	(1)	(2)
地区	(1.53)	(10.98)***	(1.23)	(2.33)	(40.14)***	(6.81)***
户主年龄	(35.93)***	(1.13)	(0.48)	(2.07)	(29.41)***	(0.79)
户主文化程度	(9.47)***	(1.43)	(0.32)	(3.27)**	(12.75)***	(0.88)
养殖规模	(0.97)	(1.39)	(0.48)	(0.47)	(2.27)	(3.67)**
养殖年限	(0.58)	(0.57)	(0.28)	(0.23)	(9.47)***	(2.32)

注:(1)表示该列是检验不同组别方差是否相等的Levene W检验,H0:同方差。(2)表示该列是检验不同组别均值是否相等的F检验,H0:无差异。(1)列括号内为Levene检验的W值,(2)列括号内为单因素方差分析的F值;*代表10%水平显著,**代表5%水平显著,***代表1%水平显著。

（1）正规贷款途径的差异性。

根据表 6 所示结果，地区因素对养殖生产者是否是通过个人或企业信用向金融机构贷款的方差分析中，同方差检验的 *W* 值（1. 07）不显著，即接受样本数据同方差的原假设，并且其 *F* 值（14. 04）在 1%的水平下显著，这表明方差分析的结果是有效的，即不同地区之间，养殖生产者在是否通过个人或企业信用向金融机构进行贷款方面存在显著性差异。这主要是由于 3 个地区的金融发展水平不同。因为随着经济的不断发展，人们会产生更高层次的金融服务需求[24]。而信贷产品的供给就是金融服务中的一种。比如山东地区相对于河北、辽宁而言，经济水平相对较高，金融业也比较发达，正规金融机构信贷产品相对也较多，因此山东多数养殖生产者可以采取信用贷款获得银行的资金支持。这也从侧面揭示了养殖生产者难以取得贷款的一个因素是由于没有合适的金融产品，从而不能找到贷款的有效途径。

而对于不同地区之间，养殖生产者是否通过抵押的方式获得贷款存在显著性差异（其 *F* 值 11. 67 在 1%的水平下显著），这一方差分析的结果是无效的，因为此时同方差检验的 *W* 值（945）在 1%水平下显著，即拒绝了同方差的原假设。所以这一差异不一定是因地区不同而引起的。同样，不同养殖年限的养殖生产者之间是否通过抵押的方式获得贷款所存在的显著性差异（*F* 值 3. 45 在 5%的水平下显著，*W* 值 18. 86 在 1%的水平下显著）也是无效的。这些差异可能来自于系统性因素，可能是由于数据的测量误差所导致的。

（2）正规贷款难的原因的差异性。

对照 *W* 值的显著性与 *F* 值的显著性，不难发现，金融机构贷款手续是否烦琐及金融机构放贷利率是否过高的差异性是地区因素引起的。这两方面所存在的地区差异也是来自于地区经济与金融发展水平，结合表 6 来看，山东地区金融业发展水平高于其他两地，养殖生产者会寻求更高层次的金融服务，对金融机构的贷款手续就存在更多的要求，因此山东地区养殖生产者认为贷款手续烦琐的比例远高于辽宁和河北，而经济发展水平较低的辽宁与河北的养殖生产者认为利率过高的比例远高于山东地区。

而对于贷款困难的另一个原因——养殖生产者是否了解贷款相关的金融政策，其影响因素主要是户主的文化程度。两者之间的变动关系见表 7。

表 7　不同文化程度的养殖生产者中了解金融政策的比例（%）

户主文化程度	小学	初中	高中	大专	大学
比重	28. 57	31. 82	75	100	100

从表 7 可以看出，随着户主文化程度的增加，了解贷款相关金融政策的养殖户的比例在上升。而且文化程度在初中及以下的养殖生产者中大多数认为不了解贷款相关金融政策是其贷款困难的一个原因。因为养殖生产者文化程度越高，其个人综合能力越强，获取相关信息等资源的能力也越强，这样养殖生产者在贷款过程中会使得其与金融机构之间的信息不对称程度得以缩小，从而在商谈贷款合约的过程中能处于更加有利的地位，获取贷款的难度也会相应降低。

(3) 贷款来源机构的差异性。

根据表6最后2列的分析结果,可以看出不同地区之间养殖生产者的贷款是否来自中国邮政银行虽存在显著差异(F值6.81在1%的水平下显著),但这一差异也可能是系统性因素引起的(W值40.14在1%的水平下显著,拒绝同方差的原假设);而不同养殖规模对养殖企业能否获得中国邮政储蓄银行的贷款存在显著影响,且这一差异是有效的(F值3.67在5%的水平下显著,W值2.67不显著)。这主要是由于基层邮储在农业贷款上发挥的作用非常小,虽然改变了过去的"只存不贷"的做法,但其发放贷款的抵押担保条件对于小型农业企业来说却难以实现[25]。

中国邮政储蓄银行偏好向中大规模的养殖户发放贷款,存在一定的规模歧视。表8的统计结果表明,中型及中小型养殖规模的生产者能获得中国邮政储蓄银行贷款的养殖生产者的比例明显高于小规模组。

表8　不同养殖规模中贷款来自中国邮政的养殖户的比例(%)

养殖规模	小规模	中小规模	中等规模
比重	19.05	57.89	50

3　结论与讨论

通过上述分析可以看出,养殖生产者是否通过个人或企业信用向金融机构获得贷款、养殖生产者是否认为金融机构贷款手续烦琐、放贷利率过高在地区之间存在显著的差异,这些差异主要是由于地区的金融业发展水平不同而引起的;养殖生产者的文化程度使得其是否了解贷款相关金融政策在地区间存在显著差异;而贷款是否来自于中国邮政储蓄银行所存在的显著差异是养殖生产者的养殖规模不同造成的。此外,不同地区养殖生产者是否通过抵押的方式寻求正规贷款、贷款是否来自中国邮政储蓄银行的差异性可能是系统性因素所导致的,因此在后续的研究中还需进一步补充数据,完善研究内容。

研究还同时表明:从养殖生产者的角度来看,水产养殖企业正规贷款困难的具体原因可归结为:一是部分地区金融产品较为单一,养殖企业难以寻求到合适的贷款途径;二是担保缺乏与抵押品价值不足的普遍存在;三是金融机构放贷手续烦琐、利率过高,使得养殖企业获得贷款的难度加大;四是养殖生产者文化程度偏低,不能充分了解贷款相关的金融政策;五是部分金融机构对该产业存在规模歧视。

因此,结合上文的分析与结论,为解决水产养殖企业正规贷款困难的问题,并以此促进水产养殖业整体健康、稳定、可持续的发展,提出以下几点建议:

(1) 完善金融服务体系,创新贷款模式。一是各级金融机构在完善现有贷款品种的同时,应根据养殖业的行业特性及其发展现状,进一步开发包括养殖证抵押贷款在内的支持水产养殖业的贷款品种;二是政府应引导渔业专业合作组织的建设与发展,鼓励金融机构在这些组织体系内开发“组团贷款、合作担保”的贷款模式，这既能改善贷款担保体系，又能克服水产养殖业规模偏小的贷款障碍；三是金融机构应考虑将大型养殖设施及其他不动产纳入质押范围，降低养殖生产者贷款门槛；四是金融机构需要简化贷款审批手续，提高放贷效率，使得养殖企业所需资金及时到位；五是金融机构在确定贷款利率时，需要综合考虑养殖生产者实际情况与养殖业的市场风险，不能对所有养殖生产者实行“一刀切”的利率水平。

（2）加强政策支持，强化金融机构在渔业领域的协调发展。目前中国传统落后的养殖模式已逐步转变为各种工厂化养殖、生态养殖、设施养殖等先进的养殖模式[26]。产业化的发展模式亟须大量资金的支持，而单独的农信社并不能满足这一点。因此在继续拓宽农村信用社业务、充分发挥其支渔功能的同时，政府主管部门还应鼓励邮政储蓄银行拓展农村金融业务，引导其他商业银行积极开拓渔业贷款业务，积极在养殖企业集中且经济发展良好的养殖区域开设网点，加强服务力度。

（3）加大金融知识宣传力度，推动职业教育的发展。文化程度低的养殖生产者多数认为对政策的不了解是其贷款难的一个原因，为提高其政策了解程度，在短期内，相关主管部门在进行养殖技术培训的同时，一方面要进行金融知识的相关培训，加强贷款知识普及，使得养殖企业能够及时了解相关金融政策；另一方面还要进行相关法律法规的宣传，培养养殖生产者的信用意识。而就长期而言，提高养殖生产者文化素质是根本，为此应着力于教育。各级政府主管部门在确保从业人员义务教育的同时，还应大力推动职业教育的发展，可以建立养殖相关的职业培训学校或者培训班，以此提高养殖生产者文化素质，从而推动水产养殖业长期可持续发展。

参考文献

[1] FAO. The State of World Fisheries and Aquaculture [EB/OL]. http://www.fao.org/docrep/016/i2727e/i2727e00.htm, 2012-07-12.

[2] 农业部渔业局.中国渔业统计年鉴[M].北京：中国农业出版社. 2013. 5

[3] 梁惠嫦.农贷要支持淡水渔业大发展[J].广西金融研究，1982，(7)：8-10.

[4] 江仕复.我区海洋渔贷问题初探[J].广西农村金融研究，1984，(1)：23-25.

[5] 潘承德.搞好信贷服务加速水产业发展 [J].中国水产，1987，(4)：3.

[6] 林文海，庄式彬.从深沪渔区信贷现状看当前信贷出路 [J].福建金融，1991，(7)：29-31.

[7] 潜承益，陈广成，胡晓宁.加强渔业贷款管理的一些设想 [J].中国农业银行武汉管理干部学院学报，1994，(1)：33-34.

[8] 申济丰.养殖行业融资难的成因与对策 [J].饲料博览，2003，(5):32-33.

[9] 王世表，李平，宋怿.中国渔业信贷问题探析与发展对策[J].中国海洋大学学报，2007，(1)：23-26.

[10] 谭焱良，陈洁，罗丹.信贷约束与渔业发展——基于1359户养殖户调查数据[J].农业经济问题，2012，(8)：84-89.

[11] 郑世忠，孙建富.渔业中小企业的融资困境与对策建议[J].农业经济与管理，2012，(6)：91-95.

[12] 张旅萍.金融支持现代农业的实践与思考——以鄂州水产业为例[J].武汉金融，2013(1)：54-55.

[13] Pomeroy R S, Getchis T S. Financing the aquaculture operation[R]. University of Connecticut. Marine Aquaculture, 2009, Publication no. CTSG-03.

[14] Kleih U, Linton J, Marr A et al. Financial services for small and medium-scale aquaculture and fisheries producers [J]. Marine Policy.2013, 37: 106-114.

[15] Karmakar K G, Mehta G S, Ghosh S K et al. Review of the development of microfinance services for coastal small scale fisheries and aquaculture for South Asia countries (including India, Bangladesh & Sri Lanka) with special attention to women[R]. Paper presented at the Asia Pacific Fisheries Commission Regional Consultative Workshop, held 13-15 October 2009.

[16] Kwamena K, Charles C, Stephen A. Analysis of the use of credit facilities by small-scale fish farmers in Kenya [J]. Aquaculture International, 2010, 18(3): 393-402.

[17] Odebiyi O C, Olaoye O J. Economic Viability for the Use of Microfinance Bank Loan on Aquaculture Development in Ogun State, Nigeria[J].World Journal of Agricultural Sciences. 2011, 7(6): 672-677.

[18] Odebiyi O C, Olaoye O J. Small and Medium Scale Aquaculture Enterprises (SMES) Development in Ogun State, Nigeria: The Role of Microfinance Banks[J]. Libyan Agriculture Research Center Journal International, 2012, 3(1): 01-06.

[19] 杨正勇,王春晓.全球视野下中国鲆鲽类养殖业的发展[J].中国渔业经济,2009,27(6):115-121.

[20] 杨正勇,徐忠,冷传慧.穿越转型的漩涡——中国鲆鲽类养殖经济及其转型研究[M].北京:中国农业出版社,2012.

[21] 黄书培,杨正勇.不同养殖规模下大菱鲆工厂化养殖经济效益分析[J].广东农业科学,2011,(16):113-116.

[22] 刘久坤.畜牧业融资困难及其解决办法[J].中国畜牧通讯,2011,(13):49-50.

[23] 杨林,卢明清.基于需求主体的渔业金融供给路径探讨[J].中国渔业经济,2008,26(3):31-34.

[24] 吴锐.我国区域金融发展的差异研究[J].中国证券期货,2011,(9):155-156.

[25] 要敬辉,王丽芝,崔玉姝.农业企业融资困境问题分析——仅以河北省为例[J].劳动保障世界,2012(4):81-83.

[26] 徐胜,吕广朋.试论我国传统渔业向现代渔业的转型[J].中国海洋大学学报(社会科学版),2006,(3):11-14.

全球鲆鲽类贸易状况及对我国鲆鲽类养殖的启示

张云霞 冷传慧 李强

（辽宁省海洋水产科学研究院，大连 116023）

摘 要 本文分析了全球鲆鲽类的生产特征，认为在过去20年其资源量和捕捞量相对稳定的前提下，为满足日益增长的市场需求，发展鲆鲽类养殖是大势所趋。重点研究了全球鲆鲽类国际贸易状况，结果表明：鲆鲽类的流通和贸易主要是欧盟区域内贸易和美加贸易，美国、加拿大和欧盟是鲆鲽类主要的进出口市场；亚洲是鲆鲽类重要的进口市场，中国和日本分别居第一位和第二位；鲆鲽类的净出口国有冰岛和印度尼西亚，净进口国有日本和意大利，而鲆鲽类产业内贸易活跃的国家有加拿大、德国和法国。在上述研究的基础上，结合我国鲆鲽类国际贸易状况，从生产管理和市场营销两个方面提出了我国鲆鲽类养殖产业发展的建议。

鲆鲽类养殖自21世纪初突破技术难关后，在我国迅速成长为一个初具规模的海水养殖大产业，被誉为继藻类、对虾和贝类之后我国海水养殖的第四次浪潮[1]。据FAO统计，2011年我国鲆鲽类养殖产量为12万吨，占鲆鲽类全球养殖总量的67 %，比俄罗斯的捕捞产量还多1.5万吨，我国已经成为世界上首屈一指的鲆鲽类养殖大国。许多专家学者在我国鲆鲽类的养殖模式[2-3]、病害防治[4]、饵料使用[5]和良种选育[6]等养殖技术方面作出了巨大贡献，在这些技术的指导下，我国鲆鲽类产业规模迅速扩大，同时产业发展也出现了许多制约因素。因此，近几年加强了鲆鲽类产业组织管理[7]、鲆鲽类市场开拓和鲆鲽类产业发展战略[8-9]等的研究。为从全球视野下布局我国鲆鲽类养殖产业发展战略，全球鲆鲽类贸易的研究具有非常重要的指导意义。

本文以FAO渔业统计数据库（FishStatJ）、联合国贸易数据库（UN Comtrade）、欧盟统计局数据库（Eurostat）、2003～2010年《中国水产品、渔船渔具进出口贸易统计年鉴》数据和国家鲆鲽类产业技术体系的统计数据为基础，分析了全球鲆鲽类生产和国际贸易状况，并从全球视野来审视我国鲆鲽类养殖和进出口贸易现状，并提出了我国鲆鲽类养殖产业可持续发展的诸多建议。

1 全球鲆鲽类的生产特征

全球鲆鲽类的年产量自1994年以来变化不大，基本稳定在100万吨，其中捕捞产量基本稳定在95万吨,而养殖产量在不断上升[10]。从全球鲆鲽类产量的洲际分布看,亚洲、欧洲和北美洲为鲆鲽类的主产区。1988年以后,欧洲和北美洲的鲆鲽类产量逐年缓慢下降,而亚洲的产量增加显著,于2010年产量逐渐逼近欧洲和北美洲,表现为“三驾齐驱”的态势。此三大洲鲆鲽类的产量占全球总产量的96.5%,亚洲主要以韩国和中国的养殖为主,而欧洲和北美洲以捕捞为主。从全球鲆鲽类产量的国别分布来看,2011年美国、中国、俄罗斯、韩国、日本位居前5位,占总产量的58.99%左右(表1)。

全球鲆鲽类的生产仍以捕捞为主导,但捕捞量所占比例逐渐下降,养殖量所占比例逐渐增大,2011年捕捞量占总产量的84.76%。美国为鲆鲽类的第一捕捞大国,占捕捞总量的34.17%,其次是俄罗斯、日本、荷兰、加拿大。捕捞量位居前五位的国家占捕捞总量的59.01%,其余的捕捞份额为欧洲各国占有。由此可见,鲆鲽类的捕捞国家众多,较分散。与此不同,鲆鲽类的养殖却非常集中,养殖量位居前两位的国家占养殖总量的89.88%。中国为鲆鲽类养殖的第一大国,占养殖总量的67.08%,其次为韩国,占养殖总量的22.8%。西班牙为欧洲最主要的鲆鲽类养殖国家,其养殖规模于2008年达到最高0.8万吨后未持续扩大,稳定在0.72万吨左右(表1)。

表1　2011年全球鲆鲽类主要生产国的产量分布

排序	总产量			捕捞产量			养殖产量		
	国家	产量/万t	比重/%	国家	产量/万t	比重/%	国家	产量/万t	比重/%
1	美国	34.03	28.96	美国	34.03	34.17	中国	12.00	67.08
2	中国	12.01	10.22	俄罗斯	10.52	10.56	韩国	4.08	22.80
3	俄罗斯	10.51	8.94	日本	5.55	5.57	西班牙	0.75	4.18
4	韩国	6.88	5.86	荷兰	4.80	4.82	日本	0.40	2.72
5	日本	5.89	5.01	加拿大	3.96	3.89	葡萄牙	0.32	1.79
	前五国	69.32	58.99	前五国	58.86	59.01	前五国	17.55	98.57
合计		117.49	100		99.59	100		17.90	100

数据来源:联合国粮农组织渔业统计数据库(FAO, FishstatJ)[11]

2　全球鲆鲽类国际贸易的历史回顾

虽然鲆鲽类的总产量在过去60年间并没有很大变化,但国际贸易率(出口量占总产量的比例)却大幅度上升,从1950年代不足5%,快速增长到目前的40%以上。特别是进入21世纪以来,鲆鲽类的国际贸易率更是进一步升高。

自1976年以来,鲆鲽类贸易规模经过了两个快速增长期,第一个增长期是20世纪80年代,第二个增长期是21世纪以来。20世纪80年代,经济的发展、需求持续强劲、贸易自由化政策和食品体系化等进一步推动着鲆鲽类贸易的增长,贸易规模不断扩大,贸易额从1982

年的3.44亿美元上升至2011年的22.64亿美元，29年间增长了5.58倍(见图1)。但鲆鲽类的贸易并非一直持续增长，先后出现了“70年代的低迷——80年代的快速增长——90年代的起伏不定——21世纪的快速增长”四阶段式变化。这种变化趋势主要受政治经济大形势的影响，而与生产关系不大，因为鲆鲽类年总产量自1970年起基本稳定在100万吨左右。

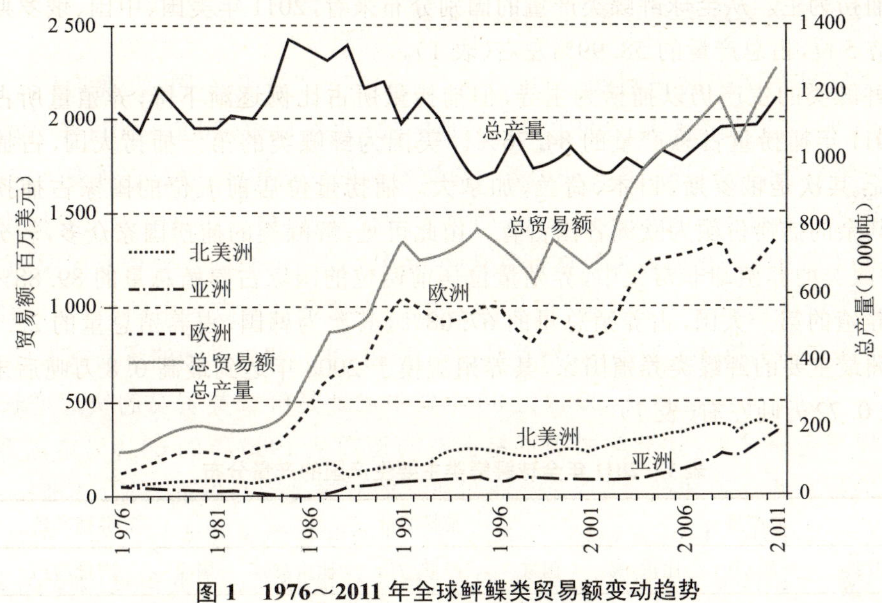

图1 1976～2011年全球鲆鲽类贸易额变动趋势

1974～1975年爆发的全球性经济危机使第二次世界大战后全球经济高速增长阶段宣告结束，全球经济开始进入“滞胀”困境，经济增长明显下降。各资本主义国家都加强了对外贸易的干预，纷纷采取贸易保护主义措施，严重影响了国际贸易的发展。鲆鲽类的国际贸易由1976年的2.37亿美元增长至1983年的3.61亿美元，其中个别年份出现了负增长。自1983年起，西方国家经济回升，在技术创新的推动下，国际贸易再次进入高速增长期，经济一体化趋势加强。鲆鲽类的国际贸易也进入了快速增长阶段，1983～1991年其贸易额增长了2.7倍。

20世纪90年代前半期，受东欧剧变、苏联政局动荡及海湾战争等消极影响，发达资本主义国家经济不景气，再加上1997年的亚洲经济危机，水产品国际贸易发展起伏不定，呈徘徊态势。在此形势下，美国“9.11”事件的发生更是雪上加霜。2002年经济仍然不景气，鲆鲽类的国际贸易额增长速度很低，从1992年的12.45亿美元至2002年的12.87亿美元，这期间处于起伏不定的波动状态。2003年后随着北美经济和亚洲经济的快速增长，以及南美和俄罗斯不景气经济的复苏，全球贸易进入新的“黄金”增长期。亚洲和经济转型期国家水产品加工业发展迅速，在水产品进出口量方面频频创下最高增长记录。鲆鲽类贸易额由2002年的12.87亿美元上升至2011年的22.64亿美元，年增长率为8.4%。2008年，美国次贷经济危机引发的金融风暴使美国和欧洲经济整体收缩，导致2009年鲆鲽类水产品贸易的主要市场出现了低迷，尤其是北美洲和欧洲受影响非常大。但是随着欧美经济的逐渐复苏，鲆鲽类贸易额于2010年恢复至金融危机前的水平,2011年贸易规模进一步扩大。

3 全球鲆鲽类国际贸易的特征分析

3.1 鲆鲽类贸易主要集中在欧洲、亚洲和北美洲

鲆鲽类贸易在主产区很活跃,与主产区“三驾齐驱”态势不同,表现为“以欧洲为主导”。如图1所示,欧洲为鲆鲽类的主要贸易地区,21世纪以来(2000～2011年)欧洲贸易额占鲆鲽类总贸易额的65.3%,其变动趋势与总贸易额的变动趋势一致,这种变动趋势受政治经济大形势的影响很大。在欧洲国家中,西班牙主导养殖,荷兰和丹麦为主要捕捞国家,意大利和法国引领消费。北美洲为第2大贸易区,贸易额占18.1%,主要贸易国家为美国和加拿大。亚洲为鲆鲽类第3大贸易区,贸易额占9%,主要贸易国家有中国、日本、韩国和印度尼西亚。中南美洲为第4大贸易区,贸易额占5.1%。非洲和大洋洲的贸易额很低。

从贸易的历史变动趋势看,20世纪80年代中后期是鲆鲽类贸易的快速增长期,欧洲国家贸易规模迅速扩大,欧洲鲆鲽类贸易占有的份额从1980年的64.9%增加至1991年的79.2%的最高峰。90年代之后,北美洲和亚洲的鲆鲽类贸易发展迅速,逐渐挤占欧洲的一部分国际贸易份额。1991年欧洲、北美洲和亚洲的鲆鲽类国际贸易份额分别是79.2%、13.3%和4.9%,2011年各自份额分别是61%、15.9%和15%。由此可见,亚洲在鲆鲽类国际贸易中扮演的角色越来越重要。

3.2 鲆鲽类出口市场相对分散,进口市场相对集中

市场的集中程度可以用进口(出口)市场集中度指标来衡量,计算公式为:进口(出口)市场集中度 = 进口(出口)额前十位国家鲆鲽类进口(出口)额之和/全球进口(出口)额之和×100%[11]。2011年鲆鲽类前十位出口(进口)国贸易额及比重见表2。如表2所示,2011年全球鲆鲽类的出口市场集中度为67.93%。在出口市场中,荷兰、丹麦、美国为鲆鲽类前三大出口国,其中荷兰占第一位,2011年鲆鲽类的出口额达3.16亿美元,占全球鲆鲽类总出口额的13.94%;第二位是丹麦,2011年出口额为2.50亿美元,占11.06%;第三位是美国,2011年出口额为2.03亿美元,占8.96%。加拿大为鲆鲽类出口的第四大国,其他六国主要是欧洲国家,各占鲆鲽类出口市场份额的比例为3.87%～5.43%。纵观十大出口国,北美洲的美国和加拿大分别位于第3位和第4位,其余的8个国家为欧洲国家。从历史变动趋势来看,出口市场的集中度逐渐降低,1990、1999和2009年出口市场的集中度分别是84.10%、79.30%和68.78%,出口国家中荷兰始终是鲆鲽类第一大出口国,美国自1990年开始位于第二、三位,丹麦于1991年超过英国位居第三位,于2011年超过美国位居第二位。

与出口市场相比,进口市场相对集中。2011年全球鲆鲽类进口市场集中度达79.23%。进口市场中,中国、日本和美国遥遥领先,进口额分别为3.79亿美元、2.58亿美元和2.51亿

美元，各占全球鲆鲽类进口总额的 16. 16%、11. 01%和 10. 72%。此外，前十位主要进口国中，除了中国、日本、美国和加拿大外，其余全为欧洲国家。从历史发展趋势来看，进口市场的集中度也逐渐降低，1990、1999 和 2009 年进口市场的集中度分别是 89. 68%、80. 62%和 77. 51%。2001 年以前，鲆鲽类进口居于前十位的是日本、西班牙、荷兰、意大利、美国、法国、德国、丹麦、加拿大和比利时，2001 年后由于中国经济发展带来鲆鲽类产品需求的增加，同时加工贸易的兴起，促进了中国鲆鲽类的进口。2002 年中国位居第 5 位，2006 年进口额超过日本位居第一位，之后一直以首位自居。前十大鲆鲽类进出口国基本上都是发达国家（中国和俄罗斯除外），其中中国、日本、美国和欧盟是鲆鲽类的主要消费市场（表 2）。尤其是日本，许多年以来一直是最大的鲆鲽类进口国，2006～2011 年被中国超越，但仍占全球鲆鲽类总进口额 11. 01%，居于全球第二。

表 2　2011 年鲆鲽类前十位出口（进口）国贸易额及比重

主要出口国	出口额/亿美元	比重/%	主要进口国	进口额/亿美元	比重/%
荷兰	3. 16	13. 94	中国	3. 79	16. 16
丹麦	2. 50	11. 06	日本	2. 58	11. 01
美国	2. 03	8. 96	美国	2. 51	10. 72
加拿大	1. 52	6. 69	意大利	2. 02	8. 59
西班牙	1. 23	5. 43	西班牙	1. 95	8. 31
格陵兰岛	1. 13	4. 97	加拿大	1. 36	5. 78
英国	1. 03	4. 54	丹麦	1. 25	5. 34
冰岛	1. 02	4. 52	荷兰	1. 12	4. 77
挪威	0. 89	3. 94	法国	1. 02	4. 33
俄罗斯	0. 88	3. 87	德国	0. 99	4. 21
前十国	15. 39	67. 93	前十国	18. 59	79. 23

资料来源：FishStatJ from FAO[11]

3. 3　鲆鲽类的流通和贸易主要是美加贸易和欧盟区域内贸易

北美洲出口的鲆鲽类一半为美国和加拿大之间的贸易，另一半流向亚洲。欧洲出口的鲆鲽类大多数在欧盟 27 国内流通，少数流向亚洲。欧洲和北美洲之间的流通量极少。如表 3 所示，美国出口的鲆鲽类有 40. 3%销往加拿大，37. 81%销往中国，15. 7%销往韩国和日本。加拿大出口的鲆鲽类 59. 16%销往美国，10. 84%销往中国，6. 61%销往日本。由此可以看出：北美洲的鲆鲽类出口贸易有一半在美国和加拿大之间流通，主要是冰鲜鲆鲽类，另一半销往亚洲，主要为冷冻品，其中中国占的份额较大。同时也可以看出，北美洲流通至亚洲的鲆鲽类多为整条冷冻品，在中国进行加工后再出口，使我国鲆鲽类对外贸易自 2003 年以来长期保持逆差状态，且逆差规模有扩大趋势[13]。

从鲆鲽类贸易额来看，欧洲国家鲆鲽类贸易无论在贸易量还是贸易额上均占主导。欧洲出口的鲆鲽类大多数在欧盟成员国内流通，这主要得益于欧盟成员间无贸易壁垒、无关税,如同国内贸易一般。例如,荷兰、英国和法国在欧盟成员内的贸易份额分别为86.84%、99.79%和97.52%。相比之下,丹麦和西班牙在欧盟成员内的贸易份额略低,分别为51.46%和50%,两国分别有24.03%和18.80%销往中国。欧盟成员国内的贸易流向:荷兰→意大利、西班牙、德国、比利时、法国,丹麦→荷兰、德国,英国→西班牙、法国、荷兰、比利时,西班牙→意大利、法国、德国,法国→西班牙、意大利。

表3 2011年鲆鲽类主要出口市场所占的份额(单位:%)

出口国 出口市场	美国	加拿大	荷兰	丹麦	英国	西班牙	法国
美国	0.00	59.16	5.88	0.14	0.00	0.12	0.12
加拿大	40.30	0.00	0.00	0.00	0.00	0.00	0.00
荷兰	0.12	0.00	0.00	13.02	11.47	0.30	6.24
丹麦	0.03	0.00	0.81	0.00	0.05	1.25	0.17
英国	0.00	0.06	2.17	3.10	0.00	0.38	0.00
西班牙	0.01	0.00	15.05	3.02	48.67	0.00	51.82
法国	0.20	0.00	10.15	3.16	25.08	8.97	0.00
意大利	0.00	0.00	32.15	2.93	0.14	19.85	23.12
德国	0.00	0.00	11.36	15.63	4.25	3.95	4.46
比利时	0.00	0.00	11.70	1.57	7.75	0.00	6.40
EU-27①	0.00	0.00	86.84	51.48	99.79	50	97.52
中国	37.81	10.84	3.17	24.03	0.00	18.80	0.00
韩国	9.82	0.87	0.00	0.00	0.00	0.38	0.00
日本	5.88	6.61	2.46	3.51	0.00	6.81	0.15

注:EU-27①指欧盟27个成员国

资料来源:Eurostat[14], NOAA[15], Statistics Canada[16]

不同国家的贸易倾向存在很大的差异。有的国家不仅出口大,进口也大,所以仅用进口或出口的单个数据很难说明一个国家的真实贸易状况。通过对主要贸易国家出口贸易比重EPi值[11]的测算,可以从一个侧面看出不同国家的贸易倾向。从2011年的数据来看,主要的出口国为印度尼西亚和发达国家,有荷兰、美国、加拿大、丹麦、英国、冰岛和德国,其中冰岛、印度尼西亚为纯出口国。加拿大的EPi值为0.53,略带出口倾向。主要的进口国为西班牙、法国、意大利、中国和日本,其中日本和意大利为纯进口国,而西班牙和中国为进口倾向国家。从历史发展趋势来看,英国、西班牙和德国的出口倾向增加,其他大多数国家的贸易倾向无显著改变。

3.4 鲆鲽类产业内贸易活跃的国家为加拿大、美国、德国和法国

全球鲆鲽类主要贸易国产业内贸易程度不同。为描述各贸易国鲆鲽类产业内贸易程度,本文采用格鲁伯和劳埃德[17](Grubel and Lloyd, 1975)提出的产业内贸易指数B_i表示,指数

越大说明产业内贸易越活跃。计算结果如表4所示。鲆鲽类净出口国的冰岛、印度尼西亚和净进口国的日本、意大利的产业内贸易很低，B_i 值低于0.1。中国的 B_i 值在2011年只有0.35，产业内贸易较不活跃，进口额远远大于出口额。鲆鲽类产业内贸易程度最高的是加拿大、德国、法国和美国，指数高于0.8，尤其是德国高达0.94。

表4　主要贸易国的产业内贸易情况（B_i 值）

主要贸易国	1990年	1999年	2009年	2011年
荷兰	0.43	0.57	0.46	0.52
美国	0.74	0.76	0.96	0.89
丹麦	0.39	0.57	0.68	0.67
英国	0.90	0.71	0.79	0.64
西班牙	0.26	0.39	0.57	0.77
冰岛	0.00	0.08	0.01	0.00
加拿大	0.77	0.79	0.97	0.94
法国	0.65	0.91	0.81	0.85
印度尼西亚	0.02	0.01	0.01	0.07
德国	0.53	0.56	0.97	0.89
中国	0.00	0.44	0.26	0.35
日本	0.02	0.15	0.01	0.03
意大利	0.06	0.05	0.05	0.05

资料来源：FishStatJ[11]

4　中国鲆鲽类进出口贸易状况

随着经济的高速发展，中国在鲆鲽类流通和贸易中扮演的角色日趋重要，于2009年超过日本成为世界鲆鲽类的第一大进口国，同时也是全球鲆鲽类重要的加工基地。根据2003～2010年中国海关的数据进行统计，结果显示：近十年中国鲆鲽类国际贸易规模不断扩大，同时仍然处于长期的贸易逆差状态，进口额占贸易总额的83.6%～87.8%，进口量占贸易总量的90%左右[18]。如上文所述，我国鲆鲽类产业内贸易不活跃，进口量额远远大于出口量额，呈现贸易逆差状态，2003～2010年的年均逆差额为1.77亿美元。

我国与约60个国家和地区之间存在鲆鲽类贸易，进口市场较分散，出口市场集中。进口市场主要有美国（52.9%）、俄罗斯（22.1%）和加拿大（5.3%），此3国约占80.3%，其他为欧洲各国。从历史变动趋势来看，我国鲆鲽类的进口对美国的依赖度升高，对俄罗斯的依赖度下降。2003年美国和俄罗斯占我国鲆鲽类进口市场的份额分别是45.2%和32.7%，此后美国市场份额不断增加，俄罗斯市场份额不断降低，至2010年二者占的份额分别是64.7%和11%，美国成为我国鲆鲽类最大的供应国。我国进口的鲆鲽类大部分用于国内消费,约15%经过加工后再出口,出口市场主要是日本(68.1%)、韩国(20.2%)和我国台湾地区(8.2%),三者合计占96.5%。

5 对我国鲆鲽类养殖的启示

综上所述,全球野生的鲆鲽类资源已被充分开发。近20年来,野生鲆鲽类产量基本稳定在95万吨,而养殖产量却在不断上升。亚洲、欧洲和北美洲为鲆鲽类的主产区,产量表现为"三驾齐驱"的态势,三大洲的产量占全球鲆鲽类总产量的96.5%。欧洲和北美洲主导捕捞,美国为鲆鲽类的第一捕捞大国;亚洲主导养殖,中国已成为鲆鲽类的第一养殖大国。鲆鲽类国际流通和贸易以欧洲为主导,2011年欧洲贸易额占鲆鲽类总贸易额的61%,其次为美加贸易。我国为鲆鲽类的第一大进口国,且为进口倾向国家,进口市场主要是美国、俄罗斯和加拿大,三国占进口总额的80.3%。在野生的鲆鲽类资源匮乏和国际需求持续增长的态势下,鲆鲽类的养殖将是大势所趋。中国作为鲆鲽类养殖的第一大国,其养殖产量占全球鲆鲽类产量的10%,占全球鲆鲽类养殖产量的67%,在全球鲆鲽类养殖业中独领风骚。但是中国鲆鲽类养殖产业仍处于小规模粗放式经营模式,生产和市场无序化导致鲆鲽类价格大跌大涨,不利于产业的有序、健康发展。

基于全球鲆鲽类生产和贸易状况,为促进我国鲆鲽类养殖产业的可持续发展和走向国际市场,笔者认为要着重从生产管理和市场营销两方面做出努力。在生产管理方面:第一,政府应该严格控制养殖总量,依据各养殖水域的环境状况确定养殖企业数量和总生产量;第二,实施养殖许可证制度,严格许可证的审批和发放数量,许可证应明确规定养殖场的规模、选址以及设备的选择、饲养方法、养殖品种、环境保护措施等要求,同时还应该确定海域的轮养制度,以保护海域生态环境;第三,建立健全鲆鲽类质量安全管理体系,保证从养殖生产到销售的每一个环节都有相关法规控制质量,尤其是渔药的使用和管理,不断推进鲆鲽类的绿色生态养殖,使中国养殖的鲆鲽类能达到国际水产品进出口质量标准。在市场营销方面:第一,进一步开拓国内市场,目前鲆鲽类在国内消费的主要模式是酒店餐饮,有必要针对家庭消费市场开展有系统的营销和推广,逐步建立大菱鲆的地域品牌和消费者信任度;第二,逐步拓展国际市场,以生鱼片主要消费地的日本和韩国为目标出口国,充分研究出口国的消费特点、产品结构和市场状况,制定适宜的营销策略,为中国养殖的鲆鲽类产品走向国际市场迈出关键的一步。

参考文献

[1] 王启尧,郝晓岩.我国大菱鲆养殖业发展评价与政策建议[J].中国渔业经济,2011,29(2):5-11.

[2] 倪琦,雷霁霖,张和森,等.我国鲆鲽类循环水养殖系统的研制和运行现状[J].渔业现代化,2010,38(4):1-9.

[3] 杨正勇.鲆鲽类产业技术需求调查与建议[J].中国水产,2012(9):26-30.

[4] 史成银，王印庚，秦蕾，等．我国养殖大菱鲆病毒性红体病及其流行情况调查[J]．海洋水产研究，2005，26(1)：1-6.

[5] 刘兴旺，麦康森，艾庆辉，等．玉米蛋白粉替代鱼粉对大菱鲆摄食、生长及体组成的影响[J]．水产学报，2012，36(3)：466-472.

[6] 马爱军，王新安，雷霁霖．大菱鲆(*Scophthalmus maximus*)不同生长阶段体重的遗传参数和育种值估计[J]．海洋与湖沼．2009，40(2)：187-193.

[7] 雷霁霖，刘新富，关长涛．中国大菱鲆养殖 20 年成就和展望[J]．渔业科学进展，2012，33(4)：123-130.

[8] 贾玉东，雷霁霖，刘滨．循环经济转型下的中国鲆鲽类养殖产业[J]．渔业信息与战略，2012，27(4)：330-335.

[9] 杨正勇，王春晓．全球视野下中国鲆鲽类养殖业的发展[J]．中国渔业经济，2009(6)：115-121.

[10] 樊旭兵．全球视野下中国鲆鲽鱼产业发展战略(上)[J]．海洋与渔业・水产前沿，2011(6)：63-67.

[11] FAO，FishStatJ[EB/OL]．http://www. fao. org/fishery/statistics/en

[12] 张枚，霍增辉，易法海．世界水产品贸易的特征及对我国的启示[J]．国际贸易问题，2007(6)：34-38.

[13] 国家鲆鲽类产业技术研发中心．国家鲆鲽类产业技术体系年度报告(2010)[M]．青岛：中国海洋大学出版社，2011.

[14] Eurostat [EB/OL]. http://epp. eurostat. ec. europa. eu/portal/page/portal/eurostat/home

[15] National Oceanic and Atmospheric Administration [EB/OL]. http://www. noaa. gov/index. html

[16] Fisheries and Oceans Canada [EB/OL]. http://www. dfo-mpo. gc. ca/stats/trade-commerce/can/export/export-eng. htm

[17] Grubel H. G. and Lloyd P. J. Intra-industry trade: the theory and measurement of international trade in differentiated products [M]. London: Macmillan, 1975.

[18] 李强，冷传慧，张云霞．我国鲆鲽类产品进出口状况简析[J]．水产科技情报，2013，40(3):152-155.

第四篇
轻简化实用技术

大菱鲆“多宝1号”优质苗种培育

1　技术名称

大菱鲆“多宝1号”优质苗种培育。

2　技术要点

2.1　亲本选择和培育

（1）严格按照快速生长和高成活率性状遗传分析的结果选用亲鱼。选择规格：雌、雄鱼1.5龄以上，体重750 g以上。

（2）亲鱼在3龄以上可进行人工生殖调控。亲鱼日常培育；利用人工配制的配合饲料、软颗粒饲料和饲料鱼等饲喂。配合饲料应符合NY5072—2002的要求。引用SC/T 2031—2004大菱鲆配合饲料。配合饲料的日投饲量为鱼体重的1%～2%，鲜活饵料的日投喂量为1.5%～3.0%，每日投喂1～2次。

2.2　苗种培育

（1）培育池；分前期培育池和后期培育池。

前期培育池：圆形或方形水泥池，面积10～20 m^2，深0.8～1.0 m。后期培育池：面积20～40 m^2，水深1～1.5 m，有独立的进、排水口；池底向排水孔以一定的坡度倾斜，以利于排水。

（2）培育水质；

苗种培育的盐度以20～40为宜。水温13～18 ℃。早期仔鱼培育期，水温应与孵化水温一致，第2 d开始缓缓升温，10 d后升到16～18 ℃，并稳定在18 ℃。光照强度：500 lx～2 000 lx，光线应均匀、柔和。pH：7.8～8.2。溶解氧6 mg/L以上。

（3）培育密度；培育密度根据水温、溶解氧、氨氮等水平而定。

（4）轮虫添加量；轮虫作为开口饵料。从孵化后3 d投喂，连续投喂15～20 d；每日投喂2次～4次，轮虫每次投喂使水体达到5个/毫升～10个/毫升，苗种培育期间使用的轮虫应冲洗干净,无病原。

(5) 卤虫无节幼虫;从 9~10 d 开始投喂卤虫无节幼体,连续投喂 20 d 左右;每日投喂 2 次~4 次,卤虫每次由开始的 0.1~0.2 个/毫升,逐步增加至 1~2 个/毫升。苗种培育期间使用的卤虫应与卤虫壳完全分离。

(6) 微粒配合饵料:第 12~15 d 开始投喂颗粒配合饲料直至育苗结束。配合饲料的安全卫生指标应符合 NY5072 的要求。

(7) 池底吸、排污;采用专用的清底工具(丁字形吸污器),一般每天清底 1~2 次。

(8) 水量管理;1~5 d 仔鱼可采用静水培育方式,日换水量可由 1/5 增至全部换水,日换水次数可由每天 1 次逐步增至每天两次;从 6 d 开始建立流水培育程序,水交换量随仔鱼的生长和密度的增大而逐步增加,可渐增至 3~4 个循环/日;仔鱼体重 0.1 g/尾,换水量 5~6 个循环/日;仔鱼体重 0.5 克/尾,换水量 6~8 个循环/日;变态伏底稚鱼(体重 2 克/尾),换水量 8~10 个循环/日。

(9) 分苗;随着育苗的生长应定期进行分苗。孵化后 15~20 d 进行首次分苗,第 30~35 d 可以进行第二次分苗,第 60 天进行第三次分苗。第一次和第二次分苗可从密度上加以稀疏,第三次则需按大、中、小三个等级进行分拣,分类培育。

2.3 养殖生产

(1) 用水管理。

养成水深一般控制在 60~80 cm,流水量为养成水体的 5 倍~10 倍,并根据养成密度及供水情况进行调整。养成水体应清洁无污染,及时清除池中污物。

(2) 饲料管理。

① 种类;养成饲料包括软颗粒饲料、饲料鱼、干颗粒饲料。软颗粒饲料由粉状配合饲料与饲料鱼混合制成;饲料鱼洗净后可以直接投喂,但不宜长时间投喂单一品种的饲料鱼。干颗粒饲料为符合 NY5027 规定的大菱鲆专用配合饲料。

② 安全要求;配合饲料的安全卫生指标应符合 NY5072 的规定;饲料鱼应新鲜、无病害、无污染。

③ 投饵管理:

投喂量;配合饲料日投喂量为鱼体重的 1%~2%,饲料鱼日投喂量为鱼体重的 1.5%~3%。具体的投饵量根据鱼摄食情况来确定,不宜有残饵。

投喂次数;体重 200 g 以内,每天投喂 3 次~4 次;体重 200 g~300 g,每天投喂 2 次~3 次;体重 300 g~400 g,每天投喂 2 次。在水温低于或高于 22 ℃及鱼摄食不良时,应适当减少投饵次数及投喂量。

3　适宜区域

适宜在山东、河北、辽宁、天津、江苏等沿海省市人工可控的海水水体或地下井水水体中养殖。

4　注意事项

为保证亲鱼质量，只从国家级原良种场山东烟台天源水产有限公司获得亲鱼，并遵守授权生产协约。

5　技术依托单位及联系方式

技术依托单位：中国水产科学研究院黄海水产研究所

联系人：马爱军

通讯地址：山东省青岛市南京路106号

联系电话：0532-85835103

E-mail: maaj@ysfri. ac. cn

鲆鲽鱼类疫苗生产免疫接种操作规范

1 技术名称

鲆鲽鱼类疫苗生产免疫接种操作规范。

2 技术要点

免疫接种前生产养殖车间准备事项:

(1) 免疫接种前1个月停止使用任何抗生素类药物;

(2) 免疫接种前24小时停止喂食和禁止使用漂白粉、甲醛等消毒剂;

(3) 提前至少10天观察待免疫接种大菱鲆生长状态,查看是否有异常临床症状,确保全部为健康;

(4) 提前1天将各项免疫接种设施和器具消毒清洗干净备用;

(5) 养殖池提前1天清洗消毒后注满所需养殖用水通氧备用;

(6) 接种前三天,检查疫苗产品、接种设施和操作人员状况,确保无异常情况,同时和生产车间沟通接种操作指令下达情况,确保各项指令下达无误并已按规程落实到位。

接种操作要点:

(1) 鱼头朝向注射者,左手应穿戴线手套按住并遮盖住鱼头部;

(2) 注射时,枪头与腹腔应形成60～80度的夹角为最佳;

(3) 当针头刺入腹腔的同时,推动注射器按压杆,顺时压紧推杆并压到底;特别注意,抽离注射枪时,自然松开注射器推杆,让活塞推杆复位;

(4) 注射过程中,注意观察注射枪活塞腔体内以及连接软管中是否有气泡产生,如有,应及时排除,确保注射剂量的准确性和有效性;

(5) 连续注射过程中,每注射100尾左右时,应对空(废液收集瓶内)按压一下注射器,检查注射针头是否堵塞,并及时清理顺通确保注射的有效性。

免疫接种操作后的养殖管理:

(1) 接种后应停食24小时,至少3～4周内不得使用抗生素药物和进行倒池消毒等操作。

（2）如发现接种鱼群出现异常行为（比如不摄食或摄食明显减少、有白便、注射区域部位出现红肿或溃烂、离群巡边上浮游动等），应及时报告生产负责人员并第一时间联系疫苗技术负责人。同时，对出现有明显异常症状的鱼进行挑出隔离养殖，对于死亡的鱼进行浸泡（漂白液等）消毒后填埋处理。

（3）每一个月随机抽取免疫池50尾鱼进行测重，并与养殖对照池进行比对，记录并观察鱼群生长性能的变化。

（4）其他养殖生产管理应严格按照原有的生产规程执行。

3　适宜区域

适用于我国所有鲆鲽鱼类养殖主产区。

4　注意事项

（1）疫苗接种前必须确认鱼苗健康，严禁为有异常临床症状的鲆鲽鱼接种疫苗；

（2）疫苗瓶盖一旦开启后必须在4小时内使用；如不能马上使用，应放置于2～8 ℃冰箱内暂存；

（3）严禁使用过期产品；

（4）操作过程应尽量避免应激操作行为（如动作过于激烈的捕捞、搬运等）；

（5）疫苗稀释注射液温度应与养殖水温接近（一般建议维持在18 ℃左右）；

（6）每人每日操作不得超过1万尾，连续注射1小时后应修整15分钟后再操作。

5　技术依托单位及联系方式

技术依托单位：华东理工大学上海海洋动物疫苗工程技术研究中心

联系人：刘晓红

通讯地址：上海市梅陇路130号431信箱（邮编：200237）

联系电话：021-64252705

E-mail: liuxiaohong@ecust. edu. cn

七好大菱鲆 17369 黄金养殖模式

1 技术名称

七好大菱鲆 17369 黄金养殖模式。

2 技术要点

选好苗、选好料、增溶氧、巧分鱼、巧排水、勤消毒、调长势。

3 适宜区域

山东、辽宁、河北、天津和江苏等大菱鲆主要养殖区。

4 注意事项

选用健康鱼苗和优质高效饲料;水体溶解氧达到 7.0 毫克/升水以上;根据鱼的长势,定期对鱼苗进行筛分,以保持经济合理的养殖密度,并淘汰掉不健康的鱼;大 + 小排污结合;制订防疫方案,定期进行消毒和疾病防疫;利用 17369 技术手段来调控鱼的长势,纠正与标准参数的偏差。

5 技术依托单位及联系方式

技术依托单位:青岛七好生物科技有限公司
联系人:刘宝娟
通讯地址:山东省青岛即墨市莱青公路 2-2 号
联系电话:15092026186
E-mail:liubj0722@163. com

陆海接力养殖模式

1　技术名称

陆海接力养殖模式。

2　技术要点

（1）循环水苗种培育：

在工厂化循环水养殖车间，培育半滑舌鳎等鱼类的大规格苗种（0.4～0.5千克/尾）。

（2）陆海无缝衔接：

在每年的5月份（4～6月）海区水温和陆基工厂化循环水车间水温、理化因子相近的时机，利用机械化码头，将循环水培育的苗种中转至深水网箱或者离岸大型浮绳式围网，要求转运环节尽量少、时间尽量短。

（3）海上生态养殖：

在每年的5月到10月，开展深水网箱或离岸大型浮绳式围网生态养殖，利用莱州湾离岸深远海优质海域，提高产品品质。

（4）起捕销售或进入循环水养殖车间进行养殖：

每年10月，海上养殖商品鱼起捕。根据市场供求关系、企业经营策略等综合考虑，即可直接销售，也可将商品鱼投放至循环水车间养殖以待择机销售。基于同样考虑，每年5月到10月，可以开展大规格苗种（0.4千克/尾以上）的海上苗种培育。

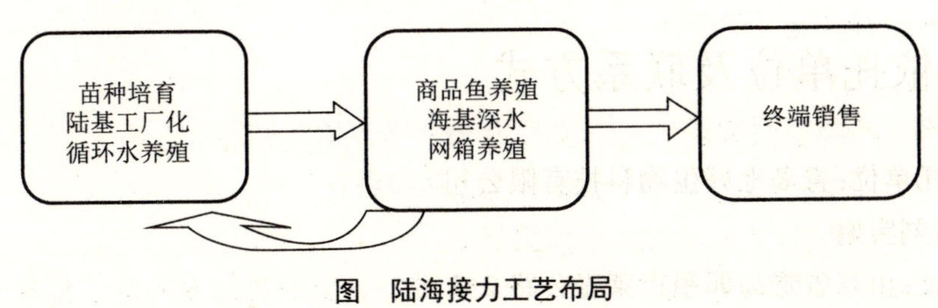

图　陆海接力工艺布局

3 适宜区域

山东、河北、辽宁近海。

4 注意事项

(1) 循环水养殖地点选择。

① 符合当地整体发展规划;

② 区域海、淡水资源丰富;周边基础设施条件良好,交通方便,电力充足,通讯畅通;

③ 远离污染源,水质状况符合国家渔业水质标准;

④ 循环水车间距离码头位置尽可能在 1 km 以内,转运操作便捷;

⑤ 处于产业密集区,产业链上下游完备,示范带动作用明显。

(2) 网箱养殖海域选择。

① 符合海洋功能区划和养殖水域滩涂规划;

② 水质良好,符合国家渔业水质标准;周边无江河入海口、无污染物排入、无赤潮发生;

③ 海域风浪小、潮流畅通、无漩涡,地势起伏小,网箱固定无困难;

④ 能够发挥较好的示范作用,带动周边产业发展;

⑤ 运输便利,便于建设、生产和管理。

(3) 陆海接力苗种选择。

① 选择大规格苗种:受环境变化和被捕食影响,小规格苗种死亡率较高,并且生长周期长,影响生产效率。

② 选择健康苗种:杜绝投放不健康或携带带病原的苗种,以免引起疾病的流行和传染。

(4) 陆海接力实施时间。

① 不同种类的实施时间。

根据投放种类的适应温度和自然水温变化、气候条件确定投放时间。

a. 牙鲆、半滑舌鳎等鲆鲽类可选择在 4～5 月从循环水养殖投放至网箱养殖;

b. 斑石鲷、红鳍东方鲀选择在 5～6 月进行;

c. 石斑鱼选择在 6 月进行。

② 生产的时间顺序。

a. 苗种循环水培育阶段:3～5 月,在陆基循环水养殖车间进行。

b. 网箱养殖阶段:5 月～10 月,在海基深水网箱进行。

c. 起捕销售:10 月,部分商品鱼起捕销售。

d. 循环水越冬养殖阶段:10 月至第二年 3 月,部分商品鱼起捕后进入循环水车间养殖,择机上市。

（5）苗种投放规模控制。

根据不同品种、苗种规格、生物容量因素控制投苗密度。鲆鲽类苗种规格在0.4千克～0.5千克/尾以上时，投放规模控制在5 000尾/个围网（100 m × 50 m × 12.4 m）左右，实际生产过程中根据苗种健康状况、整齐度等因素微调。

（6）陆海接力起捕收获。

网箱养殖当年10月可达到1千克/尾的销售规格即可起捕。根据市场供需情况，选择商品鱼销售或转至循环水车间越冬养殖，为企业制定更加灵活的营销策略提供保障。

（7）养殖过程监测。

陆海接力养殖过程中，要进行实时的或定期的检测与监测，包括：鱼卵、仔鱼、成鱼的生理状况，水环境理化要素、水文要素、底质、沉积物、浮游植物、浮游动物、底栖生物等环境情况，车间、池塘、水处理系统、网箱系统、监测系统等设施设备运行情况等。

（8）养殖生产质量标准。

为保障网箱养殖的商品鱼达到无公害产品标准，生产中使用饲料等原材料以及用水等环节严格遵守以下标准：

① GB/T 18407.4 农产品安全质量、无公害水产品产地环境要求；

② NY 5052 无公害食品 海水养殖用水水质；

③ NY 5071 无公害食品 渔药使用准则；

④ NY 5072 无公害食品 渔用配合饲料安全限量。

5 技术依托单位及联系方式

技术依托单位：莱州明波水产有限公司（莱州综合试验站依托单位）

联系人：李文升

通讯地址：山东省莱州市三山岛街道吴家庄子村

联系电话：0535-2743518

E-mail：mbaquatic@163.com

第五篇

获奖或鉴定成果汇编

基于DNA标记的水产原良种和渔业种质资源保护技术研究与应用

成果名称：基于DNA标记的水产原良种和渔业种质资源保护技术研究与应用
主要完成单位：辽宁省海洋水产科学研究院、辽宁师范大学
主要完成人员：赫崇波，韩家波，高祥刚，王宏伟，李云峰，鲍相渤，苏浩，高磊，刘卫东
工作起止时间：2005～2013
鉴定时间：2013. 3
组织鉴定单位：辽宁省科技厅
获奖时间：2015. 12
获奖名称级别：辽宁省科技进步奖，二等奖
内容摘要：

项目针对水产增养殖良种需求不断增加、自然生物种质资源逐渐衰退的严重现状，开展了基于DNA分子标记的渔业种质资源保护技术的研究及示范应用。自2005年起，项目组利用现代分子生物学方法，通过开展渔业生物转录组基因资源挖掘、线粒体全基因组测序解析、渔业生物种质遗传多样性检测技术参数的优化、信息基础数据库和评价指标体系的集成优化，建立了渔业生物种质DNA分子标记技术，制定水产生物种质检验和DNA分子鉴定的地方技术标准，构建了辽宁省水产生物种质基因库信息平台。已发表论文117篇，其中SCI 36篇；制定地方标准5项；申请专利3项，授权2项。

离岸养殖新型结构关键技术研究及应用

成果名称：离岸养殖新型结构关键技术研究及应用
主要完成单位：大连理工大学、浙江海洋学院、中国水产科学研究院黄海水产研究所、大连天正实业有限公司、大连海洋大学
主要完成人员：董国海，赵云鹏，关长涛，桂福坤，刘圣聪，李玉成，崔勇，许条建，郑艳娜，毕春伟，陈昌平，李娇，张涛，黄滨，郝双户
工作起止时间：1995. 01～2012. 01
获奖时间：2015. 12
获奖名称级别：高等学校科学研究优秀成果奖科学技术进步一等奖

内容摘要:

海水养殖是人类获取优质蛋白的首要途径,到2030年,我国人口总量将达16亿,新增食物需求近2 000万吨。然而由于过度开发,浅海养殖造成了严重的环境污染,已不可持续。发展离岸养殖已成为保障我国粮食和食品安全的长远战略,同时也是改善近海养殖生态环境,拓展食物生产空间的必然选择。离岸养殖设施是处于大强流条件下的新型特种海工结构,它整体尺度大而构件细小,既运动又有大变形,过去国内既无设计方法也无研究手段,属技术空白,设备依赖进口,因研究难度大,国外也少有成果发表。我国每年因台风等自然灾害导致的渔业损失达160亿。离岸养殖设施抗浪流理论等关键技术的解决是保障海上养殖产业发展的关键,并为设施的安全设计和营运提供技术支撑。项目研究形成了离岸养殖设施结构水动力学与安全评估的理论与技术体系,实现了我国离岸养殖装备安全评估技术空白到领先的飞跃,促进了离岸养殖工程装备由引进到国产化,并形成了完整产业链的跨越式发展。经教育部科技成果鉴定认为"该项成果具有很强的系统性、创新性和实用性,开发的软件具有自主知识产权,总体上达到国际领先水平"。

水产新品种大菱鲆"多宝1号"

成果名称:水产新品种大菱鲆"多宝1号"(GS-02-001-2014)

主要完成单位:中国水产科学研究院黄海水产研究所、烟台开发区天源水产有限公司

主要完成人员:马爱军,王新安,黄智慧,杨志,曲江波

工作起止时间:2002年~2014年

鉴定时间:2015年3月30日

组织鉴定单位:全国水产原种和良种审定委员会

内容摘要:

大菱鲆是我国北方沿海海水鱼类养殖业的主导品种。为防止大菱鲆种质退化,有必要对大菱鲆进行遗传改良。经过对大菱鲆良种选育技术全面、深入、系统的研究,建立起以数量遗传学为基础的大规模家系选育技术和分子辅助育种技术相结合的良种选育技术路线,并通过遗传分析阐明了大菱鲆重要经济性状的遗传机理,揭示生长发育规律;完成了基础群体的构建、多种标记技术研究、大规模家系的构建和培育、选育性状的遗传评定、配种方案的优化、核心育种群体构建以及良种推广等工作,形成较为完善的大菱鲆良种选育技术体系,选育效果显著。该品种以英国、法国、丹麦和挪威4个不同地理群体的大菱鲆为基础群体,以生长速度和成活率为选育指标,经过1代群体选育和2代家系选育,培育出快速生长核心群体和高成活率核心群体,从两个核心群体中选择优质亲本交配繁殖,培育获得大菱鲆"多宝1号"。2014年通过全国水产原种和良种审定委员会审定,2015年获水产新品种证书。该品种具有生长快、成活率高的优点。经养殖对比,比普通大菱鲆平均体重和成活率分别提

高36%和25%，主要经济性状遗传稳定性达到90%以上。适宜在我国沿海人工可控的海水水体或地下井水水体中养殖。

大菱鲆选育苗种的生产和推广

成果名称:大菱鲆选育苗种的生产和推广

主要完成单位:中国水产科学研究院黄海水产研究所、烟台开发区天源水产有限公司

主要完成人员:马爱军，王新安，黄智慧，杨志，曲江波

工作起止时间:2014年~2015年

验收时间:2015年9月6日

验收地点:烟台开发区天源水产有限公司、烟台综合试验站、青岛胶南卓越海洋科技有限公司

组织验收单位:中国水产科学研究院黄海水产研究所

内容摘要:

2015年9月6日，中国水产科学研究院黄海水产研究所科研处邀请有关单位专家，对现代农业产业技术体系——国家鲆鲽类产业技术体系良种选育岗位(CARS-50-G01)和烟台综合试验站有关大菱鲆选育苗种的生产和推广情况进行现场验收。

验收内容与方法:

① 听取岗位负责人的工作汇报，并进行质询。

② 验收现代农业产业技术体系良种选育岗位和烟台综合试验站大菱鲆选育苗种生产、养殖和推广情况;选育苗种在青岛胶南卓越海洋科技有限公司的养殖情况。

③ 验收方法:现场察看、抽样测量和查阅生产记录。

验收结果:

大菱鲆“多宝1号”推广情况:

① 培育大菱鲆“多宝1号”苗种320万尾，苗种测量:平均全长13.0 cm，体重51 g。同期普通商品鱼苗测量:平均全长12 cm体重37 g，“多宝1号”苗种生长速度比普通商品鱼提高37.8%，养殖成活率提高20%以上。

② 推广大菱鲆“多宝1号”苗种260万尾，推广到山东胶南、日照养殖场、招远、海阳、乳山、威海、龙口、蓬莱、烟台开发区养殖场、福建养殖场、葫芦岛养殖场等;125 kg受精卵推广到山东乳山、威海，天津等养殖场。

耐高温性状苗种培育及推广:

培育耐高温品系亲鱼800尾，2015年采用选育亲鱼培育大菱鲆耐高温性状苗种48万尾，推广至江苏、福建等地。

牙鲆与夏鲆杂交育苗及养殖技术

成果名称:牙鲆与夏鲆杂交育苗及养殖技术
主要完成单位:中国科学院海洋研究所
主要完成人员:李军,肖志忠
工作起止时间:2014 年~2015 年
验收时间:2015 年 7 月
验收地点:胶南
组织验收单位:中国科学院海洋研究所
内容摘要:

2015 年 7 月 29 日,中国科学院海洋研究所组织有关专家对中国科学院海洋研究所承担的“鲆鲽类现代产业技术体系建设”(nycytx-50)中,“苗种繁育”岗位所实施的牙鲆与夏鲆杂交育苗及养殖工作进行了现场验收。验收结果如下:牙鲆(♀)与夏鲆(♂)杂交受精率 75%,孵化率 80%,苗种培育成活率 55%。鱼苗最大全长 68 mm,最小全长 51 mm,平均全长 59. 1 mm;确认生产总杂交鱼苗数为 90. 6 万尾。对杂交鲆进行池塘、网箱、工厂化养殖示范推广 40 余万尾,养殖成活率分别达到 71%,85%和 93%。

新型鲆鲽类专用养殖网箱开发及其养殖示范

成果名称:新型鲆鲽类专用养殖网箱开发及其养殖示范
主要完成单位:中国水产科学研究院黄海水产研究所
主要完成人员:关长涛,崔勇,黄滨,李娇,公丕海,王腾腾
工作起止时间:2009. 01~2014. 12
验收时间:2015. 04. 20
验收地点:福建省宁德市
组织验收单位:中国水产科学研究院黄海水产研究所
内容摘要:

针对福建省近海内湾型传统木质鱼排网箱抗风浪能力弱、网箱敷设过密、养殖污染严重及产业形象欠佳等问题,“十二五”期间,专用养殖网箱岗位团队在福建省网箱养殖重点区域的宁德市三都澳组织实施了“新型鲆鲽类专用养殖网箱开发及其养殖示范”工作,以期推动宁德市传统网箱养殖业的升级改造,实现产业的健康可持续发展。岗位团队研发出单层和双层网底平台结构的新型环保塑胶网箱,并通过试验、示范及网箱结构与制作工艺的不断完善,形成可批量生产的新型环保塑胶网箱产品,建立网箱设施制造基地 1 个,年生产能力可达 3 500 个网箱;采用新型网箱进行了“南北接力”养殖示范,建立养殖示范基地 1 个,规

模达53个网箱，总面积1 160平方米。2015年，采用“南北接力”养殖模式，共在53个网箱中投放大菱鲆16 960尾、牙鲆13 750尾，单位面积养殖产量分别达到14.6 kg/m^{2}和17.2 kg/m^2；试制双层网底新型塑胶网箱2个，试验养殖大菱鲆的单位面积产量为16.3 kg/m^2，比单层网底结构网箱提高11.6%。示范、试验养殖取得良好的效果。

大菱鲆工厂化循环水高效养殖技术研究

成果名称：大菱鲆工厂化循环水高效养殖技术研究

主要完成单位：中国水产科学研究院黄海水产研究所

主要完成人员：雷霁霖，刘宝良，贾瑞，韩岑，黄滨，赵奎峰，王国文

工作起止时间：2014年7月～2015年5月

验收时间：2015年5月1日

验收地点：山东省莱州市东方海洋莱州分公司

组织验收单位：中国水产科学研究院黄海水产研究所

内容摘要：

项目通过开展高、中、低三种不同养殖密度对工厂化循环水养殖大菱鲆生长、成活率、饵料系数、经济效益及系统水质调控等关键养殖管理参数及技术研究，经过生产规模的对比实验，提出了大菱鲆工厂化循环水高效养殖三阶段新模式，确定了三阶段适宜的放养规格、养殖密度、养殖周期以及分级策略，初步建立起生产规模的工厂化循环水大菱鲆高效养殖管理技术规范。该项目实施过程中，4万尾均重2.9 g大菱鲆鱼苗于循环水系统养殖10个月平均成活率为98.8%，平均饵料系数为0.85，其中1.8万尾鱼体重达500 g以上，最高养殖密度达52.3 kg/m^2（105 kg/m^3），平均养殖密度达34.56 kg/m^2（70 kg/m^3），相较传统流水养殖模式成活率提高5%以上，饵料系数降低15%，单位面积产量提高130%以上，养殖成本降低15%。

第六篇

专利技术简介

大菱鲆生长相关位点 Sma-usc114 及检测引物

专利名称：大菱鲆生长相关位点 Sma-usc114 及检测引物

专利类型：发明专利

专利申请人(发明人或设计人)：马爱军等

专利申请号(受理号)：201510194011.2

专利权人(单位名称)：中国水产科学研究院黄海水产研究所

专利申请日：2015 年 4 月 23 日

专利内容简介：

本发明属于分子生物学领域，具体地涉及大菱鲆生长相关位点 Sma-USC114 及检测引物。本发明要解决的技术问题是提供大菱鲆生长相关位点 Sma-USC114 及检测引物，所述位点与大菱鲆生长性能具有极其显著的相关性，并用得到的引物检测与指导大菱鲆生长性状选育，从而为快速生长大菱鲆的选育工作提供科学的辅助工具。本发明还提供一种大菱鲆快速生长个体的快速检测方法，包括提取大菱鲆基因组 DNA，利用所述引物进行 PCR 扩增，退火温度 55 ℃。本发明还提供一种上述位点在大菱鲆生长性状选育中的应用，利用上述引物对大菱鲆 DNA 进行扩增，扩增片断为 154～174 bp，共出现 3 个扩增片段，根据片段由小到大，依次命名为 A、B、C，其中，具有 155 bp 处扩增片段 A 的个体为快速生长个体，具有 170 bp 处扩增片段 C 的个体为慢速生长个体。

水产动物受精卵染色体组加倍温度休克处理装置及应用

专利名称：水产动物受精卵染色体组加倍温度休克处理装置及应用

专利类型：发明专利

专利授权人(发明人或设计人)：孟振，刘新富，刘滨，贾玉东，胡鹏，丁福红，雷霁霖

专利号(授权号)：ZL201310730824.X

专利权人(单位名称)：中国水产科学研究院黄海水产研究所

专利申请日：2013 年 12 月 26 日

授权公告日：2015 年 06 月 10 日

授权专利内容简介：

水产动物受精卵染色体组加倍温度休克处理装置，属于试验设备技术领域，包括恒温水槽循环流动装置和温度休克装置，恒温水槽循环流动装置包括恒温水槽和导温钛管，导温钛管两端链接恒温水槽，中间段并行深入温度休克装置内呈“L”型；温度休克容器包括水槽、隔板、滤网和匀温系统。本发明的匀温系统保证了水槽和受精卵处理容器内的水温横向和垂直方向快速传递，从而使滤网内的水温稳定均衡，受精卵受温均匀一致，同时保证了规模化生产中受精卵起始放入时可以快速分散，达到快速升温的目的，提高试验效率；可连续操作，无需重新调节温度休克容器内的水温。

一种牙鲆单交种的选育方法

专利名称：一种牙鲆单交种的选育方法

专利类型：发明专利

专利申请人（发明人或设计人）：刘海金，王玉芬，王桂兴，张晓彦，姜秀凤，司飞，孙朝徽，侯吉伦，于清海，杨立更

专利申请号（受理号）：CN201510471464. 5

专利权人（单位名称）：中国水产科学研究院北戴河中心实验站

专利申请日：2015. 08. 04

专利内容简介：

单交种（single hybrid）属于杂交种的一种，是由两个自交系杂交获得的。单交种具有两大特点，一是杂交优势明显，表现出强大的生命力；二是性状整齐，遗传均一度高，是玉米等作物选育新品种的主要手段之一。本发明在进行牙鲆单交种的选育时，首先将不同亲本先行诱导雌核发育，获得遗传相似系数 90. 0%以上的雌核发育家系，即快速建立近交系，通过雌核发育家系间杂交获得杂种优势明显且个体均匀的后代，从而创制鱼类单交种。通过这种方法，大幅度地缩短了选育周期，发挥了杂种优势，获得了很好的经济性状，呈现出其他现行育种方法不可比拟的优越性。

一种快速制备鱼类 PCR 模板 DNA 的方法

专利名称：一种快速制备鱼类 PCR 模板 DNA 的方法

专利类型：发明专利

专利申请人（发明人或设计人）：王桂兴，张晓彦，侯吉伦，刘海金，杨立更

专利申请号（受理号）：CN201510470967. 0

专利权人（单位名称）：中国水产科学研究院北戴河中心实验站

专利申请日：2015. 08. 04

专利内容简介：

本发明涉及一种快速制备鱼类单个鱼卵和初孵仔鱼 PCR 模板 DNA 的方法。本发明使用 PCR 仪进行温度控制，PCR 仪对于温度的控制简单而精确，无需使用传统的水浴控温手段，在简化操作强度的同时，提高了提取过程中的精度。

一种牙鲆雄核发育双单倍体的诱导及检测方法

专利名称：一种牙鲆雄核发育双单倍体的诱导及检测方法

专利类型：发明专利

专利申请人（发明人或设计人）：侯吉伦，刘海金，王桂兴，张晓彦，杨立更

专利申请号（受理号）：CN201510471432. 5

专利权人（单位名称）：中国水产科学研究院北戴河中心实验站

专利申请日：2015. 08. 04

专利内容简介：

本发明涉及一种牙鲆雄核发育的诱导及检测方法。本发明的有益效果为：本发明提供的诱导及检测方法，只需对受精卵进行一定时间的冷休克处理，即可使卵内核遗传物质失活，达到与传统的雄核发育诱导技术中射线照射灭活相同的效果，并结合静水压处理，可快速制备牙鲆雄核发育双单倍体。

一种夏鲆冻精与牙鲆种间杂交人工授精方法

专利名称：一种夏鲆冻精与牙鲆种间杂交人工授精方法

专利类型：发明专利

专利授权人（发明人或设计人）：刘清华，李军，徐世宏，马道远

专利号（授权号）：ZL201310212970. 3

专利权人（单位名称）：中国科学院海洋研究所

专利申请日：2013 年 10 月 21 日

授权公告日：2015 年 5 月 20 日

授权专利内容简介：

一种牙鲆卵子与冷冻保存的夏鲆精子的种间杂交人工授精的方法。将长期超低温冷冻保存的夏鲆精子经二步水浴解，溶解后夏鲆冻精中加入稀释液，混合后离心，然后去掉上清液，冻精悬液，激活后注入牙鲆卵子中，轻轻混匀，使牙鲆卵子与夏鲆冻精充分接触，获得受精卵进行孵化。本发明建立了夏鲆精子冷冻保存技术及牙鲆卵子种间杂交人工授精方法，克服了夏鲆与牙鲆亲鱼发育不同步的困难，为海水鱼类杂交育种提供了新方法和新思路。

一种大菱鲆精子高效超低温冷冻保存方法

专利名称:一种大菱鲆精子高效超低温冷冻保存方法
专利类型:发明专利
专利授权人(发明人或设计人):刘清华,李军,肖志忠,韩龙江
专利号(授权号):ZL201310213012.8
专利权人(单位名称):中国科学院海洋研究所
专利申请日:2013年10月21日
授权公告日:2015年7月1日
授权专利内容简介:

将大菱鲆的精液与抗冻液混合,混合后经过两步降温处理,一步平衡后投入到液氮(−196 ℃),分装保存;抗冻液由稀释液、抗冻剂、添加剂三部分组成。本发明的大菱鲆精子高效冷冻保存方法获得的高质量的冻精对于大菱鲆人工繁育、种质保存、遗传多样性及可持续养殖等方面有着重要意义。

一种大菱鲆四倍体鱼苗的批量诱导方法

专利名称:一种大菱鲆四倍体鱼苗的批量诱导方法
专利类型:发明专利
专利授权人(发明人或设计人):尤锋,吴志昊,胡金伟,马得友,谭训刚,张培军
专利号(授权号):ZL 201310039710.0
专利权人(单位名称):中国科学院海洋研究所
专利申请日:2013年10月3日
授权公告日:2015年7月1日
授权专利内容简介:

本发明涉及染色体操作技术,具体地说是一种利用静水压力抑制受精卵卵裂的原理,批量诱导大菱鲆四倍体鱼苗的方法。选择性成熟的大菱鲆亲鱼,分别收集精液和卵,取上述精液与卵子按体积比1:(100～200)比例进行授精,作为对照组;待对照组人工授精15～25 min后,将上述采集的精液与卵子按体积比1:(100～200)比例进行授精,作为诱导组;以对照组70%～80%受精卵出现第一次卵裂痕的时间作为诱导组受精卵出现第一次卵裂痕的时间,在诱导组第一次卵裂痕出现前10～20 min,将诱导组受精卵置于静水压机加压容器内,在60～70 MPa静水压下进行压力休克处理,处理6～8 min后泄压,取出受精卵,置于海水中继续培育;而后在原肠胚期和鱼苗期测定四倍体率。采用本方法诱导得到的四倍体率最高达90%,可高效、稳定、可靠地诱导获得大菱鲆四倍体鱼苗。

一种海水养殖中二氧化碳和微小颗粒物一体化去除装置

专利名称：一种海水养殖中二氧化碳和微小颗粒物一体化去除装置

专利类型：发明专利

专利授权人（发明人或设计人）：张宇雷、张业韡

专利号（授权号）：201310557125. X

专利权人（单位名称）：中国水产科学研究院渔业机械仪器研究所

专利申请日：2013. 11. 11

授权公告日：2015 年 4 月 22 日

授权专利内容简介：

本发明涉及一种海水养殖中二氧化碳和微小颗粒物一体化去除装置，属于水产养殖设备技术领域。所述一体化去除装置整体为圆柱形槽体，由下而上依次设有排污段、布气段、进水段、填料段及泡沫收集段。本发明由风机向布气段供气，在水中形成气泡，与进水水流形成接触反应。由于养殖水体中的 CO_2 浓度远高于空气中的 CO_2 浓度，因此根据气液传递的双模理论，二氧化碳会从液相向气相转移，产生脱气效果。因为海水表面张力的作用，所述一体化去除装置形成的大量微小气泡对水体中的微小悬浮颗粒物、有机物、油脂等有较好的黏附效果。随着气泡上浮，泡沫能够携裹着这些污染物脱离水体堆积在水面上方，所以在泡沫去除的同时，将黏附着的污染物也去除了。

一种池塘养殖鲆鲽类的取样装置和方法

专利名称：一种池塘养殖鲆鲽类的取样装置和方法

专利类型：发明专利

专利授权人（发明人或设计人）：史宝，孙中之，柳学周，徐永江

专利号（授权号）：ZL201510061284. X

专利权人（单位名称）：中国水产科学研究院黄海水产研究所

专利申请日：2015. 02. 05

授权公告日：2015. 11. 18

授权专利内容简介：

一种池塘养殖牙鲆的取样装置和方法，属于海水鱼类养殖设备领域，取样装置包括漏斗状外网箱、大漏斗网、小漏斗网、大竹圈、小竹圈、撑杆、边缘纲、浮子纲、沉子纲、浮标、浮标绳、叉纲锚碇和尾端锚碇、尾端束纲、尾端锚碇纲、叉纲；取样时将取样装置敷设于池塘，次日

起取，满足了在牙鲆养殖过程中需要定期取样观察分析、样本 $n \geqslant 30$ 的要求，鱼体无损伤。本发明装置价格低廉、结构简单、易于制作、操作方便，保证采集样本数量，减少或不损伤样本鱼体，并且使样本偏差较小、能够真实反映池塘养殖鲆鲽类群体情况。

一种鲆鲽类人工育苗手持可调流吸污器

专利名称：一种鲆鲽类人工育苗手持可调流吸污器

专利类型：实用新型

专利授权人(发明人或设计人)：史宝，孙中之，柳学周，徐永江

专利号(授权号)：ZL201520109164.8

专利权人(单位名称)：中国水产科学研究院黄海水产研究所

专利申请日：2015.02.13

授权公告日：2015.07.15

授权专利内容简介：

一种鲆鲽类人工育苗手持可调流吸污器，属于水产养殖设备领域，它包括吸污头、手柄吸管和软管。吸污头由2个水平硬管、2个管帽、变径三通、进水缝和海绵条组成，管帽封堵住水平硬管的一端开口，变径三通连通两个水平硬管和手柄吸管，吸污头具有一轴向开口的进水缝，海绵条平行于水平硬管的轴向并固定在进水缝的前方上侧；手柄吸管的前端插入变径三通，另一端连接软管；在使用状态时，海绵条刮擦掉的池底污物随水流从吸污头的进水缝进入，从软管末端流出；手柄吸管上安装有球形阀门，球形阀门能够控制吸入水流的大小。本实用新型既能有效清除池底污物又可以调节水流量避免吸出鱼苗。

一种自逸式网箱型鲆鲽类育苗分级筛

专利名称：一种自逸式网箱型鲆鲽类育苗分级筛

专利类型：实用新型

专利授权人(发明人或设计人)：史宝，孙中之，柳学周，徐永江

专利号(授权号)：ZL201520162794.1

专利权人(单位名称)：中国水产科学研究院黄海水产研究所

专利申请日：2015.03.21

授权公告日：2015.08.12

授权专利内容简介：

一种自逸式网箱型鲆鲽鱼苗分级筛，属于水产养殖设备领域，由框架、塑料平网和浮子构成。框架前后侧面、左右侧面和底面由塑料平网包封，形成上面敞口的网箱型设备，网箱

的4个竖立柱外侧的上部分别绑有1个浮子，依靠浮子静浮力保持分级筛高出水面。塑料平网的网目近似为圆形或正六边形，选用孔径7 mm、15 mm或25 mm的平网，制作系列鱼苗分级筛。操作时依靠鱼苗的自逸能力达到分级目的。本实用新型解决了体态扁宽型鱼苗高效率均匀分级筛选问题，避免了鱼苗受损伤。

迟钝爱德华氏菌天然弱毒株及其应用

专利名称：迟钝爱德华氏菌天然弱毒株及其应用

专利类型：发明专利

专利授权人（发明人或设计人）：张元兴，王启要，刘琴，吴海珍，肖婧凡

专利号（授权号）：ZL 201210240313.5

专利权人（单位名称）：华东理工大学

专利申请日：2012年07月12日

授权公告日：2015年04月08日

授权专利内容简介：

本发明涉及一种迟钝爱德华氏菌天然弱毒株及其应用，尤其是用于抗鱼类爱德华氏菌病的活疫苗、免疫组合物及方法。

一种提高半滑舌鳎繁殖力及受精率的饲料

专利名称：一种提高半滑舌鳎繁殖力及受精率的饲料

专利类型：发明专利

专利申请人（发明人或设计人）：梁萌青，赵敏，徐后国，郑珂珂

专利申请号（受理号）：201510536738.4

专利权人（单位名称）：黄海水产研究所

专利申请日：2015-08-28

专利内容简介：

一种提高半滑舌鳎亲鱼繁殖力及受精率的饲料，属于海水鱼类配合饲料的配制技术，饲料中磷虾粉的添加量为10%。所述的半滑舌鳎亲鱼饲料的配方：饲料中鱼粉含量62%，磷虾粉10%，酪蛋白5%，高筋粉10%，鱼油6%，豆油1%，大豆卵磷脂2%，胆碱1%，磷酸二氢钙1.5%，维生素C 0.5%，混合维生素0.5%，混合矿物质0.5%。本发明在半滑舌鳎亲鱼饲料中添加10%磷虾粉，可提高半滑舌鳎亲鱼的繁殖力及血清雌二醇的含量，受精率、孵化率、生存活力指数显著升高，仔鱼畸形率降低。

一种大菱鲆肝脏组织细胞体外构建方法及其应用

专利名称:一种大菱鲆肝脏组织细胞体外构建方法及其应用

专利类型:发明专利

专利申请人(发明人或设计人):谭朋,郭华荣,艾庆辉,麦康森

专利申请号(受理号):201510772610.8

专利权人(单位名称):中国海洋大学

专利申请日:2015-11-13

专利内容简介:

本发明提供一种大菱鲆肝脏组织细胞体外构建方法及其应用,其特征是以大菱鲆肝脏组织为实验材料,使用Ⅱ型胶原酶酶解法启动鱼类肝脏细胞的原代培养,并在24℃生化培养箱中使用添加有一定浓度胎牛血清和各种生长因子等营养成分的新型L-15复合培养基培养。经脂质体转染发现,本发明所提供的大菱鲆肝脏组织原代培养细胞可被报告质粒如pIRES2-EGFP成功转染。本发明具有方法简便易行、重复性好、成本低和细胞生长迅速的优点,可为鱼类营养代谢的分子细胞生物学研究提供有效的体外细胞模型。

一种水产品中小清蛋白的毛细管免疫层析快速检测方法

专利名称:一种水产品中小清蛋白的毛细管免疫层析快速检测方法

专利类型:发明专利

专利授权人(发明人或设计人):林洪,杜淑媛,曹立民,隋建新,王静雪

专利号(授权号):201410112702.9

专利权人(单位名称):中国海洋大学

专利申请日:2014.03.25

授权公告日:20150617

授权专利内容简介:

本发明公开了一种水产品中小清蛋白的毛细管免疫层析快速检测方法。基于硝酸纤维素膜的高蛋白结合能力和易处理的性质被广泛用作免疫层析的基底材料。然而,硝酸纤维素膜较薄、韧性小且结构复杂,易破碎且易受环境影响进而影响检测的灵敏度、重复性和贮存寿命。因此,本发明采用了更稳定的玻璃毛细管为基底材料,检测灵敏度好,重复性高,检测时间快,稳定性好,适合用于即时的快速检测。

一种海鲜冻饺及其制作方法

专利名称：一种海鲜冻饺及其制作方法

专利类型：发明专利

专利申请人(发明人或设计人)：王彩理，滕瑜，韩强，王秀华

专利申请号(受理号)：201510188263.4

专利权人(单位名称)：中国水产科学研究院黄海水产研究所

专利申请日：2015.4.20

专利内容简介：

本发明采用大菱鲆和四角蛤等海鲜肉类槌成肉绒后添加胶原蛋白的方法，克服了肉馅不稳定、不耐冻的现象，实现饺皮零开裂率的效果，迎合了人们追求高档美食的享受和需求，更符合健康消费理念。

一种鲆鲽鱼类鲞产品的制作方法及其产品

专利名称：一种鲆鲽鱼类鲞产品的制作方法及其产品

专利类型：发明专利

专利申请人(发明人或设计人)：王彩理，滕瑜

专利申请号(受理号)：201510786927.7

专利权人(单位名称)：中国水产科学研究院黄海水产研究所

专利申请日：2015.11.16

专利内容简介：

本发明通过原料处理、洗涤、剖割、混合腌渍、洗刷、混合干燥、包装，把鲆鲽鱼类鱼肉制作成鲞产品，提高产品的风味和品种，进行增值加工。

斑石鲷和半滑舌鳎工厂化循环水混合养殖方法

专利名称：斑石鲷和半滑舌鳎工厂化循环水混合养殖方法

专利类型：发明专利

专利授权人(发明人或设计人)：刘宝良，雷霁霖，高淳仁，赵奎峰，王国文，贾瑞，韩岑

专利号(授权号):ZL 201410801888. 9
专利权人(单位名称):黄海水产研究所
专利申请日:2014 年 12 月 20 日
授权公告日:2015 年 7 月 29 日
授权专利内容简介:

一种斑石鲷和半滑舌鳎的工厂化循环水混合养殖方法,属于水产养殖技术领域。本发明将斑石鲷幼鱼和半滑舌鳎混合放养于循环水养殖系统,通过调整两种海水鱼放养规格、放养顺序、养殖密度比、管理策略和水质条件,降低或避免种间竞争,实现斑石鲷和半滑舌鳎混合养殖,提高单位水体养殖效率。本发明可有效避免两种鱼类种间竞争、高效利用养殖水体空间,降低养殖水体控温成本,显著提高单位水体养殖效率,增加养殖池内水流速度,提高养殖池内粪便等颗粒物排除效率,降低循环水养殖系统水处理压力,显著提高养殖系统养殖生物承载量。本发明为海水鱼类工厂化循环水养殖提供了一种新思路和新方法。

一种制备大菱鲆免疫球蛋白单克隆抗体的杂交瘤细胞

专利名称:一种制备大菱鲆免疫球蛋白单克隆抗体的杂交瘤细胞
专利类型:发明专利
专利授权人(发明人或设计人):王蔚芳,李青梅,雷霁霖
专利号(授权号):ZL2012104664214
专利权人(单位名称):黄海水产研究所
专利申请日:2012. 11. 19
授权公告日:2015. 11. 10
授权专利内容简介:

本发明涉及一种大菱鲆免疫球蛋白单克隆抗体杂交瘤细胞的制备方法,包括有大菱鲆血清免疫球蛋白的分离纯化和杂交瘤细胞的制备、筛选步骤。其特征在于,所述的分离纯化是采用盐析法对大菱鲆血清免疫球蛋白进行粗提获得粗提液,再将粗提液透析后过 Sephadex-200 凝胶柱得到大菱鲆血清免疫球蛋白。本发明建立了一种简单、便捷的大菱鲆免疫球蛋白纯化方法,可以获得高纯度的免疫球蛋白;将获得的免疫球蛋白用于制备大菱鲆免疫球蛋白的单克隆抗体,制备出的单抗,建立间接酶联免疫吸附实验方法,能够检测多种病原的特异性免疫球蛋白,达到病原早期诊断的目的。并且能够对多种疫苗免疫效果进行评估,为正确的免疫程序制定提供数据支持。

一种封闭循环水系统养殖池全自动定时排污装置

专利名称：一种封闭循环水系统养殖池全自动定时排污装置
专利类型：实用新型
专利授权人（发明人或设计人）：黄滨，连建文，梁友，王秉心，刘宝良，高淳仁
专利号（授权号）：ZL201420524728. X
专利权人（单位名称）：黄海水产研究所
专利申请日：2014. 9. 12
授权公告日：2015. 1. 14
授权专利内容简介：

一种封闭循环水系统养殖池全自动定时排污装置，涉及工业化封闭循环水养殖设施与养殖技术领域。其特征是：(1) 工厂化循环水系统养殖池集中定时排污工艺方法简明合理；(2) 减少了人工操作，提高了工作效率；(3) 具有节能和精准性；(4) 保障了系统运行的安全性；(5) 设备造价低，可根据工艺要求由计算机程序设置排放时间和由养殖池水位控制其排放水量。该工艺方法符合当前国家积极倡导的节能减排和工业化养殖的发展方向，具有广阔的市场应用前景。

凹型湾口和峡湾悬索式拦网设施及牧场化生态养殖的方法

专利名称：凹型湾口和峡湾悬索式拦网设施及牧场化生态养殖的方法
专利类型：发明专利
专利申请人（发明人或设计人）：黄滨，关长涛，梁友，刘宝良，刘滨，洪磊，王蔚芳，孟振，贾玉东
专利申请号（受理号）：201510687734. 6
专利权人（单位名称）：黄海水产研究所
专利申请日：2015. 10. 21
专利内容简介：

通过悬索式围栏，形成一个一面透水、三面环山或两面透水、两面有岛的巨大的天然生态养殖场，其特点是抗风浪能力强，养殖容量巨大，水体交换充沛，无污染、无病害，产品品质优良，接近野生海产品，其设施装备造价仅为相同水体网箱造价的50%以上，可全年开展多种鱼类、海参和鲍鱼等海珍品的生态养殖，既可利用水体中丰富的浮游生物为饵料，还可实现虾、鱼、贝藻等多品种混合养殖，还可以利用巨大的养殖容量暂养一些鲜活产品，以达到充

分利用水域的生产潜力,调节市场水产品数量,缓冲因集中上市造成的市场冲击,提高养殖经济效益的目的,形成节能、无污染、低成本的生态养殖模式,其产品生态安全,经济价值较其他养殖模式产出的海产品价格提高5～10倍,在我国海水养殖业上将具有广阔的发展前景。

一种凹型湾口和峡湾悬索式拦网设施

专利名称:一种凹型湾口和峡湾悬索式拦网设施
专利类型:实用新型
专利申请人(发明人或设计人):黄滨,梁友,刘宝良,刘滨,洪磊,王蔚芳,孟振,贾玉东
专利申请号(受理号):201520819481. 9
专利权人(单位名称):黄海水产研究所
专利申请日:2015. 10. 21
专利内容简介:

悬索式拦网设施,其特点是抗风浪能力强,养殖容量巨大,水体交换充沛,无污染、无病害,产品品质优良,接近野生海产品,其设施装备造价仅为相同水体网箱造价的50%以上,在我国海水养殖业上将具有广阔的发展前景。

一种促进大菱鲆幼鱼生长和提高饵料利用率的工厂化养殖照明系统及其应用

专利名称:一种促进大菱鲆幼鱼生长和提高饵料利用率的工厂化养殖照明系统及其应用
专利类型:发明专利
专利申请人(发明人或设计人):刘滨,雷霁霖,韩建,马友治
专利申请号(受理号):ZL201510438245. 7
专利权人(单位名称):中国水产科学研究院黄海水产研究所
专利申请日:2015. 7. 24.
专利内容简介:

一种促进大菱鲆幼鱼生长和提高饵料利用率的工厂化养殖照明系统及其应用,该照明系统由复合式LED灯组、光源控制系统和防水外壳构成,其中光源控制系统内包含电源模块和电路控制模块,电路控制模块控制复合式LED灯组的光照强度和光照时间,防水外壳使用防腐材料并使用密封胶进行防水处理。本发明根据大菱鲆幼鱼对特定光谱、光强和光照周期的喜好进行开发和设置,能够满足工厂化养殖大菱鲆幼鱼对光色、光强和光周期的需

要，促进大菱鲆幼鱼的健康生长和提高饵料效率，进而提高工厂化大菱鲆养殖的经济效益。

一种用于研究光影响鱼类行为的实验装置及其应用

专利名称：一种用于研究光影响鱼类行为的实验装置及其应用

专利类型：发明专利

专利申请人（发明人或设计人）：刘滨，刘新富，孟振，黄滨

专利申请号（受理号）：ZL201510438022. 0

专利权人（单位名称）：中国水产科学研究院黄海水产研究所

专利申请日：2015. 7. 25.

专利内容简介：

一种用于研究光影响鱼类行为的实验装置及其应用，该发明通过设置双层套筒结构的PVC圆筒，可以当鱼类在实验水槽中自由游动时实施实验，通过PVC圆筒上的透光圆孔实验鱼类可自由出入圆筒内外，为实验鱼类提供了理想的栖息环境，从而能够较真实地模拟自然海域和工厂化养殖设施条件下鱼类对光波长、照度的自由选择，避免了结构和操作不合理等对鱼类行为的不良影响所造成的数据偏差，能够更好地完成研究光对鱼类行为的影响的多种实验，满足研究光对鱼类行为的影响的多种实验目的和要求。

附 录

附录1 鲆鲽类体系2015年发表论文一览表

序号	作者	论文名称	发表刊物	年、卷、期、页
1	雷霁霖	国家鲆鲽类产业技术体系年度报告(2014)	中国海洋大学出版社	2015
2	雷霁霖	《中国现代农业产业可持续发展战略研究》(鲆鲽类-分册)	中国农业出版社	2015
3	李超,侯吉伦,王桂兴,等	基于牙鲆RNA-seq数据中SSR标记的信息分析	海洋渔业	2015,37(02):122-127
4	刘志峰,洪磊,郝振林,等	雌二醇(E_2)与塑化剂(DIOP)对褐牙鲆幼鱼组织损伤初步研究	海洋湖沼通报	2015,(1):96-106
5	刘宝良,雷霁霖,黄滨,等	中国海水鱼类陆基工厂化养殖产业发展现状及展望	渔业现代化	2015,01:1-5
6	梁友,王印庚,刘志伟,等	工厂化养殖鲆鲽类常见疾病与预防	水产前沿	2015,11:61-63
7	秦志华,董文宾,姜令绪,等	紫锥菊提取物对大菱鲆(*Scophthalmus maximus*)的非特异性免疫功能的影响	海洋与湖沼	2015,46(3):665-669
8	刘慧,吴志昊,李桢,等	三倍体牙鲆(*Paralichthys olivaceus*)群体遗传多样性的微卫星分析	海洋渔业进展	2015,36(1):33-40
9	张海耿,张宇雷,宋红桥	低温工况下流化床生物滤器的启动方式实验	水处理技术	2015,41(1):94
10	梁友,王印庚,刘志伟,等	工厂化养殖鲆鲽类常见疾病与预防	水产前沿	2015,11:61
11	崔勇,关长涛,万荣,等	浮式鲆鲽类网箱在波流场中动态响应的数值模拟	工程力学(EI)	2015,32(3):249-256
12	崔勇,关长涛,赵侠,等	基于PIV技术的方形网箱二维流场分析	渔业科学进展	2015,36(5):138-144
13	马爱军,王新安	大菱鲆(*Scophthalmus maximus*)种业发展及相关前沿技术应用	海洋与湖沼	2015,46(6)
14	柳学周,史宝,李晓晓,等	半滑舌鳎新型膜孕激素受体基因分子特征及其在卵巢发育过程的作用	中国水产科学	2015,22(4):608-619
15	臧坤,徐永江,柳学周	星突江鲽胰岛素样生长因子Ⅱ的原核表达与生物活性分析	中国水产科学	2015,22(2):1-9
16	徐永江,臧坤,柳学周,等	星突江鲽胰岛素样生长因子Ⅰ体外重组表达及生物活性分析	中国工程科学	2015,36(4):51-56
17	徐永江,柳学周,刘芝亮,等	半滑舌鳎类胰岛素生长因子Ⅱ的重组表达及活性分析	渔业科学进展	2015,36(4):51-56

（续表）

序号	作者	论文名称	发表刊物	年、卷、期、页
18	史学营，徐永江，柳学周，等	半滑舌鳎体表色素细胞观察及POMC表达特性分析	渔业科学进展	2015，36(2)：45-55
19	李存玉，徐永江，柳学周，等	池塘和工厂化养殖牙鲆肠道菌群结构的比较分析	水产学报	2015，39(2)：245-255
20	李晓妮，史宝，柳学周，等	池塘养殖条件下牙鲆甲状腺轴和生长轴关键激素的变化规律	渔业科学进展	2015，36(3)：36-41
21	史宝，柳学周，陈圣毅，徐永江，臧坤，李晓妮，王妍妍	条石鲷 mPRα 基因的 cDNA 克隆和表达模式分析	海洋与湖沼	2015，46(3)：642-650
22	陈圣毅，史宝，柳学周，徐永江，李晓晓	条石鲷促性腺激素 α 亚基的克隆与表达特性分析	海洋科学进展	2015，33(2)：207-218
23	郭建丽，田岳强，马爱军，等	大菱鲆(*Scophthalmus maximus*)抗鳗弧菌(*Vibrio anguillarum*)性状的微卫星分子标记研究	海洋与湖沼	2015，46(1)：157-164.
24	彭墨，徐玮，麦康森，等	菜籽油替代鱼油不同水平对大菱鲆幼鱼生长、脂肪酸组成以及脂肪沉积的影响	动物营养学报	2015，27(3)：756-765
25	肖登元，梁萌青，王新星，等	饲料中添加不同水平的维生素 E 对半滑舌鳎(*Cynoglossus semilaevis*)亲鱼繁殖性能及后代质量的影响	渔业科学进展	2015，36(2)：125-132
26	赵敏，梁萌青，郑珂珂，等	牛磺酸对半滑舌鳎(*Cynoglossus semilaevis*)亲鱼繁殖性能及仔鱼质量的影响	渔业科学进展	2015，36(3)：101-106
27	宁劲松，隋颖，尚德荣	鲆鲽鱼类产地溯源系统平台研究	水产科技情报	2015，42(2)：84-87
28	滕瑜，苑德顺，孙爱华，等	鲆鲽类产业及其加工利用概述	天津农业科学	2015，21(5)：28-31
29	滕瑜，王滨亭，王秀华，等	大菱鲆的腌制调味加工	中国调味品	2015，40(10)：55-57
30	赵晨，杨正勇	鱼类工厂化养殖模式成本结构分析——基于大菱鲆养殖业的初步比较研究	中国渔业经济	2015，33(2)：87-93
31	杨正勇，叶志彬，等	水产养殖业正规贷款差异性研究——以鲆鲽类养殖业中小型养殖生产者为例	中国农学通报	2015，31(5)：265-271
32	杨怀宇，杨正勇	基于投资组合模型的海岸带土地利用效率研究——以上海临港新城围垦区为例	自然资源学报	2015，30(2)：208-215
33	杨正勇，张新铮，杨怀宇	基于生态系统服务价值的池塘养殖生态补偿政策研究——以上海地区为例	生态经济	2015，31(003)：151-156

(续表)

序号	作者	论文名称	发表刊物	年、卷、期、页
34	仓萍萍,杨正勇,吴庆东	立体化海水养殖成本收益分析——基于辽宁省东港市海水池塘养殖(上)	科学养鱼	2015,(3):43-44
35	仓萍萍,杨正勇,吴庆东	立体化海水养殖成本收益分析——基于辽宁省东港市海水池塘养殖(下)	科学养鱼	2015,(4):42-43
36	杨正勇,张新铮	上海地区池塘养殖户生态补偿参与意愿影响因素研究	上海海洋大学学报	2015,24(3):472-480
37	杨怀宇,杨正勇,李晟	资源与环境经济学实验实践教学的探索	教育教学论坛	2015(9):133-134
38	杨正勇,李佳莹,王春晓,等	牙鲆养殖业2014年运行及2015年预测	水产前沿	2015,5:97-100
39	张云霞,冷传慧,李强	全球鲆鲽类贸易状况及对我国鲆鲽类养殖的启示	水产科技情报	2015,2:012
40	王桂兴,刘永新,王玉芬,等	牙鲆GH基因的SNPs与生长性状关系的初步研究	中国水产科学	2015,02(2):347-352
41	贾磊,宋文平	天津海水鱼工厂化养殖现状与发展建议	水产前沿	2015,8:92-94
42	殷蕊,宫春光,孙桂清,等	利用鲆鲽类养殖设施工厂化养殖南美白对虾技术	河北渔业	2015,6(258):31-33
43	宋宏,刘海金,宋立民	不同养殖模式下水质及牙鲆生长状况分析	甘肃农业大学学报	2015,01(1):31-36
44	Y. D. Jia, A. Sun, Z. Meng, et al.	Molecular characterization and quantification of the follicle stimulating hormone receptor in turbot (*Scophthalmus maximus*)	Fish Physiology and Biochemistry	2015, DOI 10. 1007/s10695-015-0128-8
45	Y. D. Jia, H. X. Niu, Z. Meng, et al.	Biochemical composition of the ovarian fluid and its effects on the fertilization capacity of turbot *Scophthalmus maximus* during the spawning season	Journal of fish biology	2015,86(5):1612-1620
46	R. Jia, C. Han, J. L. Lei, et al.	Effects of nitrite exposure on haematological parameters, oxidative stress and apoptosis in juvenile turbot (*Scophthalmus maximus*).	Aquatic Toxicology	2015,169,1-9.
47	X. A. Wang, A. J. Ma	Comparison of the morphometric dynamics of fast-growing and slow-growing strains of turbot *Scophthalmus maximus*.	Chinese Journal of Oceanology and Limnology	2015,33(4):890-894
48	X. A. Wang, A. J. Ma, D. Y. Ma	Developmental quantitative genetic analysis of body weights and morphological traits in the turbot, *Scophthalmus maximus*	Acta Oceanol. Sin.	2015,34(2):55-62

（续表）

序号	作者	论文名称	发表刊物	年、卷、期、页
49	Z. H. Huang, A. J. Ma, X. A. Wang, et al.	Interaction of temperature and salinity on the expression of immunity factors in different tissues of juvenile turbot *Scophthalmus maximus* based on response surface methodology	Chinese Journal of Oceanology and Limnology	2015, 3(1): 28-36
50	Z. Meng, X. F. Liu, B. Liu, et al.	Induction of mitotic gynogenesis in turbot *Scophthalmus maximus*	Aquaculture	2016, 451: 429-435
51	Q. H. Liu, D. Y. Ma, S. H. Xu, et al.	Summer flounder (*Paralichthys dentatus*) sperm cryopreservation and application in interspecific hybridization with oliver flounder (*P. olivaceus*).	Theriogenology	2015, 83(4): 703-710
52	Y. F. Liu, D. Y. Ma, Y. F. Wang, et al.	Histological change and heat shock protein 70 expression in different tissues of Japanese flounder (*Paralichthys olivaceus*) to elevated temperature.	Chinese Journal of Oceanology and Limnology.	2015, 33(1): 11-19
53	L. Chi, Q. Liu, S. Xu, et al.	Maternally derived trypsin may have multiple functions in the early development of turbot (*Scopthalmus maximus*).	Comparative Biochemistry and Physiology Part A: Molecular & Integrative Physiology	2015, 188: 148-155
54	A. Y. Wen, F. You, P. Sun, et al.	Sexually dimorphic gene expression patterns during gonadal differentiation in olive flounder, *Paralichthys olivaceus*.	Animal Biology	2015, 1-16, DOI: 10. 1163/15707563-00002470, online available
55	L. J. Wang, F. You, S. D. Weng, et al.	Molecular cloning and sexually dimorphic expression patterns of nr0b1 and nr5a2 in olive flounder, *Paralichthys olivaceus*.	Development Genes and Evolution	2015, 225(2): 95-104
56	L. M. Peng, Y. Zheng, F. You, et al.	Establishment and characterization of a testicular Sertoli cell line from olive flounder *Paralichthys olivaceus*.	Chinese Journal of Oceanology and Limnology	2015, Accept.
57	B. Shi, X. Z. Liu, Y. J. Xu, et al.	Molecular Characterization of Three Gonadotropin Subunits and Their Expression Patterns during Ovarian Maturation in *Cynoglossus semilaevis*	Int. J. Mol. Sci.	2015, 16, 2767-2793
58	B. Shi, X. Liu, Y. Xu, et al.	Molecular and transcriptional characterization of GTHs and mPRa during ovarian maturation in rock bream *Oplegnathus fasciatus*	J. Exp. Zool.	2015, 323(7): 430-444

(续表)

序号	作者	论文名称	发表刊物	年、卷、期、页
59	X. Liu, B. Shi, Y. Xu, et al.	The complete mitochondrial genome of the marbled flounder *Pseudopleuronectes yokohamae*	Mitochondria DNA	2015, http: //dx. doi. org/10. 3109/19401736. 2015. 1118093
60	H. Zhang, H. Wu, L. Gao, et al.	Identification, expression and immunological response to bacterial challenge following vaccination of BLT1 gene from turbot, *Scophthalmus maximus*	Gene	2015, 557(2): 229-235
61	W. Yang, L. Wang, L. Zhang, et al.	An invasive and low virulent *Edwardsiella tarda esrB* mutant promising as live attenuated vaccine in aquaculture	Applied Microbiology and Biotechnology	2015, 99(4): 1765-1777
62	S. Shao, Q. Lai, Q. Liu, et al.	Phylogenomics characterization of a highly virulent *Edwardsiella* strain ET080813^T encoding two distinct T3SS and three T6SS gene clusters: propose a novel species as *Edwardsiella anguillarum* sp. nov	Systematic and Applied Microbiology	2015, 38(1): 36-47
63	X. Liu, H. Wu, Q. Liu, et al.	Skin-injury zebrafish, Danio rerio, are more susceptible to *Vibrio anguillarum* infection	Journal of the World Aquaculture Society	2015, 46(3): 301-310
64	X. Liu, H. Wu, Q. Liu, et al.	Profiling immune response in zebrafish intestine, skin, spleen and kidney bath-vaccinated with a live attenuated *Vibrio anguillarum* vaccine	Fish & Shellfish Immunology	2015, 45(2): 342-345
65	H. Liu, Y. Wang, J. Xiao, et al.	An immunochromatographic test strip for rapid detection of fish pathogen *Edwardsiella tarda*	Bioresouces and Bioprocessing	2015, 2(1): 1-8
66	D. Liu, K. Mai, Q. Ai.	Tumor necrosis factor alpha is a potent regulator in fish adipose tissue	Aquaculture	2015, 436: 65-71
67	H. G. Xu, M. Q. Liang, K. K Zheng.	Effects of Different Dietary Lipid Sources on Spawning Performance, Egg and Larval Quality, and Egg Fatty Acid Composition in Tongue Sole *Cynoglossus semilaevis*.	The Israeli Journal of Aquaculture-Bamidgeh	2015, 67: 1091-1099
68	Liu, D. W., Mai, K. S., Zhang, Y. J., Xu, W., Ai, Q. H.	Wnt/β-catenin signaling participates in the regulation of lipogenesis in the liver of juvenile turbot (*Scophthalmus maximus* L.).	Comparative Biochemistry and Physiology Part B: Biochemistry and Molecular Biology	2015. 接收 China Agriculture Research System (CARS-50-G08)

（续表）

序号	作者	论文名称	发表刊物	年、卷、期、页
69	Y. H. Yuan, S. L. Li, K. S. Mai, et al.	Effect of dietary ARA on growth performance, fatty acid composition and ARA metabolism related genes expression in larval half-smooth tongue sole（*Cynoglossus semilaevis*）	British Journal of Nutrition	2015, 113(10): 1518-1530
70	J. W. Liu, K. S. Mai, W. Xu, et al.	Effects of dietary glutamine on survival, growth performance, activities of digestive enzyme, antioxidant status and hypoxia stress resistance of half-smooth tongue sole（*Cynoglossus semilaevis* Günther）larvae	Aquaculture	2015, 446(1): 48-56
71	K. K. Zhang, K. S. Mai, W. Xu, et al.	Proline with or without hydroxyproline influences collagen concentration and regulates prolyl 4-hydroxylase α (I) gene expression in juvenile turbo（*Scophthalmus maximus* L.）	Journal of Ocean University of China	2015, 14(3): 541-548
72	H. G. Xu, L. N. Huang, M. Q. Liang, et al.	Effect of dietary vitamin E on the sperm quality of turbot（*Scophthalmus maximus*）	Journal of Ocean University of China	2015, 14(4): 695-702
73	D. W. Liu, K. S. Mai, Y. J. Zhang, et al.	GSK-3β participates in the regulation of hepatic lipid deposition in large yellow croaker（*Larmichthys crocea*）	Fish physiology and biochemistry	2015: 1-10
74	Cui, L. Q., Xu, W., Wang, D. F., Zuo, R. T., Mai, K. S., Ai, Q. H.,	Alleviation effect of dietary cerium and its complex with chitosan oligosaccharide on cadmium accumulation in juvenile turbot, *Scophthalmus maximus* L., under cadmium stress.	Aquaculture Research	2015. 接收 China Agriculture Research System（CARS-50-G08）
75	Q. Zhang, H. Lin, J. Sui, et al.	Effects of Fab′ fragments of specific egg yolk antibody (IgY-Fab′) against Shewanella putrefaciens on the preservation of refrigerated turbot	the Science of Food and Agriculture	2015, (95): 136-140
76	M. Cui, H. Lin, X. Wang, et al.	5-sulfosalicylic Acid Dihydrate-Based Pretreatment for the Modification of Enzyme-Linked Immunoassay of Fluoroquinolones in Fishery Products	Immunoassay and Immunochemistry	2015, (36): 517-531
77	J. Wang, S. Tian, W. Sun, et al.	Determination of Nε-Carboxymethyl-lysine Content in Muscle Tissues of Turbot by Gas Chromatography-Mass Spectrometry	Chin J Anal Chem	2015, 43(8): 1187-1192.

(续表)

序号	作者	论文名称	发表刊物	年、卷、期、页
78	G. Xuan, X. Lu, J. Wang, et al.	Quantification of ethanol using a luminescence system derived from Photobacterium leiognathi	Analytical methods	2015,7(15):6220-6224
79	G. Xuan, X. Lu, J. Wang, et al.	Determination of pyruvic acid concentration using a bioluminescence system from Photobacterium leiognathi	Photochemical and Photobiological Sciences	2015,14(6):1163-1168.

附表 2　鲆鲽类体系 2015 年科技服务一览表

序号	培训班/现场会/调研/技术咨询等主题名称	时　间	地　点	培训人数				主办(参加)试验站/岗位
				培训基层技术人员	培训养殖大户	培训渔民	发放培训资料	
1	鲆鲽类养殖技术培训	2015. 3. 16	上海	30	/	/	30	产业经济岗位、池塘养殖工程岗位
2	杂交鲆苗种生产技术服务	2015. 4~6、9~11	青岛昊睿源水产苗种养殖有限公司	2	1	/	/	苗种繁育岗位
3	鲆鲽类网箱养殖技术研讨会	2015. 4. 9	山东荣成	40	/	/	/	山东综合试验站、苗种繁育、专用养殖网箱、疾病防控等岗位
4	通威科技大会——新常态下的中国水产品质量安全与创新	2015. 4. 18	四川成都	600	/	/	/	加工与质量控制岗位
5	水产品药物残留检测技术培训	2015. 4. 23~24	山东青岛	100	/	/	/	加工与质量控制岗位
6	《国际贸易水产品图谱》讲解	2015. 4. 28	山东青岛	40	/	/	/	加工与质量控制岗位
7	葫芦岛市大菱鲆养殖技术培训班	2015. 5. 6	辽宁兴城	20	50	/	150	葫芦岛综合试验站(主办)
8	2015 年水产科技活动周启动仪式	2015. 5. 14	江苏海安	100	/	/	50	中国水产科学研究院和中国水产学会、池塘养殖工程岗位
9	鱼类养殖技术规范要点讲座	2015. 5. 16, 7. 4, 9. 19	山东垦利	36	/	/	/	垦利示范区
10	龙威企业技术人员及车间操作工人主题讲座和技术培训	2015. 5. 30	山东潍坊	80	/	/	/	加工与质量控制岗位
11	健康养殖技术培训班	2015. 6. 9	山东烟台	42	/	/	/	牟平示范区

（续表）

序号	培训班/现场会/调研/技术咨询等主题名称	时 间	地 点	培训人数				主办(参加)试验站/岗位
				培训基层技术人员	培训养殖大户	培训渔民	发放培训资料	
12	莱州市良种开发与示范推广会	2015. 6. 12	山东莱州	80	20	50	150	莱州综合试验站
13	病害防治技术培训班	2015. 6. 17	山东文登	47	/	/	/	文登示范区
14	“水产品安全监管与技术支撑”的技术培训	2015. 6. 30	北京	78	/	/	/	加工与质量控制岗位
15	青岛崂山育才中学初中部海洋生物科普讲座	2015. 6. 30	山东青岛	120	/	/	/	青岛崂山育才中学、池塘养殖工程岗位
16	鲆鲽产业体系技术培训两期	2015. 7～9	山东牟平	80	/	/	/	牟平示范区
17	青岛黄岛大菱鲆育苗病害发生调研与防控指导	2015. 7. 18	山东青岛	/	4	/	/	疾病防控岗位、苗种繁育岗位、青岛综合试验站
18	宁德登月水产科技有限公司主题讲座和技术培训	2015. 7. 28	福建宁德	100	/	/	/	加工与质量控制岗位
19	“2015年莱州市基层渔业技术推广体系改革与建设项目培训班”、“莱州市水产健康养殖技术暨渔业法律法规培训班”	2015. 7. 29	烟台莱州	60	/	140	60	莱州市海洋与渔业局、池塘养殖工程岗位
20	鲆鲽类养殖技术产业调研	2015. 8. 5-7	辽宁大连、丹东	40	10	/	70	工厂化养殖与产业经济岗位，辽宁综合试验站
21	鲆鲽类健康养殖与质量安全培训会	2015. 8. 13	山东青岛	30	20	16	/	青岛综合试验站、产业经济岗位、疾病防控岗位、专用养殖网箱、高效养殖模式、产业经济、加工与质量安全岗位等
22	水产品质量安全培训及宣传	2015. 8. 24	辽宁兴城	/	/	60	350	葫芦岛综合试验站
23	水产种业与海水鱼类遗传育种技术	2015. 8. 24	河北承德	60	/	/	60	河北省各市农牧局水产科、河北综合试验站

(续表)

序号	培训班/现场会/调研/技术咨询等主题名称	时间	地点	培训人数				主办(参加)试验站/岗位
				培训基层技术人员	培训养殖大户	培训渔民	发放培训资料	
24	水产品质量安全技术培训班	2015.9.6	山东牟平	45	/	/	/	牟平示范区
25	海水工厂化及循环水养殖技术培训班	2015.9.17	山东滨州	70	20	/	90	山东综合试验站、滨州北海新区渔业局及山东省地方创新团队
26	北京"水产品质量安全学术研讨会暨期刊编委座谈会"做了"食品质量安全检测技术发展趋势"大会报告	2015.9.17	北京	60	/	/	/	加工与质量控制岗位
27	国家鲆鲽类产业技术体系培训会——水产育种与大菱鲆多宝1号培育	2015.9.22	山东烟台	40	50	/	40	良种选育岗位、烟台综合试验站、工厂化养殖设施岗位、疾病防控岗位
28	海水鱼类繁养殖技术交流	2015.9.23-24	山东东营	4	1	/	/	山东综合试验站,苗种繁育岗位
29	第一届工业化循环水养殖技术培训班	2015.10.19	山东青岛	170	/	/	180	工厂化养殖设施设备,苗种繁育岗位
30	第一届工业化循环水养殖技术培训班	2015.10.20	山东青岛	130	20	/	150	高效养殖模式岗位
31	"鲆鲽类健康养殖技术"培训会	2015.10.20	山东龙口	50		/	/	山东综合试验站
32	大菱鲆养殖技术培训	2015.10.20	辽宁兴城	/	/	50	50	葫芦岛市水产科学研究所、葫芦岛综合试验站
33	中国工程院农业学部科技论坛	2015.10.22	山东青岛	200	/	/	200	加工与质量控制岗位、疾病防控岗位等
34	水产病害防控及水产品质量安全技术培训会	2015.10.26	辽宁大连	20	/	20	/	鲆鲽体系辽宁综合试验站、池塘养殖工程岗位、疾病防控岗位
35	鲆鲽类养殖技术培训会	2015.10.27	河北秦皇岛	60	/	/	260	河北综合试验站、北戴河综合试验站、全雌苗种岗位、池塘养殖工程岗位
36	鲜活大菱鲆可追溯	2015.11.2	辽宁兴城	/	/	30	30	葫芦岛综合试验站、兴城水产种苗站

（续表）

序号	培训班/现场会/调研/技术咨询等主题名称	时 间	地 点	培训人数				主办(参加)试验站/岗位
				培训基层技术人员	培训养殖大户	培训渔民	发放培训资料	
37	大美葫芦岛，放心多宝鱼——“互联网 + 水产品”兴城多宝鱼品质溯源绿色发展论坛	2015. 11. 7～10	福建福州	/	/	/	400	加工与质量控制岗位，葫芦岛综合试验站
38	宁德登月食品有限公司冰鲜大黄鱼工艺细节、专用设备培训	2015. 11. 13	福建宁德	20	/	/	/	加工与质量控制岗位
39	渔业养殖技术暨水产品质量安全培训班	2015. 11. 13	山东青岛	30	/	10	/	青岛市黄岛区海洋与渔业局、渔业技术推广站、池塘养殖工程岗位
40	绥中大菱鲆养殖培训班	2015. 11. 20	辽宁绥中	/	100	/	200	葫芦岛综合试验站(主办)
41	鲆鲽类工程化养殖模式与技术	2015. 11. 20	福建宁德	36	24	/	60	装备与工程研究室，工厂化养殖设施设备、专用养殖网箱岗位
42	疫苗免疫现场培训	2015. 11. 20～23	辽宁葫芦岛	30	/	/	/	辽宁综合试验站，葫芦岛综合试验站，疾病防控岗位
43	大菱鲆疫苗接种生产性示范	2015. 11. 23～25	辽宁兴城	25	10	/	60	疾病防控岗位主办，辽宁综合试验站和葫芦岛试验站参加
44	多宝鱼疫苗生产应用培训与示范	2015. 11. 24	辽宁兴城	/	/	30	/	疫病防控岗位、葫芦岛综合试验站、辽宁综合试验站
45	循环水技术培训	2015. 11. 26	辽宁兴城	35	/	/	80	葫芦岛综合试验站
46	鲆鲽类养殖技术培训会	2015. 11. 26	天津市滨海新区	/	30	/	30	天津综合试验站、池塘养殖工程岗位
47	河北省水产良种繁育体系建设培训班	2015. 11. 27	河北秦皇岛	40	/	30	30	河北省综合试验站、池塘养殖工程岗位
48	鲆鲽类健康养殖科学讲堂	2015. 3～11	环渤海鲆鲽类养殖区	500	2 500	/	10 000	营养与饲料岗位
49	海水鱼良种培育及高效养殖技术高级研修班	2015. 12	山东莱州	70	30	/	100	莱州综合试验站、疾病防控岗位等
合计				3 420	2 890	436	12 880